永州市地方志丛书

永州市科学技术志

（1992—2015）

永州市科学技术志编纂委员会　编

方志出版社
Publishing House of Local Records

图书在版编目（CIP）数据

永州市科学技术志：1992—2015 / 永州市科学技术志编纂委员会编. —北京：方志出版社，2021.1

ISBN 978-7-5144-4762-0

Ⅰ. ①永… Ⅱ. ①永… Ⅲ. ①科学研究事业—概况—永州 —1992-2015 Ⅳ. ①G322.764.3

中国版本图书馆 CIP 数据核字（2021）第 031792 号

永州市科学技术志（1992—2015）

编　　者：永州市科学技术志编纂委员会

责任编辑：陈　菁、刘　珊

出 版 者：方 志 出 版 社

地址　北京市朝阳区潘家园东里9号（国家方志馆4层）

邮编　100021

网址　http://www.fzph.org

发　　行：方志出版社图书经销中心

电话（010）67110500

经　　销：各地新华书店

印　　刷：深圳市新联美术印刷有限公司

开　　本：787 × 1092　　1/16

印　　张：24

字　　数：497千

版　　次：2021年1月第1版　2021年1月第1次印刷

印　　数：0001 ~ 1000册

ISBN 978-7-5144-4762-0　　定价：380.00元

《永州市科学技术志（1992—2015）》编纂委员会

主　　任　欧阳树生

副 主 任　张　超

委　　员　尹明宇　唐修峰　蒋五定　李晓宁

　　　　　廖　毅　李谋智　廖翠娥

《永州市科学技术志（1992—2015）》办公室

主　　任　李谋智

成　　员　唐均仕　鲁淑兰　朱星辉

《永州市科学技术志（1992—2015）》编辑部

主　　编　欧阳树生

执行主编　李谋智

编　　辑　陈仕龙　姜加军

参与编写人员　李谋智　陈仕龙　姜加军　唐黎明　朱星辉

　　　　　　　唐均仕　张　凌　鲁淑兰　廖翠娥　曾武清

提供资料人员　伍启星　唐陶庆　陈　平　邵告坤

《永州市科学技术志（1992—2015）》终审人员

蒋政平　　高　波

序

社会发展，风起云涌；科技创新，日新月异。《周易·系辞下》云：“天地之大德曰生”，“生”者实乃创新之意，生生而不息，日新而月异。科技创新可以是新知识、新技术、新发明，也可以是对传统事物的改革创新。它是社会进步和强国富民的源泉。从毛泽东“向科学进军”的伟大号召，到习近平“科技是国之利器”的重要论断，科技发展一直体现国家意志，成为国家的战略核心。中国近代史以及新中国70年发展的历程，国之兴衰无不烙上科技的印痕。进入21世纪，自主创新成为时代主旋律和主导方针，增添了科技发展新的内涵和要求。自主创新，是拥有自己知识产权的核心技术，并以此形成产业的价值过程。自主创新包括原始创新、集成创新和引进消化吸收再创新。创新关键在于思维之变，在于向往美好，在于捕捉灵感。要勇于超越已有的科技成果，不为权威所束缚、不因困难而退缩。当前，我们面临新的机遇和挑战，要对接好粤港澳大湾区，利用永州优势资源，开拓更为广阔的科技创新空间。因此，编写好、宣传好、运用好科学技术志，具有重要的现实意义。

《永州市科学技术志(1992—2015)》，作为一部专业志，具有较强的综合性和可读性，也是这一时期永州经济社会发展的一个缩影。它记述了永州历届党委、政府顺应历史潮流，从“科教兴零”“工业强市”到“建设创新型永州”，始终将科技作为永州发展战略的核心，引领经济社会的发展。它展示了永州科技事业不断推进的历史画面。随着体制改革深入，一个以企业为主体、以市场为导向、产学研相结合的科技创新体系初步建立。科技政策的落实和知识产权战略的实施，一大批科技成果得以创造和运用，彰显了永州科技人员和企业家的聪明才智。他们的作用不可替代，功在当代，利在千秋。当然，在看到本地科技成绩和优势的同时，也反映出一些问题，赋予我们更新的理念、更深的思考。

“以史为鉴，可知兴替。”永州作为全国历史文化名城，是中华文明的重要组成部分，文化、科技底蕴深厚。零陵石棚为距今2万年前的人类活动遗址，道县玉蟾岩人工栽培稻距今1.2万年至1.4万年，宋代水筒车的发明，明代回龙塔的建造等，表明永州古代科技与中原同步，明清以后才退位欠发达地区。纵观《永州市科学技术志(1992—2015)》的记述，永州科技发展已进入21世纪的黄金通道，万物生机勃勃，生命自有内涵。“言性命者必究于史”，一部志书的经世致用，实是修己安人、治国兴邦之学。何谓“以史为鉴”，就是环顾过往，增强文化自信和务实精神，领悟历史规律，把握科技发展之大势，明了兴替损益，着手革故鼎新。

科技创新中最原始最活跃的因素是人，我们要正视和克服过去科技人才逆向流动的现象，加强人才队伍建设。现代社会不可能人人成为科学家，但需要人人增强科学素质。希望将来有更多的人、更多的社会精英，特别是更多的领导干部，来翻阅这本《永州市科学技术志》，努力营造一个世代薪火相传的创新环境。

基于此，永州振兴有望！科技之光必将照亮永州的山山水水，是为序也。

永州市人民政府副市长 谢宗林

2021 年 1 月

凡 例

一、《永州市科学技术志（1992—2015)》以马克思列宁主义、毛泽东思想、邓小平理论、“三个代表”重要思想、科学发展观、习近平新时代中国特色社会主义思想为指导，坚持党的路线方针政策，坚持辨证唯物主义和历史唯物主义的立场、观点和方法，遵循实事求是和依法修志原则，突出时代特征，体现地方特色，客观地记述境内科学技术发展的历史进程。

二、本志为前所修《零陵地区志·科学技术志》的续篇。上限 1992 年，下限 2015 年，个别事项有所延续。

三、本志以语体文记述，采用述、记、志、图、表、照、录等编纂基本体裁，以志体为主，设章、节、目。横分门类，纵述史实。

四、本志设科技队伍、科技管理、专利管理、科技普及、工业科技、农林水利、医疗卫生、社会事业 8 章，另有序言、概述、大事记、附录及后记。

五、本志科技队伍、科技管理、专利管理、科技普及章节资料，来源于省市县区科技部门档案资料、科室或个人留存资料；工业科技、农林水利、医疗卫生、社会事业章节资料，来源于市直各部门和省、市科技部门档案资料。其资料的真实性均经过相关部门或个人核实，不再注明出处。

六、本志以 1992—2015 年永州市行政区域为记述范围，统称“永州”或用“全市”“境内”代称。“地区”系指原零陵地区。中国共产党永州市委员会、永州市人民政府，简称“市委、市政府”，永州市某某局、委员会、办公室简称“市某某局、委、办”，国家、省级机关和企事业单位类推。江华瑶族自治县第一次使用全称，后文出现简称江华县。涉密的科技成果未列入附录的科技成果项目一览表。

七、本志有关计量单位、纪年时间、数字、称谓、术语、标点符号等，按国家标准执行，力求标准和规范。

永州市行政区划图

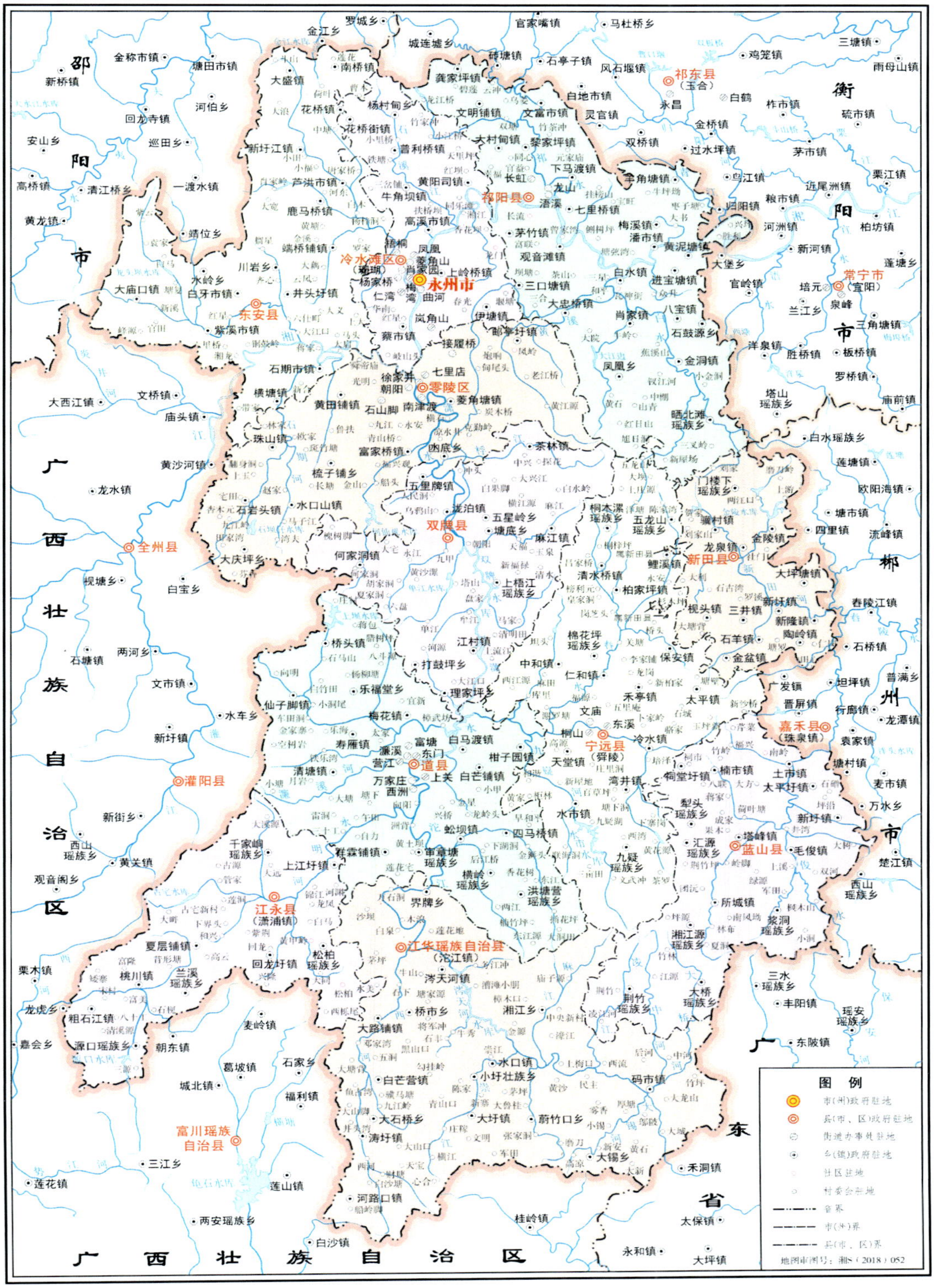
永州市
冷水滩区
零陵区
祁阳县
东安县
双牌县
道县
江永县
宁远县
蓝山县
新田县
江华瑶族自治县
祁东县
常宁市
嘉禾县
全州县
灌阳县
富川瑶族自治县
邵阳市
衡阳市
郴州市
广西壮族自治区
广东省
图例
市(州)政府驻地
县(市、区)政府驻地
街道办事处驻地
乡(镇)政府驻地
社区驻地
村委会驻地
省界
市(州)界
县(市、区)界
地图审图号：湘S（2018）052

领导重视科技

2000年10月，省委常委、副省长周伯华（左二）在市委书记邹金鷟（中）陪同下考察湖南熙可食品有限公司

2004年10月29日，省委副书记、省长周伯华（右一）在市委书记曾庆炎（左一）陪同下考察湖南熙可食品有限公司

2013年5月，省委副书记、省长杜家毫（右）考察湖南科技学院开发的精品茶油

2011年3月9日，副省长徐明华（前排右一）在市委书记黄天锡（前排右二）陪同下考察永州国家农业科技园区湖南科技学院油茶基地

2013年2月1日，副省长、市委书记张硕辅（左一）考察永州顺康生态农业发展有限公司

2013年8月21日，市委书记陈文浩（右二）到市伊园科技有限公司油茶基地调研

2008年11月16月，省科技厅厅长王柯敏（右四）到省科技厅扶贫点—宁远县湾井镇四公塘村调研

1993年3月，省科委副主任乐寿长（中）考察东安县白果基地

重要科技活动

①

1. 科技成果表彰大会。图①2015年2月25日，市委书记陈文浩（左一）在2014年度综合表彰大会上为科技人员颁奖

2. 科技下乡活动。图②2015年2月5日，市委宣传部、市科技局、市文化局等单位在冷水滩区伊塘镇开展科技文化卫生“三下乡”活动

3. 科技活动周。图③2005年5月15日，在湖南科技学院举办永州20年专利成就展览和保护知识产权签名活动

②

③

①

②

4. 世界知识产权日宣传。图①2013年4月26日，市知识产权局在冷水滩城区举行知识产权巡回宣传活动

5. 抗震减灾宣传。图②2009年5月12日国家“防灾减灾日”，市科技局在冷水滩城区举办地震知识宣传活动

6. 组织参加技术交易、博览会。图③2006年5月20日，市科技局组织市内23家单位和企业参加湖南省第二届科技博览会

③

7. 科技信息“户”联网。图①2006年5月23日，举行市科技信息“户”联网工作会议暨96318开通仪式

8. 学术交流。图②2005年 11月 25—27日，中国柑橘加工技术及产业发展论坛在永州市举办

①

②

③

9. 全国科普日活动。图③2015年9月22日，在永州市第四中学举办永州市青少年科技创新成果展览

10. 青少年科普活动。图④2015年3月12日，市科协等单位组织专家评审第19届青少年科技创新大赛参赛作品

④

重大科技成果

1. 湖南省跃进机械厂的“盘式电机系列产品的研制开发”项目获得1998年度国家科技进步三等奖。图①盘式电机；图②盘式电机变压器油泵

2. 湖南熙可食品有限公司等单位的“柑橘加工技术研究与产业化开发”项目获得2006年度国家科技进步二等奖。图③柑橘罐头生产车间；图④柑橘生产基地

①

②

3. 长丰（集团）有限责任公司的“长丰牌系列轻型汽车”获得2003年度省科技进步二等奖。图①猎豹黑金刚车型

4. 市农科所李四九的“优质水稻新品种选育”项目获得2002年度市科技进步特别奖。图②李四九观察水稻新品种金优899生产情况

5. 湖南金浩植物油有限公司的“茶籽色拉油及系列产品生产工艺研究”获得2003年度省科技进步三等奖。图③湖南金浩植物油有限公司植物油生产车间

6. 永州湘江纸业有限责任公司的“高温热压垫层纸”项目获得2006年度市科技进步一等奖。图④2005年投产的精品复合纸生产线

7. 市烟草公司的“湘烟三号的选育及推广”项目获得2014年度省烟草公司科技进步一等奖。图⑤2008年，江华涛圩镇烤烟品种HY-9-7（湘烟三号）田间示范

8. 湖南恒伟药业有限公司等单位的“血络通胶囊研制”项目获得2010年度省科技进步三等奖。图⑥血络通胶囊及获奖证书

③

④

⑤

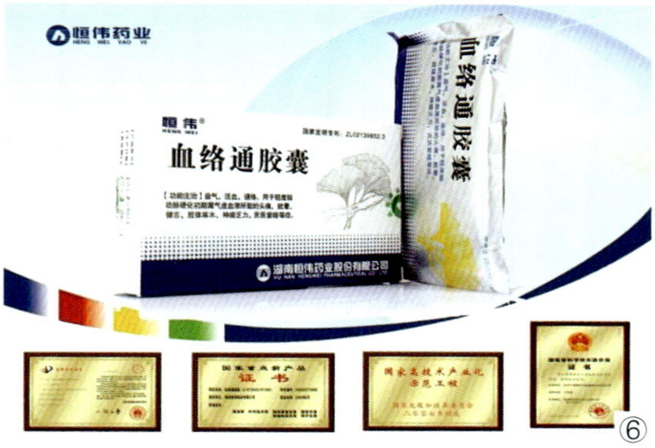

⑥

①

9. 湖南恒惠食品有限公司等单位的“肉品生物调控保鲜及骨骼高效利用新技术”获得2014年度省发明二等奖。图①2011年12月，省科技厅组织召开“冷却猪肉贮运过程微生物预测技术研究与应用”成果鉴定会；图②冻肉切块车间

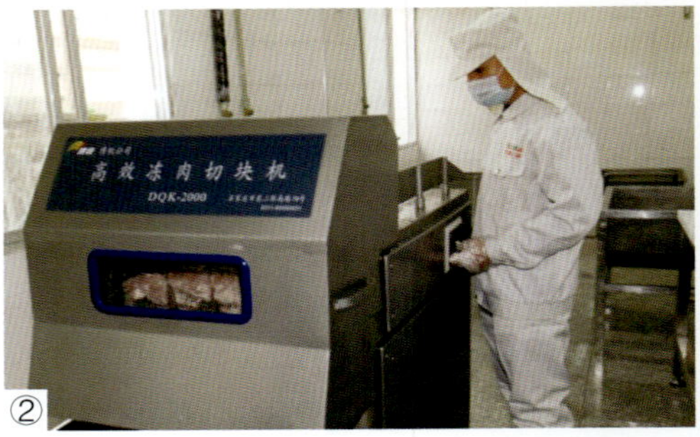

②

③

10. 国家质检总局批准的国家地理标志产品。图③东安舜皇山土猪；图④永州山苍子油；图⑤新田陶岭三味辣椒

④

⑤

重点科技项目

①

②

1. 2001年，市湘江稀土股份有限公司承担省高新技术引导资金项目—高纯度稀土氧化物。图①生产调度室、图②生产车间

③

④

2. 2007年，湖南科力电机股份有限公司承担省科技县区一把手工程项目—微电机技术开发及产业化。图③科技人员进行产品测试；图④微电机生产车间

①

②

3. 2007年，新田县鑫隆食品有限公司牵头承担国家富民强县计划项目—樱桃谷鸭养殖及加工产业化建设。图①孵化车间；图②樱桃谷鸭养殖场

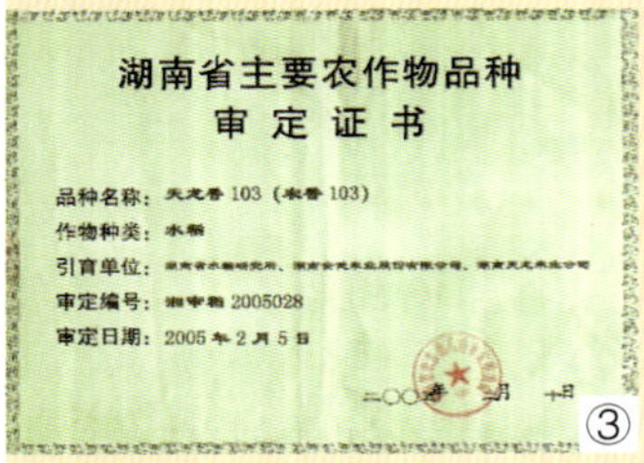

湖南省主要农作物品种
审定证书

品种名称：天龙香103（农香103）
作物种类：水稻
引育单位：[illegible]
审定编号：湘审稻2005028
审定日期：2005年2月5日

③

4. 2008年，湖南省天龙米业有限公司牵头承担国家富民强县计划项目—优质稻丰产技术集成及精深加工产业示范。图③天龙香103品种审定证书；图④大米加工车间；图⑤天龙一号生产基地

④

⑤

5. 2011年，湖南果秀食品有限公司承担省战略性新兴产业计划项目—食用菌工厂化生产优良新品种选繁育关键技术研究及示范。图①杏鲍菇原料生产车间；图②杏鲍菇瓶栽车间

6. 2012年，湖南时代阳光药业股份有限公司承担省战略性新兴产业计划项目—中药口服液制剂共性技术研究。图③省级工程技术研究中心实验室；图④中药口服液体制剂智能制造车间

7. 2013年，永州市达福鑫投资有限公司承担省战略性新兴产业计划项目—超薄触控一体化液晶显示器研究与产业化。图①钢化膜生产车间

8. 2013年，湖南省中科农业有限公司承担省战略性新兴产业计划项目—新型生态有机肥关键技术集成。图②新型生态有机肥生产车间

①

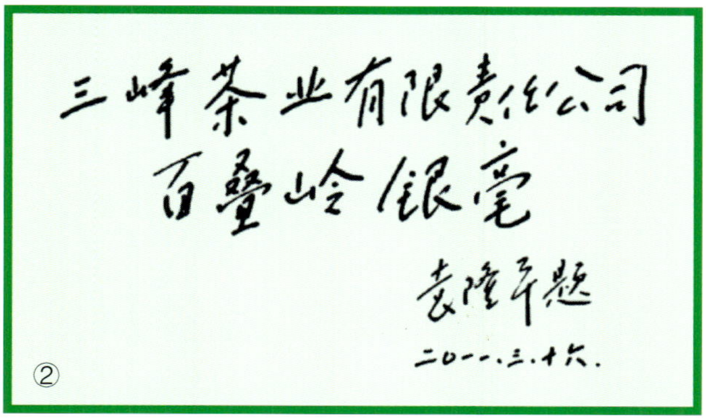

②

9. 2013年，蓝山县三峰茶叶有限公司承担国家富民强县计划项目—生态有机茶产业化示范。图①2014年，蓝山县百叠岭生态有机茶基地，村民采摘清明茶叶；图②2011年，中国工程院院士袁隆平为“百叠岭银毫”题字；图③2015年，蓝山县百叠岭生态有机茶产业化示范基地

③

①

10. 2014年，湖南湘浩油茶生物科技有限公司承担国家富民强县计划项目—绿色油茶标准化生产技术集成及产业化开发。图①生产车间；图②茶油产品；图③示范基地

②

③

目　录

概 述

永州市位于湘西南，地理坐标为北纬 24° 39′ ~26° 51′，东经 111° 06′ ~112° 21′，属亚热带季风性湿润气候。2015 年，土地面积 2.24 万平方公里，年末户籍人口 635.28 万人，常住人口 542.97 万人。境内气候温和、土地肥沃、山清水秀、生态优良、资源丰富，为全国森林城市、全国历史文化名城。境内，零陵石棚为二万年前人类活动遗址，道县玉蟾岩发现的稻谷遗存距今 1.2 万年至 1.4 万年，是世界上发现最早的人工栽培稻标本的地区。境内大量出土的陶片、青铜器、铁器以及文献表明，秦汉前至唐宋时期，永州不仅农业发达，手工业技术水平亦与中原同步；元明以后，逐渐退为欠发达地区，经济社会发展总体水平居全省中等偏下。中华人民共和国成立后，境内科技事业伴随国家经济建设步伐，得到长足发展。1956 年，党中央发出“向科学进军”号召，境内科技行政机构以及农、林、医卫等科研院所相继建立。科技以引进培育新品种，推广新技术和新机具为主，办起一批水电、建材、造纸、制药企业，奠定了工农业生产和科技的发展基础。“文化大革命”期间，科技工作进展曲折，但仍取得一批科技成果，其中，3 项获 1978 年全国科学大会奖，34 项获省科学大会奖，46 项获地区科学大会奖。1978—1991 年，全国、省和地区科技大会相继召开，迎来科技全面复兴。地委、行署作出《关于依靠科技振兴零陵的决定》，实施“科技兴零”战略。深化科技体制改革，全面落实知识分子政策，激励科技人员投身经济建设主战场。科技与经济紧密结合，为经济社会发展注入活力，取得大批科技成果，获国家级成果奖 11 项。塑料导管非电起爆系统、新型防霉防腐剂获国家科技进步奖二等奖，技术达到国内先进水平。科技管理、科技情报、技术推广、技术贸易以及科普教育工作等，步入健康有序轨道。

1992—2015 年，科技工作贯彻实施《中华人民共和国科技进步法》《中华人民共和国科学技术普及法》和《国家中长期科学和技术发展规划纲要（2006—2020）》，不断深化改革和调整发展战略，优化科技发展环境，提高科技创新能力，为经济社会发展提供了有力支撑。这一时期，也是永州科技发展的黄金时期，科技工作受到党委、政府的高度重视，科技进步显著。2010 年，中华人民共和国科学技术部批准“永州市现代农业科技示范园”为国家农业科技园区。2011 年，在全国科技进步县考核中，永州通过率为100%，其中东安县被评为全国科技进步先进县。市科技局被评为2004年度和2012年度全省科技工作先进单位。市知识产权局被省知识产权局评为2012和2013年度知识产权工作先进单位，2014年度专利工作大竞赛优胜单位和《湖南省专利条例》绩效考核先进单位。2013年，永州市被列入“国家知识产权试点城市”。全市累计认定高新技术企业134家，2015年实现高新技术产值101亿元。科技队伍不断发展壮大，专业技术人员由1992年的7.03万人增加到2015年的13.52万人。企业创新能力不断增强，科技成果显著。实施市本级科技计划项目835项，安排资金6667万元；争取国家和省科技计划项目1025项，落实资金3.12亿元。累计申请专利12900件，其中发明专利3312件；累计专利授权5780件，其中发明专利518件。市政府（地区行署）表彰科技突出贡献奖2人，奖励科技成果516项，其中，特别奖1项、一等奖57项、二等奖181项、三等奖252项、四等奖25项；获得省级科技奖励101项，其中，一等奖3项、二等奖13项、三等奖63项、四等奖22项；获得国家级科技奖励2项，其中，二等奖1项、三等奖1项。

一

1992年，邓小平视察南方重要谈话和“科学技术是第一生产力”论断，催生科技春天。1991年，省委、省政府作出《关于“科技兴湘”的决定》。1992年，地委、行署出台《关于“依靠科技振兴零陵”的决定》。1997年，市委、市政府下发《关于实施科教兴市战略，全面推进科技进步的决定》。全面实施科教兴市战略，市、县区两级均成立科教兴市领导小组，由党委或政府一把手挂帅。全面推进科技体制改革和开拓技术市场，大力推广实用技术，高新技术产业开始起步。

1993年，地区科委与农委、农业局在地区农科所进行科技体制改革试点，推行全员承包。1998年，事业单位实行分类改革，科研机构面向农村、面向企业，开展技术研究和开发，改变科技与经济“两张皮”的格局。进一步放活科技机构和放活科技人员，催生民营科技企业和民营科研机构的发展。技术咨询、技术服务、技术承包、技术转让、合作开发等技贸活动日趋活跃，1992—1997年登记技术交易合同3061份，合同金额11636万元，9次组织参加全国和省新技术新产品交易会。在1997年全国（湖南）新技术新产品交易会上，永州达成合作项目68项，成交9000万元，获金奖项目12个，并获优秀组织奖。

1992—1999年，组织实施国家、省科技“星火计划”54项，成果推广计划31项，“火炬计划”6项，重点科研计划22项，电子振兴计划6项，高新技术引导资金项目2项，“巨龙计划”3项。通过实施科技计划项目，成功研发一批新良种和新产品，一些新技术达到国内先进水平。地区种子公司黄培劲等人，发现杂交水稻父本散粉高峰期和母本柱头外露高低的敏感期两个生物学规律，制种高产技术处国内领先水平，1992年黄培劲获世界知识产权组织颁发的“杰出青年发明家”金奖。祁阳县农业技术推广中心研究水稻、玉米两季间种高产栽培技术，每公顷均产22.65吨；市农科所实施双季优质稻吨粮开发，亩均产超吨粮。芝山区种子公司配制的I优77、金优77、新香优77杂交新组合产量高、米质好、抗性强、易制种，在全省推广种植202.60万公顷，综合效益显著，获1999年度省科技进步三等奖。同期，加大对以永州异蛇为龙头的特种养殖业、以道县反季蔬菜为龙头的种植业、以江华香菇为龙头的食用菌产业、以双牌山羊为龙头的养殖业、以江永香柚为龙头的特优水果业等产业的扶持力度，促进农业产业结构调整。

1993年，冷水滩造纸厂以马尾松原木或松树蔸为原料，攻克产品水分高、耐破度低、无染色等技术难题，成功研发180克/平方米牛皮卡纸，其质量接近美国产品，优于国内同类产品，填补省内空白，替代进口产品。零陵卷烟厂开展甲级烤烟型卷烟配方改革产品“红豆”牌香烟的设计与研究，获1993年度省科技进步三等奖。1994年，长丰（集团）有限公司与日本力豪发展有限公司、香港力丰有限公司合作，成功研制猎豹CJY6421A轻型越野汽车，技术处于国内领先水平。1995年，市烟草公司引进推广外地烤烟三段式烘烤工艺，通过优化烤房结构，对低温烟叶变黄程度、温度计悬挂位置等改进，有效提高了烟叶烘烤质量。至1999年，全市改造和新建烤房61754座，有4.18万公顷烤烟烟叶采用该工艺烘烤。1999年，祁阳县楚天机电有限公司研发的DGF/8液体灌装机获3项国家专利，被认定为省高新技术产品。这一时期，省“电子振兴计划”项目实施，推动信息技术在工业、农业生产中研发和应用，加快交通、电信、金融和政务信息化。

二

1999年，中共中央、国务院发布《关于加强技术创新，发展高科技，实现产业化的决定》，发展高新技术和民营科技企业成为科技亮点。2001年，市委、市政府下发《关于民营科技企业园投资兴业的规定》。科技发展突出研发新技术、推出新产品、提高竞争力，推进新型产业规模化、优势产业高端化、特色产业集群化。实施“一带六园四领域”工业及高新技术产业布局，即构建以零陵—冷水滩—祁阳为主线的高新技术产业带，长丰工业园、熙可食品工业园、湘江纸业工业园、萍洲高科技工业园、凤凰园民营科技企业园以及黎家坪民营工业园6个园区，光电一体化、新材料、生物医药、农产品深加工4个重点发展领域，以及扶持一批重点企业。2001年，凤凰园民营科技企业园被批准成为全省民营科技企业园。2002年，永大现代农业科技园被省科技厅批准为全省第一批农业高科技园区试点单位。2000—2005年，经省科技厅认定的高新技术企业38家，争取并实施省高新技术引导项目14项，引导资金7200万元；争取并实施省重点项目支撑计划48项。2003年，东安县被列入省知识产权试点县；2004年，新田县民营科技企业园、湖南金浩植物油有限公司、湖南东港锑口有限公司、湖南敬和堂药业有限公司、市哈陵焊接器材有限责任公司、长丰（集团）有限公司等被列入市专利试点单位。境内工业产业集群快速起步，产值过亿元企业由2000年的3家发展到2005年的26家，其中3家成为全省十大标志性工程组成部分。2002年，市湘江稀土有限责任公司的高纯度氧化萃取分离技术成功研发，成为入围中南稀土集团第一批企业。2004年，湖南熙可食品有限公司与湖南农业大学联合开展柑橘产业化综合技术研究，取得发明专利2项，制定产品标准8个，罐头生产技术居国内领先水平。2005年，长丰汽车制造股份有限公司成功研制猎豹奇兵CFA6473车型，技术处国内领先水平。

2000—2005年，通过推进产学研结合、建设科技示范基地和加强科技管理等方面，以不断促进科技进步。2002年，市科技局组织企业参加第五届北京国际科技成果交易展示会，签订合同2份，金额370万美元；2003年，组织企业参加深圳高新技术产业交易会，4个项目签约，金额2.30亿元；2005年，组织召开永州科研院校与企业对接联谊会，帮助30多家企业进行技术需求和难题招标对接，引导企业尽快融入华南经济圈。

2001—2003年，冷水滩区柑橘、零陵区“永州异蛇”、东安县小水果、双牌县中药材、宁远县鱼腥草、江永县香柚、新田县板栗、兰山县黄花梨等科技示范基地先后建成。2003年，在双牌县召开全市科技示范基地建设现场经验交流会，全面推进新型农业产业模式。农业规模特色种养基地发展到173个，无公害产品认定19.93万公顷，无公害农产品、绿色食品和有机农产品认证101个，14家企业成为国家和省级龙头企业，永州市被评为全国农业产业化先进市。

2002年，市科技局出台《永州市科技计划项目管理暂行办法》《永州市建筑工程抗震设防管理办法》等规范性管理文件。每年发布年度科技计划项目申报指南，并组织科技招商活动，引领科技投入和招商引资的健康发展。2003年，市政府修改颁布《永州市科技成果奖励办法》，设3个奖励等级，奖金标准提高到一等奖1万元、二等奖6000元、三等奖4000元。2005年，认真组织实施《中华人民共和国科技进步法》《科学技术普及法》以及《湖南省科学技术进步条例》执法检查，省、市人大执法检查组给予了充分肯定。市科技局被省政府评为2004年度全省科技工作先进集体，市知识产权局被省知识产权局评为2004年度全省专利系统先进集体。

三

2006年1月，全国科技大会召开。2月，国务院颁布《国家中长期科学和技术发展规划纲要（2006—2020年）》，提出“自主创新、重点跨越、支撑发展、引领未来”的发展方针。自主创新体现国家意志和发展战略，提升了科技定位。是年8月，市委、市政府召开“全市推进科技进步建设创新型永州大会”，作出《关于推进科技进步建设创新型永州的决定》。市政府印发《永州市科学技术奖励办法》，增设科学技术杰出贡献奖，金额20万元，提高科技进步奖奖金额度，其中，一等奖5万元、二等奖3万元、三等奖1万元；同时印发《永州市专利资助资金管理办法》。2009年，市政府印发《永州市知识产权战略纲要实施方案》；2011年，市政府开始对科技工作实行考核制度，将科研经费投入、高新技术产业增加值占规模以上工业增加值比重、专利授权量等列入对县区政府的绩效考核内容。2012年、2013年，市政府分别出台《关于加强企业技术创新工作的若干意见》《关于促进科技和金融结合加强创新型永州建设的实施意见》等政策性文件，强化科技在创新型永州建设中的支撑作用。通过对民营科技企业在政策和资金上的支持，增强了企业创新的内生活力，促其成规模、上档次、创品牌、出效益。2006—2015年，永州市争取并实施国家富民强县计划项目5项、中小企业创新基金项目21项、农业科技成果转化基金项目8项，省战略性新兴产业专项8项，重点支撑计划项目37项、特色产业等专项60项、农业科技成果转化计划5项。以湖南省天龙米业有限公司、湖南银光粮油股份有限公司、湖南熙可食品有限公司、湖南金浩茶油股份有限公司、新田县鑫隆食品有限公司等企业为代表的食品产业，以湖南时代阳光药业股份有限公司、湖南敬和堂制药有限公司、湖南大自然制药有限公司、湖南恒伟药业股份有限公司、湖南希尔天然药业有限公司等企业为代表的生物医药产业，以永州市湘江稀土有限公司、湖南皓志科技股份有限公司、永州市兴发电熔科技有限公司、湖南东港锑品有限公司等企业为代表的新材料产业，以湖南长丰猎豹汽车有限公司、湖南科力尔电机有限公司、湖南零陵恒远发电设备有限公司、永州市达福鑫显示技术有限责任公司、湖南奥盟电器有限公司等企业为代表的机电、信息产业，在这一阶段快速发展，产业集群雏形初现。

2008—2012年，东安县、祁阳县先后被列入省知识产权示范创建县，宁远县、双牌县先后被列为省知识产权试点县。湖南敬和堂制药有限公司、湖南时代阳光药业股份有限公司、湖南金浩茶油股份有限公司、湖南皓志科技股份有限公司、永州市鑫盈建材有限公司、湖南湘君面业有限公司等一批企业被列入省市知识产权中小企业试点或优势企业培育工程。2013年，市委、市政府印发《永州市专利资助与奖励办法》，专利奖每年评定一次，设一等奖 1 项、奖 5 万元，二等奖 2 项、奖 3 万元，三等奖 3 项、奖 2 万元。永州市被列为国家知识产权试点城市，东安县被列为国家知识产权试点县。2006—2015 年，全市专利申请 11454 件，其中发明专利申请 3042 件；专利授权 5046 件，其中发明专利授权 470 件。湖南时代阳光药业股份有限公司生产的喉咽清口服液被科技部、商务部、环境保护部、国家质量监督检验检疫总局推荐评为国家重点新产品，获 2014 年度省专利三等奖。湖南皓志科技股份有限公司的“超细抛光”专利技术，打破国外垄断。2006—2015 年，通过开展专利执法，查处假冒专利案件 1791 件，调处专利纠纷案件 60 件，保护了产权人权益。通过专利战略的实施，企业的知名度和竞争力增强。加强产学研结合，市政府与中国农科院、中南大学、湖南中医药大学、湖南师范大学等院校先后签定了全面技术合作协议；特聘袁隆平等 10 多位院士专家为永州科技顾问；与省科技厅建立了市厅会商机制。实施技术标准化战略，推进企业标准化和农业标准化示范区工作。全市国家农业标准示范区达 11 个。山苍子油、舜皇山土猪、陶岭三味辣椒通过国家质检总局地理标志产品保护认定并登记。2010 年，东安鸡、道州灰鹅被列入《国家畜禽遗传资源目录》；九嶷山兔被农业部列为农产品地理标志保护。新田县 2011 年被正式认定为富硒地区。湖南科技学院开办全省首个食品标准化检测专业，拥有一套先进检测设施和一个生化实验室，改善了境内标准化的基础条件。

随着行政体制改革的深化，进一步提升科技管理服务水平，通过建设科技基础平台，增强了科技创新服务能力。2006 年，农村科技信息“户”联网建设纳入全省试点，2010 年更名为“12396”星火科技服务热线，开展公益性科技信息服务，专家团队组织技术培训和应约下乡服务，解决农户的技术难题。有 35 个乡镇和企业列入省信息化试点。

2006—2015 年，选择和支持重点行业和企业，对接科研院校，组建技术研发中心。经省科技厅批准授牌的有湖南省柑橘工程技术研究中心、湖南省食用菌工程技术研究中心、湖南省珍稀蛇类繁殖及产业化工程技术研究中心、湖南省抗感染中药工程技术研究中心、湖南省银杏工程技术研究中心。湖南熙可食品有限公司技术中心被科技部、国家发改委等部委确认为“国家认定企业技术中心”。

2009 年始，市科技局培育并成功申报省级科普基地 4 家，即市柑科所种子园科普基地、市林科所科普基地、永州异蛇科普基地、金洞森林生态科普基地。科普基地定期向公众开放，传播交流科技知识、科学方法和科学思想。针对体制改革中农村科技机构日趋弱化的问题，着力恢复或重建农技推广体系。2014 年，冷水滩区黄阳司镇、零陵区邮亭圩镇、祁阳县黎家坪镇、东安县鹿马桥镇被评为“全国首批五星乡镇农技推广机构”。

2010 年，科技部等六部委批准建立国家永州农业科技园区（试点），园区有科研所、技术中心 14 家，高新技术企业 10 家，科技人员 460 人，外聘科技人员 50 多人。

2013 年，永州市凤凰园经济开发区更名为永州市经济技术开发区，下辖 3 个工业园。到 2016 年有工业企业 187 家，其中高新技术企业 22 家，园区实现技工贸总收入 461 亿元，工业增加值 108 亿元。各县区相继建起一批各有特色的科技园区。祁阳县经济开发区 2009 年被农业部评为全国农产品加工创业基地，规模工业总值突破百亿元大关。道县工业园 2013 年获“湖南省首批新能源示范产业园”称号。

为提高全民科学素养和增强科技意识，市、县区两级每年组织开展科技活动周、“4·26”世界知识产权日、“6·29”全国科普日、“3·23”世界气象日以及组织文化、科技、卫生“三下乡”活动。每年选择不同的主题和采取不同的方式举行，让科技进校园、上街道、下农村。同期，组织科技成果展览和编写科普宣传资料，出版发行《农村致富方法和技术》《家庭生活科技手册》等科普读物。

四

21 世纪，以信息化为中心的科技革命方兴未艾。永州科技站上新的起跑线，由于经济基础薄弱，与先进地区及全市人民的愿景相比，差距还很大。主要表现在：科技投入不足，2016 年全市投入研发经费 9 亿元，仅占 GDP 的 0.50%，低于国家规定标准 2%的要求；市本级财政科技项目经费支出 560 万元，在全省排名倒数第 4 位。高新技术产业发展不快，2015 年高新技术产值 101 亿元，为全省 20115 亿元的 0.50%。自主创新能力不强，没有省级众创空间和科技孵化器。国家级研发项目每年不足 5 项。2016 年每万人发明专利拥有量 0.90 件，远低于全省 3.29 件、全国 6.30 件的水平。正视和克服这些短板和难题，永州科技任重道远。谋求科技事业的长远发展，必须把握科技发展趋势，促进科技与经济的紧密结合，只有坚持自身发展规律和立足于永州资源优势，科技创新才可能保持和产生持久的内生动力。建设创新型永州，既要大力引进先进技术，又要大幅度提升自主创新能力，在优势领域加强独创技术的研发，扩大技术成果的引进消化和再创新。要进一步扩大高新技术产业规模，逐年提高高新技术增加值占规模工业增加值的比重。要加强生物技术、信息技术和现代工程技术在农业领域的广泛应用，大力支持发展“智慧农业”，加强土地、水利资源的合理利用，引进培育有竞争力的新品种，主要农作物良种覆盖率保持 95%以上。要进一步加强科技创新平台建设，依托有技术研发实力的院校，支持企业建设工程技术研发中心和特色研发基地，促进产学研紧密合作。要进一步增加财政的科技投入，用政策引导企业加大研发投入力度，走科技创新发展和可持续发展的新路子。要进一步抓好科技队伍建设，深入持久开展科普教育，提高全民科技素质。

大 事 记

1992 年

2 月 地区科技成果评审委员会评定 1991 年度地区科技进步奖 37 项，其中，特等奖 1 项、一等奖 1 项、二等奖 5 项、三等奖 13 项、四等奖 17 项；属科研成果 21 项、推广成果 9 项、软课题成果 7 项。地区种子公司黄培劲等人的“杂交稻父本散粉高峰期的发现及其应用研究”成果获特等奖。

3 月 地区科委、地区农委组织在全区推广 15 项重点农业科技成果及 100 项农业适用技术，包括优质稻、南薯 88、优质水果、网箱养鱼、良种玉米地膜育苗移栽技术等。

6 月 中共零陵地委、地区行署出台《关于“依靠科技振兴零陵”的决定》。

10 月 地区种子公司研究成功的杂交稻制种高产新技术，在北京国际发明展览会上获金奖，主要研究人员黄培劲荣获世界知识产权组织颁发的“杰出青年发明家”金奖。

12 月 地区科委组织参加省新技术新产品交易会，引进技术 23 项，签订新产品销售合同 9215 万元，其中正式合同 5073 万元。

是年 地区科委全年争取国家和省级科技项目 41 项，项目资金 1880 万元（含科技贷款），其中科技三项经费和项目周转金 181.40 万元；地区科委安排科技项目 25 项，资金 17 万元；11 个县（市）科委安排科技资金 125.30 万元。全区登记技术贸易合同 963 份，金额 1966.90 万元。全区企事业单位和个人申请专利 60 件。

1993 年

3 月 中国林业科学院 ABT 研究中心副主任徐加华、省林业推广站工程师雷正菊到永州现场传授 ABT 扦插育苗技术。

是月 地区科委与地区农委、地区农业局等单位在地区农科所进行科研体制改革试点，科研、生产、服务实行全员承包。

8月31日 省专利局局长杨松桥到零陵举办“依靠专利，振兴经济”专题讲座，地、县（市）科技管理人员、大中型企业领导和技术人员200多人听课。

是月 地区科委与地区人大联工委组织全区《中华人民共和国科学技术进步法》《中华人民共和国专利法》《中华人民共和国技术合同法》《中华人民共和国促进科技成果转化法》等科技法律的知识竞赛活动，参加人数8.70万人。

10月1日 地、县（市）科委组织开展《中华人民共和国科学技术进步法》实施宣传活动，在主要街道张贴宣传标语，部分县主管领导发表电视讲话。

是年 地区科委全年争取国家、省级科技项目25项，其中，火炬计划1项、星火计划7项、成果推广计划12项、科研计划5项，资金1980万元（含科技贷款）。全年登记科技成果22项，鉴定科技成果9项，登记技术贸易合同514份，金额1670万元。全区企事业单位和个人申请专利53件。

1994年

3月 中共零陵地委、地区行署在双牌县召开全区科技工作会议。会议主题是：开发全民科技意识，推进科技体制改革，推动“科技长入经济”，依靠科技，振兴零陵。地委副书记曾昭熏、行署副专员谭政出席并分别代表地委、行署讲话。

5月 地区科委、地区经委、地区农委等部门组织100多家企事业单位134个项目参加1994湖南新技术新产品交易会，交易额达3.20亿元，居全省各地市州之首，占交易会成交金额的1/6；有30个项目获科技创新奖，其中，金奖25个、银奖5个。零陵地区获最佳组团荣誉奖。

10月 中共零陵地委办、地区行署办印发《关于举办科技活动月的安排意见》。“科技活动月”期间，召开了科技成就新闻发布会；地区科委和相关部门编写、摄制《零陵科技十五年》宣传册和电视专题片，并在《零陵报》刊发，零陵电视台等媒体播放；召开依靠科技振兴零陵理论研讨会，征集论文18篇；举办《现代科学技术基础知识》讲座，请省委党校教授讲课。

是年 地区科委全年争取国家、省级科技项目21项，资金1325万元（含科技贷款）；登记科技成果14项，鉴定验收科技项目14项，登记技术贸易合同500份，合同金额500多万元；地县（市）科委安排科技资金154万元。全区企事业单位和个人申请专利78件。

1995 年

3 月　《零陵地区志·科学技术志》由湖南出版社出版发行，37 万字。

5 月　地区科委与地区工商局联合对全区 102 家技贸机构进行年审，重新核发技术贸易许可证 89 张，吊销 13 家技贸机构的技术贸易许可证。

8 月　地区行署专员卞翠屏在蓝山县召开推广种植啤酒花、松香草项目现场办公会，地县科委、农业开发办公室、畜牧水产站负责人参会。

11 月　祁阳县被省科委批准为全省第七个星火技术密集区。

12 月　零陵地区改为永州市，零陵地区科学技术委员会改为永州市科学技术委员会。

是年　市科委全年争取国家、省级科技项目 45 项，资金 2469 万元（含科技贷款）；省科技厅下拨专项科技经费 27 万元，科技周转金 65.60 万元。市财政安排科技项目经费 100 万元，市科委安排科技计划项目 17 项；县（市）财政安排科技经费 256.80 万元。全年鉴定验收科技成果 20 项，登记科技成果 8 项，全市企事业单位和个人申请专利 92 件。

1996 年

1 月　市科技成果评审委员会评定 1995 年度市科技进步奖 17 项，其中，一等奖 2 项、二等奖 5 项、三等奖 4 项、四等奖 6 项。

3 月　市委、市政府召开全市科技大会，表彰奖励 1992—1994 年度科技成果 58 项。

5 月　市科委根据市人大安排，组织开展科技工作大检查，督促落实市科技大会精神。

7 月　国家科委行文，认定祁阳县为科技工作先进县。

10 月　市委、市政府决定：从 1997 年开始，对县（区、场）实行科技工作年度目标责任制管理，开展科技“评先创优”活动，每两年评选出 1 个科技工作先进县（区、场）、10 个科技先进乡镇、10 家科技进步先进企业、10 名科教兴市功臣。

是年　市科委全年争取国家、省级科技项目 22 项，资金 1356 万元（含科技贷款）。市、县区科委安排科技项目 274 项，安排资金 351.60 万元，其中市本级 100 万元。市科委登记科技成果 8 项，登记技术贸易合同 584 份，金额 3500 万元。全市企事业单位和个人申请专利 73 件。

1997 年

1 月 市委、市政府下发《关于实施科教兴市战略，全面推进科技进步的决定》。

6 月 市委、市政府召开全市科技工作会议，主题是“加速科技成果转化”。印发《永州市科技成果转化年实施方案》，表彰 1996 年度科技进步奖项目 11 项，其中，一等奖 2 项、二等奖 3 项、三等奖 6 项。

是月 市科委组织市内企业参加“1997 全国（湖南）新技术新产品交易会”，签订合作项目合同 68 个，金额 9000 万元；获金奖项目 12 个、银奖项目 1 个；市科委获优秀组团奖。

12 月 祁阳星火技术密集区、岚角山星火科技示范镇通过省科技厅组织的科技示范点验收。零陵卷烟厂通过省知识产权局组织的知识产权保护试点单位验收。

是年 市科委全年争取省级科技项目 18 项，科技贷款 1100 万元，专项资金 183 万元；安排市本级科技计划项目 26 项，资金 130 万元。登记科技成果 14 项，鉴定验收 7 项，登记技术贸易合同 500 份，合同金额 4000 万元。全市企事业单位和个人申请专利 87 件。

1998 年

1 月 21 日 市科技成果评审委员会评定 1997 年度市科技进步奖 17 项，其中，一等奖 3 项、二等奖 6 项、三等奖 6 项、四等奖 2 项。

是月 市科委与市科协、电视台联合在永州电视台开播《农业科技》栏目，每周五播出一期。全年播出 50 期。

2 月 市教委牵头，市科委、市科协等单位组织“永州市第二届青少年科技发明创造比赛和科学研讨会”。评定发明创造项目一等奖 6 项、二等奖 8 项、三等奖 8 项，评选优秀论文一等奖 4 篇、二等奖 6 篇、三等奖 7 篇。

5 月 市科委组织开展创建“全国科技工作先进县”“市级科技工作先进县”活动。新田县、祁阳县分别通过科技部组织的全国科技工作先进县验收和复核。

9 月 省科委、农业厅组织省内农口院校和国家杂交水稻工程中心等单位有关专家，到江华瑶族自治县（以下简称江华县）制种现场召开研讨会，组织推广市农科所早稻优质品种香两优 68 制种技术。

是月 湖南省跃进机械厂的“盘式电机系列产品研制”成果，获得国家科技进步三等奖。

10 月 市科委分 3 个组赴山东省，湖南省株洲市、湘潭市和祁阳县、东安县、新田县等地，分别就高新技术产业、农技科研推广体系建设和发展民营科技企业进行考察调研，并形成调研报告报市委、市政府。

是月 市科委、市科协联合举办“永州市改革开放 20 年科技成就展”，展出 100 多个科技项目，分为科教兴国、科研开发、科技普及、科技培训、群众科技、科技网络、科技队伍 7 个部分。

是年 市科委全年争取国家、省级科技项目 47 项，资金 204 万元；市本级安排科技项目 22 项，资金 145 万元。鉴定验收科技成果 7 项，获省科技进步奖 4 项。全市企事业单位和个人申请专利 87 件。

1999 年

1 月 17 日 市委、市政府成立市防震减灾领导小组，市政府副市长钱荣棠任组长，市科委主任李笃学、市民政局局长盘德力任副组长。

1 月 26 日 市科技成果评审委员会评出 1998 年度市科技进步奖 9 项，其中，一等奖 4 项、二等奖 3 项、三等奖 2 项。

2 月 市科协、市科委和市农委联合对农业科技推广工作开展调研。总结推广市特种养殖专业技术协会的“协会—公司—农户”股份制经济合作模式与经验。

9 月 市中南热工研究所有限公司、市永大科技开发有限公司、市雅大科技实业有限公司 3 家民营企业被省科技厅认定为民营科技型企业。

10 月 18 日 市委宣传部、市科协和市科委联合颁布《关于表彰“科普宣传一条街活动”先进单位的决定》，6 个单位获一等奖，13 个单位获二等奖，10 个单位获三等奖。

是年 市科委全年争取省级科技项目 38 项，资金 213 万元；市本级安排科技项目 23 项，资金 150 万元。全市企事业单位和个人申请专利 91 件。

2000 年

1 月 市科技信息港网站建成并运行。

5 月 14 日 市委、市政府召开全市科技教育大会。确定各级政府一把手任科教领导小组组长；表彰 1999 年度市科技进步奖 18 项，其中，一等奖 2 项、二等奖 8 项、三等奖 8 项。

7 月 市科协、市人事局和市科委组织永州市第三届优秀论文评选，从 150 篇论文中评选出一等奖论文 11 篇、二等奖论文 47 篇。

9 月 市政府决定，市科技情报研究所与市经济信息中心合署办公，共建“永州政府网”。

11 月 长丰集团董事长李建新被授予湖南省第二届“科技兴企名人”荣誉称号。市政府行文成立凤凰园民营科技企业园。

12 月 省科委认定永州市高新技术企业 8 家。市科委组织实施省高新技术引导资金项目 3 项，争取高新技术引导资金 1500 万元。

是月 市科委认定市特种养殖技术研究所等 24 家企业为永州市第一批民营科技企业。

是年 市科委全年争取国家、省科技项目 29 项，资金 1627 万元。市、县区科委安排科技项目资金 530 万元，其中，市本级安排科技项目 33 项，资金 165 万元。鉴定验收科技成果 16 项。全市企事业单位和个人申请专利 115 件。

2001 年

1 月 市科技成果评审委员会评定 2000 年度市科技进步奖 15 项，其中，一等奖 3 项、二等奖 6 项、三等奖 6 项。

2 月 17 日 省科技厅批复同意建设并授牌湖南省凤凰园民营科技企业园。

3 月 市委、市政府下发《关于民营科技企业园投资与兴业的规定》《关于加强人才工作的意见》。

11 月 市科协与市科委组织对创建科普示范乡镇检查验收，有 10 个乡镇通过验收。

12 月 市哈陵焊接器材有限公司试制成功 SJ101、SJ301、SJ501 三个可满足国家“西气东输”工程的焊剂新产品。

是年 省科技厅认定永州市高新技术企业 11 家，实施省高新技术引导资金项目 3 项。市科委全年争取国家、省科技项目 33 项，资金 2502 万元；安排市本级科技项目 27 项，资金 190 万元。验收科技成果 10 项，获省科技进步三等奖 1 项。全市企事业单位和个人申请专利 83 件。

2002年

1月16日 市政府办印发《永州市科学技术局职能配置、内设机构和人员编制规定的通知》。

是月 市科技成果评审委员会评定2001年度市科技进步奖20项，其中，一等奖1项、二等奖8项、三等奖11项。

3月 市科协与市科技局授予冷水滩区伊塘镇等10个乡镇“永州市科普示范乡镇”称号。

是月 祁阳县被评为2001年度全国科技进步先进县。省科技厅批准，永大农业科技园为湖南省第一批高新科技园试点单位。

4月26日 国家正式设立“4·26”世界知识产权日。市政府副市长赵清茂发表题为《经济欠发达地区更要重视知识产权》电视讲话，《永州日报》做专版宣传报道。

是月 市科协、市人事局和市科技局组织全市第四届自然科学优秀论文评选，从118篇论文中评出一等奖8篇、二等奖38篇、三等奖48篇。

5月20日 市委、市政府举行永州市2002年度科技活动周启动仪式。

5月25日 市科技局组织企业参加第五届北京科技博览暨国际科技成果交易展示会，签订合同2份，金额370万美元。

是月 市科技局、市邮政局联合编辑发行《永州科技邮册》。选编国家科技邮票176枚，永州科技图像118幅。

6月 市科技局确定长丰集团和市哈陵焊接器材有限公司作为专利工作试点单位。

9月26日 市科技局与市人大教科文卫委、市科协联合举行《中华人民共和国科学技术普及法》座谈会，60个市直单位负责人参加座谈。

是月 市编办批准成立永州市地震办公室，为正科级事业单位。

10月 省科技厅组织的第三次科技下乡活动在冷水滩区岚角山镇启动。

是月 市科技局牵头，组织市内企业赴深圳参加第四届高新技术产业交易会，签订引进合同1个，资金400万美元；协议合同4个，金额6800万美元。

12月20日 市知识产权局在冷水滩区举办为期两天的知识产权保护培训班，省知识产权局局长龚世益作《入世与知识产权保护》专题报告，省知识产权局执法处处长刘跃红为培训班讲课。

是月 南方红壤种草养畜国际学术研讨会议在永州召开，农业部农业发展中心副主任刘平到会讲话。

是年 市科技局全年争取国家、省科技项目 61 项，资金 3685 万元；安排市本级科技项目 30 项，经费 210 万元。全市企事业单位和个人申请专利 95 件。

2003 年

4 月 市政府批复同意成立永州市知识产权协调领导小组，办公室设在市科技局。

5 月 9 日 市政府印发《永州市科学技术奖励办法》，提高奖励标准，即一等奖 1 万元，二等奖 6000 元，三等奖 4000 元。

5 月 17 日 市科技局牵头组织以“依靠科技，战胜‘非典’”为主题的科技活动周，市直部门和冷水滩区 19 个单位的 123 名科技工作者，在冷水滩城区主要街道开展展览、咨询及免费接诊活动。

6 月 市知识产权协调领导小组召开联席会议，研究加强全市知识产权工作的若干意见。

是月 省科技厅组织专家组到回龙圩可持续发展综合实验区验收，并获通过。

是月 科普读物《农村致富方法与技术》由湖南科技出版社出版发行，全书 38 万字。

8 月 市科技局组织企业到长沙参加湖南省新技术新产品交易会。永州市有 80 余项新技术、新产品展出，其中 13 个项目获得科技创新金奖，市参展团获得优秀组织奖。

11 月 市科技局在双牌县召开农业科技示范基地建设现场经验交流会。

是年 市科技局全年争取国家、省科技项目 53 项，资金 575 万元；市本级安排科技项目 27 项，资金 220 万元。全市企事业单位和个人申请专利 137 件。

2004 年

1 月 2 日 市科技局在芝山区举办“市数字化测震台”落成揭牌仪式。市科技局局长姜加军主持仪式，省地震局局长全德辉、市人大常委会主任谢朝月、市政协副主席谢五龙出席。

2 月 11 日 市农科所粮油研究室主任、副研究员李四九主持选育的金优 899 和 I 优 899 水稻新品种通过湖南省农作物品种审定委员会的审定，获得在全省法定推广权。

4 月 市知识产权局被国家知识产权局评为 2003 年度专利执法先进单位。

5 月 14 日 市委、市政府组织召开全市科技工作暨科技进步奖表彰大会。会上颁发 2002、2003 年度市科技进步奖。

7 月 18 日 市农机局在祁阳县组织农具示范演示会。市委书记曾庆炎、省农机局局长谢国华到会，现场观众近万人。

8 月 26—29 日 全省少数民族和井岗山地区五县科技扶贫工作会议在冷水滩召开。

9 月 6—11 日 市科技局对农业科技示范基地进行检查验收。东安、双牌、蓝山、江永、宁远县的科技示范基地通过验收并挂牌。

12 月 8 日 市知识产权局印发《永州市专利申请资助资金管理办法(试行)》。

是年 市科技局全年争取国家、省科技项目 30 项，资金 121 万元。获省级科技进步奖 3 项。被认定高新技术企业 5 家、产品 7 个。市本级安排科技计划 27 项，资金 210 万元。全市企事业单位和个人申请专利 161 件。市科技局被省科技厅评为 2004 年度全省科技工作先进单位和科技活动周先进单位。市知识产权局被省知识产权局评为 2004 年度全省专利系统先进集体。

2005 年

1 月 《加快永州生态优势向经济优势转化研究》由湖南出版社出版发行，全书 32 万字。市科技局课题组的《发展高新技术产业促进永州经济》论文入编。

3 月 1 日 市地震办举办《中华人民共和国防震减灾法》施行 7 周年纪念日活动。在冷水滩城区展出宣传挂图 28 幅，发放宣传资料 2000 份。

5 月 14 日 市科技局在湖南科技学院组织召开永州市科研院校与企业对接联谊会。会上印发《科技创新指南》，市科技局局长姜加军作主题报告。湖南科技学院、永州职业技术学院、市农科所、市林科所、市农机所等科研院所发布科技成果信息，并与到会的 30 多家民营企业进行技术需求和难题招标对接。

是月 市委、市政府召开科技表彰大会，颁发 2004 年度市科技进步奖 23 项，其中，一等奖 3 项、二等奖 7 项、三等奖 13 项。

是月 市科技局、市委宣传部和市科协联合举办科技活动周。活动包括举行现代农业科技形势报告会、永州专利 20 周年展览、保护知识产权万人签名等。

6 月 市人大常委会执法检查组到各县区和相关市直单位对贯彻执行《中华人民共和国科学技术进步法》《湖南省科学技术进步条例》进行检查。21—23 日，省人大常委会执法检查组到永州抽查冷水滩区、东安县及有关企业和单位，对永州的贯彻落实工作给以充分肯定，对存在问题提出整改建议。

8 月 10 日 市政府办印发《永州市建设工程抗震设防管理办法》。

11 月 25—27 日 科技部中国农村技术开发中心、湖南省科学技术厅、永州市人民政府在冷水滩区联合举办“中国柑桔加工技术及产业发展论坛”。

12 月 全国考古工作汇报会公布湖南省考古发掘成果，永州道县玉蟾岩遗址年代为距今 1.2 万年～1.4 万年，发现的稻谷遗存经专家鉴定为栽培种。

是月 宁远县高级畜牧师李之平被农业部授予“全国农技推广先进工作者”称号，被中国科协授予“全国农村科普先进个人”称号。

是年 市科技局全年争取国家、省科技项目 37 项，其中，重大专项 4 项、重点项目 2 项，资金 208 万元；安排市本级科技计划项目 34 项，资金 250 万元。全市企事业单位和个人申请专利 234 件。

2006 年

2 月 10 日 市知识产权局召开首次专利案件听证会。

3 月 永州市第二小学为全市首个中小学知识产权宣传教育试点学校。

4 月 市科技成果评审委员会评定 2005 年度科技进步奖 23 项，其中，一等奖 3 项、二等项 8 项、三等奖 12 项。

5 月 23 日 市科技局召开市科技信息“户”联网开通典礼暨工作会议，启动实施市科技信息“户”联网工程。

是月 市科技局安排市本级计划项目 37 项，其中，重点项目 12 项、一般项目 25 项，资金 300 万元。

是月 市科技局组织 23 家企业参加湖南省第二届科技博览会，有 10 个产品获得金奖。湖南敬和堂药业有限公司签订 1000 多万元的新产品销售合同。

7 月 11 日 市委、市政府出台《关于推进科技进步建设创新型永州的决定》。

是月 湖南熙可食品有限公司与省柑桔研究所共同组建柑桔工程技术研究中心挂牌。

8 月 23 日 市政府办印发《永州市专利资助资金管理办法》。

8 月 27 日 市政府印发《永州市科学技术奖励办法》《永州市科技发展第十一个五年规划》。

8 月 30 日 市委、市政府召开全市推进科技进步建设创新型永州大会。会上发布《关于推进科技进步建设创新型永州的决定》《永州市科技发展第十一个五年规划》《永州市“十一五”科学技术普及工作规划》。

10 月 30 日 市科技局组织 3 家企业参加广西南宁市举办的“中国星火计划 20 周年成就展览会”，均获得“星火计划实施 20 周年成就优秀项目奖”。

12 月　市科技局对 12 项建设工程进行抗震设防审批。

是年　市科技局全年争取国家、省科技项目 34 项，资金 290 万元。全市企事业单位和个人申请专利 299 件。

2007 年

1 月 24 日　省科技厅副厅长杨治平率社会发展处处长周上游、农村处处长刘少君到湖南科技学院就红薯燃料乙醇研究进行专题调研，全国生物质能源知名专家、教授熊兴耀应邀参加。

3 月 20 日　省委、省政府贯彻落实全国和全省科技大会精神督查组在组长、省科技厅副巡视员唐峰率领下，到永州开展贯彻落实情况督查。重点抽查了湖南熙可食品有限公司、湖南敬和堂制药有限公司，听取东安县委、县政府的情况汇报，查阅市财政局、市科技局有关科技投入账目。21 日，市政府主要领导主持汇报会并作表态发言，副市长戴菊芳作贯彻落实情况汇报，市委书记曾庆炎作补充讲话。

4 月 26 日　市知识产权局邀请省知识产权局局长龚世益分别到祁阳县、冷水滩区，为党政领导和企业负责人举行保护知识产权专题讲座。

是月　市知识产权局在全市开展专利执法统一行动，检查各类商品 500 多种，立案查处冒充专利案件 2 件，调处专利侵权纠纷案件 2 件。

5 月 22 日　市委、市政府召开全市科技进步奖励暨科技活动周启动仪式电视电话会议。市直有关单位、科研院所、大中专院校分管科技工作的领导，部分高新技术企业负责人，2006 年度科技进步奖获奖单位领导及获奖代表共 120 余人到主会场参会。

是月　《家庭生活科技手册》由科技出版社出版发行，全书 19 万字。

6 月 27 日　市委、市政府召开“强化科技支撑，促进永州发展”座谈会。

8 月　市知识产权局组织企业参加“首届中国专利技术展示交易周”湖南分会场活动。9 家企业 9 个专利产品参展。

是年　市科技局全年争取国家、省科技项目 37 项，资金 580 万元，其中国家项目 3 项，资金 309 万元；安排市级科技计划项目 39 项，其中，重点项目 11 项、一般项目 28 项，资金 350 万元。全市企事业单位和个人申请专利 282 件。

2008 年

2 月　市科技局召开全市科技抗冰救灾座谈会。

3 月 15 日　市科技局启动“雷雨”“天网”知识产权保护专项行动。在零陵大道悬挂保护知识产权的宣传横幅，发放资料 500 份。

是月 《2007 年中国知识产权文化论坛论文集》由知识产权出版社出版发行。市科技局局长姜加军参加论坛活动，其论文《知识产权文化价值的认同与提升》入编。

4 月 27 日 永州地源精细化工有限公司引进兰州理工大学的以红薯淀粉为主要原料生产烷基糖苷非离子表面活性剂项目，第一期 3000 吨 / 年的生产线正式投产。

5 月 9 日 市委、市政府召开全市科技进步奖励大会暨实施《国家知识产权战略纲要》报告会，表彰奖励 2007 年度市科技进步奖 25 项和首次市科学技术杰出贡献奖 1 人。

5 月 17—23 日 市科技局举办以“科技救灾补损促发展，携手建设创新型永州”为主题的科技活动周；印发 1.5 万册《科技抗冰救灾实用技术手册》。

11 月 市科技局争取科技部抗冰救灾专项资金 100 万元，支持湖南熙可食品有限公司在冷水滩区伊塘镇建立中国桔柑南方苗木繁育中心，省科技厅安排配套资金 30 万元。

12 月 24 日 市委常委会议专门听取科技工作情况汇报，研究贯彻落实全省产学研结合创新的意见。

是年 市科技局全年争取国家、省科技项目 55 项，资金 709 万元；安排市本级科技项目 44 项，资金 450 万元。新认定高新技术企业 3 家。全市企事业单位和个人申请专利 382 件。

2009 年

2 月 16 日 市科技成果评审委员会评定 2008 年度市科学技术奖 25 项，其中，一等奖 3 项、二等奖 10 项、三等奖 12 项。

4 月 市知识产权局被国家知识产权局评为 2008 年度全国专利执法先进集体。

5 月 8 日 市政府印发《永州市知识产权战略纲要实施方案》。

5 月 15 日 市科技局、市委宣传部、市教育局、市科协、市总工会、农工党永州市委联合举办“永州市科技创新知识电视抢答赛暨湖南省企业科技创新电视抢答赛永州赛区选拔赛”。

5 月 17—23 日 市科技局牵头举办以“加强自主创新，建设创新型永州”为主题的 2009 年科技活动周。

5 月 19 日 市政府印发《关于促进产学研结合的若干实施意见》。

5 月 20 日 市科技局组团参加第十二届中国北京国际科技产业博览会。

5 月 31 日 市政府印发《永州市科学技术奖励办法》。

6 月 3 日 市委、市政府组织召开全市产学研结合创新暨科技表彰大会。市委、市人大、市政府、市政协主要领导出席会议；市委书记黄天锡、市政府主要领导在会上讲话；表彰2008年度全市科技进步奖25项和市首届优秀专家10名。

8月 市知识产权局印发《永州市企业专利工作试点管理办法》。

9月 市科技局召开科技计划重点项目实施汇报会，市人大常委会副主任程晨曦、市政府副市长戴菊芳到会讲话。

10月 市科技局领导陪同市政府副市长戴菊芳到省林科院、中南林业科技大学和湖南中医药大学，为湖南敬和堂药业有限公司的厚朴开发寻求技术合作。

是年 市科技局全年争取国家、省科技项目45项，资金942万元；安排市本级科技项目40项，资金500万元。全市企事业单位和个人申请专利503件。

2010年

1月19日 市委宣传部牵头，市科技局、市科协、市文化局等单位在祁阳县白水镇举办永州市2010年“五下乡”活动启动仪式。

3月 市科技局发布《永州市科学技术奖励办法实施细则》。

5月15日 市委、市政府举办2010年度科技活动周启动仪式。市委书记黄天锡出席并宣布活动周启动，市政府主要领导讲话。15—21日，市科技局、市科协等部门举办以“加强产学研结合，助推新型工业化”为主题的科技创新和科普宣传活动。

5月20日 市政府和湖南中医药大学签订全面合作协议，副市长戴菊芳、湖南中医药大学党委副书记陈弘在合作协议上签字。市政府聘请湖南中医药大学党委书记蔡光先教授、科技处处长葛金文教授为市政府科技顾问。

6月 市科技局发布《永州市科技成果管理办法实施细则》。

是月 市知识产权局在全市组织开展专利执法专项行动。出动执法人员150人次，检查各类商品4000多种，核查专利产品300多种，立案查处13起假冒专利案件。

7月 市政府和湖南师范大学签订合作协议，在经济、科技、人才培养等方面建立全面战略合作关系。

是月 中国工程院院士袁隆平听取永州农业科技园区情况汇报，并接受科技园区专家委员会名誉主席聘书。

8月 市科技局发布《行政处罚自由裁量权基准》。

9月 湖南敬和堂药业有限公司通过省知识产权局知识产权优势企业培育工程的考核验收；湖南时代阳光药业股份有限公司和湖南金浩茶油股份有限公司被省知识产权局列入省知识产权优势企业培育工程；湖南皓志稀土材料有限公司、市雅大科技有限公司和市鑫盈建材有限公司被省知识产权局列为省中小企业知识产权推进计划试点。

10 月 10 日 湖南时代阳光药业股份有限公司举行“永州市抗抑郁药工程技术研究中心”成立揭牌仪式。

11 月 东安县创建知识产权示范县、宁远县知识产权试点县通过省知识产权局验收。

12 月 科技部批准“永州市现代农业科技示范园”为国家农业科技园区；冷水滩区被省科技厅列为湖南省可持续发展实验区。

是年 市科技局全年争取国家、省科技项目 47 项，资金 1300 万元；安排市本级科技项目 54 项，资金 510 万元。全市企事业单位和个人申请专利 700 件。

2011 年

5 月 15—17 日 市科技局组团参加 2011 年湖南科技活动周暨第四届科技博览会，省委副书记梅克保等领导到永州馆观看藿香正气水、异蛇酒等产品。

5 月 20 日 市科技局组织市农业局、永州职业技术学院、市柑科所、市三医院和冷水滩区有关部门科技人员，到冷水滩区普利桥镇开展技术服务、咨询。

5 月 26 日 市委、市政府召开全市科技工作暨科技奖励大会。表彰 2010 年度市技术发明奖和科学技术进步奖 22 项，其中，一等奖 1 项、二等奖 10 项、三等奖 11 项。

是日 市政府与省科技厅就共同推进永州国家农业科技园区建设签署会商协议书，并举行第一次会商工作会议。

是月 市科技局牵头举办以“推进‘四化两型’，加快富民强市”为主题的科技活动周。

是月 市政府同湖南中医药大学、湖南师范大学、中国农科院等 5 所高校院所签订全面合作协议，特聘 12 位专家为科技顾问。

9 月 第十四届国际人口与动物微量元素大会认定新田县为富硒地区。

10 月 市科技局组成工业、农业和社会发展两个组，对 2010 年度、2011 年度重点科技项目实施及经费使用情况开展督查。

11 月 市政府与中科院湖南技术转移中心签署战略合作协议。

12 月 湖南零陵恒远发电设备有限公司的“大功率轴伸贯流式水轮发电机”项目参与国际交流，获得科技部国际科技合作项目经费 300 万元。

是月 市凤凰园经济开发区被省知识产权局列为全省首批知识产权试点园区。东安县被评为全国科技进步先进县。

是年 市知识产权局被省政府授予 2011 年度“湖南省打击侵犯知识产权和制售假

冒伪劣商品专项行动先进单位”称号。市科技局全年争取国家、省科技项目 60 项，资金 1380 万元；安排市本级科技项目 39 项，资金 480 万元。获省科技进步一等奖 1 项，三等奖 3 项。全市企事业单位和个人申请专利 1152 件。

2012 年

4 月 24 日 市委、市政府印发《关于推进农业科技创新加快农业现代化建设的实施意见》。

4 月 26 日 市知识产权局组织召开企业知识产权座谈会。省知识产权局副局长邹民生出席会议并作《湖南省专利条例》专题宣讲，湖南熙可食品有限公司、湖南时代阳光药业股份有限公司等 20 余家企业代表参加座谈。

6 月 市政府发布《关于加强企业技术创新工作的若干意见》。

8 月 市政府发布《关于落实〈湖南省“十二五”科学技术发展规划的施行意见〉》。

9 月 中国科学院湖南技术转移中心组织专家到零陵区调研锰产业，就如何解决低品位锰矿综合利用和碳酸锰矿渣处理等问题，与零陵区政府及相关企业进行座谈，并到锰矿企业实地考察。

10 月 12 日 市委召开常委会专题研究科技工作，落实中央和省技术创新大会精神。

10 月 13 日 永州国家农业科技园区通过科技部中期评估，得分在全国 73 个园区中排第 11 位。

是月 在中国（长沙）科技成果转化交易会上，市政府与中国科学院湖南技术转移中心、天津工业生物研究所、武汉岩土研究所签订技术创新战略联盟协议。

12 月 祁阳县通过省知识产权示范创建县验收，双牌县通过省知识产权试点县验收。

是月 市科技局原局长姜加军、调研员许朝善举办“科学与艺术书画展”。书画展以永州科技与艺术史话及成果为主题，其中，书法作品 36 幅、国画作品 20 幅。市政协主席唐定、市委宣传部部长石燕萍、市政协副主席封金祥、市委原组织部部长刘高志等参加启动式。

是年 市科技局全年争取国家、省科技项目 68 项，资金 1540 万元；安排市本级科技项目 49 项，资金 532 万元。组织鉴定（验收）科技成果 25 项，获得省级科技奖5 项。全市企事业单位和个人申请专利 1446 件、授权专利 642 件。

2013 年

1 月 5 日　市政府办印发《永州市“十二五”高新技术产业发展和自主创新能力建设规划》。

1 月 18 日　市委、市政府召开永州市科技创新暨科技奖励大会。市委书记张硕辅、市长魏旋君出席会议并讲话。表彰 2012 年度科技成果奖励项目 26 项，其中，一等奖 3 项、二等奖 11 项、三等奖 12 项。

是月　市科技局被省科技厅评为 2012 年度全省科技工作先进单位。市知识产权局被省知识产权局评为 2012 年度知识产权工作先进单位。

2 月 17 日　市政府印发《关于促进科技和金融结合加快创新型永州建设的实施意见》。

是月　市委、市政府制定印发《创新型永州建设纲要》。

4 月 16 日　市政府印发《永州市专利资助和奖励办法》。

是月　举办“4·26”知识产权宣传周活动，永州市被省知识产权局评为知识产权宣传周活动先进单位。

5 月　市科技局牵头在道县启动 2013 年永州市科技活动周，以“创新驱动，科技引领，建设创新型永州”为主题，开展系列群众性科普活动。

8 月　永州市被国家知识产权局列为知识产权试点城市，东安县被列为知识产权试点县。

8 月 30—31 日　市知识产权局举办专利执法实务培训班，邀请省知识产权局副局长刘跃红等 3 位专家授课，50 余名执法人员参加培训。

9 月　市知识产权局与祁阳县、冷水滩区、零陵区知识产权局开展联合执法，立案 66 起，结案 36 起。

11 月　第八届粤赣湘桂边界气象合作年会在永州召开。市政府副市长舒平、省气象局总工程师汪扩军分别致辞。征集科技论文 50 篇。

12 月 16 日　市政府召开第三十一次常务会议，专题研究知识产权工作。原则通过《永州市“国家知识产权试点城市”工作方案》，同意设立永州市专利奖，每年评奖一次。

是月　市科技局引进湖南德福隆科技有限责任公司落户零陵区河西工业园，主要研发电子触摸屏。

是年　市科技局全年争取国家、省科技项目 64 项，资金 1724 万元。其中，国家科技项目 6 项，资金 510 万元，省科技项目 48 项，资金 1148 万元；省知识产权战略专项10项，资金68万元。市本级安排项目64项，安排资金510万元。全市企事业单位和个人申请专利1942件。

2014年

1月 市知识产权局被省知识产权局评为2013年度省专利工作先进单位。

2月28日 市委、市政府召开全市综合表彰大会，其中表彰奖励2013年度科技成果29项。

5月17日 市科技局牵头在江华县启动2014年度科技活动周。

6月23—24日 市知识产权局举办企业知识产权联络员培训班。省知识产权局党组成员、副局长刘中杰出席并授课，11个县区和企业代表110人参加培训。

是月 市长向曙光带队到广州联炬科技企业孵化有限公司进行考察、洽谈，共同投资、合作建设“永州科技企业孵化园”。

是月 市科技局配合省生产力促进中心主办首届“永州—上海投融资项目对接路演会”。邀请上海多家投融资机构到永州交流考察，有10家科技型中小企业参与面对面交流对接，2个项目达成投融资合作意向。

7月24日 市政府颁布《永州市科学技术奖励办法》；市科技局印发《永州市科学技术奖励办法实施细则》《永州市专利奖实施细则》。

是月 市科技局邀请湖南农业大学教授石雪晖到蓝山县讲授葡萄种植技术课，55家种植大户参加培训。课后，石雪晖到5家葡萄种植大户现场传授技术。

8月 冷水滩区黄阳司镇、零陵区邮亭圩镇、祁阳县黎家坪镇、东安县鹿马桥镇农技推广站，被全国农技推广服务中心认定为“全国首批五星乡镇农技推广机构”。

11月26日 市财政局印发《永州市本级科技创新及应用研究资金、项目管理办法》。

是年 市科技局全年争取国家、省级科技项目69项，资金1793万元；安排市本级科技项目55个，资金610万元。全市企事业单位和个人申请专利2194件。

2015年

1月 市知识产权局被省知识产权局评为2014年度湖南省专利工作大竞赛优胜单位和《湖南省专利条例》绩效考核先进单位。

2月3日 市委宣传部牵头，市科技局等单位到冷水滩伊塘镇开展“三下乡”活动。

4 月 8 日 市政府印发《关于 2014 年度永州市科学技术奖励的决定》《关于 2014 年度永州市专利奖授奖决定》；表彰科技成果奖 30 项，专利奖 3 项。其中，市科技进步奖一等奖 2 项、二等奖 4 项、三等奖 18 项；市技术发明奖二等奖 1 项、三等奖 5 项；市专利奖二等奖 1 项、三等奖 2 项。

是月 市知识产权局与冷水滩区知识产权局联合开展“4·26”知识产权宣传周活动。

5 月 16 日 市科技局在市林科所举办 2015 年度科技活动周暨科普基地免费开放日启动仪式。

6 月 市科技局组织企业参加 2015 年度中国创新创业大赛。有 9 家企业和 3 支团队参赛，其中 2 家企业获全省创新创业大赛优胜奖，1 支团队获全省创新创业大赛三等奖，获奖总数在全省排名第二。

8 月 江永县元杰科技有限公司与江永县农村信用联社签订专利质押贷款协议，获贷款 50 万元。

9 月 市知识产权局在全市组织开展专利执法检查，检查 2500 多种商品，登记专利产品 380 种，立案查处假冒专利案件 100 起。

12 月 市科技局获得 2015 年度第四届中国创新创业大赛（湖南赛区）暨第二届湖南省创新创业大赛优秀组织奖。

是年 市科技局全年争取国家科技项目 1 项，省科技项目 35 项，资金 1480 万元；安排市本级科技项目 50 个，资金 510 万元。全市企事业单位和个人申请专利 2387 件。

第一章　科技队伍

1992—2015 年，依据国家机构改革和科技事业发展，市科技局内设科室几经变更，至 2015 年年底设有 7 个科室，定编 28 人。下属单位先后有市科技情报研究所、市技术市场管理办公室、市专利事务所、市地震局、市生产力促进中心等。市科技情报研究所于 1980 年成立，2002 年并入市技术市场管理办公室，实行两块牌子、一套人马，至 2015 年年底，全市有科技情报研究与咨询人员 500 余人，主要职能是贯彻执行有关技术市场的法律法规，指导和监督技术贸易活动；负责技术合同的认定登记和技术市场发展综合分析，提供技术市场信息。市专利事务所于 1985 年成立，1997 年改革成立市专利管理局，履行专利法赋予的管理职能，其专利代理、专利贸易、专利咨询、专利文献查询等服务项目改为社会化服务。市地震局于 2009 年由原地震办更名升格，定为副处级事业机构，职能调整并归口市政府办管理。市生产力促进中心于 2005 年成立，主要职能是促进科技成果转化和科技与经济的结合。随着科技体制改革的深入，县区 2002 年以后不再设置国有独立科研院所，原有的 12 家改为技术推广中心或推广站，至 2015 年仅有市属独立科研所 4 家，即市农业科学研究所、市林业科学研究所、市农业机械研究所、市柑桔科学研究所；国家实验站 1 家，即中国农业科学院祁阳红壤实验站。以企业技术研发中心为主的科技机构有长足发展。据统计，2005—2015 年，境内有研发活动的单位由 31 家发展到 176 家，其中，国家认定企业技术中心 1 家，省级工程技术研究中心 5 家；专业技术人员由 97418 人增至 135219 人，其中享受国务院特殊津贴专家 37 人。至 2015 年年底，市级各类学会（协会、研究会）45 个，单位会员 1425 个，会员 32651 人。科技队伍的不断壮大，为永州科技发展提供了智力支撑，促进了科技进步和经济发展。这一时期，在科技体制改革、鼓励人才流动的大背景下，永州科技人才向外流失的现象较为严重，主要在工程、教育和医疗卫生领域。

第一节 管理机构

1992—2015 年，科技管理机构随着科技体制、经济体制和政治体制改革的逐步深化而有所变化。市（地区）县区委、政府成立科技工作领导小组，加强科技工作的领导和科技政策的贯彻落实。改革科技行政管理体制，调整管理职能，科技管理由单纯的部门管理转为面向全社会服务的“大科技”工作格局。市科技局增强科技发展中长期规划、技术市场管理和专利实施等方面的职能。市直经济主管部门内设的科技管理机构大部分合并到生产经营管理科室，强化了产学研结合。县（区）科技局的设置与职能变化不大，直至 2015 年全部与经济等主管部门合并。乡镇科委隶属当地政府，配有科技专干，主任由分管领导兼任，在 2002 年和 2012 年两轮机构改革中全部撤销。

一、市科学技术局

（一）机构设置

1992—1995 年，零陵地区科学技术委员会是地区行署的组成部门，负责全地区科技管理工作，内设办公室、科技计划科和成果管理科。下属事业单位有地区科技情报研究所、地区技术市场管理办公室、地区微电研究开发中心、地区专利事务所、地区农村能源办公室和地区科技开发中心；定编 52 人，其中行政编制 14 名，事业编制 38 名。1995 年，地区、县（市）农村能源办公室统一划归地区、县（市）农业委员会。

1995 年 12 月，零陵地区改为永州市，地区科委改为永州市科学技术委员会，设办公室、政工科（挂纪检监察室牌子）、科技计划科（挂科普科牌子）、科技成果管理科、法制科 5 个职能科室，核定行政编制 14 名，事业编制 2 名。1996 年，下属全额财政拨款科级事业单位有：永州市科技情报研究所，定编 10 名；永州市专利事务所，定编 4 名；永州市微电子技术研究所，定编 5 名；永州市技术市场管理办公室，定编 4 名。1997 年，永州市专利事务所撤销改建为永州市专利管理局，为正科级事业单位，定编 5 名。

2001 年，市委、市政府印发《永州市机构改革方案的实施意见》，撤销永州市科学技术委员会，设置永州市科学技术局，将市专利局并入永州市科学技术局，加挂市知识产权局牌子。

2002 年，市政府办印发《永州市科学技术局职能配置、内设机构和人员编制规定》。市科技局内设办公室、工业与综合计划科、农村与社会发展科、科技成果管理科、政策法规科（科技人才工作办公室）、知识产权科 6 个职能科室。核定行政编制 13

名，其中，局长 1 名（兼任知识产权局局长）、副局长 3 名、知识产权专职副局长 1 名，纪检组长 1 名，正副科长 6 名。是年，市编办行文，设立永州市地震办公室，为正科级事业机构，核定全额拨款事业编制 4 名，其中正副科级基数各 1 名。保留永州市技术市场管理办公室，将市科技情报研究所并入市技术市场管理办公室，保留牌子。市技术市场管理办公室为正科级事业机构，核定全额拨款事业编制 5 名，其中正副科级基数各 1 名。撤销永州市微电子技术研究所，将该机构职能与市科技情报研究所、市技术市场管理办公室的 7 名编制一并划入市经济信息中心。

2009 年，永州市地震办公室更名为永州市地震局，为副处级事业单位，隶属关系由市科技局调整归口市政府办管理。

2011 年，市知识产权局事业编制撤销，改为 6 个行政编制。2012 年 10 月，市委常委会同意将 2011 年成立的市“双打”领导小组办公室（打击侵犯知识产权和制售假冒伪劣商品）列为常设机构。

2015 年，市编办下发《关于市科学技术局有关职责和机构编制调整的通知》，对市科技局机构编制作出调整。科技成果管理科更名科技成果与技术市场科（监督管理科），政策法规科（科技人才工作办公室）更名政策法规与科技合作科（科技人才工作办公室），发展计划与高新技术产业科更名综合规划与高新技术产业发展科，打击侵犯知识产权和制售假冒伪劣商品工作领导小组办公室更名专利执法科（挂知识产权维权援助中心牌子，知识产权科不再挂专利执法科牌子）；保留知识产权科、纪检监察室。核定局机关行政编制 21 名，其中，局长 1 名、副局长 3 名，纪检组长 1 名，正科级领导职数 7 名，副科级领导职数 2 名，后勤编 1 名。市技术市场管理办公室(市科技情报研究所)为市科技局所属正科级全额拨款事业单位，编制 6 人。到年底，全局实有人数 27 人。

2015 年永州市科技局（市知识产权局）机构设置与人员情况表

表 1－1　　单位：人

机构设置		编制情况			实有人数	
		行政编	事业编	后勤编	干部	职工
机关	局领导（含非领导职务）	21			9	
	办公室			1	4	1
	政策法规与科技合作科				1	
	综合规划与高新技术产业发展科				1	
	农村社会发展科				1	
	科技成果与技术市场科				1	
	知识产权科				2	

续表 1－1

机构设置		编制情况			实有人数	
		行政编	事业编	后勤编	干部	职工
机关	专利执法科	21			0	
	纪检监察室				兼	
事业	市技术市场管理办公室		6		2	5
合计		21	6	1	21	6

1992—2015 年度永州市科技局（科委、知识产权局）领导班子成员及非领导职务人员任职情况

表 1－2

职务	姓名	性别	任职时间
党组书记、主任	杨汉荣	男	1983.09—1993.02
党组副书记、主任			1993.02—1994.02
调研员	陈振国	男	1983.10—1992.03
党组成员、副主任	刘昭厚	男	1982.01—1994.08
调研员			1994.08—1998.05
党组成员、副主任	熊家骥	男	1983.09—1994.08
调研员			1994.08—1996.09
党组成员、纪检员	许朝善	男	1985.06—1990.07
党组成员、副主任			1990.07—2000.12
调研员			2000.12—2003.06
党组成员、副主任	李笃学	男	1988.04—1994.12
党组书记、主任			1994.12—2001.08
委员	何大光	男	1988.04—1995.03
党组成员、纪检组长	李运生	男	1991.03—2002.10
党组成员、副主任	王金铭	男	1992.10—2001.11
党组书记	颜若义	男	1993.02—1994.12
副主任、副局长	封金祥	男	1999.08—2007.01
局长			2009.08—
局长兼市政协副主席			2002.01—
党组成员、副主任	廖毅	男	1999.07—2000.09
党组成员、副局长			2001.10—2010.12
党组书记			2010.01—

续表 1－2

职　务	姓　名	性 别	任职时间
副调研员	刘玉初	女	1999.06—2006.08
党组书记、局长	姜加军	男	2001.08—2009.08
党组成员			2009.08—2011.09
党组成员、副局长	张缘麟	男	2001.10—2002.12
党组副书记、副局长			2002.12—2008.07
党组成员、副局长	单　萍	男	2002.08—2004.05
党组成员、纪检组长	张　超	男	2002.10—2008.12
党组成员、副局长			2008.12—
副局长	汤平波	男	2002.10—2008.10
党组成员、副局长			2008.10—2010.12
调研员			2010.12—2014.08
副调研员	欧阳亚翎	女	2003.12—2015.06
副局长	蒋五定	男	2005.06—2008.10
党组成员、副局长			2008.10—
副局长	周云玲	女	2007.11—2012.05
副调研员	李谋智	男	2006.07—2008.12
党组成员、纪检组长			2008.12—
副调研员	廖翠娥	女	2008.12—
党组成员、副局长	尹明宇	男	2010.01—
总工程师	何　勇	男	2011.10—
党组成员、副局长	奉来生	男	2014.12—

（二）管理职能

市（地区）科技管理职能随着行政机构改革有所变化。1985—1994 年，地区科委的主要职能是：贯彻落实国家科技方针政策规定，编制科技发展规划，负责科技计划管理、科技条财管理、科技成果管理、技术市场管理、专利管理、电子信息应用管理、科技情报管理、农村能源管理等。

1995 年，地区农村能源办公室由地区科委划归地区农业委员会，农村能源管理职能划出。

2001 年，撤销永州市科学技术委员会，设立永州市科学技术局，加挂永州市知识产权局牌子，承担原市专利局的专利管理职能。2002 年，撤销永州市微电子技术研究所，电子信息应用管理职能从市科技局划归市经济信息中心；增加原市计划委员会拟定全市民用科学技术发展中长期规划，编制重大科技攻关和重点实验室项目计划及相关经费安排职能。设立永州市地震办公室，为正科级事业机构，增加地震设防管理职能。

2009 年，永州市地震局升格为副处级事业单位，归口市政府办管理，其管理职能划出。

2015 年，市科技局对科技类民办非企业单位的审核职能取消，增加组织实施市专利奖评审与省专利奖的申报、推荐；会同有关部门做好企业研发经费审核及相关税收优惠政策落实；拟定科技经费管理相关制度、监督检查预算执行情况和专项经费使用、绩效评价职能。

（三）下属事业单位

1.永州市科技情报研究所　1980 年，中共零陵地委批准设立零陵地区科技情报研究所，编制 10 人。负责科技信息的收集整理、综合调研、决策咨询等服务性工作，与地区科委科技情报科合署办公。各县（市）科委相继建立科技情报研究所，部分厂矿组建情报室，或配备专、兼职情报人员。至 1991 年，全市有科技情报人员 200 人。1997 年，零陵地区科技情报研究所更名为永州市科技情报研究所。其职能是：制定科技情报工作计划，提供情报服务，培训科技情报人员，协调与指导全市科技情报工作及相关活动的开展。2002 年 9 月，并入市技术市场管理办公室，保留市科技情报研究所的牌子。截至 2015 年年底，全市科技情报研究与咨询人员有 500 余人（含企业）。

2.永州市技术市场管理办公室　1989 年，地区编委批准设立技术市场管理办公室，为地区科委下属正科级事业单位，核准事业编制 5 人，其中正副科级职数各 1 名。工作职能是：负责研究编制实施全市技术市场发展规划、政策和措施，会同有关部门审批技术贸易机构；核发技术贸易许可证，技术合同的认定登记工作；负责技术贸易、中介、经纪人员培训和考核发证工作。2002 年 9 月，市科技情报研究所并入，增加科技情报服务职能，核定全额财政拨款事业编制 5 名，其中正副科级职数各 1 名，实有人数 5 人。2014—2015 年，定为公益类事业单位，核准事业编制 7 人，设正副主任职数各 1 名。

3.永州市地震局　2002 年 9 月，市编办下文，设立永州市地震办公室，为正科级事业机构，核定全额财政拨款事业编制 4 名，其中正副科级职数各 1 名。2009 年 12 月，更名为永州市地震局，为副处级事业机构。由市科技局主管调整归口市政府办公室管理，编制 4 名，其中，局长 1 名、副局长 1 名。工作职能是：贯彻执行地震法律、法规，监督、检查防震减灾工作；组织编制防震减灾规划；管理地震监测预报、震害预测和群测群防工作；拟定应急预案；参与省地震部门对地震灾害损失评估；制定本市地震灾区重点规划；负责地震安全性评估工作以及资格审查、认证和登记；指导和监督管理重大工程、重要设施的抗震设防；组织开展地震科技工作与交流；指导县区地震工作。

4.永州市专利事务所　1985 年 8 月，经地区编委批准、省专利管理局批复同意成立地区专利事务所，并抄报中国专利局备案，履行专利管理职能，主要承担专利代理、专利实施许可证贸易、专利咨询、专利文献查询等服务工作。1997 年，经市编办批准成立永州市专利管理局，撤销永州市专利事务所。市专利事务所承担的专利代理、专利贸易、专利咨询、专利文献等服务事项改为社会化服务，由具有资质的第三方民办专利服务机构承担。2001 年，原地区专利事务所专利代理人王培苓、梁国华、周北朝 3 人合伙组建永州市第一家民办专利事务所，承接专利服务事项。

5.永州市生产力促进中心　2005 年，根据国家科委文件精神，省科技厅为促进科技成果转化和科技与经济的结合，在全省推进生产力促进中心建设，定性为市州、县区科技局下属全额或差额拨款事业单位。市科技局因受人员编制、经费限制，注册成立集体企业性质的永州市生产力促进中心，归口市技术市场办管理。主要从事促进科技成果转化和科技咨询服务工作。2010 年，由于机构定性不准及管理不善等情况，在清理党政机关所办企业中，停止经营而自然注销。

二、市直单位科技管理机构

（一）市直经济主管部门

1988—1995 年，零陵地区直属经济主管部门均设科技管理机构，称科技科（技术科、科教科）。1995 年行政机构改革，部分经济主管部门撤销科技管理机构。2002 年行政机构改革，大部分单位撤销科技管理机构。至 2015 年，尚有市财政局、市教育局、市环保局、市经济信息化委员会、市卫生与人口计划生育委员会等部门保留，一般配置管理人员 1～2 人，由一名副职领导分管。主要职责：拟定本部门科技创新规划或计划，开展科技培训和科普活动，组织科技计划项目申报、实施，科技成果奖励项目推荐、推广，科技人员考核、晋级等。

（二）市直企事业单位

20 世纪 90 年代，境内企事业单位陆续建立科技管理或科研机构，其名称为科技科、科教科、技术部、科技开发部等，管理和研发部门多为一体。国有大中型企业一般配备管理人员 3～5 人。民营企业一般配备管理人员 1～2 人，主要通过产学研合作方式开展技术研发活动。2000—2015 年，市直事业单位的科技机构无大的变化，规模较大的企业主要是建立技术中心或工程技术研发中心。其主要职责是组织技术研发、人员培训、对外技术合作、科技项目申报和实施等。

三、县区科技管理机构

（一）县（区）科技局

1991 年年底，零陵地区所辖各县（市）均设有科委，行政上受县（市）政府领导，接受地区科委业务指导，机关人员一般 10 人左右。1992—2015 年，多数县区人数略有增加，机关人员 8～15 人（含下属事业单位人员），全市稳定在 130 余人；金洞管理区、回龙圩管理区于 2007 年成立科技局，配备人员 2～3 人；永州市经济技术开发区的科技管理工作由经济发展局负责。县区科技局的机构设置和管理职能与市科技局大致相仿。2015 年，启动县、区行政机构改革，县区科技局不再保留。冷水滩、零陵、祁阳、东安、宁远、道县、江华 7 县区科技局，与经济和信息化委员会合并更名为科技和经济信息化委员会；双牌、新田、江永、蓝山 4 县科技局，与县商务局、粮食局、经济和信息化委员会合并更名为科技商务粮食和经济信息化委员会；金洞管理区科技局则与文体广新局合并成立文体广新科技局；回龙圩管理区科技局和永州市经济技术开发区经济发展局的机构与职能无变化。

（二）乡镇科委及科技专干

1989 年，零陵地区 11 个县(市)相继设置区、乡(镇)场科委，行政隶属区乡(镇)政府，业务受县（市）科委指导。多数乡镇配备科技专干 1～2 名、兼职干部 1～2 名，由科技副乡(镇)长分管。工作职责是：组织科技成果和适用技术推广应用，提供科技经济信息，组织开展科技协作和科技培训，承担科技计划项目管理和科普宣传工作。20 世纪 90 年代中期，各县区选派(聘)一批年富力强的科技人才赴乡镇挂职。1993 年，境内有 375 个乡镇设有科委、配备科技副乡镇长；配有科技专干 147 名、科技兼干 185 名；建农科教中心 151 个，4415 个村明确科技副村主任，29697 个村（组)有科技员，扶持科技示范户 9165 个。2002 年，乡镇科委和科技专干多数被撤销。2011 年，区乡镇通过撤区并乡方式进行精简合并，除农技、畜牧等政府设立的农技推广机构保留外，乡镇科委和科技专干全部被撤销。

第二节 科技人才

科技是第一生产力，科技人才关乎科技事业的兴衰，也是生产力中的第一要素。科技人才以所在部门管理为主，市人力资源和社会保障局负责专业技术人员的职称评聘、人才交流等管理，市科技局负责行业专家数据库建设，组织科技攻关等。随着改革开放和经济社会发展需要，市委、市政府相继出台科技人才政策，不断优化人才环境，大幅度提升科技进步奖励，鼓励科技人才投身经济建设主战场，逐步建立起一支规模较大、科研教学实力不断增强的科技人才队伍。

一、科技人员数量

1992 年，境内专业科技人员数量为 70267 人；到 2015 年，增加到 135219 人，各类专业人才数量增长接近一倍（1993—2004 年每年人才总数不详），开展科学研究与试验发展的活动单位 176 个。

2005—2015 年度永州市科技人才情况表

表 1－3　　单位：人、个

年　度	专业技术人员	研究与试验发展活动单位
2005	97418	31
2006	102284	38
2007	108611	46
2008	115374	30
2009	122367	77
2010	127167	64
2011	126023	32
2012	128079	37
2013	131504	188
2014	133171	143
2015	135219	176

说明：本表数据来自湖南科技统计年鉴，省科技厅于 2005 年起开始进行研究与试验发展人员统计

二、享受政府特殊津贴专家

1990 年，党中央、国务院决定，给做出突出贡献的专家、学者、技术人员发放政府特殊津贴。1991—2004 年，经国务院批准，全市享受国务院特殊津贴的专家有 37 人，其中一次性享受津贴 5 人，终身享受每月 100 元津贴的 32 人；期间调外地 4 人，病故 1 人。至 2004 年年底，终身享受国务院特殊津尚有 27 人。

2004年永州市终生享受国务院政府特殊津贴专家一览表

表1－4

序号	姓名	性别	出生年月	所在单位	评定时间（年）
1	孙吉祥	男	1942.07	永州市经委	1991
2	林庆先	男	1942.07	永州市农业局	1992
3	蒋敏兆	男	1937.06	永州市农业局	1992
4	张锦友	男	1938.04	永州市农科所	1992
5	杨兴华	男	1940.02	江永县农业局	1992
6	吕　桢	男	1932.06	冷水滩耐火材料厂	1992
7	王岂槐	男	1951.02	双牌县水轮机厂	1992
8	唐元位	男	1945.07	中共祁阳县委	1992
9	周正仁	男	1938.05	零陵学院	1992
10	王田葵	男	1940.05	零陵学院	1992
11	胡宗健	男	1936.06	零陵学院	1992
12	黄自瑶	男	1937.05	永州市林业局	1992
13	欧阳志	男	1933.09	永州职业技术学院	1992
14	蒋贤哲	男	1931.03	永州市文联	1992
15	李隆汉	男	1940.05	江永县政协	1992
16	郑有忠	男	1938.04	永州市农业局	1993
17	郑朝耀	男	1938.05	永州市农业局	1993
18	黄绍棠	男	1932.05	永州市农业局	1993
19	霍卫民	男	1940.03	冷水滩区科协	1993
20	蒋升文	男	1933.06	永州市公路局	1993
21	赵学林	男	1933.03	零陵造纸厂	1993
22	唐朝阔	男	1938.05	零陵学院	1993
23	杜方智	男	1938.05	零陵学院	1993
24	喻美莲	女	1938.03	永州市林业局	1993
25	杨克祥	男	1946.02	永州市文联	1993
26	周宗岳	男	1939.06	永州职业技术学院	1994
27	夏运良	男	1940.08	九嶷水泥厂	1994

至2015年年底，永州市享受国务院特殊津贴专家有25人，其中终身享受国务院特殊津贴专家19人，一次性享受津贴专家6人。另有享受省政府特殊津贴专家2人。

第三节　研发机构

1992—2015 年，是境内科研机构变革剧烈时期。2000 年，国务院发布《关于深化科研机构管理体制改革的实施意见》，民营科技机构、企业工程技术中心有了快速发展，适用技术研究和高新技术研究并驾齐驱。1991 年，境内独立事业性质的科研机构 16 家，其中，国家实验站 1 家、地属科研所 3 家、县属 12 家；非独立科研机构 1 家。1992 年，新成立零陵地区柑桔科学研究所，与地区柑桔示范场实行两块牌子，一套人马。2002 年，12 家县级科研所改为技术推广中心、站或场。到 2015 年，境内有国家实验站 1 家，市属独立科研所 4 家，部门所属技术中心 1 家，省级重点实验室 1 家，省级工程技术研究中心 5 家。

一、独立科研机构

（一）中国农业科学院祁阳红壤实验站

2015 年，位于祁阳县文富市镇官山坪村的中国农业科学院祁阳红壤实验站

1960 年成立，隶属中国农业科学院农业资源与农业区划研究所，是中国农业研究历史最早的实验站之一，位于祁阳县文富市镇官山坪村。2000 年，该站第一批进入国家重点野外台站，2005 年成为农业部重点野外科学试验站。到 2015 年，该站有衡阳办公生活区、祁阳实验站和冷水滩推广示范基地，土地面积分别为 0.93 公顷、17.86 公顷和 26.86 公顷，各类科学试验仪器 70 余套，价值 500 多万元，房屋建筑面积 6000 多平方米。建站以来，培育出院士、国家级专家和农业部突出贡献专家等科研人才 200 多名。中国工程院院士刘更另任实验站第一任站长。至 2015 年，有固定工作人员 19 人，其中，高级职称 6 人，中级职称 10 人，科研辅助人员 3 人，常年客座研究

人员 5 人，实习学生 10 人。1960—1974 年，该站主要从事低产稻田改良研究；1974—1990 年，主要从事水稻高产栽培和稻田合理农作制研究；1991—2000 年，主要从事红壤丘陵立体生态农业研究；2001—2015 年，主要从事红壤退化修复及土壤有机质提升等研究。该站从单一的土壤肥料研究试验，发展成为农业环境、农业生态、区域治理、果树、油料、畜牧等学科综合性实验基地，是中国农业系统在红壤丘陵区人才培养、国际合作、学术交流的主要窗口之一。

1960—2015 年，该站取得省部级及以上科技成果奖 34 项，其中国家级奖项 5 项。1964 年，“冬干鸭屎泥水稻坐秋以及低产田改良的研究”获国家重大科技成果奖；1986 年，“红壤稻田持续高产研究”获国家科技进步三等奖；2003 年，“南方红黄壤地区综合治理与农业可持续发展技术研究”获国家科技进步二等奖；2009 年，“南方红壤区旱地肥力演变、调控技术及产品应用”获国家科技进步二等奖；2015 年，“主要粮食产区农田土壤有机质演变与提升综合技术与应用”获国家科技进步二等奖。

（二）永州市农业科学研究所

2015 年，位于零陵区桃江路的永州市农业科学研究所

1962 年，由零陵县农业示范场改建成立，是湘南地区农业科技引进、研究、示范、推广的农业综合性公益类科研事业单位，和中国农业科学院农业资源与农业区划研究所共建湘南红壤作物与生态研究中心。位于零陵区桃江路。内设办公室、政工科、科技科、计财科、水稻育种研究室、农作物栽培研究室、果蔬研究室、烤烟研究室、旱粮研究室 9 个科室。核定事业编制 89 名，其中全额拨款事业编制 70 名，差额拨款事业编制 19 名；至 2015 年，有各类专业技术人员 65 人，其中，正高级职称 2 人、副高级职称 14 人、中级职称 32 人。该所先后建设成为国家烤烟良种繁殖基地，国家水稻原种扩繁基地，国家油菜、玉米生产试验和展示点，国家农业科学实验站永州标准站，中国杂交粳稻协作组成员单位，湖南省科技成果示范推广试点单位，袁隆平院士“种三产四”推广示范站等。

1992—2015 年，承担省、市科研计划或自选科研项目和课题 700 多项，获得国家、省和市各级各类科研成果奖 80 余项。引进选育推广水稻、水果、烤烟、油菜、玉米、花生、大豆、红薯等新品种206个，在省内外大面积示范推广品种102个，普及实用技术200多项，推广面积3466.67万公顷，创社会经济效益200多亿元。2004年2月，副研究员李四九主持选育的杂交早稻金优899、I优899等6个新品种通过市、省农作物品种审定委员会审定，结束境内无自选杂交水稻品种在全省推广的历史。“烟青虫自然种群生命表组建及其在测报和防治上的应用”研究处于国内领先水平。2012年以来，选育的杂交水稻益优701等3个新品种及油菜新品种油研2013处于省内先进水平。

（三）永州市林业科学研究所

2015年，位于冷水滩区伊塘镇的永州市林业科学研究所

1964年成立，是从事林业科研推广、苗木生产和科学普及的公益类科研事业单位。位于冷水滩区伊塘镇。2011年10月，省林业厅批复，加挂“永州市孟公山林场”牌子；2014年9月，市编办批复，加挂“永州林业博览园”牌子；2013年，省林业厅批复，加挂“湖南省林业科学院永州分院”牌子。内设综合办公室、科研办公室、生产办公室、项目办公室、能源办公室、财务室、监察室、林博园管理处、游客中心9个机构。至2015年，有干部职工94人，其中在职51人，退休43人；有专业技术人员43人，其中，高级职称5人、中级职称14人、初级职称24人。建筑面积14533平方米，林权证标识面积476公顷，其中森林植物园核心区100公顷，森林蓄积量2812立方米，植物种类1000余种，国家重点保护植物和珍稀树种123种。

1992—2015年，完成科研项目30项，获科技成果29项，其中，省级科技成果5项、市（厅）级科技成果24项。“杉木以苗繁苗”项目研究被认定为“国内首创”；油茶育种及丰产栽培、耐寒桉树引种及品比试验等研究成果处国内先进水平；“ABT与GGR系列研究推广”项目2006年被中国林科院评为一等奖；“赤桉34号组培苗扦插繁殖研究”等5项获市科技进步二等奖；“榉木扦插繁殖技术研究”“良种油茶快速育苗技术研究”分获市科技进步三等奖和省科技进步三等奖。至2015年年底，荣获国家、省市（厅）授予各类荣誉称号30余项。2013年，市林业局、市科协联合授牌

“永州市生态科普教育基地”；2014 年，被省科技厅定为“湖南省科普基地”；2015 年，入选“湖南省林业保障性苗圃基地”；2016 年，被省林业厅、省教育厅、共青团湖南省委联合授予“湖南省生态文明教育基地”称号；同年，被省科协和省林业厅分别授予省首届“公众最喜爱的科普场馆（基地）”和“湖南省秀美林场”称号。已成为省、市林业科研、生产、推广基地和辐射周边省市的生态旅游地。

（四）永州市农业机械研究所

2015 年，位于冷水滩区万寿路的永州市农业机械研究所

1964 年成立，是从事新型农业机械研制开发、应用推广的公益性科研事业单位。内设办公室、财务室、科研股、推广股 4 个职能股室。定编 32 人；至 2015 年，有在职干部职工 17 人，其中专业技术干部 10 人。位于冷水滩区万寿路 1 号，有办公用房 610 平方米，试验试制车间 180 平方米。1992—2015 年，成功研制、开发各种机械（机具）、新技术 30 余项，推广新机具 3 万多台（套），获发明专利 1 项、实用新型专利 13 项。1999 年研发的“PYP-IV 型全自动塑料秧盘成型机”，获 2002 年度市科技成果三等奖；2008 年研发的“4LBZ-105 型水稻联合收割机”获实用新型专利 6 项；“多功能半喂入联合收割机”获 2009 年度市科技进步二等奖；2013 年研发的“多功能耕作收获机”获市 2015 年度技术发明三等奖，关键技术达国内领先水平。

（五）永州市柑桔科学研究所

1992 年成立，与市柑桔示范场合署办公。市柑桔示范场是 1981 年由原零陵地区青年农场、省“五七”干校、地区旱粮科学研究所合并组建的差额拨款科研事业单位。位于冷水滩区伊塘镇。建场初期接受澳大利亚政府援助，开展柑橘技术合作。1992—2015 年，主要进行中澳柑橘技术合作项目的成果转化，新品种引进、选育、栽培和推广。至 2015 年年底，有土地面积 375 公顷，其中柑橘等果园 306.67 公顷。内设办公室、生产科、人事科、财务科、保卫科，下设长木坪工区、大树坪工区、四岭坳工区、凉木铺工区。核定差额拨款事业编制 189 名，2015 年有在职干部职工 189 人，其中，在职科研和管理人员 39 名，技术工人 150 人。

2017 年，位于冷水滩区伊塘镇的永州市柑桔科学研究所

至 2015 年，该所荣获多项科技成果奖励与荣誉称号。《丘陵地区柑橘建园总体设计》分获湖南省、农业部设计一等奖、国家优秀设计银质奖；“加工专用品种哈姆林甜橙”获农业部“金牛奖”；“柑橘无病毒容器育苗技术引进、改进及推广”获农业部科技进步三等奖；“喷头移动式低微喷灌应用”获省科技进步三等奖；“‘黑美人’西瓜嫁接育苗技术推广应用”等 6 个项目获市科技进步三等奖。《柑橘冻后修剪对树体恢复的效应》论文在国家一级学术刊物《中国南方果树》上发表。“温州蜜柑对花修剪保果技术”在湘南及桂北地区广为推广，面积达 4 万多公顷。协助农业部、水利部摄制科教片《柑橘容器育苗》《低微喷灌》等，产生良好的经济和社会效益。“柑橘黄龙病控制与防治研究”“柑橘树脂病的防治研究”等 4 个研发项目，获得好成效。2007 年，经省农业厅审核认定为湖南省无公害农产品产地。

二、部门直属科研机构

1988 年，地区烟草公司建立烟草科学研究所，为国家烟草专卖系统直属非独立科研机构。主要承担烟叶生产技术的科研开发、示范推广任务。设育种、栽培、植保、烘烤 4 个专业研究室。1997 年 11 月，国家烟草专卖局批复以永州市烟科所为基础组建中国烟草中南农业试验站，设育种室、植保室、栽培技术与烘烤工艺研究室、中心实验室、技术推广部，配置仪器设备 150 余台。2000 年，试验站总部改迁长沙，永州作为中国烟草中南农业试验站直属基地，与市烟草科学研究所合署办公。2012 年 6 月，市烟草公司以市烟科所为基本班底，组建市烟叶生产技术中心。设烟草育种研究室、烟草栽培研究室、烟草植保研究室、烟叶调制研究室、烟叶质量检测分析室、科技项目管理办公室。有实验田 6.66 余公顷、病圃 0.33 公顷、实验室 1000 余平方米和相关实验设备，智能育苗大棚 300 平方米。2015 年，有科技人员 15 人，其中，研究生 10 人、在读博士 2 人，具有高级农艺师职称 7 人、中级农艺师职称 4 人。

2016 年，位于冷水滩区伊塘镇的永州市烟叶生产技术中心

1992—2015 年，重点开展烤烟品种引进及选育、栽培技术研究，烟草主要病虫害预测预报技术研究与应用，烤房和烘烤工艺研究等，并进行技术示范推广，取得各类科技成果奖 53 项，其中，国家烟草专卖局科技进步奖 4 项、省科技进步奖 7 项，省烟草公司科技进步奖 25 项，市科技进步奖 17 项。选育国审烤烟品种 2 个。获得授权专利 31 件，其中，发明专利 7 件、实用新型专利 24 件，软件著作权 6 件。出版技术专著 10 本，在国内期刊上发表科技论文 140 余篇，拍摄科教片 4 部。

三、湖南省重点实验室

2014 年，经省科技厅批准，湖南科技学院在化学与生物实验室基础上建立湘南优势植物资源综合利用湖南省重点实验室。有办公用房、标准学术交流室各 100 平方米，实验室 2500 平方米，实验仪器设备总值 3496 万元；有研究人员 36 人（固定研究人员 20 人），其中，教授 7 人、副教授 11 人；博士 13 人；学科学术带头人 3 人，硕士生导师 5 人；享受国务院政府特殊津贴 1 人，市优秀专家 1 人；45 岁以下的青年科技人员占总人数的 75%。实验室获得国家研发项目 7 项，省部级项目 39 项，经费 607.90 万元，承担横向研究项目 15 项，经费 200 万元。2014—2018 年，发表 80 余篇研究论文，其中，SCI 论文 24 篇、SCI 一区论文 4 篇，获授权发明专利 28 项，省科学技术进步

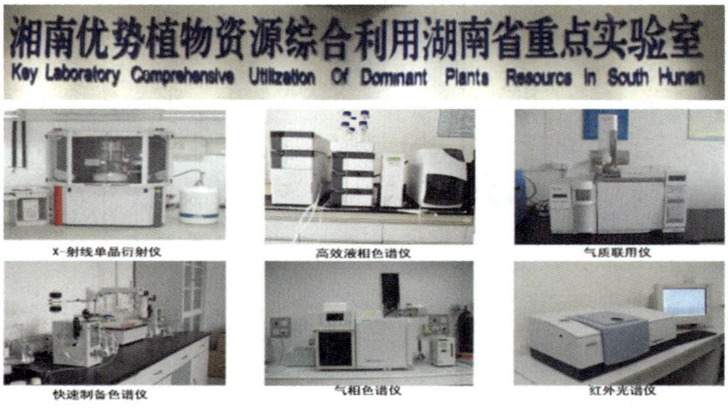

2014 年 6 月，湘南优势植物资源综合利用湖南省重点实验室成立

奖 1 项，2 项成果成功实现转化，已与 20 余家企业建立紧密的合作关系。何卫民、覃佐东获得首届“永州市青年英才”称号，刘小文、覃佐东获得“永州市优秀科技工作者”称号，欧光川、刘小文、覃佐东等 6 人获得学院“英才计划”项目支持。

四、工程技术研究中心

工程技术研究中心（以下简称中心）是以科技型企业为依托，联合科研机构或高等院校组建的新型科研机构。主要针对行业发展和企业生产中的关键技术与技术难题开展科技攻关，自主研发具有知识产权的核心技术和装备。境内工程技术研究中心起步较晚，发展不平衡。至 2015 年，经省科技厅授牌的湖南省工程技术研究中心 5 家。这些科研机构隶属于所在企业，不是独立法人单位。

（一）湖南省柑桔工程技术研究中心

湖南省柑桔工程技术研究中心实验室（2006 年）

2004 年，由湖南省农产品加工研究所、湖南熙可食品有限公司、湖南农业大学园艺园林学院联合组建。2006 年，省科技厅正式授牌。旨在解决湖南乃至全国南方柑橘产业关键技术性难题。中心有中、高级专业技术人员 31 名，其中，博士 6 名、硕士 7 名，另外聘高级研究人员 5 名。建有 4000 平方米的检测实验大楼，置有完备先进的科研仪器设备。中心实行依托单位领导下的主任负责制。成立专家指导委员会，负责为中心发展与决策提供指导性意见。至 2015 年，中心研发成果主要有：“柑橘产业化综合技术研究”成果获省科技进步一等奖；“柑橘加工技术研究与产业化开发”获国家科技进步二等奖；制汁品种“金瓜”“象山红”和制罐品种“胡柚”3 个柑橘品种通过加工适应性鉴定；开发新产品 2 个；研发的“纯果肉果冻桔片罐头”系列产品，远销美国、德国等市场，夏橙罐头系列产品销往日本市场。

（二）湖南省食用菌工程技术研究中心

2012 年，由湖南果秀食品有限公司与湖南农业大学、湖南省林业科学院林下经济研究所联合组建。有研发人员 36 人，其中，博士、硕士 17 人，高级职称 19 人。中心

湖南省食用菌工程技术研究中心（2012 年）

与上海农科院食用菌研究所、国家供销总社昆明食用菌研究所建立长期合作关系。聘请中国工程院院士、吉林农业大学教授李玉为中心技术委员会顾问，聘请农业部食用菌首席科学家中国农科院研究员张金霞为中心技术委员会主任。中心设主任 1 人，副主任 4 人，下设 3 室 3 部，即种质资源研究室、高效栽培研究室、保鲜加工研究室、技术培训推广部、菌种物资供应部、行政后勤管理部。至 2016 年，中心承担“珍稀食用菌精准型工厂化栽培技术研究与示范”等湖南省农业技术创新重点研发项目 3 项；建立菌种保存中心 1 个；申请国家发明专利 12 项，授权发明专利 4 项；获科技成果奖 1 项，发表科技论文 2 篇。成功研究杏鲍菇等季节栽培和工厂化栽培专用配方 2 个，与国内同类配方技术相比，生物转化率提高 11.20%；研发菌糠提纯技术与工艺，创新菌糠清洁饲料配方、有机肥料新技术各 1 项；开发新产品 1 个。

（三）湖南省珍稀蛇类繁育及产业化工程技术研究中心

2012 年，由永州市异蛇科技实业有限公司与湖南科技学院、永州职业技术学院共同组建。中心有工程技术人员 32 人，其中，高级职称 9 人、中级职称 23 名；博士 8 人、硕士 19 人。聘请广州医科大学蛇毒研究所孔天翰博士等专家为技术顾问。研究基地设在市异蛇科技实业有限公司内。建有蛇毒提取车间、分离纯化室、检测室、多功能实验室及真空冷冻室等，面积 240 平方米；有真空冷冻干燥机等设备 30 余台（套）。中心与中南林业科技大学、湖南省中医药研究院等高

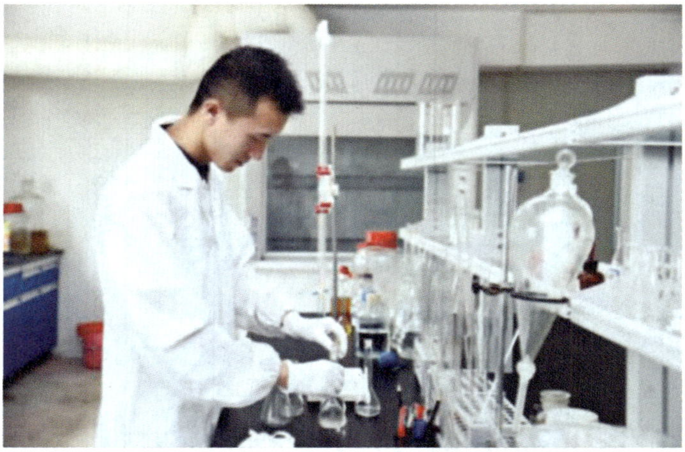
湖南省珍稀蛇类繁育及产业化工程技术研究中心实验室（2012 年）

校、研究院所进行技术合作，是国家中药材养殖示范基地和林业部蛇类养殖野生动物保护试点单位，在国内同行业处领先地位。主要开展珍稀濒危蛇类繁育养殖研究，蛇类中成药、保健品、日化品、特色食品以及蛇毒蛋白加工研究及产业化。“蕲蛇（尖吻蝮）幼蛇在自然捕食下的人工饲养技术”成果获2013年度省科技进步二等奖。

（四）湖南省抗感染中药工程技术研究中心

湖南省抗感染中药工程技术研究中心实验室（2014年）

2014年，由湖南时代阳光药业股份有限公司与湖南省中医药研究院联合组建。主要开展抗感染系列组分中药、6类中药新药的研制及经典名方传统制剂的深度开发。已开展2种以上地方特色药材抗感染有效成分研究，完成原创性新药2个，中药大品种技术升级改造2个。承担省、市科技项目8项，其中，“口服液体制剂共性技术研究”“小儿扶脾颗粒大品种培育关键技术研究”为湖南省战略新兴产业重大科技攻关项目。完成国家药典品种“喉咽清口服液”的质量标准升级及抗感染新药“双黄花祛瘟片”等自主研发项目11个。取得科技成果6项，“中成药大品种喉咽清口服液核心技术的现代化研究及产业化”获2014年度省科技进步三等奖；“喉咽清口服液”技术发明专利获2015年度省专利三等奖；“喉咽清口服液”研究成果获评“2016年度全省制造业技术创新十大标志性成果”。

（五）湖南省银杏工程技术研究中心

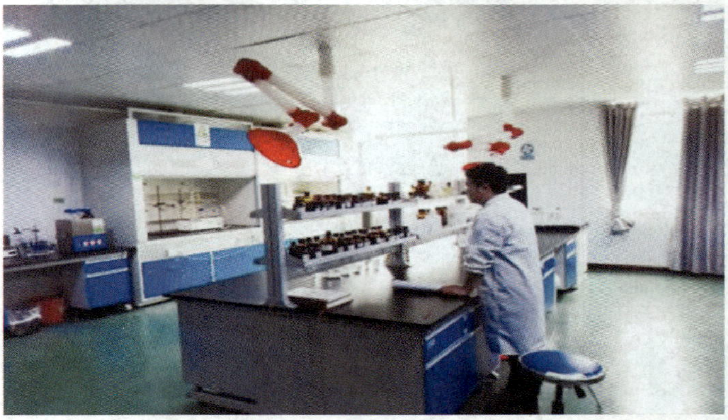
湖南省银杏工程技术研究中心实验室（2015年）

2015年，省科技厅批准设立。由湖南科技学院牵头，湖南恒伟药业股份有限公司、湖南华纳大药厂股份有限公司共同组建。中心由管理委员会、技术委员会和专家指导委员会组成管理机构。有工作人员 40 人，其中，技术人员 33 人、管理人员 5 人、其他人员 2 人；博士、硕士 30 人；有高级职称的 18 人。聘请中国工程院院士欧阳平凯为中心技术委员会主任。中心实行管理委员会领导下的主任负责制，设主任 1 人、副主任 3 人。下设银杏有效成分提取研究室、银杏资源精深加工研究室、银杏菌种资源研究与开发研究室、银杏高效栽培与种质改良研究室、综合办公室，主要开展银杏有效成分提取、资源精深加工、菌种资源研究与开发、银杏种质创新与高效栽培技术等研究。

五、民营科研机构

境内民营科研机构发展始于 20 世纪 80 年代中期，主要由退休、辞职和自学成材的科技人员自愿组建或单独创办，自筹资金、自主开发、自担风险、自负盈亏、自我发展，在 90 年代初期发展较快。至 1991 年年底，全区有民办科研机构 30 家。1993 年，零陵区的黄世军等 5 户农民合股组建永州市特种养殖技术研究所，主要从事养殖毒蛇和甲鱼；与湖南中医研究院合作开发成功“异蛇酒”，1994 年的销售收入达 60 万元。至 1997 年，经市、县、区科委认定的民营科研机构和科技型企业 41 家。之后，因科技创新能力不足和经营管理问题或科研条件所限，民营科研机构的发展出现瓶颈，数量逐年下降。到 2015 年年底，挂“永州市”牌子的非营利性民营研究机构还有 4 家。

（一）永州市眼科研究所

2002 年成立，从业人员 15 人，其中技术研究人员 5 人。法人代表刘祖国。处所位于冷水滩区零陵北路 809 号。主要从事眼科疾病防治研究。

（二）永州市华伟中药研究所

2008 年成立，从业人员 12 人，其中技术研究人员 8 人。法人代表黄明华。处所位于冷水滩区湘江东路 43 号。主要从事中药种植研究、技术开发、咨询服务。

（三）永州市天然养蜂研究所

2011 年成立，从业人员 10 人，其中技术研究人员 7 人。法人代表王焕辉。处所位于道县科技局大院内。主要从事蜜蜂养殖技术研究。

2015 年 6 月，永州市天然养蜂研究所王焕辉观察蜂蜜情况

（四）永州市异蛇生物研究所

2012 年成立，法人代表谭群英。处所位于零

陵区异蛇山庄内，隶属于永州异蛇科技实业有限公司，与该公司湖南省珍稀蛇类繁育及产业化工程技术研究中心实行两块牌子，一套人马。主要从事蛇类养殖、蛇毒提取、有效组分纯化及相关生物制品的研发。

第四节　科技群众团体

科技群众团体包括各级科学技术协会、学会、研究会及各类科技培训、科普教育等社团组织。主要开展学术交流、组织科普活动和科技培训、表彰和举荐科技人才等。市、县（区）科协作为科技社团的业务指导单位有着重要的地位和作用。1995 年，撤区建市至 2015 年，市科协已召开四次代表大会；有县区科协 13 个，工作人员 80 余人；市级学会（协会、研究会）45 个，会员单位 1425 个，会员 32651 人。

一、科学技术协会

（一）永州市科学技术协会

永州市科学技术协会是市委、市政府领导下的以科技工作者为主体的人民团体和群众组织，是发展科学技术事业的助手和科普工作的重要社会力量，接受省科协的业务指导。主要职能是：组织开展群众性、社会性、经常性的科普活动，服务广大科技工作者，为党委、政府科普工作科学决策提供建议，加强自身能力建设。

1991 年，市科协机关设有办公室、学会工作部、科普工作部和科技咨询中心，实有人员 16 人。2000 年，增加科技咨询中心编制 2 人。到 2015 年，市科协内设机构无变化，实有人员 15 人。市科协代表大会每五年召开一次，1996—2016 年共召开四次代表大会，选举产生科协领导机构。

（二）县区科学技术协会

20 世纪 80 年代，零陵地区 11 个县区及金洞管理区、回龙圩管理区、零陵师专等均建有科协。1984 年前，地县科协与地县科委合署办公，两块牌子、一套人马。1984 年，行政机构改革，除祁阳、蓝山县科协外，其他 9 个县区科协与科委分别设置。1991 年，全地区 11 个县（市）科协有工作人员 64 人。1996 年，11 个县区均独立设置科学技术协会，有编制 3～5 人，属财政拨款全额科级事业单位，内设办公室 1 个，归口所在县区管理，业务上接受市科协指导，有专职科协工作人员 55 人。到 2015 年，有县区及金洞管理区、回龙圩管理区科协 13 个，人员大致 80 人。

二、学会（协会、研究会）

2010 年 4 月 2 日，市预防医学会专家在金洞管理区开展义诊

1963 年，零陵地区科学技术协会成立，并陆续批准成立地区农学会、工学会、林学会和卫生学会。“文化大革命”期间，学会组织及活动基本停止或瘫痪。1978 年后，地区农学会、林学会等 13 个地级学会恢复活动。1980 年，地区科协第二次代表大会后，各级学会发展迅速。至 1991 年年底，全地区地级学会、协会、研究会 47 个，会员 57589 人。至 2015 年年底，市科协登记在册的市级学会（协会、研究会）45 个，有单位会员 1425 个，会员 32651 人。人员构成以自然科学和应用科学为主体，分布于医疗卫生、农业、林业、工业、教育、城市建设等学科领域。市科协所属学会多数组织机构健全，设有理事会、理事长和秘书长，一般没有专职工作人员。

第二章 科技管理

科技管理是政府行政的重要职能，主要通过政策的宏观调控、科技经费的运用和科技计划的实施，解决经济社会发展的重大技术难题。依据科技管理职能、地位和作用，境内科技管理立足全局，科技政策不断调整创新，围绕主导产业、支柱产业和资源优势领域，切实抓了一批技术含量高、附加值高和经济带动力强的科技项目，加快科技对传统产业的渗透和经济结构调整。1992—2015 年，编制 4 个五年科技发展规划，实施本级科技计划项目 835 项，其中，农业 296 项、工业 291 项、社会发展 248 项，科技项目经费支出 6654 万元。申报争取国家、省科技部门立项 1025 项，其中，国家级 76 项、省级 949 项，共计项目经费 31166 万元。科技项目特别是一些重大专项的实施，为科技成果的推广运用和加速产业化起到积极作用。

随着行政体制改革的深入，科技管理实现从项目管理为主到宏观管理为主导的转变。市科技局与市财政局先后出台《永州市科技计划项目管理暂行办法》《永州市本级科技创新及应用研究资金、项目管理办法》等规范性文件，做到科技管理的制度化，依法行政和高效运行。结合科技成果推广，技术服务、科技交流、技术合作、技术贸易日趋活跃。市政府或市科技局领导先后带队境外科技考察；部门科技人员与国外专家开展的重要科技交流活动不断增多。科技管理水平的提高，增强了科技工作的显示度，市科技局和市知识产权局多次被评为省科技工作和知识产权工作先进单位。

第一节 科技政策

1992—2015 年，永州认真贯彻落实国家、省科技法律法规和行政规章，结合当地实际及在各时期的需求，先后出台一些公共科技政策和科技管理办法，主要包括激励科技创新，科技成果、专利奖励和科技业务管理规定，重点在适应社会主义市场经济要求，降低民营企业准入门槛，调整科技资金投向，加大对高新技术产业的扶持，运用科技成果及保护科技人员权益，为科技创新营造良好政策环境。

一、促进科技进步政策

1992 年 6 月，零陵地委、地区行署为贯彻省委、省政府《关于“科技兴湘”的决定》，出台《关于“依靠科技振兴零陵”的决定》。明确政府每年考核企业技术进步情况；大中型国营工业企业要配备科技副厂长抓科技工作；地、县、区、乡选准几项关键技术组织推广；1992 年，配齐科技副乡（镇）长和科技专干，建立乡（镇）科学技术委员会和乡（镇）农科教中心；凡列入国家、省科技计划项目，要优先解决基建、信贷、外汇等所需的计划指标；各级财政应增加科技拨款，科技三项经费达到总支出的 0.5%，各专业银行开设科技贷款科目，贷款指标额度要高于省下达的指标额度。

1997 年 1 月，市委、市政府以 1 号文件印发《关于实施科教兴市战略，全面推进科技进步的决定》。要求县区和乡镇要建好农科教中心和农技服务站；各类基层农技推广机构提供技术服务，其劳务收入暂免征所得税；增加市属农科所、林科所、农机研究所科研经费；提高市科技进步奖奖金标准，一至四等奖分别提高到 5000 元、3000 元、2000 元、1000 元，设立 100 万元的市科技进步奖励基金；财政科技投入当年要达到财政支出的 1%，以后每年增加 0.30%；企业每年可提取不少于 1%的销售收入和留利 30%及新产品免税，用于技术开发；农业综合开发资金和水利建设基金的 8%以上用于科技，扶贫资金的 10%以上用于开发实用技术和培训人才，育林资金的 5%用于技术引进和试验示范；各类银行科技贷款规模争取每年以 30%以上的比例增长。

2006 年 7 月，市委、市政府为贯彻落实全国全省科技大会精神，依据《国家中长期科学和技术发展规划》，作出《关于推进科技进步建设创新型永州的决定》。要求将专利申请量纳入科技进步考核指标；设立“永州市人才开发基金”；市本级科技经费力争到 2010 年占财政支出的比例达 2%；设立 100 万元的科技创新专项经费；设立科技进步特别贡献奖和专利实施奖；设立 30 万元专利申请和实施资助资金；把自主创新产品纳入政府采购目录。

2012 年 6 月，市政府为贯彻落实国务院办公厅《关于进一步支持企业技术创新的通知》精神，出台《关于加强企业技术创新工作的若干意见》。要求加大对企业技术创新的支持力度，已认定为国家、省级工程技术研究中心、企业技术中心、技术创新示范企业和产业技术创新战略联盟的单位、重点实验室，分别一次性奖励 30 万元、5 万元；对认定的高新技术企业，一次性奖励 5 万元；对荣获国家、省级新产品称号的，分别一次性奖励 10 万元、2 万元；政府对自主知识产权产品实施首购政策和订购制度；对产学研联合体研究开发项目并获得发明专利的企业，由同级财政给予专项奖励。

2013 年 1 月，市委、市政府下发《创新型永州建设纲要》。要求加强对创新工作领导，设立领导小组；市、县区财政要进一步加大财政科技投入，建立创业风险投资基金；落实探索科技保险参保企业财政补贴政策；加大金融对创新的支持和服务，鼓励民间资本参与创新型永州建设；全面贯彻落实国家、省、市鼓励自主创新既定有关政策；依法整治各种侵犯知识产权的行为；引导和激励企业加强专利申请与实施；支持高新技术企业开发高新技术项目，参与国家标准、行业标准制定，鼓励企业参与产学研合作、创建创新产业联盟、重大创新平台等工作。

2013 年 2 月，根据省政府《关于促进科技和金融结合加快创新型湖南建设的实施意见》，市政府出台《关于促进科技和金融结合加快创新型永州建设的实施意见》。主要措施有：设立科技金融补助资金，对科技项目贷款进行贴息补助和风险准备金补助补贴；开展专利质押、股权质押、应收账款质押、未来收益权质押、其他权益抵（质）押及融资租赁等多种信贷业务；鼓励民间资本设立科技担保机构，创业投资机构投资参股科技担保公司；按规定减免拟上市科技型企业在改制重组过程中办理资产置换、剥离、收购、财产登记过户的交易税费和其他费用；对其符合国家产业政策的投资项目，所需建设用地依法给予优先安排；对完成股份制改造、进入上市辅导期和上市成功的科技型企业，按其进度给予资助；支持企业发行债权市场融资产品，支持科技型企业以发行公司债券、短期融资券和中期票据等多种形式筹集资金；支持各科技型企业联合发行中小企业集合票据、集合债券、集合信托计划等直接融资产品；鼓励科技型企业积极投保科技保险，其保险费支出纳入企业技术研发费用并给予部分补助，培育科技金融中介服务机构。

二、成果专利奖励办法

1987—1996 年，境内科技成果奖励主要依据地区行署印发《零陵地区科学技术进步奖励办法》(以下简称《奖励办法》)，奖励分 4 个奖励等级。1997 年 1 月，依据市委、市政府《关于实施科教兴市战略，全面推进科技进步的决定》，提高市科技进步奖奖金标准，一至四等奖奖金分别为 5000 元、3000 元、2000 元、1000 元。之后 2003 年、2006 年、2009 年、2014 年市政府先后对科技进步奖励办法进行修改。2003 年 5 月，修改颁布的《永州市科技进步奖励办法》，将奖励等级由 4 个等级改为 3 个等级，奖金标准提高到一等奖 1 万元、二等奖 6000 元、三等奖 4000 元。2006 年 8 月，修改颁布的《奖励办法》，增加市科学技术杰出贡献奖，不分等级，每年授予人数不超过 1 人，可以空缺，奖金为 20 万元；市科学技术进步奖分三个等级，每年奖励总数不超过 25 项，奖金标准提高到：一等奖5 万元、二等奖 3 万元、三等奖 1 万元。2009 年 5 月，修改颁布的《奖励办法》规定，市科学技术杰出贡献奖，不分等级，每两年评审一次，每次授予人数为 1 人，可以空缺；科技成果奖励总数不超过 30 项，奖励等级、奖金标准未变。2014 年的修改，主要对奖励成果范围和类别作相应调整，奖励等级和奖金标准未变。

2006 年 8 月，依据省政府《关于加强知识产权工作意见》和省知识产权局《湖南省专利资助资金管理办法》，市政府办发布《永州市专利资助资金管理办法（试行）》。要求市财政按不低于 30 万元列入当年预算，资助专利申请和专利实施；专利申请资助标准是：国内发明专利、职务发明专利每件 3000 元，非职务发明专利每件 1500 元；实用新型、外观设计，职务发明专利每件 500 元，非职务发明专利每件 300 元等。专利实施资助标准是：每个项目实施资助金额不低于 1 万元，不超过 5 万元，最高不超过 10 万元。2013 年 4 月，为贯彻落实《湖南省专利条例》和《湖南省专利奖励办法》，市政府办发布《永州市专利资助和奖励办法》，调整资助标准，国内职务发明专利申请每件资助 1000 元，非职务发明专利申请每件资助 500 元；每个专利项目实施资助金额为 3 万元；专利试点企业资助 6 万元，分两年支持；每年验收专利达标企业 2～4 家，每家企业支持 4 万元。设立永州市专利奖，每年评审一次，设一、二、三等奖，奖励数量及标准为：一等奖 1 项，奖励 5 万元；二等奖 2 项，每项奖励 3 万元；三等奖 3 项，每项奖励 2 万元。

三、科技业务管理规定

科技业务主要有科技成果、科技计划、专利管理，市（地区）科技部门先后制定管理规定和办法，以规范科技管理。

（一）科技成果管理规定

1989 年，地区科委转发省科委 1988 年制定的《湖南省科学技术成果鉴定实施细则》并参照执行。国家科委 1994 年发布《科学技术成果鉴定办法》，2003 年发布《科学技术评价方法》，市（地区）科技部门一直参照执行。2014 年，市科技局以此为依据，制定《永州市科技成果评价与登记管理办法》，对登记范围、遵循原则、登记时限、评价形式、评价程序、评价内容、提交材料、登记程序等作出明确要求。

（二）科技计划管理规定

2002 年，根据省科技厅《湖南省科技计划项目管理暂行办法》，市科技局制定《永州市科技计划项目管理暂行办法》。将科技计划分为重点项目、一般项目和指导性项目。在项目申报前，市科技局发布申报指南；申报单位组织申报，县区科技部门和市直行业主管部门负责推荐；市科技局组织专家组对重点项目进行评审论证；会同财政部门现场实地考察项目前期准备情况；拟定重点计划项目立项草案，报市重点项目领导小组审定后，确定立项方案；一般项目由市科技局主管科室初审，提出立项方案，报局务会审定。市科技局会同市财政局共同编制重点项目和一般项目年度计划报主管科技工作的市政府副市长签发，由市科技局下达年度科技项目计划，市财政局下达年度项目资金计划；市科技局与项目承担单位签订《科技计划项目合同书》，并对实施进行跟踪管理，项目完成后组织验收或鉴定。指导性项目计划由专项科室初审后报综合计划科汇总，经局务会审定后下达。2014 年 11 月，根据《中华人民共和国预算法》和科技项目管理等有关规定，市财政局和市科技局制定《永州市本级科技创新及应用研究资金、项目管理办法》。明确项目资金来源、支持方向、支持范围、支持对象、支持方式、监督处罚等，项目申报、评审、立项、验收等管理程序，增加纪检监察部门对专家评审和实地考察的现场监督以及异议处理等纪律要求。

2002 年和 2015 年，永州市科技局分别制定的科技计划管理办法文件

（三）专利管理规定

2009 年，市知识产权局制定《永州市企业专利工作试点管理办法》（以下简称《办法》）。明确试点内容、政策措施、申报条件及程序等，对列入本市专利工作试点的企业，优先推荐申报国家和省级试点示范、优势培育工程项目和国家、省科技计划，优先安排市级科技计划，每年至少为试点企业举办一次知识产权培训班，帮助建立知识产权管理体系，为试点提供部分工作经费。该《办法》内容于 2013 年纳入市政府办制定发布的《永州市专利资助和奖励办法》。

第二节 科技规划

科技发展规划每五年编制一次，与编制国民经济和社会发展规划同步进行。1992—1995 年，实施已制定的“八五”科技发展规划。1996—2015 年，根据市政府的统一布置，市科技局编制有“九五”“十五”“十一五”“十二五”4 个科技发展规划。科技发展规划研究和制定采取“集思广益、科学决策”的工作方法。编制过程一般经过规划启动、战略研究、规划草案和规划审定 4 个阶段。从上一个五年规划的第四年开始启动，用一年左右的时间完成。规划内容主要包括指导思想、发展目标、重点任务、保障措施等4个方面。

一、“九五”科技发展计划（1996—2000年）

1994年4月，地区行署召开“九五”计划编制领导小组会议，对全区编制“九五”计划和2010年长远规划作出安排。地区科委由科技计划科牵头编制“九五”科技发展计划。1996年5月，编制完成《永州市第九个五年科技发展计划》。重点任务是：

调整升级农业产业。实施80项以推广优良品种和适用成熟技术为主的星火科技计划，提高全市初具规模和特色农业的科技含量，推动农业产业结构的调整和升级。

提升传统工业产业。机械、化工、水泥等传统工业产业注入科技因素。长丰集团引进吸收日本汽车技术，主要车型基本实现国产化；利用锰矿资源，开发系列锰产品；水泥行业推广综合节能降耗技术。

发展高新技术产业。到2000年，全市认定高新技术企业15家，争取5家以上企业获得省高新技术引导资金项目，实现高新技术产业产值6亿元。

壮大民营科技企业。争取认定民营科技企业50余家，年科工贸收入达4亿元。

二、“十五”科技发展规划（2001—2005年）

1999年4月，市政府召开全市编制“十五”座谈会议，对全市编制“十五”规划进行布署。根据市政府的统一安排，市科委由法规科牵头负责规划编制；6—12月，与市教委共同完成“‘科教兴市’战略目标及政策”调研课题。2000年8月，编制完成《永州市第十个五年科技发展规划》。重点任务是：

发展光机电一体化、新材料、生物医药和中药现代化、农产品深加工4个高新技术领域；抓好10项省以上火炬计划、15项省高新技术引导资金项目和10项省以上中小企业创新基金项目。到2005年，全市认定高新技术企业30家，实现高新技术产值85亿元。

引进选育和推广水稻、水果、蔬菜、畜牧、水产、油茶等主导产业优良品种，初步建立起配套的农业产业化技术体系。创建无公害及反季节蔬菜基地、异蛇养殖基地、珍贵食用菌种植基地、名特优水果种植基地、优质稻种植基地、瘦肉型猪养殖基地。

积极推进人口、资源、环境与经济相互协调和可持续发展。

三、“十一五”科技发展规划（2006—2010年）

2004年3月，市政府批转市计委《关于编制永州国民经济和社会发展第十一个五年规划意见的通知》。5—6 月，完成“永州市科技事业发展研究”调研课题。6 月，市政府召开全市“十一五”规划座谈会，全面布署规划编制工作。市科技局由工业与综合计划科牵头组织规划编制；2005 年 8 月，编制完成《永州市第十个五年科技发展规划》。重点任务是：

以民营科技企业为主体，组建专业类的技术研发工程中心；推动民营科技企业向高新技术产业集群，开发新技术、新产品 50 项以上，做大做强高新技术产业。

以农产品精深加工为龙头，抓好特色农产品深加工技术研发，形成“公司 + 农户”生产模式，加速推进农业产业链形成。建设杂交水稻、杂交玉米、水果苗木、组胚繁育、地方原种繁育基地。大面积推广良种良法，县区场科技部门办好 13 个科技示范基地。推广无公害农业生产技术和建设设施农业产业示范园。

以建设公共科技创新服务平台为支撑，发展技术创新服务机构，拓展和活跃技术市场；实施“96318”科技信息“户”联网工程。

以实施专利战略为重点，突出具有自主知识产权的技术和产品开发，支持专利产品、技术产业化，逐步形成一大批有自主知识产权的知名品牌。

以人才培训和人口、卫生、环境技术进步为依托，全面提升全社会的科技素质。

四、“十二五”科技发展规划（2011—2015 年）

2009 年 11 月，市发改委下发《永州市“十二五”规划前期课题安排的意见》。安排市科技局主持《永州市“十二五”科技强市战略研究》调研。市科技局由高新技术产业发展与综合计划科负责规划编制。2010 年 1 月，市科技局完成《永州市“十二五”科技强市战略研究》；2010 年 7 月，编制完成《永州市“十二五”科技发展规划》。重点任务是：

围绕机电一体化、农产品精深加工、新材料、生物医药等支柱行业发展高新技术产业。选取太阳能光伏发电、生物资源提取及转化等具有发展前景的高科技领域，发展战略性新兴产业，建立光伏产业、生物质能等专门产业园区。围绕锰、稀土等优势自然资源，加大产学研结合力度，发展优势资源产业。

建设新型农村科技服务体系，建好永州现代农业科技示范园，推进科技富民工程。发展科技企业孵化器、生产力促进中心、技术咨询和成果转让等中介服务机构，推进科技创新体系建设工程。强化市、县知识产权工作，组织知识产权战略推进工程。发现和跟踪培养科技创新人才，推进科技创新人才培育工程。形成政府推动，部门和团体齐抓共管的科普工作格局，推进科技普及工程。

实施高新技术产业化、创新能力建设和传统产业技术提升三大专项。

第三节　科技计划

科技计划是国民经济和社会发展计划的重要部分，是政府通过资金运用和政策调控、解决重大关键科技问题、实现科技发展目标的基本手段。一般指以财政支持或宏观政策调控、引导实施的科学研究与试验发展的年度计划。按行政区划，分为国家、省、地市（州）、县级科技计划；按经济社会行业，分为农业、工业、社会发展、软科学计划；按计划类别，分为基础研究、科技攻关、科技创新、成果推广、高新技术产业化计划；按项目类别，分为重点项目、一般项目计划；按计划性质，分为指令性计划、指导性计划。1992—2015 年，境内科技部门根据科技计划管理的有关规定，每年组织申报国家和省级年度科技计划，制订下达市（地区）本级年度科技计划，并安排科技项目经费。

一、计划项目管理

（一）市级计划项目立项

1992—2001 年，市（地区）级科技项目计划一般在每年年初由市（地区）科委（局）组织申报和立项。具体程序为：按行政隶属关系逐级申报，经县（区）科技局或市（地）直有关部门推荐，向市科委（局）申报；由相关科室提出立项草案；委（局）党组决定立项方案；报主管科技副市长（副专员）审批，再由市科委（局）下达立项计划。

2002 年，市科技局制定《永州市科技计划项目管理暂行办法》。2002—2015 年，市级按科技项目类别分重点项目、一般项目和指导性项目。其项目管理程序是：

申报立项　每年市科技局制定、发布《永州市科技计划项目申报指南》，申报单位按指南要求到市科技项目受理中心集中申报。重点项目由市科技局各专项科室对申报项目初审，将符合申报指南要求的项目报综合计划科汇总；市科技局组织专家评审委员会论证评审；根据评审情况，市科技局会同财政部门组织实地考察；根据专家评审和现场考察情况形成重点项目立项草案；经重点项目领导小组或局务会或局党组会讨论后，并与市财政局协商确定重点项目立项方案。一般项目由市科技局专项计划部门提出立项建议，报综合计划科汇总，经局务会或局党组会讨论审定，确定一般项目立项方案。

立项审批　立项方案确定后呈报市政府常务会审定；经市政府常务会审定通过后，

由市科技局联合市财政局下达立项通知。

指导性项目计划则是由专项计划科室对项目初审后报综合计划科汇总，经局务会审定后下达。

1992—2015 年，永州市级（零陵地区）安排科技项目 835 项，其中，农业项目 296 项、工业项目 291 项、社会发展项目 248 项；从 2002 年始，安排重点项目 239 项，一般项目 371 项。

2009—2015 年，市科技局下达的部分年度科技计划项目文件

1992—2015 年度永州市（地）级科技计划项目一览表

表 2－1　　　　单位：项

年度	项目	按行业分类			按类别分类	
		农业	工业	社会发展	重点	一般
1992	25	13	5	7		
1993	19	5	9	5		
1994	10	6	3	1		
1995	17	10	2	5		
1996	23	11	7	5		
1997	26	15	5	6		
1998	22	12	5	5		
1999	23	8	9	6		
2000	33	11	13	9		
2001	27	4	11	12		
2002	30	10	11	9	11	19
2003	27	7	14	6	12	15
2004	27	6	13	8	12	15
2005	55	28	16	11	13	42
2006	37	9	17	11	12	25
2007	39	8	14	17	11	28
2008	44	15	18	11	20	24
2009	40	15	16	9	16	24
2010	54	26	14	14	21	33
2011	39	9	14	16	20	19

续表 2－1

年度	项目	按行业分类			按类别分类	
		农业	工业	社会发展	重点	一般
2012	49	16	17	16	18	31
2013	64	20	19	25	26	38
2014	55	13	20	22	27	28
2015	50	19	19	12	20	30
合计	835	296	291	248	239	371

1992—2001 年度零陵地区（永州市）级农业科技主要项目一览表

表 2－2

年度	项目名称	承担单位
1992	杂交稻父本散粉高峰期技术开发	地区种子公司
	稀土微肥推广	地区科委
	肥精、O 型增产灵研制开发	地区农科所、地区林业局
	节能烤烟房	地区烟草公司等
	两系法杂交水稻新组合选育及配套技术研究	地区农科所、祁阳县农业技术推广中心
	优质烟开发研究	地区烟科所
	红豆杉、榉木快速育苗技术研究	地区林科所
1993	优质稻开发	地区农技推广站、地区农科所
	提高主料烤烟品质研究	地区烟科所
	秋马铃薯开发	双牌县蔡里口乡
	哈姆林高产栽培示范	东安县柑桔推广站
	榉木采穗圃营建技术	地区林科所
	肥精二代研制开发、植物生长调节剂的应用	地区农科所等
1994	香柚丰产栽培试验示范	江永铜山岭农场
	鱼蛙混养技术研究	双牌县科技开发中心等
	啤酒花引种示范	蓝山县科委
	杂交枸杞引种示范	东安县科委
	西番莲引种示范	江华县科委
1995	香柚丰产栽培技术研究	江永县科委
	奈李丰产栽培技术	新田、宁远等县科委
	反季节蔬菜研究开发	道县、蓝山等县科委

续表 2－2

年度	项目名称	承担单位
1995	特种动物养殖技术	芝山区科委
	百里香菇带	江华县科委
	杂交狼尾草引进示范	冷水滩市科技开发中心
	红（黄）壤丘岗油（茶）果间高产实验	祁阳县科委
	柑橘新品种选育与配套栽培技术	地区农科所
	国外松种子园营建技术	地区林科所
	啤酒花引种示范	蓝山县科委
1996	脐橙优质高产栽培	江永回龙圩农场
	抗虫棉新品种推广示范	市科技局
1997	柑橘青枯病发病规律与防治技术研究	东安县科委
	牛反刍草食饲料研究	双牌新技术产品开发研究所
	提高柰李挂果率和高产丰产研究	兰山县水果办公室
	选配两系法杂交稻强优组合	祁阳县农业技术推广中心
	红豆杉引种繁育技术	市林科所
	10 万亩白果生产基地建设	东安县林业局
	抛秧技术推广、优质种子育苗技术	市农业局
	回龙圩农场、市农校培训基地建设	江永回龙圩农场、市农校
	香菇开发	江华县科委
	VBT 生根粉	喻美莲
1998	水稻抛秧技术	市农业局、市农具研究所
	天丰素在农业上的推广应用	市蔬菜办公室等
	白果基地建设	东安县新技术新产品推广办公室
	巴西旱稻种植	市种子公司
	江永香柚高产优质星火科技示范基地	江永县香柚示范基地
1999	优质杂交水稻新组合选育香两优 68 制种技术	市农科所
	40 万亩稻田改制杂交春玉米高产栽培技术	市农业局
	美国猫鱼等特种养殖技术开发	市畜牧水产局等
	优质板栗的保鲜及深度加工	新田县林业局
	庭院绿化苗木培育	市林科所
	中药材“半夏”育种推广与套种示范	市药材公司等

续表 2－2

年度	项目名称	承担单位
2000	超级杂交稻制种技术研究	市种子公司
	白果基地建设	东安县白果办公室
	美国猫鱼、黄颡鱼、工程鲫等养殖技术开发	市畜牧水产局等
	烤烟新品种引进与选育研究	市农科所
	红豆杉扦插繁殖育苗技术	市林科所
2001	食用菌精品高产稳产研究	冷水滩南方食用菌开发总公司
	水稻杂交稻组合选育及模式化制种研究	市农科所、市种子公司等
	县区农业科技成果推广基地建设	市县科委
	东安鸡产业化开发和白果开发	东安县科委、财政局
	大水面银鱼养殖试验	市畜牧水产局

2002—2015 年度永州市级农业科技重点项目一览表

表 2－3

年度	项目名称	承担单位
2002	生态牧业、蔬菜科技示范园建设	道县科技局
	万亩九里香保健雪菜基地及深加工	市岚山天然食品有限公司
	黄姜四倍体新种质综合开发	祁阳新浯农场
	特种种植、养殖新品种引进推广	冷水滩南方食用菌开发总公司等
	永大农业科技园建设	市职业技术学院
2003	省星火示范园建设	江永县科技局
	食用菌产业化示范基地建设	冷水滩南方食用菌开发总公司
	野猪规模化养殖技术研究	冷水滩国鸿野猪基地
	永大农业科技园建设	市职业技术学院
2004	优质高产多抗水稻新品种选育研究	市农科所
	农业科技示范基地	江永、双牌、新田、冷水滩等县区科技局
2005	无病毒柑橘种苗繁育	湖南熙可食品有限公司
	冷水滩区科技信息“户”联网建设	冷水滩区科技局
	3 万亩生态优质食用稻标准化开发项目	湖南银利来粮油实业有限公司
2006	农作物新品种选育、栽培综合技术及产品深加工	市农科所、市林科所、湖南银利来粮油有限公司等
	科技信息“户”联网建设	市 96318“户”联网办公室

续表 2－3

年度	项目名称	承担单位
2007	农林新技术新品种开发	市农科所、市林科所、湖南银利来粮油有限公司
	科技信息“户”联网建设	市 96318“户”联网办公室
	科技特派员专项	科技特派员所服务乡镇
2008	杂交早籼改杂交早粳试验研究	市农科所
	光皮树良种繁育技术研究	市林科所
	四川白鹅与清远灰鹅杂交繁育养殖技术及加工产业化	湖南万家鹅业发展有限公司
	科技信息“户”联网建设	市 96318“户”联网办公室
2009	油茶远缘杂交二期育种	市林科所
	苎麻高产栽培技术研究	永州职业技术学院苎麻研究所
	柑橘种质资源保护	市柑科所
	南方优质水果种苗快繁中心永州基地建设	湖南熙可食品有限公司
	湘南丘陵水稻机械栽培技术及耕作模式研究	市农科所
	果蔬贮藏气调保鲜技术研究	市金鹰商贸有限公司
	科技信息“户”联网建设	市 96318“户”联网办公室
2010	10 万平方米标准化设施农业示范	市现代农业科技示范园
	罐头小黄瓜优质丰产栽培技术示范与推广	湖南熙可食品有限公司
	新品种选育、中小规模标准化生态养猪模式研究与应用	永州恒惠饲料有限公司、永州职业技术学院等
	鄂柑 2 号引种及配套生态栽培技术研究	市农科所
	异蛇养殖技术的研究开发	市异蛇科技实业有限公司
	科技信息“户”联网建设	市 12396“户”联网办公室
	节水农业—膜下滴灌技术改进与应用	市柑科所
2011	超级杂交稻“种三产四”丰产工程暨稻—油（菜）耕作制示范	市农科所
	温州蜜桔、延夏西瓜栽培技术研究示范	市柑科所
	油茶丰产栽培技术研究示范	市林科所
	罐头甜玉米高产栽培技术示范推广	湖南熙可食品有限公司
	12396“户”联网建设	市 12396“户”联网办公室
2012	食用菌工厂化生产优良新品种繁育关键技术研究及应用示范	湖南果秀食品有限公司
	自动化催产泥鳅人工繁殖系统的研发与应用	市顺康生态农业发展有限公司
	12396“户”联网建设	市 12396“户”联网办公室
2013	新型食用菌栽培技术示范推广及产业化	冷水滩区科农食用菌有限公司
	鱼类全自动智能注射接种装备的研发与应用	市顺康生态农业发展有限公司

续表 2－3

年度	项目名称	承担单位
2013	大棚设施秋冬连茬蔬菜栽培技术推广	市和一生态开发有限公司
	油茶胚根培育及育苗技术研究成果转化应用	永州伊园科技有限公司
	温室蔬菜新品种新技术转化示范基地	市昱恒农业开发有限公司
	卷曲形机制名优绿茶安全生产及清洁化加工技术推广	永州福田茶叶有限公司
2014	珍稀菌杏鲍菇工厂标准化生产关键技术研究	湖南果秀食品有限公司
	油茶新品种选育及栽培技术研究	永州伊园科技有限公司
	药材田桔梗的栽培技术研究与开发	永州零陵大自然现代农业有限公司
2015	舜皇山土猪种质资源保护及标准化养殖技术研究	湖南恒惠食品有限公司

1992—2001 年度零陵地区（永州市）级工业科技主要项目一览表

表 2－4

年度	项目名称	承担单位
1992	特种工艺系列产品研制开发	湖南九嶷特种工艺品厂
	高效饲料添加剂、姜瘟灵研制	地区科技开发中心
	印刷厂排版系统技术改造	地区微电研究开发中心
1993	高效饲料添加剂研制开发	地区科技开发中心
	机动车辆滑行器	地区专利实施开发研究所
	碾米机米筛开发	地区农机所
	蛋白浓缩料及新型配方饲料开发	地区技术商品市场发展公司
	无隙过盈装配技术开发	地区新技术发展总公司
1994	新墙体材料及花岗岩系列产品开发	地区技术市场管理办公室
	自然色素提取及技术开发	地区专利管理办公室
1995	烧结、熔炼焊剂新产品开发	地区焊剂厂
	农用胶管技术开发	地区农机所
1996	2%灭虫威水剂开发	市化工集团
	大输液生产自动线	中南药械厂
1997	生物发酵加工精白粉丝及优良薯种种植开发	芝山区薯类精白粉丝厂
	粘土盐卤法生产砂状冰晶石	祁阳氟化盐厂
	竹荪高档化妆品系列开发	祁阳新亚化工厂
	竹类资源开发研究	双牌九龙竹雕工艺厂

续表 2－4

年度	项目名称	承担单位
1998	“仿不锈钢”铝型材开发	祁阳宏泰民族铝型材厂
	大蒜系列洗涤新产品研制	绿色产业集团公司
1999	大蒜系列产品开发	湖南三禾绿色实业有限公司
	年产 1200 吨 20%灭虫威水剂	市农药厂
	永州异蛇系列产品开发	市特种养殖技术研究所
	氧化稀土系列产品开发	观音滩煤矿
	软盘抛秧机械研制	市农具研究所
2000	烧结焊剂、特种钎焊条开发	市哈陵焊接器材有限公司
	大蒜系列产品碧圣洗洁露	湖南三禾绿色实业有限公司
	20%虫全净生物农药开发	市农药厂
	全自动塑料秧盘推广应用	市农具研究所
	金属钕开发	观音滩煤矿
	牛皮卡纸开发	冷水滩造纸厂
	电解二氧化锰开发	祁阳煤矿
	汽车电器集中监控器	市时新电子有限公司
	楠竹深加工	双牌县科委
	DT 系列三相插接式电力电缆接头	市电通工业有限公司
2001	特种焊接新材料开发	市哈陵焊接器材有限公司
	超导传热环保型节能锅炉	市节能设备厂
	新型高效肥料复合添加剂	新田复合肥厂
	异黄酮生产开发	冷水滩四通天然植物制品厂
	新型纸机研制	市轻机厂
	高纯超细钛酸锶生产	市零陵煤矿
	生姜、男儿酒、枸杞酒、保鲜肉等食品开发	市万利集团、江永枸杞酒厂等

2002—2015 年度永州市级工业科技重点项目一览表

表 2－5

年度	项目名称	承担单位
2002	特种焊接新材料开发	市哈陵焊接器材有限公司
	高纯稀土氧化物开发	市湘江稀土有限公司
	旋窑新工艺	潇湘集团
	工业环保节能新产品研制开发	市节能设备厂、市绿波环保设备有限公司
2003	高岭土制备纳米净水剂工业性试验	观音滩煤业有限公司
	悬浮直热法生产烧结焊剂	市哈陵焊接器材有限公司
	超导传热、节能锅炉工业化应用	市节能设备厂
	高铅锑尾矿废渣冶炼及生产线研究	湖南东港锑品有限公司
	黄姜提取皂素新技术研究	祁阳新涪农场
	GTP 直接制板技术应用	市奔腾印务有限公司
2004	ENHSMD01 台区综合管理屏	市仁和高新技术有限公司
	水轮发电机组新型励磁装置	市智达自动控制设备有限公司
	喷雾干燥转换制备稀土氧化物超微尘粉末	市湘江稀土有限公司
	永州市制造业信息化示范工程	湖南省跃进机械厂、湘南器材厂、湖南省天龙米业有限公司等
	植物油系列产品开发	湖南金浩植物油有限公司、市山香油脂油料有限公司
2005	移动报警车载防盗装置	永州阳光数码科技有限公司
	HL801 专用焊剂	市哈陵焊接器材有限公司
	超五类网络电缆及系列产品开发	永州利源进出口贸易有限公司
	高炉废锰渣再生利用	东安利民焊材有限公司
	3 万吨 / 年茶籽色拉油及系列产品产业化示范工程	湖南金浩植物油有限公司
2006	4L－50 水田半喂入联合收割机	市农机研究所
	SJ501 埋弧焊新工艺	市哈陵焊接器材有限公司
	中药新药“天麻头风灵片”	湖南敬和堂制药有限公司
	零陵香湿润烧伤膏	湖南恒伟药业有限公司
	中药材基地 GAM 控制技术及超微中药饮片研制	市恒康中药饮片加工有限公司
	南瓜深加工技术及产业化	市岚山天然食品有限公司
2007	低品位锰矿综合利用技术开发	市哈陵焊接器材有限公司等
	中药新药开发和药材基地建设	湖南敬和堂制药有限公司等
	混合步进电机开发	湖南科力电机股份有限公司
	4LBZ－50 水田半喂入联合收割机开发与推广	市农机研究所
	自动照像防盗器	市阳光数码科技有限公司

续表 2－5

年度	项目名称	承担单位
2008	大米及副产品深加工技术开发	湖南省天龙米业有限公司、湖南银光粮油实业公司、市华利工贸有限责任公司
	微型半喂入联合收割机和玉米脱粒机开发与推广	市农机所、市金丰科技开发有限公司
	混合式步进电机关键技术及产业化	湖南科力电机股份有限公司
	企业技术研发工程中心建设专项	市哈陵焊接器材有限公司、湖南敬和堂制药有限公司、市岚山天然食品有限公司
	氧化锰矿堆浸技术研发	湖南省永达锰业有限公司
	红薯酒糟综合开发技术研究	湖南科技学院
	油茶籽油连续式精炼工艺的应用与开发	湖南省金浩茶油股份有限公司
2009	米糠油、红薯系列产品、肉类加工技术开发	湖南省天龙米业有限公司、湖南天圣有机农业有限公司、湖南恒惠投资实业集团公司
	半喂入水稻联合收割机装配流水线研制和推广	永州金丰科技开发有限公司、市农机所
	混合式步进电机技术开发	湖南科力电机股份有限公司
	铜包铝电源线、汽车数字式通用仪表开发	湖南华源线缆电器有限公司、市长怡汽车电子有限公司
	玉米脱粒机组的研制	市生产力促进中心
	焊剂直流电熔新工艺	市兴发电熔科技有限公司
	果蔬贮藏气调保鲜技术研究	市金鹰商贸有限公司
2010	油茶籽深加工及副产品综合利用技术产业化应用	市永大高科有限公司
	低品位锰矿冶炼硅锰合金技术研究	市同一科技发展有限公司
	联合收割机液压无极变速和液压转向装置研制	市农机所、市金丰科技开发有限公司
	汽车座椅轻量化研究	湖南长丰汽车沙发有限责任公司
	太阳能光伏硅片关键技术研究及产业化开发	湖南华源线缆电器有限公司
2011	CNCAP 五星汽车座椅研发	湖南省长丰汽车沙发有限公司
	引进吸收消失模铸造技术	湖南零陵恒远发电设备有限公司
	核电站用机翼形低噪声变压器风扇研制	湖南跃进机电有限公司
	二十万吨 / 年生物柴油及生物有机肥	湖南湘农山香油脂香料有限公司
	丘陵山地小型稻麦油轻筒型联合收获机	市农机所
	高效节能木材干燥装置推广	市湘南出口包装有限公司
	眼镜蛇规模化人工养殖及深加工	市异蛇科技实业有限公司
	利用三元活性微生态制剂生产猪用无抗生素饲料的研究与应用	湖南恒惠饲料有限公司
	鱼类全自动智能注射接种装备的研发与应用	市顺康生态农业发展有限公司
2012	三级电站水轮发电机仿真及实验测试技术平台	湖南零陵恒远发电设备有限公司
	电容式触摸屏研发	市达福鑫显示技术有限公司

续表 2－5

年度	项目名称	承担单位
2012	平面书立体化印刷技术	湖南永州奔腾彩印有限公司
	特种防火酚醛保温板关键技术研究	湖南省中政建材有限公司
	年产 30 万平米铝瓦楞复合板项目	市鑫盈建材有限公司
	年产 120 万吨 M33 车用甲醇汽油产业化	永州锦溁新能源开发有限公司
	年产 20 吨厚酚粉剂 GMP 生产线关键技术研究	湖南大自然制药有限公司
	中药六类新药“舒筋除湿胶囊”产业化	湖南敬和堂制药有限公司
2013	SUV 汽车减震器防漏关键技术研究	永州重力托玛科技实业有限公司
	新型多管玉米脱粒机技术研究与推广	市三湘农机制造有限公司
	AR－ITO 增透导电玻璃项目	市福星电子科技有限公司
	年产 30 万吨立方米膨胀玻化微珠保温砂浆	湖南省中政建材有限公司
	液晶自动夹 PIN 机研发	市达福鑫显示技术有限公司
	新工艺研制生产铅笔技术	金洞管理区凤凰木制品加工厂
	年产 120 万吨 M33 车用甲醇汽油产业化	永州锦溁新能源开发有限公司
	HZS 系列混凝土搅拌站机械智能化研发	永州恒丰机械有限公司
	生物酶脱囊衣技术方案	湖南都成国际食品有限公司
	工业化生产干米粉关键技术研究与产业化开发	市华利工贸有限公司
	调整筛路提高精粉率的制粉技术研究	湖南湘君面业有限公司
	谷壳载体多菌种生物肥技术攻关	湖南省中科农业有限公司
	蛇类仿生养殖与深加工关键技术转化	永州市异蛇科技实业有限公司
	年产 20 吨厚酚粉剂 GMP 生产线关键技术研究	湖南大自然制药有限公司
	金银花深加工	永州伊园科技有限公司
2014	智能触控器件的研发与产业化	市达福鑫显示技术有限公司
	JY 添加剂的开发及其在甲醇汽油中的应用	永州锦溁新能源开发有限公司
	注塑机电加热系统改造研发与应用	湖南长丰汽车塑料制品有限公司
	多功能耕作收获机的推广与应用	永州田源机械装备有限公司
	鲜湿米粉关键技术研究及产业化示范应用	市华利工贸有限公司
	电子基板玻璃生产	市福星电子科技有限公司
	小麦面粉加工营养富集技术研究	湖南湘君面业有限公司
	新型肠道式沼气发生系统研发及推广	永州天一生态农业开发有限公司
	富茶多酚茶油的关键技术研究及应用	湖南大自然制药有限公司
	连续性低温碾米与抛光技术的研究与应用	湖南味百信粮油有限公司
	新型环保竹纤板技术开发与产业化	市力群木业有限公司

续表 2－5

年度	项目名称	承担单位
2014	橘皮生物高新技术产业化开发	永州联池生物科技有限公司
	年产 1 万吨果浆加果粒罐头食品的研发	湖南都成食品有限公司
2015	低温压榨物理脱酸制备原味油茶关键技术研究	湖南林之神林韵油茶科技发展有限公司
	废旧镁质系列耐火材料回收利用的研究	市开创耐火材料有限公司
	4 吨锅炉槽式太阳能辅助系统的研发	湖南远健光能科技有限公司
	鲜湿米粉预包装关键技术研发及产业化应用	市华利工贸有限公司
	TY－752 型履带式拖拉机研制	永州田源机械装备有限公司
	小麦高精粉加工新技术研究	湖南湘君面业有限公司
	1.2 万吨 / 年玉米深加工	湖南熙可食品有限公司
	1000 吨果蔬汁饮料	湖南都成国际食品有限公司
	柑橘精油提取产业化研发及示范	永州联池生物科技有限公司
	岩石钻裂一体机关键技术成果转化与产业化	市鑫东森机械装备有限公司
	绿色凹印新工艺关键技术研究	湖南金欧医药包装有限公司
	珍稀蛇类（五步蛇）繁育产业化与深加工关键技术转化	市异蛇科技实业有限公司
	辛香料活性成分“一料多品式”现代绿色萃取分离技术研发与应用	湖南和广生物科技有限公司
	一种泥鳅保肝护肝食品的研发与应用	市顺康生态农业发展有限公司
	生料生物酿酒及其副产品利用配套技术研发	市雅大科技实业有限公司
	仿古红木加工及紫杉茗茶叶生产加工基地	市福源林业有限公司

1992—2001 年度零陵地区（永州市）级社会发展科技主要项目一览表

表 2－6

年度	项目名称	承担单位
1992	新型中成药——消瘤片研制	市中医院
	电站经济运行适时控制系统	东安湘江电站
1993	建筑、机电 CAD 服务系统	地区微电研究开发中心
	莱姆病研究	地区卫生防疫站等
	烧伤湿润暴露新疗法示范	地区医卫成果推广站
1994	稻田养鱼培训	祁阳县石坝乡
	科技示范乡	冷水滩市岚角山镇
	零陵地区科技志	地区科委科技志办公室
1995	省级星火示范镇建设	冷水滩市岚角山镇
	零陵地区科技志、科技项目调研	地区科委科技志办公室、科技科

续表 2－6

年度	项目名称	承担单位
1996	磷化铝熏蒸杀虫技术研究	地区科达仓储杀虫技术研究所
	星火计划培训	市科技培训中心
1997	理血化瘀加固汤治疗高近黄斑出血新技术	市中医院
	运用多媒体网络教学技术及其研究	零陵师范学校
1998	计算机网络教学	市工业中等专科学校
	科普宣传、展览、培训等	市电视台、市科技开发中心
1999	“喉咽清”口服液及含片开发	零陵制药厂
2000	头孢克洛	湖南百草制药有限公司
	科技信息港建设	市科技情报研究所
	民营科技园区建设	凤凰园经济开发区
	“喉咽清”深度开发	零陵制药厂
	蛇药系列产品	市特种养殖技术研究所
	B 超介入肝动脉门静脉置泵双栓治疗晚期肝癌	市第二人民医院
2001	高氧医用液在高位硬膛外麻醉下的临床研究	市人民医院
	喉咽清含片研制开发	市零陵制药厂
	消痹胶囊二期临床研究	湖南剑鹰制药厂

2002—2015 年度永州市级社会发展科技重点项目一览表

表 2－7

年度	项目名称	承担单位
2002	永州市地震数据采集台建设	市地震办公室
2003	生物酶解法制备蛇类低肽混合物	市异蛇生物科技有限公司
2004	高纯罗汉果甜甙 V 生产技术研究	市希尔天然物料有限公司
	血络通胶囊产业化	湖南恒伟药业有限公司
	永州市科技信息平台建设	市科技情报研究所
2005	新药紫贝止咳颗粒、中药饮片、克咳含片、舒筋除湿胶囊、异蛇低肽营养液科研开发	湖南大自然制药有限公司、永州恒康中药饮片加工有限公司、湖南恒伟药业有限公司、湖南敬和堂制药有限公司、永州威狮生物有限公司
	举重世界冠军苗子的选材与训练	市体育局
2006	日处理 8000 立方米中水回用工程	湖南熙可食品有限公司
	靶向性纳米颗粒抗癌药物制备表征与生物活性研究和山苍子核仁油提取	湖南科技学院
2007	生物质能技术开发	湖南科技学院可再生能源研究所、永州绿缘农业科技开发有限公司

续表 2－7

年度	项目名称	承担单位
2008	蓖麻品种选育及杂交育种技术	永州职业技术学院蓖麻研究所
	高山雪莲果高产栽培技术及中草药资源调查	双牌县科技开发中心
	栝蒌籽功能性脂类提取技术的应用与开发	市金腾栝蒌发展有限公司
	中药新药“便可通片”“复方益肝灵胶囊”开发	湖南时代阳光制药有限公司 湖南恒伟药业有限公司
2010	中小企业公共技术服务平台建设	市生产力促进中心
	全自动生物质能燃烧节能锅炉开发	市高晟节能设备有限公司
	糖尿乐片开发	湖南恒伟药业有限公司
	中药抗病毒系列品种技术创新战略联盟	湖南时代阳光药业股份有限公司
	厚朴、金银花产业升级关键技术研究	湖南敬和堂制药有限公司
2011	国家农业科技园规划	市现代农业科技示范园
	血络通新剂型研究——血络通片	湖南恒伟药业股份有限公司
	抗抑郁创新中药“百事乐胶囊”的研制	湖南时代阳光药业股份有限公司
	山银花片研究开发与应用	湖南敬和堂制药有限公司
2012	永州市医药食品技术检测平台建设	市中医药产业战略联盟
	纸厂臭气关键技术研究	永州湘江纸业有限责任公司
	“百事乐胶囊”药效机理及临床预试验研究	湖南时代阳光药业股份有限公司
	年产 20 吨厚酚粉剂 GMP 生产线关键技术研究	湖南大自然制药有限公司
	中药六类新药“舒筋除湿胶囊”产业化	湖南敬和堂制药有限公司
2014	永州银杏产业开发与研究	湖南科技学院 湖南恒伟药业股份有限公司
	喉咽清口服液工艺及标准提高研究	湖南时代阳光药业股份有限公司
	药食同源植物功能因子产品开发关键技术及产业化研究	湖南希尔天然药业有限公司
2015	市政府放心食品工程	市食品质量安全监督检验中心
	永州市育龄人群地中海贫血流行病学调查和预防的研究	市妇幼保健院
	科技精准扶贫	江华县小圩镇茶花园村
	小儿扶脾颗粒标准升级研究	湖南时代阳光药业股份有限公司
	水飞蓟宾缓释片的新药研究	湖南恒伟药业股份有限公司
	厚朴功能成分提制关键技术研究及应用	湖南大自然制药有限公司

（二）国家、省级科技项目申报立项

1992—2015年，国家、省科技管理部门根据经济社会发展需要，每年下达各类科技计划项目申报指南或申报要求，市（地区）、县（区）科技部门组织相关企事业单位，按照项目申报要求向国家和省科技部门申报。申报省级科技项目，由县（区）科技部门初审，市（地区）科技部门负责审核并向省科技部门推荐；申报国家级科技项目，由市（地区）科技部门初审，省科技部门负责审核向国家科技部门推荐。

1992—2015年，永州市（零陵地区）争取国家、省级科技项目立项1025项，其中，国家级76项、省级949项。“八五”期间（1992—1995年），争取国家、省科技计划项目立项132项；“九五”期间（1996—2000年），争取国家、省科技计划项目立项154项；“十五”期间（2001—2005年），争取国家、省科技计划项目立项214项；“十一五”期间（2006—2010年），争取国家、省科技计划项目立项218项；“十二五”期间（2011—2015年），争取国家、省科技计划项目立项307项。

1992—2015年度永州市（零陵地区）国家、省级立项科技项目一览表

表2-8　　单位：项

年度	项目数	其中	
		国家级	省级
1992	41	2	39
1993	25	2	23
1994	21	6	15
1995	45	6	39
1996	22	5	17
1997	18	0	18
1998	47	1	46
1999	38	0	38
2000	29	1	28
2001	33	4	29
2002	61	4	57
2003	53	9	44
2004	30	0	30
2005	37	0	37
2006	34	2	32
2007	37	3	34

续表 2－8

年 度	项目数	其中	
		国家级	省级
2008	55	2	53
2009	45	4	41
2010	47	4	43
2011	60	3	57
2012	68	8	60
2013	70	6	64
2014	69	3	66
2015	40	1	39
合计	1025	76	949

1992—2015 年度永州市（零陵地区）承担国家级科技项目一览表

表 2－9

年度	项目名称	承担单位	计划或项目类别
1992	铁铝酸盐水泥	冷水滩特种水泥厂	火炬计划
	提高冲天炉熔烧质量	地区轻机厂	成果推广计划
1993	电弧炉节能技术	东安铁合金厂	成果推广计划
	自行车助行器开发	祁阳县自行车助力器厂	星火计划
1994	野菜蕨菜系列产品开发	道县月岩林场	星火计划
	ZJT 系列直流调整电机	祁阳县电机厂	
	松香改性 424 失水苹果酸树脂	江华县黄石松香厂	
	低毒复合脲醛树脂胶在刨花板生产中的应用	双牌刨花板厂	
	竹猪良种繁殖及开发	双牌县星火科技公司	
	七彩山鸡开发	永州市西塘观乡	
1995	咽喉清口服液	零陵制药厂	星火计划
	大蒜系列产品	祁阳县三禾绿色实业有限公司	
	硅钡复合脱氧剂	祁阳县冶炼厂	
	CWZ 铸钢、铸铁精炼剂系列产品	祁阳县冶金溶剂厂	
	灵芝袋泡茶系列产品开发	蓝山县食用菌场	
	松香改性 424 失水苹果酸树脂	江华县黄石松香厂	

续表 2-9

年度	项目名称	承担单位	计划或项目类别
1996	蛇类系列产品开发	市特种养殖技术研究所	星火计划
	大蒜保健系列产品	祁阳县三禾绿色实业有限公司	
	神鱼灵鱼药系列产品	冷水滩凤凰鱼药开发公司	
	特种动物养殖技术开发	市特种养殖技术研究所	
	升华法提取天然咖啡因	江永回龙圩农场	
1998	大蒜系列产品	永州市绿色集团	星火计划
2000	天然植物综合利用技术	湖南三禾绿色实业有限公司	星火计划
2001	CJY6470E 低污染汽车	长丰集团公司	火炬计划
	新型汽车坐椅	长丰集团公司	
	板栗气调保鲜加工技术	市大立农业开发公司	农业成果转化基金
	黄姜四倍体新种质及快繁技术	祁阳县新湣农场	
2002	高纯度稀土氧化物	市湘江稀土有限公司	重点新产品计划
	超导环保锅炉	市节能设备厂	
	越野汽车车桥	长丰集团公司	火炬计划
	猎豹 CFA2030A 轻型越野车	长丰集团公司	
2003	家用越野车“猎豹飞腾”	长丰集团公司	重点新产品计划
	电缆分配系统用泡沫聚乙稀绝缘同轴电缆	冷水滩电线电缆有限公司	
	ENHSMD01 台区综合管理屏	市仁和高新技术有限公司	
	茶籽色拉油	湖南金浩植物油有限公司	
	胃肠健胶囊	湖南八方药业有限公司	
	低温发酵肉制品	湖南万利食品工业集团	
	汽车内装饰材料	长丰汽车内装饰材料有限公司	火炬计划
	珍稀菌类系列产品产业化	冷水滩南方食用菌开发总公司	星火计划
	玉米深加工	冷水滩面粉厂	
2006	钢筋电渣压力焊专用焊剂 HL801 开发	市哈陵焊接器材有限公司	中小企业创新基金
	甘薯淀粉制备烷基糖苷中试与产业化	湖南地源精细化工有限公司	农业成果转化基金
2007	中药复方新药—消痹胶囊	湖南敬和堂药业有限公司	中小企业创新基金
	樱桃鸭养殖及加工产业化建设	新田县人民政府	富民强县计划
	红薯制燃料乙醇技术研究及产业化	湖南科技学院	农业科技支撑计划
2008	优质稻丰产技术集成及精深加工产业示范	祁阳县人民政府	富民强县计划
	南方优质种苗快繁中心建设	湖南熙可食品有限公司	抗冰救灾专项计划

续表 2－9

年度	项目名称	承担单位	计划或项目类别
2009	柑橘新品种推广与精深加工技术集成应用示范	湖南熙可食品有限公司	农业成果转化基金
	低品位软锰矿深度综合开发利用	湖南永达锰业有限公司	中小企业创新基金
	低酚酸银杏提取物的工艺和产业化	湖南大自然制药有限公司	
	科技人员服务企业行动	湖南永达锰业有限公司	
2010	利用直流电熔新工艺生产 HJ431D 中锰高硅低氟熔炼型焊剂	市兴发电熔科技有限公司	中小企业创新基金
	利用湿法冶金工艺分离高纯度稀土氧化物	江华县兴华稀土新材料有限公司	
	太阳能光伏发电技术	湖南华源线缆电器有限公司	金太阳示范工程
	太阳能光伏发电技术	湖南恒惠食品有限公司	
2011	太阳能晶体硅片关键技术研发及产业化	湖南华源线缆电器有限公司	中小企业创新基金
	CT 定位穿刺系统	市仁济医疗科技有限公司	
	柚残次果、果皮的深加工及综合利用技术	湖南永康富硒生物科技有限公司	
2012	柑橘综合技术开发及果蔬贮藏保鲜冷链物流系统	冷水滩区人民政府	富民强县计划
	中药复方新药——消痹胶囊	湖南敬和堂制药有限公司	中小企业创新基金
	新型氧化锆功能研磨材料	永州皓志稀土材料有限公司	
	少喂入先脱后割式水稻微型联合收割机	市旺龙农业机械制造有限公司	
	还原熔炼锑锭的新型清洁生产工艺	湖南东港锑品有限公司	
	聚丙稀用环保高效不析出阻燃剂及其浓缩母粒	湖南美珀莱科技发展有限公司	
	高安全性智能爱心插座	湖南奥盟电器有限公司	
	低温等离子体空气杀菌净化机	湖南科尔环保科技有限公司	
2013	柑橘产业化综合技术研究及示范	湖南熙可食品有限公司	农业成果转化基金
	生态有机茶产业化示范	蓝山县人民政府	富民强县计划
	立式多管玉米脱粒机	市三湘农机制造有限公司	中小企业创新基金
	氨化湿法生产高纯活性纳米氧化锌	江永县潇湘化工有限公司	
	卵磷脂纳米技术制备富茶多酚茶油	湖南大自然制药有限公司	
	农副产品加工产业中小企业技术创新服务平台	祁阳县生产力促进中心	
2014	绿色油茶标准化生产技术集成及产业化开发	道县人民政府	富民强县计划
	珍稀野生动物保护品种尖吻蝮蛇人工繁殖与规模化养殖示范推广	市异蛇科技实业有限公司	农业成果转化基金
	新型肠道式沼气发生系统示范与应用	市天一生态农业开发有限公司	
2015	油茶良种繁育规范化栽培示范与推广	市林科所	农业成果转化基金

1992—2001 年度永州市（零陵地区）承担省级主要科技项目一览表

表 2－10

年度	项目名称	承担单位	计划或项目类别
1992	高水基填充材料	冷水滩特种水泥厂	火炬计划
	栓剂生产自动线国产化研制	中南药械厂	巨龙计划
	电弧炉节能改造技术	东安铁合金厂	成果推广计划
	杂交水稻超高产制种技术推广	地区种子公司	
	杂交稻种子塑料密封包装推广	零陵农校	
	网箱养鱼技术推广	地区水产站	
	发酵法甘油	冷水滩面粉厂	
	3000KVA 电炉冶炼硅锰合金	地区东湘桥锰矿	
	年产 30 吨代银钎焊剂生产线	冷水滩凤凰园经济开发区工贸发展公司	
	砂状冰晶石技术开发	祁阳氟化盐厂	星火计划
	充氮气调蔬菜保鲜技术开发	永州市制氧厂	
	250 节能米机开发	新田县一机械厂	
	稀土镁合金系列产品开发	祁阳县稀土铁合金厂	
	花生奶系列产品开发	冷水滩肉联厂	
	速生丰产林及经济林综合技术开发	双牌县泷泊林场	
	优质稻高产栽培及加工技术开发	江华县上游乡	
	香芋开发	江永县科委	
	两系法杂交水稻新组合选育及配套技术研究、常规水稻新品种选育	地区农科所	重点科研计划
	杂交水稻制种技术研究	地区种子公司	
	低焦油卷烟研究	零陵卷烟厂	
	优质柚	江永县科委	
	山区综合技术开发研究	宁远县天然植物提取厂	
	建材新品种研制	地区水泥厂、冷水滩特种水泥厂	
1993	砂状冰晶石技术开发	祁阳氟化盐厂	星火计划
	自行车助行器开发	祁阳县自行车助力器厂	
	硅钡复合脱氧剂系列产品开发	祁阳县冶炼厂	
	松香改性 424 失水苹果酸树脂开发	江华县黄石松香厂	
	BW－4 型超高能微型多功能电焊机	祁阳县医疗器械厂	
	熔炼焊剂	地区氮肥厂焊剂分厂	
	晚熟西瓜开发	双牌县蔡里口乡	
	衣康酸	江永县精细化工厂	巨龙计划
	硫酸黄连素原料药生产新工艺技术	新田县兽药厂	

续表 2－10

年度	项目名称	承担单位	计划或项目类别
1993	白啤酒生产技术	冷水滩啤酒厂	成果推广计划
	JSK－2 烟草收购控制系统新技术	地区烟草公司	
	非发酵高泡“姜汁啤”开发	新田县饮料厂	
	荷兰豆高产栽培技术	江永县农业局	
	“肥精”在烟草上的应用	地区农科所	
	生物降解农用地膜开发	零陵塑料厂	专项计划
	木质拼地板开发	冷水滩市装饰材料总公司	
	两系法杂交稻高产制种繁殖技术研究及应用	东安县种子公司	
	九嶷山区名优药材开发	宁远县医药局	
1994	无公害优质稻生产基地	祁阳县优质农产品开发中心	成果推广计划
	优质稻开发	地区农科所	
	高处作业吊篮	湖南省跃进机械厂	
	柴油机 ABS 系列低温助燃剂及自动加注装置	双牌低温起动液厂	
	熔炼焊剂开发	地区氮肥厂焊剂分厂	星火计划
	车辆滑行器	地区专利实施开发研究所	
	猕猴桃人工栽培技术	双牌县科技开发公司等	
	中草药鱼饵研究	冷水滩凤凰园鱼药开发公司	
	微机物资管理信息系统	地区金属材料股份有限公司	电子振兴计划
	应用数显、数控改造盘式制动电机及油泵生产线	湖南省跃进机械厂	
	烟草收购控制系统新技术	地区烟草公司	
1995	YZU 系列振动源三相异步电动机	祁阳通用电机厂	火炬计划
	烧结焊剂	地区焊剂厂	
	双水相多彩花纹涂料、墙面钢化涂料	道县伟达工业城精细化工厂	
	NF－923 钻井液铵盐复配处理剂	冷水滩市化工厂	
	振动时效应用技术	零陵水电设备总厂	电子振兴计划
	全自动电脑绣花、行缝	东安县绣服厂	
	消痔胶囊新药研制	冷水滩区医药保健公司	星火计划
	反季无公害蔬菜综合开发	双牌县阳明山林场	
	绞股兰天然矿泉饮料系列产品开发	道县濂溪矿泉饮料公司	
	食用菌新品种新技术开发	市食用菌颗粒培养基厂	
	3000 吨变截面汽车钢板弹簧技术	市东湘桥锰矿	

续表 2－10

年度	项目名称	承担单位	计划或项目类别
1995	数控切割微机套料系统应用	地区水电设备厂	成果推广计划
	RHU2000 吨不饱和聚脂树脂	祁阳县树脂厂	
	烤烟种子包衣技术	地区烟草公司	
	全元素高级肥料	新田县氮肥厂	
	山羊引进和推广	江华县畜牧水产局等	
1996	自行车滑行器开发	祁阳县自行车助力器厂	星火计划
	汽车电器智能自控装置	地区专利实施开发研究所	
	山羊良种基地建设和繁殖技术开发	双牌县打鼓坪林场	
	食用菌新品种新技术开发	市食用菌颗粒培养基厂	
	芙蓉珍珠椒系列产品	江华民族食品厂	
	灵芝保健袋泡茶	兰山县食用菌场	
	道州圣脉保健饮料系列产品开发	道县濂溪天然矿泉饮料厂	
	节能运输升降机	祁阳县节能电机厂	成果推广计划
	天然矿植物型除垢防垢剂	东安县天龙新技术开发公司	
	20%杀虫威水剂开发	市化工集团	专项科研计划
	大输液生产自动线	中南药械厂	
	磷化铝熏蒸杀虫技术研究	地区科达仓储技术研究所	
	脐橙优质高产栽培	回龙圩农场	
1997	数控切割机微机套料系统应用	市水电设备总厂	成果推广计划
	贵金属回收技术	江永银铅锌矿	
	水泥生产自控系统、自动码包机	冷水滩九天电气自动化有限公司	电子振兴计划
	熔炼焊剂系列产品开发	市哈陵焊接器材有限公司	工业科研计划
	BW－4 型超高能微型多功能电焊机	祁阳县得星电气有限公司	星火计划
	蛇系列产品开发	市异蛇科技实业有限公司	
1998	仿不锈钢、仿金和仿钛合金铝材生产技术	祁阳宏泰铝型材厂	工业科研计划
	DVW－4 型超高能微型多功能电焊机	祁阳县得星电气有限公司	
	香两优 68 制种	市种子公司、市农科所	农业重点研究计划
	巴西旱稻推广	市种子公司	成果推广计划
	10 万亩白果基地建设	东安县政府	
1999	白果深度加工	东安县科委	工业重点研究计划
	年产 1200 吨 20%灭虫威水剂	市农药厂	

续表 2－10

年度	项目名称	承担单位	计划或项目类别
1999	优质板栗保鲜及深度加工	新田县林业局	星火计划
	大蒜系列产品开发	祁阳县三禾绿色实业有限公司	
	BW–4 型超高能微型多功能电焊机	祁阳县得星电气有限公司	高新技术引导资金
	DGF/8 液体灌装机	祁阳县楚天机电有限公司	
	异蛇系列产品开发	市特种养殖技术研究所	农业重点研究计划
	特种养殖技术开发	市水产局、零陵师范专科学校	
2000	特种专用焊接材料	市哈陵焊接器材有限公司	工业重点研究计划
	汽车电器集中监控器	市时新电子有限公司	
	DT 系列三相插接式电力电缆接头	市电通工业有限公司	
	年产 20 万台汽车智能仪表总成	湖南九天电气自动化有限公司	高新技术引导资金
	头孢克洛缓释片	湖南百草制药有限公司	
	花卉育种及新品种选育	零陵农校	农业重点研究计划
	天然植物综合利用技术	湖南三禾绿色实业有限公司	
	消痹胶囊新药开发	湖南剑鹰制药有限公司	社会发展重点研究计划
	B 超介入肝动脉门静脉置泵双栓治疗中晚期肝癌	市第二人民医院	
	科技信息港建设	市县区科技情报研究所	信息化专项
2001	轻型越野汽车	长丰集团	高新技术引导资金
	高纯度稀土氧化物	市湘江稀土股份有限公司	
	低噪音 YJ 系列罩极电机	湖南黎海微电机有限公司	
	锂离子电池阳极材料产业化	市三利实业有限公司	
	蛇毒提取及蛇毒制备	永州之野异蛇实业公司	
	焊材开发	东安县金鸡焊材有限公司	
	香柚开发	江永县香柚开发总公司	
	神奇牌珍稀菌类系列产品	冷水滩南方食用菌开发总公司	农业攻关重点计划
	风味饲料研究开发	湖南九鼎饲料有限公司	农业成果转化资金

2002—2015 年度永州市承担省级重点、创新基金、战略性新兴产业等科技项目一览表

表 2－11

年度	项目名称	承担单位	计划或项目类别
2002	柑橘综合深加工技术	湖南熙可食品有限公司	高新技术引导资金
	轻型越野汽车	长丰集团	
	新型特种工程材料	市中大特种水泥有限公司	
	混合动力车	长丰集团	工业重点支撑计划
	珍稀菌类系列产品开发	冷水滩南方食用菌开发总公司	农业重点支撑计划
	稻田工程化养殖技术	市畜牧水产局	
	生物酶饲料添加剂	市绿源牧业科技有限公司	
	高负荷生物滤池 / 固体接触新工艺及配套国产化研究	市绿波环保设备有限公司	社会发展重点支撑计划
	舒筋除湿胶囊开发	湖南八方药业有限公司	
2003	电动车研发	长丰集团	工业重点支撑计划
	高岭土制备纳米静水剂	祁阳县观音滩煤矿	
	超导环保型节能锅炉	市节能设备厂	
	泡沫聚乙稀绝缘同轴电缆	冷水滩电线电缆有限公司	
	科技信息网络建设	市生产力促进中心	农业重点支撑计划
	鱼腥草基地建设	宁远县科技局	
2004	油茶籽油精炼深加工技术及产业化	市优仕油茶开发有限公司	工业重点支撑计划
	ENHSMDOI 台区综合管理屏产业化	市仁和高新技术有限公司	
	新型安全鞭炮药剂	湖南南岭民用爆破器材股份公司	
	科技信息平台及条件建设	江华县科技局	条件建设计划
2005	中药新药“舒筋除湿胶囊”	湖南敬和堂制药有限公司	社会发展重点支撑计划
	3 万吨 / 年茶籽色拉油及系列产品产业化工程	湖南金浩植物油有限公司	工业重点支撑计划
	烟花爆竹氧化剂推广应用	湖南南岭民用爆破器材股份公司	
	利用低品位二氧化锰生产电解金属锰技术	市生产力促进中心	
	柑橘新品种选育及产业化关键技术研究	湖南熙可食品有限公司	农业重点支撑计划
	科技信息“户”联网工程建设	市科技局	
2006	现代柑橘工业关键技术研究与示范	湖南熙可食品有限公司	重大专项
	还原催化全湿法直接制备硫酸锰母液	湖南永达锰业有限公司	工业重点支撑计划
	柑橘特色产业示范基地	冷水滩区科技局	农业重点支撑计划
	半喂入联合收割机	市生产力促进中心	

续表 2－11

年度	项目名称	承担单位	计划或项目类别
2007	混合式步进电机技术开发及产业化	湖南科力电机股份有限公司	县区一把手工程
	科技扶贫	宁远县湾井镇四公塘村	农业重点支撑计划
	樱桃谷鸭养殖及加工产业化配套建设	新田县科技局	
2008	抗冰救灾专项	湖南熙可食品有限公司等单位	专项计划
	湘南专项	江永县、蓝山县、道县、东安县	
	杂交早籼金优899高产制种与栽培示范	市农科所	农业成果转化资金
	现代柑橘工业关键技术研究与示范	湖南熙可食品有限公司	
	高效生态农业科技示范基地	市农业现代科技园管理委员会	农业重点支撑计划
	氧化锰伴生金属镍钴的开发	湖南永达锰业有限公司	工业重点支撑计划
2009	优质稻丰产技术集成及精深加工产业示范	湖南省天龙米业有限公司	农业成果转化资金
	创新中药“便可通”临床研究	湖南时代阳光制药有限公司	社会发展重点支撑计划
	山银花等药材繁育、栽培及系列产品开发	湖南敬和堂制药有限公司	
	九嶷山环境资源保护与开发研究	舜帝陵基金会	
	异蛇特色产业发展科技示范基地	零陵区科技局	农业重点支撑计划
	蓖麻新品种（淄蓖5、3号）高产栽培示范	市绿缘农业科技开发有限公司	
	科技服务平台建设	市科技局	
	反季节蔬菜栽培技术示范	新田县新圩镇兰溪村	
	水轮发电机组及技术出口	湖南零陵恒远发电设备有限公司	工业重点支撑计划
2010	眼镜蛇规模化人工养殖技术	市异蛇科技有限公司	农业成果转化资金
	红薯淀粉高效分离技术转化与示范	湖南天圣有机农业有限公司	
	高效节能低速辊压式破碎机	祁阳宇辉机电实业有限公司	创新基金
	年产2亿袋昆布素颗粒产业化	湖南大自然制药有限公司	产学研结合专项
	富硒纳米生物肥产业化	湖南省中科农业有限公司	
	眼镜蛇规模化人工养殖技术及产业化	市异蛇科技实业有限公司	
	油茶籽深加工及副产品综合利用技术	市永大高科有限公司	
	科技创新信息管理平台建设	市科技局，江华县、蓝山县科技局	科技创新能力专项
	光伏产业单晶硅提纯技术与应用	湖南天润新能源有限公司	科技支撑县域经济
	三聚氰胺苦胺环保高效阻燃剂及其应用成套技术开发	湖南美珀莱科技发展有限公司	
	锰产品系列开发	市鸿鑫锰业有限公司	湘西专项

续表 2－11

年度	项目名称	承担单位	计划或项目类别
2010	东安鸡特色产业示范基地	东安鸡罐装食品有限公司	特色产业专项
	现代柑橘产业科技特派员创业链、食品安全平台建设	湖南熙可食品有限公司	特派员专项
	柚残次果、果皮的深加工及综合利用技术	湖南永康富硒生物科技有限公司	农业重点支撑计划
	太阳能晶体硅片关键技术研发及产业化开发	湖南华源线缆电器有限公司	工业重点支撑计划
	冷水滩可持续发展实验区建设	冷水滩区科技局	可持续发展专项
2011	食用菌工厂化生产优良新品种选繁育关键技术研究及示范	湖南果秀食品有限公司	战略性新兴产业计划
	生态有机茶产业化示范	蓝山县三峰茶叶有限公司	科技支撑县域经济专项
	国家科技园信息化管理系统建设、科技成果转化基地建设	市农业现代科技园管理委员会	
	超临界 CO_2 萃取银杏黄酮素及软黄金胶囊系列产品研究开发	永州中农银杏有限公司	
	大功率轴伸贯流式水轮发电机组研发	湖南零陵恒远发电设备有限公司	工业重点支撑计划
	一种汽车后保险杠新增雷达探测孔模具	湖南长丰汽车塑料制品有限公司	
	稀土荧光粉磷酸盐绿粉前驱体研究与制备	江华县兴华稀土新材料有限公司	
	科技信息平台建设	市科技局	农业重点支撑计划
	有机果蔬栽培技术研究及其推广	市柑桔研究所	
	富硒纳米缓控释肥产业化关键技术研发	湖南省中科农业有限公司	
	酿酒专用糯高粱种子产业化基地建设	宁远县圣梁种业有限公司	
	果品低温物流保鲜技术	湖南原地现代农业发展有限公司	
	油茶籽毛精油精炼新工艺研究	湖南金浩茶油股份有限公司	
	基于高分子标记物的荧光偏振免疫新方法研究	湖南科技学院	社会发展重点支撑计划
2012	中药新药—舒筋除湿胶囊 LV 级临床研究及产业化开发	湖南敬和堂制药有限公司	湘南专项
	淀粉增强改性剂生产工艺开发及产业化	江华县协成科技有限公司	
	优质茶油绿色高效提取关键技术研究及产业化	湖南金浩茶油股份有限公司	
	金银花规范化种植及 98%HPLC 高纯绿原酸提取技术研究	双牌县金蕊实业有限公司	
	低品位锰矿深加工及综合利用	市生产力促进中心	
	天然富硒有机农产品研究及产业化开发	新田县硒品园农产品有限公司	
	蓝山大白苦瓜种子丰产技术研究	蓝山县科技情报研究所	
	江永香米种植技术开发	江永县科技情报研究所	

续表 2－11

年度	项目名称	承担单位	计划或项目类别
2012	中药口服液制剂共性技术研究	湖南时代阳光药业股份有限公司	战略性新兴产业计划
	有机废弃物快速发酵生产新型生态有机肥关键处理技术集成体系攻关	湖南省中科农业有限公司	
	高可靠精度汽车数字式通用仪表	市长怡汽车电子有限公司	创新基金
	原淀粉增强改性剂	江华县协成科技有限公司	
	车用甲醇汽油产业化	永州锦溁新能源开发有限公司	成果推广计划
	果蔬贮藏保鲜冷链物流信息系统开发及应用示范	湖南金鹰果业有限公司	农业重点支撑计划
2013	利用低品位锰资源构建锰酸锂产业链关键技术开发	永州零陵瑞翔新材料有限公司	战略性新兴产业计划
	超薄触控一体化液晶显示器研究与产业化	市达福鑫投资有限公司	
	糖尿病及其并发症治疗研究与病例分析及其相关药物研发	湖南希尔天然药业有限公司	高新技术发展专项
	优质茶油绿色高效提取关键技术研究及产业化应用示范	湖南新金浩茶油股份有限公司	特色产业专项
	高档优质精米加工关键技术研发	湖南省天龙米业有限公司	
	甘薯淀粉高效提取与薯渣资源化关键技术研发与应用	湖南天圣有机农业有限公司	
	九嶷山兔特色养殖及精深加工关键技术研发	永州舜源农业发展有限公司	县区专项
	远程遥控智能插座	湖南奥盟电器有限公司	
	淀粉增强改性剂生产工艺开发及产业化	江华县协成科技有限公司	
	优质肉牛养殖技术应用	东安县小埠头优质肉牛养殖农民专业合作社	
	有机香芋香姜种植与深加工关键技术研究及产业化基地建设	江永县特色农副产品开发有限公司	
	木薯标准化栽培技术研究与示范推广	江永县生产力促进中心	
2014	一种稻壳／秸杆饲料添加剂的制备方法、自动化催产泥鳅繁殖技术	市顺康生态农业发展有限公司	农业重点支撑计划
	小麦麸皮综合开发与示范推广	湖南湘君面业有限公司	
	JY 添加剂开发及其在甲醇汽油中的应用	永州锦溁新能源开发有限公司	工业重点支撑计划
	锰资源深度开发与综合利用服务	市科技情报研究所	应用基础研究专项
	高效复合益生菌发酵饲料生产无抗猪肉关键技术研究与应用	湖南恒惠饲料有限公司	战略性新兴产业计划
	六味补血颗粒治疗肿瘤放化疗毒副反应深度研发	湖南敬和堂制药有限公司	

续表 2－11

年度	项目名称	承担单位	计划或项目类别
2014	山林放养生态东安鸡特色产业开发	湖南东安鸡科技有限公司	特色产业专项
	湘南水稻基质育秧关键技术的研发与示范	永州鑫丰农业生物科技有限公司	
	新型大米冷却保鲜工艺的研发与应用	湖南银光粮油股份有限公司	
	技术转移综合服务平台	祁阳县生产力促进中心	
	优质茶油绿色高效提取关键技术研究及产业化应用示范	湖南新金浩茶油股份有限公司	
	食用菌新品种引进及良种繁育技术推广	江华县彭罗源食用菌种植专业合作社	
	天然富硒有机农产品研究及产业化开发	新田县硒品园农产品有限公司	
	金银花规范化栽培种植及高纯绿原酸提取技术研究	双牌县金蕊实业有限公司	
	湘江源头生态脆弱区修复与经济发展的关系研究	双牌县科技开发中心	社会发展重点支撑计划
	新型环保墙体材料研发与推广	江华县生产力促进中心	
	中药提取物在防治鱼病的环境风险评估及应用	祁阳县生产力促进中心	
2015	湖南省食用菌工程技术研究中心	湖南果秀食品有限公司	工程技术研究中心专项
	辛香料活性成分“一料多品”现代绿色萃取分离关键技术研发	湖南和广生物科技有限公司	战略性新兴产业计划
	高效烟气净化装备的开发与应用	神华永州发电有限公司	社会发展重点支撑计划
	瑶药药材种植加工基地建设	江华县同泰中药饮片加工销售有限公司	科技惠民计划
	尖吻腹蛇人工繁育与规模化养殖示范	市异蛇科技实业有限公司	科技特派员创新创业专项
	复合生态制剂在防治仔猪腹泻上的应用研究	冷水滩金兴养殖场	
	杏鲍菇工厂生产病虫害绿色高效防治技术示范推广	湖南宇秀生物科技有限公司	
	藏香猪综合养殖技术研究与示范	祁阳县宏发养殖专业合作社	
	现代特色茶叶产业园	永州福田茶业有限公司	
	蔬菜标准化生产示范基地建设	蓝山县建辉科技蔬菜种植专业合作社	
	优质高产油茶栽培技术应用研究与推广	东安县天之娇科技发展有限公司	
	柑橘病虫害绿色防控技术示范	冷水滩春雷农业科技开发有限公司	
	复杂精密零部件粉末冶金制备技术研究	蓝山县金川粉末冶金有限公司	
	国家农科园创新能力建设	市国家农科园管委会	农业优势特色产业培育专项
	江华苦茶扩繁示范与推广	江华县生产力促进中心	
	油茶新品种引种栽培及选育研究	市伊园科技有限公司	
	夏黑葡萄当年丰产及一年两熟高效栽培技术	蓝山县新顺农牧业发展有限公司	

续表 2－11

年度	项目名称	承担单位	计划或项目类别
2015	草鹅养殖及鹅肥肝加工技术	湖南万家鹅业发展有限公司	科技精准扶贫专项
	迷迭香功能性成分提取与高效分离产业化研究	市华茂生物科技有限公司	
	九嶷山兔标准化健康养殖产业化	永州舜源农业发展有限公司	
	涔天河大闸蟹养殖基地建设	江华县科技局	
	特晚熟柑橘品种筛选及标准化栽培技术	湖南省季丰农业有限公司	
	科技创新服务平台建设	蓝山县科技情报所、双牌县生产力促进中心	科技创新服务平台建设专项

（三）项目实施与验收

1992—2015 年，国家、省和市（地区）级安排有科技资金的科技项目实行合同制管理，对项目顺利实施和取得成效起到重要作用。

市（地区）级科技项目，由市（地区）科技计划管理部门与项目承担单位签定计划项目实施合同书（或任务书）；国家、省级科技项目，分别由国家、省科技计划管理部门与项目承担单位签定计划项目实施合同书（或任务书）。主要内容包括：项目承担单位的简要情况、主要研究人员、实施年限与进度、完成目标、主要技术与经济指标、成果形式与归属权益、经费开支预算、拨款进度等。项目承担单位按合同要求组织项目实施。实施过程中，每年度向计划管理部门报告实施进度情况，或有突发情况及时报告。

科技管理部门适时组织计划项目管理科室或纪检监察室，不定期地对项目实施情况和经费使用情况开展监督检查，发现问题及时纠正解决。

项目承担单位完成研究开发后，向科技部门提出项目验收或技术鉴定申请。对符合科技成果鉴定条件和要求的项目，由科技管理部门组织技术专家鉴定或验收。

二、科技经费管理

（一）科技经费来源

科技经费分为科技事业费、科技三项经费（重大科学研究项目补助费、中间试验费、新产品试制费，2010 年始称科技项目经费或研发经费）、科普经费等，主要来源于市（地区）县（区）财政拨款、国家和省科技部门项目经费以及企业开展科技研发自筹经费。1992—2015 年，财政拨款科技经费及企业自筹科研开发经费呈逐年大幅增长趋势。1992 年，零陵地区财政科技经费支出为 211 万元；2015 年，永州市科技支出达

21665 万元，是 1992 年支出的 102 倍。全市科技支出累计达 109047 万元。

地区财政本级 1992 年支出科技三项经费 17 万元；2015 年，市本级科技项目经费支出 510 万元，较 1992 年支出增长 30 倍。1992—2015 年市本级财政支出科技项目经费 6654 万元。

1992—1996 年，省科委每年切块少量科技三项经费由地区（市）科委安排科技项目，五年切块 133 万元。1997 年始，省科委不再给市科委切块经费，全部改为申报项目，以项目经费下达。

1992—2015 年，国家、省科技部门安排永州市（地区）科技项目经费 31166 万元（含科技贷款、引导资金等）。各级政府的科技投入对经济发展起到引领作用，使企业成为科技创新的主体、研发投入的主体。

1992—2015 年度永州市（零陵地区）财政科技支出和市（地区）本级科技项目经费一览表

表 2－12　　　　单位：万元

年度	科技支出	其中：市（地区）本级科技项目支出
1992	211	17
1993	211	34
1994	277	34
1995	369	47
1996	433	100
1997	321	130
1998	325	145
1999	371	150
2000	388	165
2001	441	190
2002	534	210
2003	577	220
2004	791	210
2005	972	250
2006	1176	300
2007	4561	350
2008	5748	450
2009	6906	500
2010	8479	510
2011	10691	480
2012	10922	532

续表 2－12

年度	科技支出	其中：市（地区）本级科技项目支出
2013	15492	510
2014	17186	610
2015	21665	510
合计	109047	6654

1992—2015 年度永州市（零陵地区）争取国家、省科技资金一览表

表 2－13　　　　单位：万元

年 度	项目资金、引导资金、科技货款等	省科委切块经费
1992	1880（含科技贷款）	28
1993	1980（含科技贷款）	27
1994	1325（含科技贷款）	29
1995	2469（含科技贷款）	27
1996	1356（含科技贷款）	22
1997	1283（含科技贷款）	
1998	204	
1999	213	
2000	1627（含引导资金 1500）	
2001	2502（含引导资金 2300）	
2002	3685（含引导资金 3400）	
2003	575	
2004	121	
2005	208	
2006	290	
2007	580	
2008	709	
2009	942	
2010	1300	
2011	1380	
2012	1540	
2013	1724	
2014	1793	
2015	1480	
合计	31166	133

说明：本表为市、县科技部门争取国家、省科技资金额。市直其他部门和国家、省直属部门争取的国家、省部门科技资金，未列入

（二）科技经费管理

科技经费作为政府引导性资金，在吸引企业和社会科技投入、促进科技进步起着“四两拨千斤”的作用。随着科技经费的大幅增长，为管理使用好科技经费，不断提出了新的改革要求。

1980年前，科技三项经费为无偿使用，实行预算、决算、专款专用等管理制度。1981年，地区科委试行经费使用制度改革，改部分拨款为贷款，改全部无偿使用为部分有偿回收。1985年，地区行署批转地区科委制定的《零陵地区科技三项经费有偿使用管理办法（试行）》。1998年，停止有偿使用和回收，科技三项经费全部改为无偿使用。

1992—1998年，市（地区）本级科技三项经费，由市（地区）财政局列入财政预算并拨至市（地区）科（委）技局账户。市（地区）科（委）技局党组会议讨论科技项目立项方案的同时，拟定科技项目经费安排数额，报市政府（地区行署）分管副职审定后，市（地区）科（委）技局下达立项通知，同时下拨科技经费至项目实施单位。

1999年，市财政局改革拨款方式。本级科技三项经费不再经过市科技局账户。由市财政局按项目经费安排方案，直拨科技经费至项目实施单位。

2002年，市科技局制定下发《永州市科技计划项目管理暂行办法》。市科技局会同市财政局编制重点项目和一般项目年度计划报主管科技工作的市政府副市长签发，由市科技局下达年度科技项目计划，市财政局下达年度项目资金计划。

2005年，市财政局和市科技局对科技项目使用范围作出规定。要求项目承担单位单列科技三项经费开支科目，开支范围为设备购置费、能源材料费、试验外协费、资料和印刷费、租赁费、差旅费、鉴定和验收费、管理费、其他费用。科技三项经费开支不得超出使用范围。

2014年，市财政局和市科技局制定下发《永州市本级科技创新及应用研究资金、项目管理办法》，对科技资金来源、支持方向、支持范围、支持对象、支持方式等作出明确规定；规定项目申报、审批、拨付的要求和程序，项目资金的开支使用范围等；增加纪检监察部门对立项、经费使用的监督事项。

2015年，市科技局与市财政局联合制定《永州市本级科技创新及应用研究资金后补助管理办法》，引入后补助机制，部分重点科技项目实行先与项目实施单位签订科技项目实施合同，待项目实施并完成验收后，再按合同要求予以资助。

第四节　科技成果

科技成果是指科学研究与技术开发所获得的成果。随着国民经济的需要和结构调整，境内科技成果的认定和推广，不断朝自主创新，具有自主知识产权，符合产业发展方向而调整，使科技成果在转化为现实生产力中发挥引领、带动和支撑作用。1992—2015 年，市（地区）科技主管部门组织鉴定（评价）科技成果 508 项，其中，工业 148 项、农业 272 项、医卫 56 项、其他 32 项。获得国家级科技成果奖 2 项，其中，二等奖 1 项、三等奖 1 项。获得省（部）级科技成果奖 101 项，其中，一等奖 3 项、二等奖 13 项、三等奖 63 项、四等奖 22 项。市政府（地区行署）表彰特殊贡献奖 2 人，奖励科技成果（含发明专利）516 项，其中，特别奖 1 项、一等奖 57 项、二等奖 180 项、三等奖 253 项、四等奖 25 项。

1992—2015 年度永州市(零陵地区)获奖科技成果项目一览表

表 2－14　　　　单位：项

年度	合计	奖励等级														
		市（地区）级					省级					国家级				
		小计	一等	二等	三等	四等	小计	一等	二等	三等	四等	小计	一等	二等	三等	四等
1992	28	21		2	10	9	7		2		5					
1993	30	20	2	8	5	5	10			9	1					
1994	22	17	1	4	9	3	5			3	2					
1995	22	17	2	5	4	6	5			1	4					
1996	19	11	2	3	6		8		2	2	4					
1997	19	17	3	6	6	2	2		1	1						
1998	16	9	4	3	2		6			2	4	1			1	
1999	22	18	2	8	8		4			4						
2000	20	15	3	6	6		5			3	2					
2001	21	20	1	8	11		1			1						
2002	26	24	3	8	13		2			2						
2003	27	23	3	7	13		4		2	2						
2004	23	20	4	6	10		3	1		2						
2005	23	23	3	8	12											
2006	31	25	3	11	11		5			5		1		1		

续表 2－14

年度	合计	奖励等级														
		市（地区）级					省级					国家级				
		小计	一等	二等	三等	四等	小计	一等	二等	三等	四等	小计	一等	二等	三等	四等
2007	28	25	2	9	14		3		1	2						
2008	26	25	3	10	12		1			1						
2009	35	27	3	9	15		8			8						
2010	26	22	1	10	11		4			4						
2011	30	26	2	9	15		4	1		3						
2012	31	26	3	10	13		5		2	3						
2013	32	29	2	12	15		3		2	1						
2014	32	30	2	10	18		2	1	1							
2015	29	25	3	8	14		4			4						
合计	618	515	57	180	253	25	101	3	13	63	22	2		1	1	

说明：1.市农科所李四九的“优质水稻新品种选育”项目获 2002 年度特别奖，未列入。2.境内国家直属单位、科研所、大学获得的国家科技进步奖项目，市、县区业务主管单位获得的国家、省业务主管部门颁发的科技进步奖项目，未列入

一、成果鉴定

1992—1995 年，地区科委作为科技成果鉴定的组织单位，主要依据《湖南省科学技术成果鉴定实施细则》，坚持公开、公正和科学的原则，组织科技成果鉴定。采用会议、检测、函审等鉴定形式，邀请同行专家对鉴定成果进行现场测试、资料审查，并对成果的先进性、新颖性、适用性、技术难度和水平、应用范围、效益及建议等方面作出书面结论，颁发技术鉴定证书。1995 年，国家科委发布《科技成果鉴定办法》《科技成果鉴定规程（试行）》；2003 年，国家科委发布《科学技术评价办法》，对科技成果的鉴定原则、组织方式和流程作了调整。1996—2013 年，市科委（科技局）遵照相关规定执行。

2014 年，市科技局依据国家、省相关规定和永州实际，制定《永州市科技成果评价与登记管理办法》。对评价范围、具备条件、申报渠道、评价形式、评价程序、评价内容等作出具体规定。组织成果鉴定的程序是：申请科技成果鉴定的单位向市科技局提出鉴定申请，市科技局成果管理科对申报项目的鉴定材料进行形式审查，对符合鉴定要求的，由市科技局聘请同行专家组成专家组或第三方技术检测单位，采取检测鉴定、会议鉴定、函审鉴定等形式，对被鉴定的科技成果作出实事求是的评价。经专家

鉴定通过的科技成果，由市科技局颁发《科学技术成果鉴定证书》。

2014年前，市科技局根据省科技厅制定下发《湖南省科技成果登记办法》《湖南省科技成果登记实施办法》和《科技成果登记的程序和统计要求》组织科技成果登记、统计与上报。2014年，市科技局制定《永州市科技成果评价与登记管理办法》后，规定必须登记的科技成果分4类：财政投入的科技计划（含基金、专项）所产生的科技成果；列入省级及以上新产品试制、试产计划所产生的科技成果；申请省、市科学技术奖评审的相关成果；通过科技成果评价的成果。并对登记条件、准备材料、登记程序等做出相应要求。凡境内科技成果在市科技局初审登记后上报省科技厅，由省厅对登记材料的规范性、证明材料的完整性及与国家法律、法规的符合性进行复审，复审合格的成果统一在省科技厅门户网站公示。公示期为30天，对无异议的科技成果出具登记证书。

二、成果奖励

1987年，地区行署印发《零陵地区科学技术进步奖励办法》，就科学技术奖的设置、评审、授予和附则等作出规定。2003年、2006年、2009年、2014年，市政府先后对《永州市科技进步奖励办法》进行修改。市科技局根据《永州市科技进步奖励办法》制定相应的《永州市科技进步奖励办法实施细则》。主要对评奖目的、原则、对象和组织单位、奖励范围和评审标准、奖励类别和等级、评审机构、申报推荐和评审程序及要求、异议及其处理、监督与处罚、附则等作出详细的规定。其工作流程：凡向市政府申报请奖的项目，须先行填写申报书，提交全套的技术鉴定资料及证书、经济和社会效益证明以及主要完成单位和人员表；上报市科技局成果管理科进行形式审查，符合请奖要求的造表登记；市科技局负责组织召开科技成果项目专家评审会，将参评项目提交市评审委员会下设的专家评审组。专家评审组分为工业、农业、社会发展小组。2006—2015年，有申报科技人员特殊贡献奖需评审的，增设特殊贡献奖评审小组。评审小组根据该成果的技术水平、技术难度和经济社会效益情况进行初评，并将初评情况和成果奖励等级提交市科技成果评审委员会全体会议进行表决，符合表彰的项目在《永州日报》或永州科技政务网上公示一个月，如有异议项目，由市科技局成果管理科和纪检监察室共同调查并提出处理建议报评审委员会决定；公示通过的成果项目报市人民政府批准后正式行文，或召开市科技大会颁奖表彰。

三、成果转化

科技成果转化，是指对研究成功的创新成果的后续试验开发、应用推广，直至形成新产品、新工艺、新材料和发展新产业的活动。20 世纪 80 年代至 90 年代初，地区科委主要通过发布科技成果推广项目指南，开展推广年活动和争取国家、省科技推广计划项目支持科技成果转化。1996 年，国家颁布《中华人民共和国促进科技成果转化法》。2000 年，湖南省出台《实施〈中华人民共和国促进科技成果转化法〉办法》，在政策层面支持和引导科技成果转化，并设置科技成果转化或推广计划，通过政府资金投入，吸引和引导企业、科技开发推广机构和金融机构加大投入，齐心协力促进科技成果转化。

根据国家和湖南省相关法规政策，市（地区）科技部门每年组织申报国家、省科技转化推广计划项目，争取国家、省里的项目资金；本级科技计划也安排一定的资金，以实施科技计划项目为推手，引导社会资金的投入来推动科技成果转化。境内成果转化以农业为重点，加强与农业主管部门配合和协作，发挥农业技术推广部门优势，通过开展技术培训、技术承包、信息服务、技术示范、科技特派员等方式，选择具有量大面广和适用性强的农业科技成果进行转化和推广，主要在农业良种、栽培技术、养殖技术、新机具等方面。据统计，1992—2015 年，市（地区）科技部门争取国家和省科技成果转化项目立项分别为 26 项和 268 项，市（地区）本级安排科技成果开发和推广项目 280 项，对促进科技成果转化为现实生产力发挥了积极作用。

1992—2015 年度永州市（零陵地区）国家、省和市本级成果转化项目立项情况表

表 2－15　　单位：项

年　度	国家级	省　级	市　级
1992	1	7	9
1993	1	5	8
1994	3	3	8
1995	1	4	7
1996	1	2	10
1997	0	2	15
1998	1	2	10
1999	0	3	10
2000	1	7	11
2001	2	5	6

续表 2 – 15

年　度	国家级	省　级	市　级
2002	0	12	9
2003	1	19	19
2004	0	10	9
2005	0	11	12
2006	1	15	10
2007	2	16	12
2008	2	17	12
2009	1	20	16
2010	0	17	18
2011	0	15	10
2012	2	17	18
2013	2	19	16
2014	3	21	10
2015	1	19	15
合计	26	268	280

1992—1995 年，科技成果转化主要是推广适用技术和大面积推广优质烟、优质稻、优质水果、瘦肉型猪、网箱养鱼等。1992 年，全区科技和农业系统组织推广 100 项农业适用技术成果，使用率达 80%。地区科委与地区农委组织推广 15 项重点科技成果，其中优质烟 K326 推广 1.93 万公顷，优质稻推广 1.07 万公顷，良种红薯“南薯 88”推广 1.33 万公顷，玉米地膜育苗移栽技术推广 1.40 万公顷以及网箱养鱼、优质水果、瘦肉型猪等。地区种子公司的“杂交水稻超高产制种技术推广”项目被列入省科技成果推广计划，当年获得效益 1400 万元。1993 年，地区科委与地区农业主管部门重点推广优质稻、烟、水果，发

1994 年，冷水滩区伊塘镇优质稻生产基地

展特种养殖，普及推广瘦肉型猪和网箱养鱼；优质烟 K326 推广列入省科技成果推广计划，全区推广近 2 万公顷；网箱养鱼发展到 5000 个。1994 年，推广优质稻 2.40 万公顷，发展瘦肉型猪 200 多万头，奈李、香柚、白果、优质小水果等种植达 0.67 万公顷；祁阳县大忠桥镇推广稻田养鱼技术 600 公顷，平均每公顷产鱼 1500 千克、稻谷 15 吨。1995 年 8 月，地区行署专员召集地县科委、农业开发办、畜牧水产站负责人，在蓝山县召开现场办公会，研究推广种植松香草和啤酒花项目；地区科委与农业部门联合承担省农业科技成果推广计划项目“水稻旱秧栽培技术”，全区早稻旱育秧实插大田 7.96 万公顷，平均每公顷产 5.95 吨，比水育秧每公顷增稻谷 465 千克。

1996—2001 年，突出发展特色优质农业，大力推广优良品种及栽培技术。1996 年，双牌县引进推广江南黄羊、成都麻羊和马头羊，有养殖 1500 头以上的基地 59 个，养殖 50 头以上的专业户 589 户，养殖山羊 13.50 万只，出栏 6.50 万只，被列入省科技成果推广和星火计划项目；江永县推广种植特优水果香柚，高标准新扩建香柚园 2000 公顷；道县建立 100 个反季节蔬菜大棚，江华县白芒营镇发展反季节蔬菜基地 133.33 公顷，产品销往广东省广州、深圳等地；芝山区推广异蛇人工养殖技术，发展蛇养殖场 100 多家，年产量 15 吨以上的 15 家，全年蛇产量 380 吨，并开发出“异蛇酒”“蛇血健身膏”等蛇加工系列产品。1997 年，全市推广国外良种杜络克、长白、大约克“三元”或“二元”杂交猪；引种水稻新品种威优、金优系列组合等，主推早稻旱地育秧、软盘抛秧、节水灌溉栽培技术；新田县推广优质板栗种植 1867 公顷；东安县政府组织推广种植白果，建立种植基地 2667 公顷。1998 年，省科委和省农业厅在江华县召开现场推广研讨会，推广“香两优 68”高产制种技术；为解决干旱死角地区、林区和水淹区群众吃饭问题，推广试种“巴西旱稻”，每公顷产量 4.50～6.00 吨，最高达 7.50 吨；江永县推广柑橘、香柚、奈李等水果高位嫁接技术，省时省工，加速品种改良进程。2000 年，重点建立科技示范推广基地，为农业产业化服务。东安县建立柑橘、枇杷、梨等水果育苗基地，引种 34 个特优新品种；新田县重点建设优质板栗基地，开展育苗栽培、贮藏保鲜技术培训，推广种植达 2667 公顷；江永县建设优质香柚示范基地，推广“早香 1 号”等优良品种；芝山区建设永州异蛇养殖基地，发展异蛇养殖和深加工；冷水滩区

1996 年，江永县粗石江镇香柚科技示范基地

建立食用菌种植及出口基地；江华县建立香菇食用菌基地；市农科所建立蔬菜种子种苗基地等。

2005 年，东安县白果种植基地

2001—2005 年，优化科技资源配置，重点扶持县区科技示范园和基地建设。五年期间，市科技局安排科技经费 159 万元，支持江永香柚星火科技示范基地、蓝山生态型果园示范基地、东安于洲农业科技生态示范园、双牌和宁远农业科技示范园、湖南熙可食品有限公司万亩无公害果园基地等 10 个农业示范基地建设。2002 年，安排科技经费 20 万元，支持永州职业技术学院的永大现代农业科技园建设。据 2004 年统计，全市农业科技示范基地实现产值 8900 万元，利税 1200 万元，推广新品种 85 个，新技术 60 项，辐射 50 个乡镇 5000 多农户。2001—2003 年，实施“黄姜四倍体新种质及快繁技术”“板栗气调保鲜加工技术”国家农业科技成果转化项目，承担单位祁阳县新浯农场和市大立农业开发公司分别建成 66.67 公顷优质黄姜种苗基地、200 公顷示范基地和板栗气调保鲜库。其间，支持东安县的东安鸡提纯复壮、养殖推广和白果大面积推广种植。

2006—2010 年，科技成果转化工作的重点是实施好国家、省农业重大科技成果转化和开发项目。其中国家富民强县计划 2 项，国家、省农业成果转化基金项目分别为 2 项和 3 项，其他成果推广项目 3 项。2006 年，湖南地源精细化工有限公司引进兰州大学科技成果，用甘薯淀粉制备烷基苷糖中试，被列入国家农业成果转化基金项目；湖南熙可食品有限公司实施省科技重大成果转化专项——“现代柑橘工业关键技术研究与示范”，建立新材料包装柑橘罐头生产线，年生产能力达 2 万多吨，建立柑橘无病毒苗木繁育基地 20 公顷，无公害栽培配套技术示范基地 66.67 公顷。新田县的“樱桃谷鸭养殖及深加工产业化”和祁阳县的“优质稻丰产技术集成及精深加工产业示范”分别被科技部列入 2007 年、2008 年富民强县计划；新田县以“龙头企业 + 基地 + 农户或协会”的生产模式，推广高棚网上旱养、电改水暖孵化、种鸭强制换羽等新技术，到 2009 年发展樱桃谷鸭专业养殖村 60 多个，年出笼 1 万羽以上的专业户 100 多户，全县年出笼樱桃谷鸭 600 万羽；祁阳县富民强县项目实施牵头单位——湖南省天龙米业有限公司选育成功优质稻“天龙一号”品种，2003—2011 年示范种植 46.67 万公顷，增

2009 年，湖南熙可食品有限公司的南方优质种苗快繁中心育苗大棚

产增效显著。2008 年，市农科所实施省农业科技成果转化资金项目“杂交早籼金优 899 高产制种与栽培示范”，在大田生产示范中，经实地测产，平均每公顷产粮 8.50 吨以上，在湖南、江西、广西等地累计推广种植 113.33 公顷，社会经济效益显著。2009 年，湖南熙可食品公司的“南方优质种苗快繁中心建设”项目和“柑橘新品种推广与精深加工技术集成应用示范”，分别被科技部列入抗冰救灾专项和农业科技成果转化资金计划，获得科技资金 545 万元，研发和应用柑橘酶法脱囊衣技术和抑制白点析出技术，使罐头生产整瓣率提高到 96%，培育柑橘种苗 15 万株，油茶苗木 120 万株，推广到周边市县。2010 年，市异蛇科技实业有限公司的“眼镜蛇规模化人工养殖技术成果转化推广”被列入省农业成果转化基金计划，在蛇房布局、异地引种杂交、蛇卵孵化、幼成蛇生长、抗病力、养殖环境等方面开展眼镜蛇规模化人工养殖技术研究获得成功并推广应用。同年，湖南天圣有机农业有限公司实施省农业成果转化基金——“红薯淀粉高效分离技术转化与示范”项目，研发应用红薯淀粉生产及其薯渣处理新工艺，实现红薯淀粉的高效分离，解决薯类加工废水污染难题。

2011—2015 年，支持永州国家农业科技示范园建设，实施农业科技成果转化项目，推动县域经济发展。2011 年，永州国家农业科技示范园被列为省科技成果转化示范基地，省科技厅安排专项资金 50 万元，建设园区信息化管理系统；安排 40 万元支持蓝山县生态有机茶产业化示范；支持湖南熙可食品有限公司示范推广“甜玉米高产栽培技术”，1500 多户农民种植甜玉米 333.33 公顷，产生经济收益 1500 万元。2012 年，冷水滩区承担国家富民强县计划，由湖南金鹰果业有限公司牵头建设果蔬贮藏保鲜冷链物流系统，推动柑橘和蔬菜产业化。2013 年，蓝山县三峰茶叶有限公司牵头实施国家富民强县计划项目“生态有机茶产业化示范”，建立百叠岭等 333 余公顷茶叶生产基地，被认定为“湖南省高山有机茶基地”；湖南熙可食品有限公司实施国家农业科技成果转化资金项目“柑橘产业化综合技术研究及示范”，建立原料基地 400 多公顷。2014 年，湖南湘浩油茶生物科技有限公司牵头实施国家富民强县计划项目“绿色油茶标准化生产技术集成及产业化开发”，在道县新车镇祥乐福村、八家村、白芒铺镇龙岭头村等地建立万亩高产优质油茶林示范基地；市天一生态农业开发有限公司的“新型肠道式沼气发生系统示范与应用”项目，有效地解决养猪场猪粪便的污染问题；市异蛇科技实业有限公司的“尖吻蝮蛇人工繁殖与规模化养殖示范推广”项目，采用模拟自然生存环境人工繁育并大规模养殖，成为实施国家农业科技成果转化资金计划项目的范例。2015 年，省科技厅安排 200 万元支持永州国家农科园科技示范基地建设；市林科所的“油茶良种繁育规范化栽培示范与推广”项目列入国家农业科技成果转化资金项目计划，利用油茶苗圃培育良种幼苗并推广；蓝山县新顺农牧业发展有限公司的“夏黑葡萄一年两熟高效栽培技术”开发，实现夏黑葡萄当年种植当年挂果，并通过改善田间管理，达到一年两熟的丰产效果；市伊园科技有限公司的“油茶新品种选育及高产、高效栽培技术”列入省农业优势产业培育实施计划，建立高产、高效栽培技术示范基地 666.67 公顷，带动 235 户农户种植油茶，辐射周边 6667 公顷油茶基地，盛产期每公顷产茶籽可达 4.50 吨、产纯茶油 750 千克。

2015 年，蓝山县新顺农牧业发展有限公司推广种植的夏黑葡萄

第五节　体制改革

一、科研机构改革

1985—1988 年，科研机构改革以《中共中央关于科学技术体制改革的决定》和省委、省政府《关于深化科技体制改革、加速科学技术进步的决议》为指针，按照“经济建设必须依靠科学技术，科技工作必须面向经济建设”的战略方针，进行重大的体制改革。地委、行署根据科技体制改革的有关精神作出决定，地、县科研所实行所长负责制和经营管理目标责任制，扩大经营自主权。1988 年，地委、行署出台《关于进一步放活科技人员政策的具体规定》，鼓励科技单位面向社会承包、租赁、领办、创

办、购买各种所有制企业、科研机构和经营机构，支持科研单位发展成为新型的科研生产经营实体和开办或合办经济实体等。鼓励、引导科研所、大专院校、国有企事业单位人才流动，支持创办民营科研机构和企业。同年，省政府发布《湖南省民办科研机构管理办法》，民办科研机构受到重视，并纳入政府管理范围。

（一）国有独立科研机构改革

1993—1997 年，推行全员承包制，放活科技机构和放活科技人员。按照“稳住一头，放开一片”的原则，独立科研机构改革重点是“放开一片”，鼓励人才分流，进入经济、服务经济。1993 年，地区科委与农委、农业局在地区农科所进行科研体制改革试点，推行全员承包；地区编委批准建立科技开发中心。全所在职干部 43 人，工人 78 人，临时工 81 人，分为水稻、园艺、畜牧、水产、烤烟、农化、开发中心、基建队、办公室、综合科 10 个组，从所长到工人量化工作指标，实行全员课题或项目承包，签订承包合同，年底完成上缴利润 20 多万元；烤烟组 3 人到宁远、祁阳、江永县，技术承包 266.67 公顷烤烟，技术服务收入 9000 多元；畜牧组筹资 60 万元建好一座规模化良种猪养殖场，养殖母猪 156 头。地区农机研究所 1992 年创办零陵地区农机物资公司并单独核算，1995 年租赁厂房和设备，生产农用橡胶管，供应市场。

1998—2013 年，实行分类管理改革，推动科研所向企业化转制。1997 年，市委、市政府 1 号文件下发《关于实施科教兴市战略，全面推进科技进步的决定》，明确提出：稳住市属市农科所、市林科所、市农机所 3 个独立科研所，放开各县区科研机构，彻底打破大锅饭，形成竞争开放机制，转为专业性服务公司的，其干部职工的工资和正常工作经费按原渠道保持不变。1998 年，市直事业单位机构实行分类改革，推动科研单位向企业化转制，改变科研机构游离于企业和市场之外的格局。对具有开发创新能力的科研单位，其经费开支依靠自身创收解决；对具有社会公益服务事业的科研单位，市财政每年定额安排事业经费和科研项目经费预算，其不足部分通过技术开发和服务获得收益来弥补。市农科所、市林科所、市农机所和市柑科所被定为市财政定额定项补助单位，至 2013 年均未调整。县区级科研所均改为专业的技术推广中心或推广站。

2014—2015 年，继续深化分类改革，强化科研所公益服务职能。根据中央、省关于事业单位分类改革精神，市直事业单位划分为行政类、公益类和经营服务类，其中公益类事业单位具体分为公益一类、公益二类和公益三类。市农科所、林科所、农机所和柑科所属于国家政策扶持的重点，均被定为公益类事业单位，其职能及研发方向从“面向市场，经营创收”向“提供社会公益服务”转变。市农科所核定为正处级公益一类事业单位，事业编制 89 名，其中全额拨款事业编制 70 名，差额拨款事业编制 19 名。市林科所核定为正科级公益一类事业单位，事业编制 62 名，其中全额拨款事业编制55名，差额拨款事业编制7名。市柑科所暨市柑桔示范场，核定为正处级公益二类事业单位，核定全额拨款事业编制39名，差额拨款事业编制189名。市农机所核定为正科级公益二类事业单位，差额拨款事业编制32名。市财政除安排正常的事业管理经费外，2008年开始另安排科研经费及平台建设经费，经费总额为60万元，2011年增加到140万元，2012年增加到160万元。所增经费每年通过项目申报，以项目定经费，由市科技局和市财政局联合审批。

（二）民办科研机构管理

1992—2000年，市县区科技部门按照省科技厅、省体改委1984年联合制定的《湖南省民办科学研究和服务机构管理暂行办法》，新建民营科研机构由地县科技部门审批后，再到工商注册、税务登记；科技业务工作由地县科技部门负责指导。

2000年，国务院办公厅转发《关于非营利性科研机构管理的若干意见(试行)》，将非营利性民营机构纳入到政府部门的监管范畴。由市科技局认定或审批，对基本情况、年度变更登记事项、理事会、监事会情况，公益活动、自律诚信建设、财务会计报告、研究报告等事项进行年度检查，提出整改意见。2013年，国务院下发《关于取消下放一批行政审批项目等事项的决定》，规定非营利性科研机构改为由民政部门登记备案，科技管理部门对非营利性科研机构的认定和管理随之取消，只在业务上给予指导。

二、管理机制改革

（一）计划管理

科技计划是国民经济和社会发展计划的重要内容，其管理机制改革也是体制改革的重点。1981—1998年，科技管理主要依靠计划和市场手段进行，实行指令性计划与指导性计划相结合的机制，尝试科技项目经费的有偿使用。1981年，地区科委开始试行科技计划项目经费有偿回收。1985年，地区行署批转地区科委制定的《零陵地区科技三项经费有偿使用管理办法（试行）》，改无偿使用为有偿回收或部分有偿使用，改部分拨款为贷款，并签订科技项目合同。1998年，停止科技三项经费的有偿使用和回收，又改为无偿使用。

2002年，市科技局制定《永州市科技计划项目管理暂行办法》。突出重点项目，加强科技资金的集中使用，规范管理程序，实现科技计划由量到质的转变。将科技计划分为重点项目、一般项目和指导性项目计划，项目申报、专家评审、实地考察、拟定计划草案、审批立项、签订合同、拨款实施、完成验收等管理程序进一步完善。增加重点科技项目评审程序，制定重点项目评审办法和评审标准，聘请相关技术专家组成专家评审组，对重点项目进行技术和经济论证，为立项提供决策依据。2014年，市财政局和市科技局制定下发《永州市本级科技创新及应用研究资金、项目管理办法》，增加纪检监察部门对重点科技项目的专家评审和实地考察的现场监督以及异议处理等纪律要求。2015 年，市科技局和市财政局，出台《永州市本级科技创新及应用研究资金后补助管理办法》，引入后补助机制，部分重点项目实行先签订项目实施合同，待实施完成并验收后，再按合同要求予以资助。

（二）行政审批

2010 年，市科技局部分行政职能和服务事项公示栏

行政审批是科技管理职能和手段，并实行政务公开。2008 年，市科技局汇编并公布行政职权 28 项。即科技类民办非企业单位设立登记审查，出国出境科技交流初审，申报国家、省国际科技合作项目初审，申报国家、省工业类科技计划项目初审，市工业类科技计划项目初审，省高新技术企业（产品）认定初审，省民营科技企业认定初审和市民营科技企业认定审批，申报国家、省级农业与社会发展计划项目初审，申报省级星火技术密集区、科技示范乡镇、可持续发展实验区初审，申报国家科技工作先进县（区）初审，市农业、社会发展类计划项目立项审批，申报省软科学研究计划项目初审，科技成果鉴定，科技成果登记，科技计划项目验收或评审，申报省科普基地认定初审，科技秘密范围和密级划分，申报省专利申请资助项目初审，市专利资助项目审批，专利申请费用减免申请初审，查处冒充专利行为，查处假冒专利行为，专利侵权纠纷处理，查处提供虚假技术信息、检查结果、评估报告，抗震设防审批，行政效能方面的投诉受理、调查和责任追究，行政复议，对技术贸易活动的监督。

2010 年，按照市机关效能建设办公室和市法制办公室的统一安排，市科技局对行政许可和非行政许可项目进行清理，保留 16 项，其中行政许可 1 项，非行政许可 15 项。行政许可 1 项是：市本级科技类民办非企业单位设立登记审查和年检审批。非行政许可 15 项是：申报国家、省科技计划项目初审，市级科技计划审批，申报国家高新技术企业认定初审，申报省农村特色产业科技示范基地初审，申报省农业科技园区认定初审，申报省科技特派员初审，申报县区科技进步考核初审，申报省可持续发展试验区初审，科技成果鉴定（评价），市科学技术奖组织评审，申报省科学技术普及基地认定初审，申报省专利资助资金项目初审，市专利资助资金审批，查处假冒专利、调处专利纠纷，技术合同认定登记。

2012 年，按照市政府办《关于公布调整、下放和保留市本级其他管理服务事项项目目录的通知》，市科技局调整和保留科技行政服务事项为 7 项，即申报省科技计划项目初审，申报省科技特派员专项初审，申报县（区）科技进步考核工作初审，申报省可持续发展试验区初审，申报省科学技术普及基地认定初审，申报湖南省专利资助资金初审，市本级科技计划项目审批。

2013 年，按照市政府《关于公布取消、下放、调整和保留市本级其他管理服务事项目录的通知》，市科技局保留科技行政服务事项 1 项，即市本级科技计划项目审批。同时，按照市政府发布的《关于公布下放、调整和保留的行政许可项目目录的决定》，科技类民办非企业单位设立登记，改由县级人民政府科学技术行政管理部门审查，市民政部门负责登记。

（三）业务监督

加强对科技业务的监督，体现公开公正和规范透明原则，是保证科技计划实施和科技成果管理的重要环节。2002 年，市科技局下发《永州市科技计划项目管理暂行办法》。规定科技计划重点项目立项必须召开专家评审论证会，对参与咨询的专家提出应具备的基本条件和遵守规范，但对科技计划管理的监督未作出规定。2006 年，市政府修定发布《永州市科学技术奖励办法》，对科技成果评审的监督也未作出具体规定。2008 年始，根据反腐形势发展和廉洁从政的需要，局纪检组和纪检监察室开始对重点项目评审会予以监督。具体做法是：局监察室会同科技成果科从市专家数据库中随机抽取专家组成专家组，并通知专家到会，在评审会上设立监督席，由纪检组长宣布评审纪律，专家再与企业技术负责人面对面进行答辩评审，专家组根据答辩情况综合评分；纪检监察人员全程参与现场评审监督。

2010 年，市科技局在《永州市科学技术奖励办法实施细则》中明确，聘请人大代表、政协委员和纪检监察人员对科技成果评审工作进行监督；对科技成果评审和异议处理中存在问题的，由市科技局纪检监察室或成果管理科负责处理。

2011 年 10 月，局纪检组牵头，分工业、农业两个组对 2010 年、2011 年承担市本级重点科技项目的 16 个单位 30 个重点项目实施和经费使用情况开展监督检查。检查结果表明，项目实施和经费使用情况良好。

2012—2015 年，市科技局会同市财政局每年组织对重点项目前期筹备情况进行现场考察，考察组分为工业、农业和研究所 3 个组，每组 5 人，局纪检组全程参与监督。

2015 年，市编办印发《关于市科学技术局有关职责和机构编制调整的通知》，其中科技成果管理科更名科技成果与技术市场科（监督管理科），将“拟定科技经费管理相关制度、监督检查预算执行情况和专项经费使用”列为监督管理科的日常管理职能，此后对科技计划立项和科技项目经费的使用监督检查由监督管理科负责。

第六节　科技服务

科技部门开展的服务主要有技术市场服务、科技信息服务和组织对外科技交流，是科技工作的重要组成部分。1992—2015 年，市科技局机关及下属事业单位组织区域内企业开展技术研发、技术贸易、对外科技交流考察，参加各类技术交易会、新产品展览会等科技服务，探索“政府引导、市场牵动、中介促动”服务模式，对搭建技术市场服务平台，促进企业技术进步发挥出积极作用。

一、技术市场服务

从 20 世纪 80 年代开始，境内技术市场从无到有，逐步发展，技贸机构、技术引进和技术转让日趋活跃，技术交易额不断增加。1989 年，地区技术市场管理办公室开始对境内签订的技术合同认定登记，同时组织参加技术贸易活动。

（一）技术贸易

1992—2005 年，发生技术贸易的单位到市（地区）技术市场管理办公室登记，经认定登记的技术贸易合同可享受国家规定的税收减免优惠政策。1992—1997 年，登记技术交易合同 3061 份，合同金额 11636 万元。1998—2005 年，技术交易合同登记数据不详。2006 年，开始通过信息网络登记技术合同。

2006—2015 年度永州市技术合同登记数及金额一览表

表 2－16　　　　单位：个、万元

年　度	合 同 数	金　额
2006	1	14
2007	29	422
2008	14	136
2009	18	222
2010	52	52
2011	2	40

续表 2－16

年　度	合同数	金　额
2012	32	2805
2013	46	3366
2014	42	5110
2015	53	6874

（二）技术交易会

1992—2015 年，市（地区）科（委）技局牵头组织参加全国技术交易会 5 次，参加省技术交易会 4 次，组织大型交易会 1 次。

1992 年 12 月，地区科委组织参加湖南省新技术新产品交易会，引进技术 23 项，签订新产品销售合同 9215 万元，其中正式合同 5073 万元。1994 年 5 月，地区科委、地区经委、地区农委等部门组织区内 100 多家企事业单位 134 个项目，分为 15 个分团，参加 1994 湖南新技术新产品交易会，会上交易额 7201 万元，占交易会成交金额的 1/6，居全省各地市之首；有 30 个项目获科技创新奖，其中，金奖 25 个、银奖 5 个；零陵地区获最佳组团荣誉奖。1995 年，地区科委组织全区 76 家企业 131 个项目参加湖南新技术新产品交易会，会上成交 1.30 亿元。

1997 年 12 月，市科委组织市内企业参加 1997 全国（湖南）新技术新产品交易会，达成合作项目 68 项，成交 9000 万元；获金奖项目 12 个，银奖 1 个，永州市获优秀组团奖。

2002 年 10 月，市科技局组织市内企业赴深圳参加第四届高新技术产业交易会，签订引进合同 1 个，资金 400 万美元，协议合同 4 个，金额 6800 万美元。

2003 年 8 月，市科技局组织有关企业到长沙参加湖南省新技术新产品交易会，有 24 个展位，80 余项新技术、新产品展出，签订产品销售合同 8 个金额 2416 万元，技术转让合同 3 个金额 3070 万元，有 13 个项目获得科技创新金奖，市参展团获得优秀组织奖。10 月，组织参加深圳第四届高新技术产业交易会，有 4 个项目签约，金额 2.30 亿元。

2005 年 5 月，市科技局在湖南科技学院组织召开永州科研院校与企业对接联谊会。湖南科技学院、永州职业技术学院、市农科所、市林科所、市农机所等院校科研单位在会上发布科技成果信息，并与到会的 30 多家民营科技企业、高新技术企业进行技术需求和难题招标对接。

2007 年 8 月，市科技局组织企业参加“首届中国专利技术展示交易周”活动。有

9 家企业的 9 个专利产品参加展示。

2012 年 10 月，在中国(长沙)科技成果转化交易会上，永州市与中科院湖南技术转移中心、天津工业生物研究所、武汉岩土研究所签订技术创新战略联盟协议。

二、科技事业服务

（一）情报信息服务

1980 年，零陵地区科技情报研究所成立，开始组织科技信息收集整理、发布和咨询服务。1994—2000 年，市（地区）科技情报研究所实行事业经费包干使用，从咨询服务拓展到技术服务、产品开发、网络服务、技术培训等。1994 年，为地区五一米厂下属饲料厂提供配方饲料的技术研发服务。1996—1999 年，市科技情报研究所所长、副研究员李谋智和副研究员左智宇研发的磷化铝熏蒸机获国家实用新型专利权，为云南曲靖卷烟厂、玉溪卷烟厂、红河卷烟厂和长沙卷烟厂等开展烟叶仓储熏蒸杀虫技术服务。1999—2000 年，市科技情报研究所建立科技信息网，并作为市科委的工作网站，对外发布科技行政管理信息和科技情报服务信息。2000—2002 年，市科技情报研究所与市经济信息中心共同建设永州政府网，承担市政府政务信息发布及相关科技情报信息服务。

2002—2014 年，市科技情报研究所并入市技术市场管理办公室，除履行技术市场管理职责外，参与国企改革工作和永州市国家农业科技园创建与管理服务工作。2010 年，负责永州市竞争情报分中心平台建设。2014—2015 年，负责“12396”农村科技信息中心网站的日常工作。中心网站设有政策法规、竞争情报、行业资讯、信息发布与服务等多个栏目。

2010 年，市生产力中心组织研发生产的双管玉米脱粒机

（二）技术开发服务

2005 年，市技术市场管理办公室注册成立集体企业性质的永州市生产力促进中心，组织开展科技咨询、技术开发和生产经营活动。2006—2010 年，市生产力促进中心先后与 6 家企事业单位开展新产品研发。与市农机所进行 4LBZ-80 型、4LBZ-105 型和 4LBZ-125 型半喂入水稻联合收割机研发，其中 4LBZ-105 型和 4LBZ-125 型半喂入水稻联合收割机通过国家农机检测鉴定中心鉴定，被 8 个省（自治区）纳入农机补贴名录。与东安电解金属锰厂合作开发“利用低度二氧化锰生产电解锰新技术”，获得省科技部门和国土资源部门 200 万元专项资金扶持。与永州阳光数码科技有限公司合作开发车辆报警防盗器；该产品具有照相存储和远程电话通知功

能。与永州大舜皇生物开发有限公司合作研发治疗糖尿病可降血糖的“刺儿茶”；该产品远销香港、澳门、台湾和加拿大、泰国等地。与祁阳易天科技有限公司合作开发专利产品 5TYJ-400 型玉米脱粒机，通过省级鉴定并颁发生产、推广许可证。2010 年，与永州市三湘农机公司合作研发的新型玉米脱粒系列专利产品 5TY-36 型玉米脱粒机，通过省级鉴定并颁发生产、推广许可证，2011 年被列入国家支持推广的农业机械产品目录，其中双管玉米脱粒机体积小、脱粒效率高，淘汰了传统的中小型玉米脱粒机。

第七节　科技交流

一、国内科技交流

（一）学术交流

2005 年 11 月 25—27 日，“中国柑橘加工技术及产业发展论坛”在永州市冷水滩举行。论坛由科技部中国农村技术开发中心、省科技厅、市政府联合举办，省柑桔工程技术研究中心、湖南熙可食品有限公司、湖南省农业科学院、湖南省农产品加工研究所共同承办，市科技局、中南大学、湖南农业大学、中南林学院、长沙理工大学、湖南省食品科学技术协会协办。省政府副秘书长陈吉芳、科技部中国农村中心副主任王喆、农业部政策法规司司长陈晓华、国家农产品加工领导小组办公室主任张步江、省科技厅厅长王柯敏出席论坛并讲话，省科技厅副厅长刘小明主持论坛开幕式，来自国内外的专家学者、省直有关单位的领导以及国内外加工企业代表共 200 余人参加了论坛。参加论坛的技术专家就中国柑橘产业的现状及发展趋势、柑橘的质量与安全、柑橘加工新技术发展方向等问题进行探讨和交流。

2012 年 11 月，第八届粤赣湘桂边界气象合作年会在永州召开。广东省韶关市、清远市、惠州市、汕头市，江西省赣州市，广西壮族自治区贺州市及湖南省郴州市、永州市气象部门 45 名代表参加会议。市气象局局长鲁金舟主持会议并致欢迎词。市政府副市长舒平、省气象局总工程师汪扩军分别代表市政府和省气象局致辞。6 个理事单位就 2012 年边界气象合作进行工作交流；各理事单位所属县（区）气象局局长代表分别介绍本局的工作情况。本届年会征集科技论文 50 余篇，各理事单位推荐 1 篇学术论文在大会交流；永州市有 2 篇学术论文在本届年会交流，并在《广东气象》发表。

（二）科技展览

2002 年 5 月，市科技局牵头组织市内企业赴北京参加第五届科技博览暨国际科技成果展示交易会，签订交易合同 2 份，金额 370 万美元。

2004 年 5 月，市科技局组织 8 家企业 15 个产品参加省科技博览会，有 8 个产品获金奖。市华林工艺品厂在博览会上签订 4 份供货合同，合同金额达 100 万元，产品现场交易 2 万多元。

2006 年 5 月 16 日，市政府副市长戴菊芳（左二）领队参加省第二届科技博览会

2006 年 5 月，市科技局组织市内 23 家单位和企业参加省第二届科技博览会，有 10 个产品获得金奖，湖南敬和堂制药有限公司签订 1000 多万元的产品订单；10 月，在南宁召开的中国星火计划实施 20 周年成就展览会上，市科技局组织 3 家企业的新产品参展，均获得“星火计划实施 20 周年成就优秀奖项目”称号，3 家企业签约引进外资 7000 万元。

2009 年 5 月，市科技局组团参加第十二届中国北京国际科技产业博览会。

2011 年 5 月，永州市组团参加 2011 年湖南科技活动周暨第四届科技博览会，省委副书记梅克保等领导到永州馆参观藿香正气水、异蛇酒等产品。

二、国际科技交流

（一）技术输出

2012 年 3 月，湖南零陵恒远发电设备有限公司与泰国 SG 公司合作，为泰国帕萨科（Pasak）电站建设亚洲最大的轴伸贯流式水轮发电机组。与此同时，与湖南大学、清华大学、天津电气传动研究所、中国水利水电科学研究院等合作，对“低水头大型化轴伸贯流式水轮发电机组”，从产品结构设计、技术、工艺及标准进行研发。是年 12 月，该项目被列入国家国际合作科技计划。2014 年，研发成功并申报国家发明专利；是年，自主设计、制造、安装、调试的单机容量 6465 千瓦轴伸贯流式水轮发电机组在泰国建成并发电。获得国家专利 11 项，其中，发明专利 2 项、实用新型专利 9 项；发表和 EI 收录论文 4 篇。

（二）科技考察

2005—2015 年，市科技局 8 次组织科技系统和科技企业人员出国考察学习国外先

2011 年 8 月 5 日，湖南零陵恒远发电设备有限公司举行全国最大最先进轴伸贯流式机组出口泰国启运仪式

进管理经验。

2005 年 11 月，市政府副市长赵清茂带队，市科技局局长姜加军、局纪检组长张超、各县区政府和市直有关部门分管科技工作的负责人组团赴澳大利亚、新西兰进行为期 12 天的科技创新体系考察。

2008 年，市科技局副局长廖毅随省科技厅考察团赴澳大利亚、新西兰进行为期 12 天的科技创新能力考察。

2010 年，市知识产权局副局长蒋五定随省知识产权局考察团赴美国进行知识产权管理服务学习培训。

2011 年，市科技局局长封金祥随省知识产权局考察团赴美国进行知识产权管理服务学习培训。是年，市政府副市长戴菊芳、市科技局副局长周云玲、市旅游外事侨务局副局长张科春、蓝山县政府副县长赵七秀、东安县政府副县长何福林、市柑科所所长何小华等人组成考察团，赴澳大利亚、新西兰学习农业科技园、柑橘产业及物联网管理方法。

2012 年，市科技局党组书记廖毅随省科技厅考察团赴德国、法国、意大利学习科技创新、管理体制、新药研发政策等做法。是年，市科技局纪检组长李谋智随省科技厅考察团赴美国、加拿大考察自主创新及食品安全信息体系。

2013 年，市政府正厅级干部戴菊芳、市科技局副局长张超随省知识产权局产学研协同创新考察团，赴巴西、智利、阿根廷学习考察。

（三）科技交流

1999 年 9 月，世界苔藓协会会长、芬兰赫尔辛基大学生态学与系统学系主任、植物学家迪姆·柯普任（Timo Koponen）教授和茜妮卡·彼帕（Sinika Piippo）教授在省林业厅外事办和省植物园领导陪同下，对江永县源口自然保护区内的苔癣植物资源进行科学考察与样本收集。10 月，澳大利亚林业专家罗德·桉乐德博士、国家桉树研究中心卢先宏博士、省林业厅科技推广站总工程师林睦就，对道县、双牌县 1998 年和 1999

年引种的桉树耐寒试验基地进行考察。

2000 年 10 月，省林业厅科技推广站总工程师林睦就陪同澳大利亚桉树专家 Roger Arnold 博士到市林业科学研究所中澳合作桉树育苗试验地、芝山桉树丰产林试验地考察桉树引种试验情况。

2001 年 8 月，道县、蓝山县、芝山区林业局主管营林科技的负责人和从事桉树研究的专业技术人员，前往澳大利亚参加省林业厅组织的耐寒桉树引种及丰产栽培技术培训。9 月，6 位澳大利亚和马来西亚专家（Tom Baker 博士、Michael Laffan 博士、Ian sargent 博士、Roger Arnold 博士、Fred Liew Vun Fong 经理、Yaw Chee Yun 先生）到湖南开展耐寒桉树引种栽培情况考察并进行学术交流，其间到道县、双牌县等考察桉树栽培技术。

2002 年 8 月，市林业局选派相关专业技术人员参加省林业厅组织的前往荷兰、德国、法国的科技考察活动，考察花卉栽培与林木种苗生产技术。9 月，由中澳专家组成的项目评估组，到市林科所进行由澳大利亚国际农业研究中心出资的中澳合作“耐寒桉树研究”项目第一期评估验收，对耐寒桉树研究所做工作表示满意。

2003 年 1 月，有 4 位澳大利亚专家到永州市开展耐寒桉树生物量、土壤特性和造林设计等项目的调研活动。11 月，澳大利亚塔斯马尼亚州林业部技术负责人 Reter·Volker 博士和澳大利亚维多利亚州林业技术中心首席科学家 Tom·Baker 博士到道县对中澳合作项目实施田间科研作业。

2004 年 6 月，应省林业厅和国家林业局桉树中心邀请，美国科罗拉多大学 Daniel Emmett Binkley 教授、巴西圣保罗大学 Jose Luiz Stape 教授及澳大利亚林木种子中心遗传育种专家 Roger Arnold 博士和 Tom Baker 博士，到蓝山县、双牌县等开展桉树引种栽培的专业指导和学术交流活动。

2006 年 8 月，澳大利亚林木种子中心遗传育种专家 Roger Arnold 博士到蓝山县执行引智项目，并实地考察永州市各类桉树人工林试验和生产情况。

2007 年 11 月，澳大利亚国际农业研发中心专家 Johnpson 和 Mike 博士一行 5 人专程到永州现场指导桉树生产技术。

2008 年 9 月，澳大利亚遗传育种专家 Michael Henson 到市林科所、双牌县等地考察桉树引种试验林，开展邓恩桉开花结实、生理生态、木材取样和材性分析等工作。

2009 年 11 月，澳大利亚专家在省林业厅领导的陪同下，到市林科所等地考察桉树生长情况。

2013 年 9 月，世界银行任务组到永州市对森林恢复与发展项目进行监督考察，主要考察双牌县五星岭林场麻江工区示范林 M1、M2 模型，阳明山点红山庄旁 M7 模型和小黄江源 M8 模型。

2014 年 9 月，市林业局组织双牌县林业局、金洞管理区林场相关技术人员参加省林业厅组织的赴巴西、澳大利亚悉尼科技大学开展世界银行贷款森林恢复和发展项目培训活动。

2015 年 9—10 月，市林业局组织东安县林业局相关技术人员参加省林业厅组织的赴法国参加法中委员会举办的森林经营管理培训，了解森林认证机制对森林经营及林产品贸易的影响，实施法国开发署贷款的湖南森林可持续经营项目。

第三章　专利管理

1984年，《中华人民国和国专利法》颁布实施。1985年8月，零陵地区设立地区专利事务所，为专利管理机构。1997年，设市专利管理局。2002年，改为市知识产权局。专利管理始终是科技管理的重要内容和职能。特别是2006年全国科技大会提出建设创新型国家和实施知识产权发展战略，境内专利管理和服务队伍不断壮大，普及专利知识、鼓励发明创造、加快专利实施、推进专利执法等工作逐年加强，专利申请量和专利授权量逐年增加。2015年，全市专利申请量和专利授权量分别为2387件、1097件，是1992年专利申请量60件的39倍、专利授权量47件的23倍；具有专利代理资格的科技人员由1992年的4人增至10人。市知识产权局被省知识产权局评为2003年度、2004年度、2008年度、2009年度、2012年度、2013年度、2014年度知识产权工作先进集体，被国家知识产权局评为2003年度、2008年度专利执法先进单位。专利成为全市经济增长的动力之源，一批以专利产品为支柱的企业和产业得以快速发展，提速了永州的科技进步。

第一节　专利申请

1992—2015年，境内累计专利申请12900件、专利授权5780件。专利申请中，属发明专利申请3312件，实用新型申请4594件，外观设计申请4994件；属个人申请9330件，工矿企业申请3113件，科研单位申请96件，机关团体申请67件，大、专院校申请294件。专利授权中，属发明专利授权518件，实用新型授权3020件，外观设计授权2242件；属个人申请授权3878件，工矿企业申请授权1642件，科研单位申请授权42件，机关团体申请授权29件，大、专院校申请授权189件。

2006年，市政府为鼓励发明专利申请，开始设立30万元的专利管理资金，用于对专利申请人的资助。是年，市政府办印发《永州市专利申请资助资金管理办法（试行）》。2006—2016年，资助专利申请1026项，资助资金85万元；2014—2016年，817项授权专利获得省专利资助资金221万元。11个县区均设立专利申请资助资金。

同时，鼓励和培养科技人员考取专利代理人资格，为专利申请人提供专利咨询、代办申请手续、维持专利有效、担任诉讼代理人等服务，方便企事业单位和个人申请专利。1992—2015年，祁阳县科委唐泽民、冷水滩区科委李耀球和陈军、市科技局伍启星、宁远县科技局李晓鹏、东安县科技局刘振华分别通过考试，获得全国专利代理人资格。

1992—2015 年度永州市专利申请量及分类情况表

表3－1

年度	专利申请数量	按专利类型分类			按申请人类型分类				
		发明	实用新型	外观设计	个人	工矿企业	科研单位	机关团体	大专院校
1992	60	7	49	4	49	4	1	5	1
1993	53	7	42	4	50	3	0	0	0
1994	78	11	56	10	70	3	2	3	0
1995	92	24	66	2	77	9	4	2	0
1996	73	11	55	7	67	5	1	0	0
1997	87	17	67	3	82	4	1	0	0
1998	87	17	66	4	84	2	1	0	0
1999	91	9	75	7	82	8	1	0	0
2000	115	18	92	5	105	7	2	1	0
2001	83	18	61	4	77	5	0	1	0
2002	95	19	55	21	88	7	0	0	0
2003	137	23	82	32	114	23	0	0	0
2004	161	27	79	55	126	35	0	0	0
2005	234	62	113	59	193	40	1	0	0
2006	299	81	162	56	252	45	2	0	0
2007	282	57	145	80	125	47	0	0	0
2008	382	104	147	131	355	26	0	0	1
2009	503	162	193	148	343	156	0	4	0
2010	867	248	267	352	616	248	0	1	2
2011	1152	326	408	418	763	354	0	0	35
2012	1446	371	431	644	859	541	13	3	30
2013	1942	461	620	861	1327	498	21	20	76
2014	2194	522	656	1016	1554	475	30	27	108
2015	2387	710	607	1070	1762	568	16	0	41
合计	12900	3312	4594	4994	9330	3113	96	67	294

1992—2015年度永州市专利授权量及分类情况表

表3-2

年度	专利授权数量	按专利类型分类			按申请人类型分类				
		发明	实用新型	外观设计	个人	工矿企业	科研单位	机关团体	大专院校
1992	47	0	37	10	36	9	1	1	0
1993	38	0	36	2	34	0	1	2	1
1994	27	0	25	2	26	1	0	0	0
1995	35	1	31	3	31	3	0	1	0
1996	38	0	35	3	36	1	1	0	0
1997	28	0	26	2	26	2	0	0	0
1998	31	0	29	2	28	1	2	0	0
1999	71	3	63	5	67	1	2	1	0
2000	59	5	51	3	52	6	0	1	0
2001	60	3	42	15	52	8	0	0	0
2002	55	4	46	5	50	4	1	0	0
2003	72	6	52	14	65	7	0	0	0
2004	92	18	51	23	84	8	0	0	0
2005	81	8	59	14	68	13	0	0	0
2006	133	15	101	17	123	10	0	0	0
2007	168	17	109	42	144	19	5	0	0
2008	146	13	105	28	123	23	0	0	0
2009	151	13	93	45	118	33	0	0	0
2010	293	24	165	104	150	143	0	0	0
2011	503	33	229	241	264	238	0	0	1
2012	642	58	318	266	325	286	2	0	29
2013	822	84	392	346	477	300	4	2	39
2014	1091	104	494	493	710	268	11	11	91
2015	1097	109	431	557	789	258	12	10	28
合计	5780	518	3020	2242	3878	1642	42	29	189

第二节　专利实施

一、专利试点

2002 年 3 月，在市人大会议和市政协会上，市人大代表和政协委员分别提出实施专利和标准化战略的提案和议案，市委、市政府主要领导给予充分肯定并作出批示。市科技局据此起草《永州市专利战略实施方案》并报市政府，开始进行专利试点工作，同时选择长丰集团和市哈陵焊接器材有限公司作为永州市第一批试点单位。

2003 年，东安县被列为省第一批专利试点县。市科技局制定出台《永州市企业专利工作试点方案》。

2004 年，新田县民营科技企业园、湖南金浩植物油有限公司、湖南东港锑品有限公司、湖南敬和堂药业有限公司、市哈陵焊接器材有限公司、长丰（集团）有限公司被列入市专利工作试点单位。

2007 年，祁阳县、冷水滩区、宁远县被列为省第三批试点县区，湖南敬和堂药业有限公司被列入省首批知识产权优势企业培育工程。

2008 年，市知识产权局与市财政局联合下发《永州市企业专利工作试点管理办法》。同时，启动专利实施资助工作，支持企业实施专利项目。湖南天圣有机农业有限公司和永州科平钢筋加工设备技术有限公司获首批专利实施启动资助金 7 万元。

2009 年，湖南天圣有机农业有限公司入选省第三批知识产权优势培育企业，双牌县被列入省第四批省知识产权试点县。资助市雅大科技实业有限公司、市仁济医疗科技有限公司专利实施资助金 8 万元。

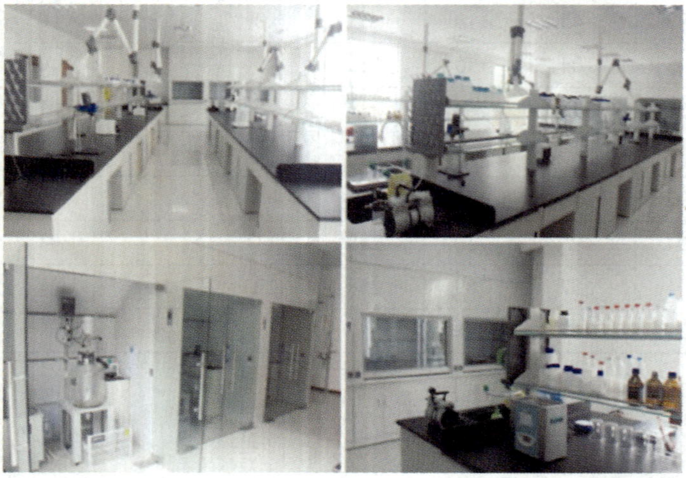

2015 年，湖南皓志稀土材料有限公司的工程技术研究中心实验室

2010 年，市知识产权局组织湖南金浩茶油有限公司、湖南时代阳光药业股份有限公司申报第四批湖南省知识产权优势培育企业；组织湖南皓志稀土材料有限公司、市鑫盈建

材有限公司、市雅大科技实业有限公司申报湖南省中小企业知识产权推进计划试点。8月，湖南敬和堂制药有限公司经省知识产权局验收合格后，成为知识产权优势企业。11月，东安县知识产权示范创建县、宁远县知识产权试点县通过省知识产权局验收。

2011年10月，市知识产权局将湖南省中政建材有限公司、永州恒丰机械有限公司、湖南湘君面业有限公司、永州锦滦新能源开发有限公司列为企业专利工作试点单位；将市力群木业有限公司列为专利实施单位。凤凰园经济开发区被列为省级知识产权试点园区。

2012年10月，市知识产权局组织对试点单位和专利实施项目进行跟踪服务和考核。新增市达福鑫显示技术公司为试点企业。对永州锦滦新能源开发有限公司等5家试点企业，在两年试点期内给予每家企业6万元试点工作经费。

2013年，国家知识产权局下发《关于确定国家知识产权试点城市（城区）的通知》，永州市被列为国家知识产权试点城市，东安县被列入国家知识产权试点县，试点时限为2013年9月至2016年8月，主题是知识产权制度创新。是年，市知识产权局争取省知识产权战略实施专项10个资金68万元，其中市科技局承担的“永州市知识产权优势企业培育试点及专利技术产业化”项目，获得资助25万元；新田县、道县被列为省级知识产权试点县；3家中小企业获得专利技术产业化项目支持。

2014年，湖南金箭新材料科技有限公司的“常温法纳米级碳酸钙生产”、市雅大科技实业有限公司的“生料酿酒发酵剂”、湖南林之神韵油茶科技有限公司的“油茶籽油精制过程木质活性炭添加装置”、湖南潇湘源科技开发有限公司的“特种玻璃钢管道关键技术产业化”、市鑫东森机械装备有限公司的“露天潜孔钻车”等项目，被列入省经信委和省知识产权局的“百项专利转化推进计划”。有9个试点示范、专利实施项目列入省知识产权战略专项，资金89万元，其中“永州市知识产权优势企业培育及专利产业化”项目继续获得支持，资金34万元。

2015年，永州恒丰机械有限公司生产的专利产品混凝土搅拌机

2015年，永州恒丰机械有限公司的混凝土搅拌机自动出料装置、祁阳宇晖机电实业有限公司的单传动辊无间隙制砂机、宁远县隆翔新型材料科技有限公司的“白云石制备硫酸钙晶须的方法”、祁阳宏泰铝业有限公司的“仿不锈钢铝

材表面处理工艺”等项目，被列入省经信委和省知识产权局的“百项专利转化推进计划”。江永县元杰科技有限公司的汽车空调辅助制冷装置和祁阳宇晖机电实业有限公司的单传动辊无间隙制砂机产业化项目被列为省知识产权战略实施专项。湖南潇湘源科技开发有限公司、湖南九鼎科技(集团)永州鼎立饲料有限公司、湖南希尔天然药业有限公司、湖南象外科技有限公司、市鑫东森机械装备有限公司、市天一生态农业开发有限公司 6 家企业被列为永州市 2015 年度专利试点企业；新田县远征机械有限公司和宁远县九疑兔业开发有限公司被列为专利技术产业化企业。

二、质押贷款

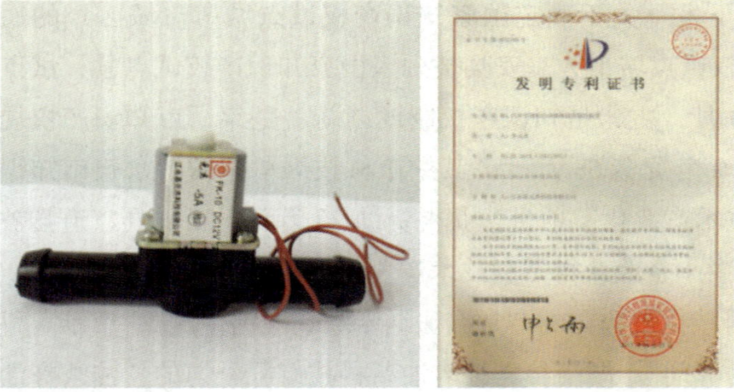

2015 年，江永县元杰科技有限公司的专利产品“汽车空调的辅助制冷装置”（左图为装置，右图为发明专利证书）

专利质押指利用专利作为质押，经过资产评估机构进行无形资产评估并经专利管理部门登记备案，银行给予融资贷款，是专利实施的重要举措。2003 年，湖南八方药业有限公司以“胃复元胶囊及制作方法”“一种消痹胶囊及制作方法”2 项发明专利通过无形资产评估，总价值 8630 万元，与中国农业银行冷水滩区支行协商，签订《贷款合同》和《专利质押合同》，获得 2300 万元质押贷款资金；2004 年 2 月，通过国家知识产权局审核，为境内企业第一例专利质押贷款。2014 年，江永县元杰科技有限公司与江永县农村信用联社签署专利质押贷款协议，贷款 75 万元，其中以“汽车空调的辅助制冷装置”等 2 项实用新型专利质押全额授信 25 万元。2015 年 8 月，该公司 3 件实用新型专利，经湖南鹏盛资产评估事务所评估，价值 200 万元，在江永县农商银行股份有限公司质押贷款 50 万元。

第三节 专利奖励

2002 年，自湖南省表彰专利实施项目以来，专利奖励成为科技奖励的重要组成部分。专利奖励项目突出自主创新，可促进产业化和产品优化提级，经济和社会效益明显。2013 年，市政府设立专利奖励。至 2015 年，共奖励一等奖 1 项、二等奖 3 项、三等奖 6 项。同时，组织申报并获省专利奖项目 9 项，其中，专利实施金奖 1 项，优秀奖 2 项，专利三等奖 5 项，十佳专利发明奖 1 项。

一、省专利奖

湖南省专利奖评审委员会评定 2002 年度湖南省专利实施奖，永州市获得金奖 1 个，优秀奖 2 个。湖南省建华精密仪器有限责任公司的“一种传爆管及其生产方法”获得金奖，市节能设备厂的“超导传热立式锅炉”和湖南省建华精密仪器有限责任公司的“一种旋转弹引信保险机构”，获优秀奖。

2003 年，在“百万职工创新兴湘”活动中，湖南省建华精密仪器有限公司职工王品优发明的“一种传爆管及其生产方法”获湖南省职工十佳发明专利。

2013 年度，永州市获首届省专利奖项目 2 个。湖南金浩茶油有限公司的“油茶籽毛油精炼工艺”和湖南科力尔电机有限公司的“一种复合型线叶片叶轮的贯流风机”，获三等奖。

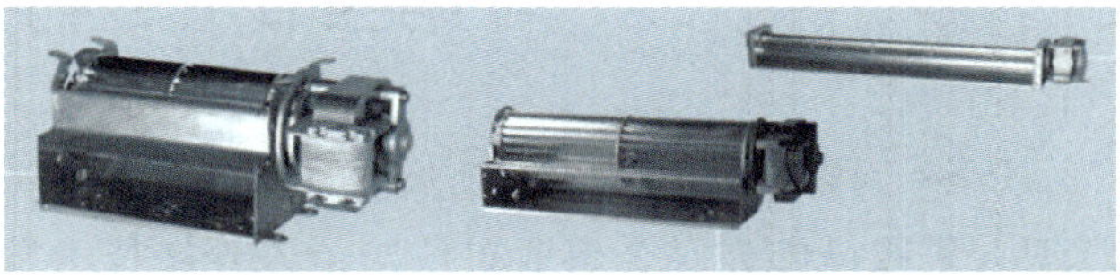

2014 年，湖南科力尔电机有限公司的专利产品“复合型线叶片叶轮的贯流风机”获省三等奖

2014 年度，永州市获省专利奖项目 2 个。湖南时代阳光药业股份有限公司的“一种治疗扁桃体炎、咽炎的中药组合物”和祁阳宏泰铝业有限公司的“一种有色金属管材自动冷拉工艺”，获三等奖。

2015 年度，永州市获省专利奖项目 1 个。祁阳宇晖机电实业有限公司的“一种单传动辊无间隙制砂机”，获三等奖。

二、市专利奖

2013 年 4 月，市政府办印发《永州市专利资助和奖励办法》。12 月，市政府常务会专题研究决定，市专利奖设一、二、三等奖项，奖金分别为 5 万元、3 万元、2 万元。

2014 年度表彰的专利项目为：湖南东港锑品有限公司的“一种锑冶炼用的给料制粒系统”，获二等奖；湖南时代阳光药业股份有限公司的“口服液的包装瓶”和湖南龙昶机械工程有限公司的“一种制砂机用的可调式反击衬板组件”，获三等奖。

2015 年度表彰的专利项目为：湖南省宇秀生物科技有限公司的“一种改进 CTAB

2015 年，湖南林之神林韵油茶科技发展有限公司的茶油精炼车间

法提取杏鲍菇中的 DNA”，获一等奖；湖南零陵恒远发电设备有限公司的“一种新型的贯流式水轮发电机组用导叶镗孔装置”和市雅大科技实业有限公司的“一种生料酿酒发酵剂”，获二等奖；湖南林之神林韵油茶科技发展有限公司的“一种纯植物原香型油茶籽油生产方法”、祁阳宇晖机电实业有限公司的“一种单传动辊无间隙制砂机”和蓝山县金山川粉末冶金有限公司的“一种粉末冶金真空烧结排胶脱脂工艺”，获三等奖。

第四节　专利执法

1984—1998 年，境内专利工作重心放在宣传普及《专利法》，提高人们的专利保护意识，采取措施鼓励企事业单位与个人开展技术发明和创新，组织申请专利保护，推动专利实施等方面。这一时期，专利申请和授权数量少，专利技术转化应用不多，专利侵权和纠纷较少，专利执法工作未正常开展起来。1998 年 4 月，省专利局召开“省会查处冒充专利情况通报会”，增加查处假冒专利的内容，加大执法力度。此后，专利执法工作逐步走向正常轨道。

一、专利执法

1999 年，零陵制药厂在产品“喉咽清”的外包装上印有专利号，经查实，该专利号为假冒专利，市专利局随即下达整改通知，该厂立即停止使用该外包装。2002 年，市专利局调处专利纠纷案件 2 起。2003 年，成立专项执法行动小组，重点对食品、药品、建材、家电等百余种产品进行检查，查出 32 个产品，请省专利局检索，对销售过期专利产品的商家进行批评并要求整改。

2004 年，查处涉嫌冒充专利行为 9 起，立案 6 起，其中对一家医药公司处以 2000 元罚款。10 月，市政府召开市整顿和规范市场经济秩序领导小组专题会议，讨论并印发《永州市开展保护知识产权专项行动工作方案》，增加市知识产权局、市版权局为永州市整顿和规范市场经济秩序领导小组成员单位。

2005 年，组织专利执法检查 144 人次，检查各类商品 1100 余种，查处假冒和冒充专利 2 件，受理专利侵权纠纷 1 件。

2006 年，专利执法行动重点在冷水滩、零陵、东安、新田等县区开展。共检查各类药品、保健品 100 余种；查处涉嫌冒充、假冒专利产品 4 起；调处专利侵权案件 4 起，并对重点案件立案查处。

2007 年，组织专利执法检查 50 余次，出动执法人员 160 多人次，检查各类商品 500 多种，立案查处冒充专利案件 2 件，立案处理专利侵权纠纷 2 件。对侵犯永州科平钢筋加工设备有限公司的“钢筋夹紧机”实用新型专利权的两家企业进行立案查处。4 月，市知识产权局联合市法制办举办执法人员培训班，对全市 11 个县区 60 多名科技、专利、地震执法人员进行统一培训，29 名学员通过考试并获得市政府颁发的行政执法证。

2008 年，市知识产权局调处专利纠纷案件 13 起，被国家知识产权局评为全国专利执法先进集体。

2009 年，组织专利执法 160 多人次，检查各类商品 5000 多种，立案查处假冒专利案件 14 起。

2010 年，市知识产权局出台《永州市专利执法处罚自由裁量权基准》。开展专利执法检查行动 50 余次，核查标注专利标识商品 300 多种，立案查处 13 起假冒专利案件，调解专利侵权纠纷 1 起。

2011 年，经市政府同意，将永州市打击侵犯知识产权和制售假冒伪劣商品专项行动领导小组办公室调整到市知识产权局，市知识产权局局长兼任办公室主任。全市开展 80 多次专项整治行动，立案查处各类知识产权违法案件 296 起，涉案金额 311 万元，重大案件 9 件，立案处理假冒专利案件 16 件。

2012 年，《湖南省专利条例》实施后，赋予县区级知识产权局专利行政执法办案职能，永州市 54 名专利管理人员参加省法制办培训并取得专利执法证。市知识产权局与冷水滩区、零陵区知识产权局对步步高百货、步步高超市舜德摩尔店、罗氏协和大药房等近 30 家超市、药房进行专利联合执法行动。全年立案查处假冒专利案 82 起。

2013 年，全市各行政执法机关检查各类企业、经营主体 3828 户次，立案查处 994 件，罚没金额 268.90 万元。其中缴获假冒伪劣商品 8000 余件，涉案价值 4000 余万

2013 年 4 月 26 日，市知识产权局执法人员在商场检查假冒伪劣专利产品

元。8 月，举办一期专利执法培训班，邀请省知识产权局副局长刘跃红等 3 位专家授课，全市 50 余名执法人员参加培训。

2014 年，组织全市 30 名专利执法人员赴长沙参加省知识产权局专利执法培训。开展专利执法“护航”行动，检查 4000 多种商品，登记专利产品 380 种，立案查处 197 起假冒专利案件，其中市知识产权局立案 15 起，处理专利纠纷案 20 起。

2015 年，专利执法检查 2500 多种商品，登记专利产品 380 种，立案查处假冒专利案件 189 件、专利侵权纠纷案件 14 件，调解专利纠纷案 6 件。

二、典型案例

2005 年 8 月 12 日，专利权人欧 × × 向市知识产权局提出请求，诉被请求人龙 × × 侵犯其“玉米脱粒机”实用新型专利权。经查明，龙 × × 在浙江仿造玉米脱粒机 385 台运回东安县销售，案值近 8 万余元，其销售的玉米脱粒机在请求人的专利权利要求保护范围内，构成侵权。市知识产权局于 2005 年 10 月 31 日下发专利侵权纠纷处理决定书，责令侵权人立即停止侵权行为，销毁侵权产品。

2006 年，冷水滩区家家福超市和零陵区的一家超市销售 C04666、C05666 型号刀具，其外包装上印有“专利产品　仿冒必究　专利号：003306127”字样。经核查，该专利早已终止，已构成冒充专利行为；2 月，市知识产权局就此案举行永州市首次专利行政处罚听证会，鉴于当事人认错态度诚恳，且涉案金额不大，分别处以罚款人民币 2000 元和 3000 元、消除专利标记和在有关媒体进行公告的处罚。是年 3 月，长沙三锦锅炉厨具有限公司投诉邵阳市武岗庚用燎制造有限公司销售给东安县第一高级中学的蒸饭柜，侵犯其“多功能一体化厨具”等 4 项实用新型专利权；市知识产权局向邵阳市武岗庚用燎制造有限公司送达答辨通知书，经多次调查取证和沟通，做出停止侵权的处理决定。4 月，执法人员在检查中发现零陵罗氏协和中山大药房等药店销售的“奥悦心宝”保健品，其外包装及产品说明书、广告宣传单上将外观设计专利标为发明专利，当即作出停止销售，销毁宣传单，停止电视宣传的处理。

第五节　专利宣传

2001 年，世界知识产权组织决定将每年的 4 月 26 日定为世界知识产权日。2002—2015 年，境内专利宣传以举办“世界知识产权日”活动为载体，结合科技创新和科普宣传，突出宣讲知识产权战略，培训专利发明人及执法人员，努力营造自主创新的风尚。

2002 年“4·26”世界知识产权日，市政府副市长赵清茂发表题为《经济欠发达地区更要重视知识产权》电视讲话，《永州日报》专版报道。

2003 年，按省知识产权局部署，成立永州市知识产权协调领导小组，出台《关于加强全市知识产权协调工作的意见》。4 月 16—30 日，在永州电视台综合、经济、都市频道连续 15 天播出“庆祝‘4·26’世界知识产权日”“知识产权与我们息息相关”的宣传字幕，编发知识产权问答宣传资料 1000 份；市知识产权局局长姜加军、副局长汤平波分别撰写知识产权理论宣传文章在《永州通讯》和《永州日报》上发表；市政府网站首页播放“庆祝世界知识产权日”宣传标语，国家知识产权局网站贴出永州的宣传文章两篇、简报 4 期。

2004 年 4 月 19—26 日，是全国第一个“保护知识产权宣传周”。市知识产权局局长姜加军发表题为《尊重知识产权，维护市场秩序》的电视讲话；市知识产权局、市工商局、市版权局等在冷水滩区主要街道开展知识产权宣传咨询活动，接受群众咨询 3000 余人次；召开“保护知识产权宣传周”座谈会；举办知识产权培训班，邀请省知识产权局局长龚世益作专题报告。

2005 年 5 月 15 日，在湖南科技学院举行“保护知识产权　我们在行动”万人签名活动

2005 年“4·26”世界知识产权日活动与科技活动周联合举行。举办“永州专利二十年”展览、“保护知识产权　我们在行动”万人签名等活动。散发各类宣传资料 5000 余份，接受咨询 300 余人次；市科技局会同市广播电台、市工商局、市版权局和市文化市场整治规范办公室联手打造《走进知识产权》专栏节目，以直播、重播等形式向社会公众宣传知识产权知识、剖析典型案例，共播出 30 期。

2006 年“4·26”世界知识产权日，永州电视台点播知识产权宣传歌曲，播放宣传广告；散发《中国知识产权报“4·26”特刊》800 份、传单 1000 份，展出知识产权挂图 30 余幅；组织企业参加省知识产权局举办的知识产权学习班，邀请省知识产权局局长到冷水滩区为区党政领导和企业负责人作专题培训讲座。

2007 年“4·26”世界知识产权日，以“崇尚创新精神，尊重知识产权”为主题，在全市开展“4·26”送产权知识下乡下厂活动；组织企业参加省知识产权局举办的学习班，邀请省知识产权局领导到祁阳县、冷水滩区为党政领导和企业负责人讲课；组织9家企业9个特色产品参加“首届中国专利技术展示交易周”。

2008年“4·26”世界知识产权日，市科技局向知识产权试点县区及有关企业赠送知识产权电视宣传光碟并在电视台播放；举办贯彻实施知识产权战略报告会、知识产权培训班，市直部门负责人、企业代表、县区科技局局长等200人参加；举办专利法、企业专利工作、专利申请文件写作培训，80余人参加。东安县举办“实施知识产权战略 建设创新型东安”专题文艺晚会，千余名群众观看。

2009年“4·26”世界知识产权日，突出国家、省《知识产权战略实施纲要》的贯彻实施，出台印发《永州市知识产权战略纲要实施方案》，并组织相关机关、企事业单位学习宣讲。

2010年“4·26”世界知识产权日，突出以弘扬“尊重知识、崇尚创新、诚信守法”的知识产权文化为重点，市知识产权局在冷水滩区街头开展宣传咨询，发放《知识产权经典案例选编》400多册、《专利知识问答》1000余份、《商标注册须知》2000份；永州电视台、《永州日报》等开展知识产权专题报道。

2011年“4·26”世界知识产权日，市政府成立以常务副市长任组长、分管副市长任副组长、各相关部门主要负责人为成员的打击侵犯知识产权专项行动领导小组；永州电视台连续播放知识产权公益广告；集中开展专项检查，查处侵犯知识产权案件。

2012年“4·26”世界知识产权日，市知识产权局牵头组织冷水滩区知识产权局、市工商局、市文化广电新闻出版局、市农业局、市文化市场综合执法局联合执法大检查，打击假冒侵权行为；组织“4·26”企业知识产权座谈会，省知识产权局副局长邹民生作《湖南省专利条例》专题宣讲，20多家企业代表交流发言。是年，市知识产权局被省知识产权局评为湖南省知识产权工作先进单位、打击侵犯知识产权和制售假冒伪劣商品专项行动先进集体。

2012年4月26日，省知识产权局副局长邹民生（中）主讲《湖南省专利条例》

2013年“4·26”世界知识产权日，市知识产权局联合市工商局、市文广新局、市文化市场综合执法局、市农业局、市农行、冷水滩区科技局开展以“实施知识产权战略，支撑创新驱动发展”为主题的知识产权系列宣传活动，组织宣传车队到双牌县工业园、凤凰园经济开发区宣传知识产权扶持政策，送宣传资料。市知识产权局被评为湖南省知识产权宣传周活动先进单位。

2014 年“4·26”世界知识产权日，境内开展“专利与知识产权知识面对面”街头咨询、“4·26”专利申请与知识产权应用专题讲座、“产权知识上银屏”等系列活动，通过电视、广播、手机报、网络、标语等形式宣传，提升市民的知识产权保护意识。市知识产权局被评为湖南省知识产权宣传周活动先进单位。

2015 年 4 月 26 日，市知识产权局在冷水滩区举行“4·26”世界知识产权日宣传活动

2015 年“4·26”世界知识产权日，围绕“服务知识产权强国建设，支撑湖南创新驱动发展”的宣传主题开展活动。发放《知识产权知识问答》《知识产权案例选编》《中国知识产权报》等各类宣传资料 2000 余份，接受市民的知识产权咨询 300 余人次；在冷水滩城区舜德摩尔广场、潇湘步行街等处的大型电子显示屏滚动播出宣传片，市经开区主办“企业知识产权运用和管理讲座”专题培训班，30 余家规模企业参加培训。

第四章　科技普及

科学技术普及（以下简称科普）是科技事业的重要组成部分。20 世纪 50 年代初至 60 年代中期，科普工作任务是宣传科学精神、普及科技知识、推广先进技术。主要形式为学校（夜校）教育、报刊（黑板报）科普、广播电影、宣传标语、文艺演出、技术培训等。60 年代中后期至 70 年代初，科普工作有所滞缓。1978 年全国第二次科学大会后，科普工作又逐渐恢复，步入正常。1993 年，国家颁布《中华人民共和国科学技术进步法》，提出了“国家普及科学技术知识，提高全体公民的科学文化水平”的战略要求。2002 年，颁布《中华人民共和国科学技术普及法》(以下简称科普法)，提出了科普法制化、常态化的具体目标。1992—2015 年，为推进科技进步和贯彻《科普法》，永州各级各部门认真履职，加强协调，整合资源，群策群力，组织开展科技下乡活动、科技活动周、全国科普日、世界气象日、科技培训和青少年科普活动，组建“12396”科技信息“户”联网，加强科普基地、场馆建设等，科普工作进入新阶段，普及科技知识、弘扬科技精神、倡导科技创新的风尚逐步形成，在经济社会发展中发挥了重要作用。2009 年，市科技局在全省科普工作会上作典型发言。

第一节　科普活动

一、科技下乡

科技下乡是科普工作的一个重点。1992—1996 年，科技下乡由市、县两级科技局和科协组织，为农民送技术、传信息、赠物资，主要形式是举行科普集市、发送资料、科技咨询等。1996 年 12 月，中共中央宣传部、国家科委、农业部、文化部等十部委联合下发《关于开展文化科技卫生“三下乡”活动的通知》。按照文件要求，市委宣传部、市科技局、市文化局、市农业局、市科协、市卫生局等单位每年共同组织开展文化、科技、卫生下乡活动。2003—2010 年增加政治理论、政策法规下乡两项内容，变成“五下乡”。

1996 年，市科技局邀请省果树、畜牧兽医两批专家分别到东安、江永、江华、道县、芝山（今零陵区）和冷水滩区为种养大户和当地农民传授水果种植、山羊养殖等技术，参加培训的有 1000 多人次。

1997 年，科技下乡活动配合《中华人民共和国技术合同法》检查进行，组织宣讲团下乡巡回宣传和传授实用科技。培植示范乡镇 30 个、科技示范村 80 个。

1999 年 3 月，市科协组织有关学会、祁阳县和东安县科协 80 多名科技人员到祁阳县观音滩镇、东安县芦洪市镇开展科技下乡，讲授农业新技术课 8 场，听众 1000 余人次，发放科技资料、科普挂图 3 万余份，赠送技术书籍 1000 余套，接受群众科技咨询，现场解决难题 32 个。

2007 年，科技下乡活动以选派科技特派员试点为契机，首批 12 名科技特派员奔赴江华县涛圩、大路铺、沱江、白芒营、河路口 5 个乡镇开展科技下乡活动。

2007 年 5 月 17 日，市科技特派员到江华县涛圩镇送科技下乡

2008 年，科技下乡活动以防灾抗灾为重点，针对年初冰冻灾害，市科技局编印《科技减灾救灾实用技术》资料，组织农、医学会科技人员到零陵区黄田铺、邮亭圩等乡镇走访慰问，指导生产自救。据统计，全市科协系统共组织市、县区 336 个学会（协会、研究会）527 名科技人员，深入 78 个乡镇 342 个村，发放农业技术资料 9.20 万份（册）。

2009 年 3 月，市科协牵头组织永州职业技术学院、市林学会、市农学会、市药学会、市气象学会、市预防医学会的科技人员 120 余人，分别到冷水滩区普里桥镇、回龙圩管理区送科技下乡，发放各类技术资料 7.60 万份（册），接受群众咨询 4200 人次，赠送药品、苗木价值达 4.30 万元。

2010 年，组织市科技下乡活动两次。1 月 19 日，组织科技人员到祁阳县白水镇祁泉市场开展“科技集市”，发放各类科普、惠农资料 3000 多份（册），接受群众咨询 200 多人次；4 月 2 日，组织农业、卫生、医药学会等 30 多名科技专家，到金洞管理区凤凰乡开展科技下乡活动，发放各类技术资料 5 万份（册），赠送保健箱、药品等价值 2.30 万元，科技咨询 3000 多人次。

2011 年，组织市科技下乡活动两次。1 月 21 日，到宁远县柏家坪镇发放科普资料

92 种 6.65 万份，赠送农用物资、药品价值 2 万余元，为群众义诊 300 多人次。6 月 3 日，到回龙圩管理区展出科普挂图 50 余幅，发放科普资料 2.03 万余份，赠送农民桉树苗 2000 株，免费发放药品 14 种价值 2.8 万元。

2012 年，组织市科技下乡活动三次。1 月 15 日，到冷水滩区普利桥镇发放各类科普惠农资料 2.30 万余份，科技咨询 300 多人次。1 月 21 日，组织农业、卫生等方面的专家、教授到冷水滩区牛角坝镇发放资料近万册，举办文艺会演和科普实用技术培训，观看演出及培训人员 2000 多人次，现场为群众解决疑难问题 110 多个。3 月 27 日，到蓝山县所城镇发放各类科普资料 97 种 15 万份，义诊 1360 人次，赠送药品、树苗等价值 3 万余元。

2013 年，组织市科技下乡活动两次。3 月 9 日，组织“科普春风蓝山行”，市、县两级 20 余个学会、100 多名科技专家参加活动，赠送 6 万余份科普宣传资料和价值 2 万多元的饲料、药品等。6 月 20 日，组织 40 余名科技人员到双牌县麻江乡农贸市场，开展食品安全科普宣传，发放食品安全、绿色食品、无公害农产品种植和养殖、瘦肉精识别等各类科普资料达 20 余种 3 万余份。

2014 年，组织市科技下乡活动三次。5 月 21 日，组织 100 余名科技人员到冷水滩区牛角坝镇，展出科普展板 50 块、宣传挂图 30 幅，技术咨询 200 人次，赠送科普读物及农技资料 2.60 万余份，义诊 100 多人次，免费发放树木树种和药品药具 3 万余元。6 月 16 日，在零陵区富家桥镇举办“食品安全进集市”活动，发放资料 1.5 万份，现场咨询 800 人次，赠送价值 1 万余元的药品和价值 5000 余元的“放心米粉”，并为当地 10 名贫困生发放爱心助学款。6 月中旬，与蓝山县科技局联合举办“蓝山县特色产业暨葡萄种植技术培训班”，邀请省葡萄协会会长、国务院特殊津贴专家石雪晖教授为 56 名葡萄种植大户授课，现场解答生产技术问题。

2014 年 4 月 14 日，市疾控中心专家送科技、送健康下乡

2015 年，组织市科技下乡活动两次。2 月 3 日，组织科技人员到冷水滩区伊塘镇开展“三下乡”活动，发放科普宣传和农业技术资料 5000 余份。11 月 17 日，组织科技人员到蓝山县职业中学举办农技培训班，讲授种植、农机、畜牧等技术知识，参训

农民 50 多人。

二、科技活动周

科技活动周是国务院 2001 年设立的全国性科普活动，时间在每年 5 月的第三周。按照国家、省科技活动周组织委员会的要求，市委、市政府成立市科技活动周组织委员会。下设活动小组，市科技局为组长单位，市委宣传部、市科协、市教育局为副组长单位，市农业、林业、卫生、计划生育等 30 多个部门为成员单位。2002—2015 年，永州已成功举办 13 届。2005 年、2007 年、2008 年、2009 年、2011 年、2012 年、2014 年，市科技局共 7 次被省科技厅、省委宣传部、省教育厅、省科协评为湖南省科技活动周先进集体。

2002 年 5 月，科技活动周以“科技创造未来”为主题举办系列活动。5 月 20 日，中共永州市委、市政府举行科技活动周启动仪式，市委书记曾庆炎主持活动周启动仪式暨科技形势报告会，省科技厅副厅长乐寿长到会并作科技形势报告，市级机关、企事业单位负责人 1000 余人参会。会上为市农业局、市林业局、市计生委、市畜牧水产局、市人民医院、市卫生防疫站、永州职业技术学院 7 支下乡小分队授队旗，50 余名科技人员到乡镇开展科技服务、咨询活动。组织 3 万余元药品、2 万元种苗肥料及 10 万份资料赠送农民群众，深入山区义诊 4000 多人次，解决技术难题 50 多个。5 月 21 日，市直 60 多个学会、协会、研究会开展“科技一条街”宣传，展出展板 365 块、挂图 450 张、实物 248 件，发放科普资料 12 万份，参观人数 3.50 万人次。市邮政局、市科技局联合发行《永州科技》邮票纪念册；《永州科技》邮册由副市长赵清茂任编委主任，市长刘爱才作序。邮册融知识、史料、趣味于一体，图文并茂、雅俗共享，全册分为 8 个板块：新中国科技发展三个里程碑，永州科技源远流长，科技兴市战略，高新技术产业，科技成果转化，民营科技企业，全民科技素质提高，科技创造未来。依据主题和板块设计，选择国内科技邮票 176 枚，永州科技图像 118 幅，共 54 个页面，从多个角度反映和宣传了国家科技史和永州科技概况。

2002 年 5 月，市邮政局、市科技局联合发行《永州科技》邮票纪念册

2003 年 5 月，科技活动周以“依靠科学、战胜‘非典’”为主题，开展“非典型性肺炎有

关知识科普宣传一条街”“‘非典’防治宣传下乡”以及专家电视访谈等科普活动。组织 123 名科技工作者下乡，发放 5 万份宣传资料、5000 张科普挂图、2000 册图书到基层，免费赠送一批消毒药具。市卫生局、市卫生防疫站、市职业病防治所、市人民医院等单位组成多个专家小分队深入乡镇，宣传、督导“非典”防治，发放技术资料 8 万多份，义诊 100 人次。5 月 23 日，电视访谈临床、防疫专家，宣传防治“非典”知识；市科技局局长姜加军发表“依靠科学、战胜‘非典’”的电视讲话，坚定群众科技战胜非典的信心。

2004 年 5 月，科技活动周以“科技以人为本，全面建设小康”为主题开展系列科技宣传和服务活动。市委、市政府举行科技活动周启动仪式，会上为 5 支科技下乡服务小分队授旗。在冷水滩区、芝山区开展“科普宣传一条街”活动。市农业局、市林业局、市计生委、市畜牧水产局、市卫生局、市农机局等单位组织科技人员到各自农村扶贫点或生产基地开展科技服务。赴江华小分队会同江华县属 13 个单位深入 4 个乡镇，设科技咨询台 12 个、科普展板 48 块，赠送新技术、新品种 10 多项（个）。

2005 年 5 月，科技活动周以“科技以人为本，全面建成小康社会”为主题，举办现代农业科技形势报告会、永州专利二十年展览、保护知识产权万人签名、世界电信日宣传、科普一条街、科技下乡等活动。召开市内高校与企业对接联谊会暨科技奖励大会，市委、市政府领导到会颁发 2004 年度科技进步奖。

2005 年 5 月，市农科所开展农业技术咨询活动

2006 年 5 月，科技活动周以“加强自主创新，建设创新型永州”为主题，召开全市科技信息“户”联网开通典礼及工作会议，启动“户”联网工程。利用电视、网站、文化衫等宣传科技信息化。市科技局与冷水滩区科技局、区科协在城区开展科技一条街宣传活动。组织 23 家单位参加湖南省第二届科技博览会。

2007 年 5 月，科技活动周以“加速新型工业化进程，携手建设创新型永州”为主题，市委、市政府举行科技表彰大会暨科技活动周启动仪式。表彰 2006 年度市级先进科技单位和个人，启动科技特派员试点工作。创建永州市第一批防震减灾科普基地和保护知识产权教育试点学校。市科技局、市科协组织农业、畜牧、烟草、林业、卫生等9个单位50名科技专家到江华县白芒营镇开展“科技进瑶寨”活动，发放技术资料、科技图书，苗木3000株，水稻种子150千克，药具480盒。市政府副市长戴菊芳任编委主任，市科技局局长姜加军等人任副主任，双牌县人大副主任曾武清等人撰稿的《家庭生活科技手册》由科技出版社出版发行，全书19万字。

2007年5月，科技出版社出版发行《家庭生活科技手册》

2008年5月，科技活动周以“科技救灾补损促发展，携手建设创新型永州”为主题。市委、市政府举行科技表彰大会暨《国家知识产权战略纲要》报告会。组织20家单位参加参加湖南省第三届科技博览会。市、县科技和农林等部门组织开展系列科技讲座、技术咨询和服务活动。

2009年5月，科技活动周以“加强自主创新，建设创新型永州”为主题，市科技局、市委宣传部、市总工会联合举办科技创新知识电视抢答赛，17支代表队参赛。市科技局在永州市八中举行防震减灾、知识产权科普示范学校揭牌仪式。市、县科技农林卫生等部门组织科技讲座、技术培训和科技下乡入厂进校园系列活动。是年，市科技局获省科技活动周先进单位称号，并在全省科普工作会上作典型发言。

2009年5月15日，市科技局等单位联合举办科技创新知识电视抢答赛

2010年5月，科技活动周以“加强产学研结合，助推新型工业化”为主题。市委书记黄天锡主持启动仪式，市政府主要领导讲话。科技活动周期间，在全市范围内组织开展“专家永州行”、科技进村、进社区、进校园、科普征文、科技讲座活动。

2011 年 5 月，科技活动周以“推进四化两型，加快富民强市”为主题。5 月 15 日，组团参加第四届湖南省科技博览会。5 月 17 日，市科协组织市气象学会、市预防医学会、市消防协会、市职业安全健康协会、市水利学会、冷水滩区科协等单位在冷水滩区潇湘步行街广场举行“防灾减灾”科普活动，发放科普宣传资料，展出科普挂图和展板。5 月 20 日，市科技局组织农林医卫科技服务队，到冷水滩区普利桥镇开展科技进农家活动，赠送技术资料 1 万份、发放防灾救灾知识册 160 份。3 家省、市级科普基地免费向社会公众开放。

2012 年 5 月 19 日，市科技活动周启动仪式在双牌县举行

2012 年 5 月，科技活动周以“加强科技支撑，建设创新型永州”为主题，在双牌县举行启仪式。市、县区两级组织科技小分队下乡 160 余次，发放科技资料近万册，举行科普培训和文艺演出，受众 2000 多人次，解决疑难问题 100 多个。

2013 年 5 月，科技活动周以“创新驱动、科学引领、建设创新型永州”为主题，在道县举行启动仪式，1500 多名干部群众参加启动仪式。市、县区两级组织科技小分队到农村、社区发放科普资料 3 万余份，开展科普宣传 100 余场次。

2014 年 5 月，科技活动周以“科学生活、创新圆梦”为主题，在江华县举行启动仪式，市政府副市长刘尤碧，市政协副主席、科技局局长封金祥出席，3000 余名干部群众参加启动式并观看文艺演出。市、县区两级落实活动资金 95 万元，发放科普资料 3 万余份，开展宣传 110 余场次，市电视台连续播出 20 个专题报道。

2015 年 5 月，科技活动周以“科学普及”为主题，在市林科所举办“科技活动周暨科普基地免费开放日”启动仪式，市政协副主席、科技局局长封金祥出席并致词。市、县区两级组织科技人员开展下乡技术咨询和服务活动。

三、全国科普日

全国科普日，是中国科协于 2003 年 6 月 29 日《中华人民共和国科学技术普及法》颁布实施一周年之际，决定每年在全国范围内开展的科普活动。2004—2015 年，永州的全国科普日活动已连续举办 12 届。

2004 年，全国科普日由市科协组织 14 个学会 600 余名科技工作者在冷水滩、宁远、新田等县区开展科技下乡集中活动。是年，市科协被评为全省全国科普日活动组织工作先进单位。

2005 年，全国科普日活动以“科技发展，共建和谐”为主题，时间调至每年 9 月第三个公休日。市科协组织开展系列科普活动，被评为全省优秀组织单位。

2007 年 9 月，在冷水滩滨江广场举办实施《全民科学素质行动计划纲要》启动式暨 2007 年“全国科普日、湖南开放日”主题活动，市、区两级有关部门负责人、科技人员、社区居民和学生 3600 余人参加活动。

2008 年 9 月，由市科协组织科技人员到江华县涛圩镇开展“科普瑶山行”，展出展板挂图 200 多块（张），发放科普资料 10 万余份，义诊 180 余人，修理农机具 30 余件、技术咨询 1000 余次，解决技术难题 40 余个。

2009 年 9 月，全国科普日以“庆祖国 60 年华诞，展永州科协风采”为主题。永州市在市委会堂前大厅举办展览一周。展览内容为“科协组织不断发展”“服务中心成就辉煌”“科普惠农硕果累累”“素质纲要稳步推进”“示范创建成绩斐然”“学会工作生机勃勃”。市全民科学素质工作领导小组成员单位负责人、县区科协主席、市级学会负责人 130 余人出席开幕式，1.20 万余人观看展览。

2011 年 9 月，全国科普日以“节约能源，保护生态环境”为主题。在冷水滩区滨江广场举办大型科普知识展览，展出展板 100 多块。市水利局在城区向市民发放节水宣传品，普及用水节水知识。市粮食局举办“放心粮油进农村进社区”专题活动，宣传粮油常识。市妇联主办“迎建党 90 周年　创书香型家庭”知识抢答赛，设置观众互动、低碳环保知识竞答环节，发放《倡导低碳生活，争创绿色家庭》倡议书 500 多份。

2012 年 9 月，全国科普日活动在双牌县举行主场仪式，并与各县区同时开展科普进校园、进社区系列活动。组织农林、卫生专家及文艺工作者开展科普、咨询、义诊、培训、慰问演出等活动。

2014 年 9 月，由市科协、市药监局、宁远县委、县政府在宁远县文庙广场

2014 年 9 月 22 日，永州市全国科普日活动在宁远县城文庙广场启动

联合主办“全国科普日，全国用药月”活动启动仪式。科技工作者、科普志愿者、药品监管执法人员、医药界代表等3000余人参加启动仪式。

2015年9月，全国科普日活动在永州市四中和冷水滩区万喜登广场同时启动。在四中会场举办永州市青少年科技创新活动成果展览；在万喜登广场由市科协、冷水滩区政府联合组织，市安监局、市交通局、市消防支队、市职业安全健康协会、市药学会、市气象学会、市粮食行业协会、市电梯行业协会等单位开展安全常识宣传活动。

四、世界气象日

世界气象日是科普工作的重要内容。1960年，世界气象组织决定每年3月23日为“世界气象日”。1992—2015年，永州气象部门在“3·23”世界气象日当天或提前举办大型科普活动，普及气象防灾减灾知识，提升全民气象科学素质。

1992年，在永州宾馆举行纪念世界气象日座谈会，行署副专员王干成、地直有关单位和企业、专业气象服务重点单位负责人共80多人参加。地区气象局局长陈学邑作“天气和气候为稳定发展服务”主题发言。

1995年，召开以“搞好公益服务，造福全区人民”为主题的座谈会，地区行署领导和相关单位负责人60多人参加。

1997年，组织纪念世界气象日——“天气与城市水”研讨会，市气象学会理事长秦伟强作题为《研究天气与城市水的关系，为解决城市水问题做好气象服务工作》的发言。

2004年，世界气象日活动主题是“信息时代的天气、气候和水”。永州新闻综合频道播放气象科普宣教片等。

2006年，为贯彻国务院《关于加快气象事业发展的若干意见》，在市委会议室召开座谈会，学习贯彻国务院文件，开展以“预防和减轻自然灾害”为主题座谈讨论。市委、市人大、市政府、市政协相关领导出席。

2007年，在冷水滩召开纪念“3·23”世界气象日暨气象应急服务座谈会。

2008年，在冷水滩区零陵路开展纪念世界气象日活动，发放《中国气象报》200多份、宣传资料3000多份。组织参加省科技论坛活动，《浅析永州水旱灾害之防御》等4篇论文获奖。

2009年3月20日，举行纪念“世界气象日——天气、气候和我们呼吸的空气”及贯彻实施《湖南省雷电灾害防御条例》座谈会。

2012年，组织召开纪念第52个世界气象日座谈会，市人大、市政府、市政协及市直20多个部门，移动、联通、电信三大通信企业，大型水库和电站等单位领导出席会议。

2013年3月22日，召开纪念“3·23”世界气象日座谈会暨《永州市气象灾害预警应急预案》评审会，市气象灾害预警应急指挥部成员单位领导参加会议。

2015年，世界气象日活动主题是“气候知识服务气候行动”。市气象局组织开展记者专访、接待科普学校参观、发放科普资料、悬挂宣传条幅等活动，推进气象防灾减灾知识入千家万户。

五、科技信息“户”联网

2005年5月5日，省科技厅副厅长陈仲伯（左二）在市科技信息“户”联网冷水滩中心站调研

进入21世纪，信息技术飞速发展，信息技术的普及应用成为科普工作的亮点。2002年4月，市信息化办公室、市经济信息中心与市科技局等单位联合举办“信息化与永州发展”大型报告会，并编印会刊。2004年4月，市科技局向省科技厅申报县级科技信息“户”联网中心建设项目，并在冷水滩区情报所的基础上筹建，年底试运行。其功能是：开通一部全省通用号码“96318”科技信息服务热线电话和与之相连的“96318”信息网站，并与省“96318”中心站相联。2005年8月，通过省科技厅“户”联网建设验收。试运行期间，接听电话860个，为群众解答生活、生产问题532个，接待群众来访56人次，安排专家下乡现场服务82人次，产生经济效益120万元。特色资源数据库建设得到省科技厅领导、专家的肯定。

2006年3月，市科技局向省科技厅申报建设永州市科技信息“户”联网试点，并制定《永州市科技信息“户”联网建设方案》。以冷水滩科技信息“户”联网中心为平台，扩容建设一个覆盖全市的科技信息“户”联网络。市内任何固定电话、小灵通和移动电话用户均可直接拨打“96318”到市“户”联网中心。市政府为此成立市科技信息“户”联网工作领导小组，市政府副市长赵清茂任组长，市政府副秘书长向望东、市科技局局长姜加军为副组长，各县区主管副县区长和市直财政、农业、林业、卫生、畜牧、农机、水利、科协等部门负责人为成员，领导小组办公室设在市科技局。市科技局安排28万元为“户”联网建设资金，各县区配套安排部分资金。2006年5月23

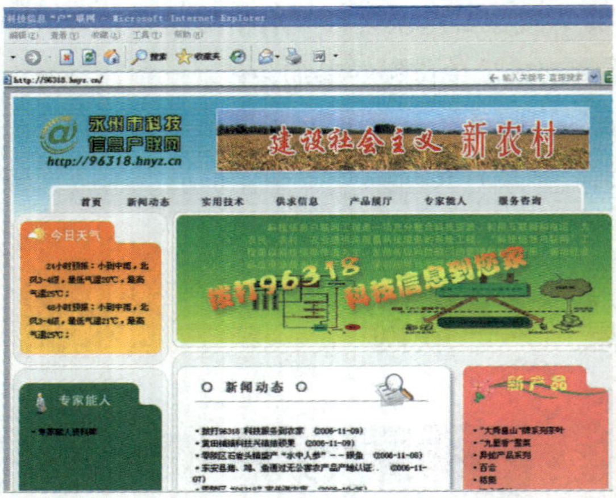

2004 年 12 月，“96318”市科技信息“户”联网站开通

日，市科技信息“户”联网举行开通仪式。为推动工作，市科技局制定下发《永州市县区科技信息“户”联网建设考核办法》。

2007 年，市科技局下发《关于进一步做好科技信息“户”联网工作的意见》，实行工作目标管理。全年在省信息网上发布信息 85 条，受理电话 1325 个，回复率 100%；接待群众来访 46 人次，免费提供技术资料 2600 多页，赠送科技书籍 87 册，发放宣传资料 12 万份，制作永久性标牌 110 幅；组织专家服务队开展现场服务活动 18 场(次)，为群众挽回经济损失 180 多万元。

2008 年年初，境内遭受严重冰冻灾害，科技信息“户”联网发布相关信息、宣传抗冰救灾知识；市科技局与市电视台公共频道共同制作 5 期“96318”系列宣传专题片。

2009 年，科技信息“户”联网处理电话 2823 个，组织专家下乡现场服务 827 人次，建立 7 个“96318”乡镇综合服务部，组织农业技术培训 1100 人次，免费为群众诊断家禽、果树和水稻病虫害 320 次，接受群众咨询 400 人次，为农户挽回经济损失 1000 万元。

2010—2011 年，永州科技信息“户”联网“96318”热线电话按照科技部的统一安排更名为“12396”星火科技服务热线。市科技局安排专项经费 40 万元，完成市星火科技“12396”网站改版。建立市星火科技“12396”中心站专家资料收录，提升“12396”的服务功效。2011 年处理电话 1403 个，网上免费提供农业技术及法律法规资料 1400 余页，发放各类科技书籍 200 册，印发技术资料 7000 余份，开展培训 120 多人次，接待群众来访 60 多人次；市级专家应约下乡服务 30 人次，为农户解决种养难题 20 多个，挽回经济损失 300 多万元。

2012—2013 年，继续推进科技信息服务。2013 年，处理电话 1079 个，免费发放科技书籍 3000 册、技术资料 6000 余份，专家下乡服务 460 人次，挽回经济损失近 1000 万元。

2014—2015 年，“12396”工作重点是推进农村农业信息化平台建设，市科技局下发《“12396”农村农业信息化建设工作意见》，全市有 35 个乡镇和企业列入省信息化试点，永州科技信息网络建设和服务日趋完善，为信息化带动产业化提供有力支撑。

六、科技培训

2012 年 11 月 16 日，道县科技特派员现场传授油茶栽培技术

科技培训是科普工作的重要形式，紧贴生产生活，深受群众欢迎。加强科技培训，一直是科技部门的重要抓手。1992—1998 年，科技培训主要依托乡镇科委、农科教中心、科研院所和高校，开展各类科技培训。培训的主要形式有：帮助种养大户进院校或专业培训机构集中培训，组织科技下乡巡回讲座、办班培训，结合科技扶贫对口帮扶培训，科技示范户专项培训等。1992 年，全地区举办技术培训班 7388 期，受训 50 多万人次，培训科技示范户 16945 户。1993 年，全地区在 370 个乡镇举办各类科技培训 4497 期，培训人数 45918 人次，现场培训 20 多万人次，培养科技示范户 1200 多户 9165 人次，为 1400 多个村培训农民技术员 2100 多人。1994 年，在全区 388 个乡镇举办各类科技培训班 4140 期，培训人数 86895 人次。1995 年，全区普及性培训 30 万人次，专业性培训 2 万多人次。1996 年，各县区结合推广项目举办特色种养培训班，共开展各类专业培训 5 万多人次。1997 年，市科委面向社会组织电脑培训 800 多人次。1998 年，市科委从科技项目经费中专列 30 万元，在零陵农校、回龙圩农场建立养殖和种植大户培训基地，当年培训 700 多人。

1999 年以后，市级科技培训转以部门组织为主，县区则以科技示范项目带动为主，采取灵活多样的形式开展培训。2000 年 8 月，市林业局在金洞林场举办桉树丰产栽培技术、ABT 生根粉推广应用、苗木嫁接技术培训班，各县区林业局（委）、金洞林场、回龙圩农场、凤凰园经开区农办、市林科所负责人、科技推广站长和有关单位生产技术人员参加。2004 年，分别在东安县七里坪生态园、祁阳县观音滩、东安县大庙口鸭白片举办耐寒桉树、桉树施肥抚育暨水果培育和银杏嫁接及相关管理的实用技术培训班，参加听课的 190 人次。2009 年 5 月，在冷水滩区举办油茶育苗嫁接培训班，各县区林业局主管领导、技术干部和育苗基地的技术工作人员及造林大户共 40 余人参加。2012 年 5 月，在道县举办油茶栽培技术培训班，林业局干部职工和油茶造林大户共

206人参加。2014年4月，组织全市基层农林专业技术人员、造林大户参加全省《油茶应用技术》远程视频培训班。2002—2004年，市技术监督局系统组织《质量体系与质量认证》函授学习班和人员培训，2080人受训。2004年7月18日，市农机局在祁阳县组织新型大中型农机具演示会，展示农机具22种58台，受训人员及观众1万余人。市建筑部门结合行业人员认证换证工作，2010—2015年专题培训10290人次。

第二节 科普基地

一、省、市科普基地

科学技术普及基地（以下简称科普基地）是指本行政区域内经科技行政管理部门认定，具有相应的科普宣传教育示范设施、条件和专业科普人员，能向社会公众开放，进行科普宣传教育的单位或机构。在政府主导下，各部门和民间团体所建的科普场馆，也是提高民众素质的场所和增强科技创新能力的阵地。2004年，省科技厅颁布《湖南省科学技术普及基地认定实施细则》，开始布局建设科普基地。按照省科技厅对科普基地的认定要求，市科技局从2010年开始，在境内开展科普基地的认定工作，并推荐申报省级科普基地的认定。至2015年，境内有省级科普基地4家、市级科普基地12家。

2011—2015年永州市省级科普基地一览表

表4-1

序号	科普基地名称	认定机构	认定时间
1	永州市柑桔科学研究所柑桔种子园科普基地	省科学技术厅	2011年
2	永州异蛇世界科普基地	省科学技术厅	2014年
3	永州市林业科学研究所科普基地	省科学技术厅	2014年
4	永州市金洞森林生态科普基地	省科学技术厅	2015年

2010—2015年永州市级科普基地一览表

表4-2

序号	科普基地名称	认定机构	认定时间
1	永州异蛇科普基地	市科学技术局	2010年
2	永州市农业科学研究所农业技术科普基地	市科学技术局	2011年

续表 4-2

序 号	科普基地名称	认定机构	认定时间
3	永州市柑桔科学研究所柑桔种子园科普基地	市科学技术局	2011 年
4	永州市林业科学研究所科普基地	市科学技术局	2012 年
5	永州市气象学会科普基地	市科学技术局	2012 年
6	永州市环境监测站科普基地	市科学技术局	2013 年
7	冷水滩区岭口新型食用菌科普基地	市科学技术局	2013 年
8	双牌县寨岭农业科普基地	市科学技术局	2013 年
9	东安欣荣绿色特种养殖科普基地	市科学技术局	2014 年
10	永州市生存与健康环境科普基地	市科学技术局	2015 年
11	永州回龙圩管理区八仙洞科普基地	市科学技术局	2015 年
12	永州市金洞森林生态科普基地	市科学技术局	2015 年

二、部分科普基地简介

（一）永州市柑桔科学研究所柑橘种子园科普基地

该基地位于市柑桔示范场暨市柑科所内。市柑桔示范场始建于 1981 年，1992 年成立地区柑科所，与之合署办公。至 2015 年，设 4 个工区，土地面积 375 公顷，其中柑橘等果园种植面积 306.67 公顷，科研示范基地 1.33 公顷。自动化喷灌柑橘园 200 公顷，柑橘母本园 20 公顷，容器育苗大棚 10000 平方米，多功能温室大棚 2 个，防霜大棚 1 个。该所成立了科普工作领导小组，科研生产科负责日常管理；组建一支科普宣

2012 年，市柑科所柑橘品种试验园科普基地

传队和科普志愿者服务队伍，聘请享受国务院特殊津贴的高级农艺师郑朝跃和中国柑桔学会理事长、湖南农业大学邓子牛教授任技术顾问；建立10个科普示范点，有100多个柑橘、西瓜科技示范户；科研示范基地和母本园免费开放，定期举办“柑橘病虫害防治”“西瓜嫁接技术”等专题讲座；科研示范基地作为湖南农业大学、永州职业技术学院、市广播电视大学学生实践基地，全年对其开放。2011年被认定为“湖南省科普基地”，2012年被评为“湖南省优秀科普基地”。

（二）永州市林业科学研究所科普基地

该基地位于市林科所内。至2015年年底，有林权证标识面积476公顷（含森林植物园100公顷），森林蓄积量2812立方米，植物种类1000余种，国家重点保护植物和稀有树种123种。2013年，获市林业局、市科协授牌“永州市生态科普基地”；2014年，获省科技厅授牌“湖南省科普基地”。2015年，省科协、省林业厅分别授予其湖南省首届“公众最喜爱的科普场馆（基地）”“湖南省秀美林场”称号。《中国绿色时报》、湖南卫视、《湖南林业》等多家媒体专题报道，成为重要的林业科研科普基地。

2015年，市林业科学研究所科普基地

基地内建有永州森林植物园，分为多个园区。珍稀树种园，种植有美国红枫、金钱松、水杉、黄金香柳、鸡爪槭等210多种2500多株，建立起珍稀树木基因库。桂花园，种植300株桂花，品种26个。茶花园，嫁接苗木5.33公顷，品种318个。百竹园，种植竹品种106个。标本园，种植木本植物171种、国外木本植物15种。大花园，种植丹桂、榉树、樱花、红花玉兰、乐昌含笑、蜡梅、罗汉松、榆树等60多个树种2000多株，杜鹃等花卉小苗10多万株，铺草皮约2公顷，培育花卉4万盆，有孔雀草、万寿菊、夏堇、彩叶草、百日菊、千日红、四季秋海棠、鸡冠花、向日葵、碧冬茄等32个品种。基地布局合理，分类有序，四季风景如画，步换景移，鸟语花香。还制作410块树种和花卉标牌，介绍名称和类别等，制作30块植物文化样牌，介绍植物文化背景。2015年10月1日，永州森林植物园正式开园并免费游览，高峰期参观者上万人次。

（三）永州异蛇科普基地

该基地位于潇水西岸、零陵区朝阳办事处境内，距零陵古城 1.5 公里。始建于 2009 年，面积 53.33 公顷；有蛇类标本馆、蛇产品综合利用馆、蛇毒研究利用馆，面积 2688 平方米；有实体标本 32 类，展出模型 12 个，蛇类养殖场一间，养殖活蛇 2 万条；展柜 26 组，展板 19 块，科普仪器 36 台。基地内的永州异蛇生物研究所有技术研究人员 6 名，聘请广州医科大学蛇毒研究所孔天翰博士等专家、教授为技术顾问，主要从事蛇毒提取、有效成分纯化及相关生物制品的研发。至 2015 年，该基地已成功承办“第二十二届国家蛇类养殖蛇产品加工技术交流会”，举办农民蛇类养殖班一期。2010 年，被省科技厅、市科技局认定为省、市科普基地。先后成为“国家级星火计划项目基地”，国家中药材蕲蛇、乌梢蛇人工繁育与产业化基地，湖南科技学院、永州职业技术学院学生实习基地等。

（四）金洞森林生态科普基地

该基地位于金洞管理区内。占地面积 21.33 公顷，有木本植物种类 91 科 568 种，种植有大量闽楠、银杏、枫香、华南五针松等珍贵树种。基地内建有金洞森林生态馆，占地面积近 500 平方米，设有规划厅、资源厅、科普厅、产业厅。配备有生态互动影像、声光等多媒体，展示各类图片数百幅；收藏各类标本 386 种 1563 件。植物标本有红豆杉、银杏、紫檀、楠木等国家一级、二级保护植物；动物标本有野猪、巨蜥、黄鼬、刺猬、红腹锦鸡等珍稀品种；馆藏有硅化木、三叶虫、贝壳等古生物化石和矿石标本 20 余件。通过运用多媒体触控影像技术，增加参与互动，丰富科普性与游览性。定期免费面向社会开放，生态科普馆每天接待参观者近 200 人次。2015 年，被市科技局、省科技厅认定为市、省两级科普基地。

2015 年 12 月，市政协副主席、市科技局局长封金祥（左）为金洞森林生态科普基地授牌

（五）东安舜皇山国家级自然保护区科普宣教馆

该馆设于东安一中校园内。珍藏有 375 种东安蝴蝶标本，约占全国已知蝶种的 1/4，其中，湘南荫眼蝶、舜皇环峡蝶、东安燕灰蝶、娥皇翠蛱蝶、周氏何华灰蝶等 7 个新种和 3 个未知待定新种为永州所特有。2016 年，被列为国家科普教育基地。

（六）永州都庞岭国家级自然保护区科普宣教馆

该馆位于江永县高泽源分局大远保护管理站内，2008 年 7 月建成。面积为 823.50 平方米，包括动物、植物标本陈列室、资料管理室等。馆内收藏有永州及其它地区极为珍稀动物、植物、矿物及菌类等标本 970 余种。每年参观者上万人次。

第三节　青少年科普活动

青少年科普活动是在中小学生中开展的各类科技创新活动，内容包括竞赛和展示两个系列。最具规模和影响力的有青少年科技创新大赛、青少年机器人竞赛，由科协、教育局、共青团等单位共同组织。青少年科普活动旨在培养青少年的创新精神和实践能力，提高科技素养和技能，推动科技教育事业的普及与发展。

一、青少年科技创新大赛

1995 年 5 月，在全国开展的青少年科技传播活动中，永州市举办“青少年与世纪同行”科技作品展，展出中小学生 1000 多幅作品。

1996 年，市科协、市教委联合举办永州市青少年发明创造比赛即永州市第一届青少年科技创新大赛。评选出 20 件作品参加省第 14 届青少年发明创造比赛，获省二等奖 2 件、三等奖 6 件。

1998 年 2 月，举办市第二届青少年科技发明创造比赛和科学讨论会。参赛作品 28 件、论文 21 篇，评选出优秀作品一等奖 6 件、二等奖 8 件、三等奖 8 件，优秀论文一等奖 4 篇、二等奖 6 篇、三等奖 7 篇。

2000 年 4 月，举办市第三届青少年科技创新大赛。参赛作品 262 件，评选出科技创新发明一等奖 12 件、二等奖 20 件、三等奖 25 件，科幻绘画一等奖 7 件、二等奖 13 件、三等奖 34 件，小论文一等奖 8 件、二等奖 9 件、三等奖 51 件，创新方案一等奖 6 件、二等奖 9 件、三等奖 19 件。推选 39 件参加省十六届青少年科技创新大赛，获一等奖 9 件、二等奖 6 件、三等奖 24 件。

2001 年 5 月，举办市第四届青少年科技创新大赛。参赛作品 106 件，评选出科技创新作品一等奖 12 件、二等奖 25 件、三等奖 41 件。选送参加省第六届青少年生物和环境科学实践评比，获一等奖 2 件、二等奖 3 件、三等奖 7 件。

2002 年 4 月，举办市第五届青少年科技创新大赛。推荐优秀作品参加省第二十三届青少年科技创新大赛，获优秀作品一等奖 13 件、二等奖 3 件，科幻绘画一等奖

9件。

2003年始，由市科协牵头，市教育局、市科技局、团市委等联合举办市第七届青少年科技创新大赛。评选出科技创新大赛奖项32件，推荐参加省第二十四届青少年科技创新大赛，获优秀作品二等奖7件、三等奖9件，科技实践活动二等奖1件、三等奖3件，科幻绘画一等奖1幅、二等奖2幅、三等奖5幅。

2004年，举办市第八届青少年科技创新大赛。参赛作品265件，评选出一等奖33件。推荐优秀作品参加省第二十五届青少年创新大赛，获一等奖3件、二等奖11件、三等奖11件。

2005年，举办市第九届青少年科技创新大赛。参赛作品346件，评出项目类一等奖21件、科幻绘画类一等奖13件。推荐优秀作品参加第二十六届省青少年科技创新大赛，获一等奖3件、二等奖6件、三等奖19件。

2006年，举办市第十届青少年科技创新大赛。参赛作品520余件，评选出优秀作品一等奖21件、二等奖46件，优秀科幻绘画作品一等奖10件、二等奖34件；评出优秀组织奖4个、优秀科技教师3名。推荐优秀作品参加第二十七届省青少年科技创新大赛，获一等奖1件、二等奖4件，优秀科技实践活动一等奖1件，优秀科幻绘画一等奖1幅、二等奖1幅。经省科技创新大赛组委会推荐参加第二十一届全国青少年科技创新大赛，江永县一小周佩同学创作的科幻绘画《智能章鱼　血管医生》获全国一等奖。

2007年，举办市第十一届青少年科技创新大赛。参赛作品520件，评出一等奖32件。推荐优秀作品参加省第二十八届青少年科技创新大赛，获一等奖2件、二等奖11件、三等奖19件。

2008年，举办市第十二届青少年科技创新大赛。参赛作品512件，评出优秀项目、科技活动一等奖25件、二等奖41件、三等奖57件；优秀科幻绘画作品一等奖9幅、二等奖40幅、三等奖58幅，优秀组织奖4个和优秀科技教师4名。推荐优秀作品参加第二十九届省青少年科技创新大赛，获一等奖1件、二等奖13件、三等奖15件。

2009年，举办市第十三届青少年科技创新大赛。参赛作品369件，评出一等奖30件、二等奖99件、三等奖209件。推荐优秀作品参加第三十届省青少年科技创新大赛，获一等奖4件、二等奖9件、三等奖16件。经省科协推荐，新田县骥村中心学校学生唐正午的《矿难救生器》获第二十四届全国青少年科技创新大赛一等奖。

2010年，举办市第十四届青少年科技创新大赛。参赛作品400余件，评出一等奖作品33件，推荐优秀作品参加第三十一届湖南省青少年科技创新大赛，获二等奖8件、三等奖23件。

2011年，举办市第十五届青少年科技创新大赛。参赛作品300余件，评选出一等奖作品 36 件，推荐优秀作品参加第三十二届省青少年科技创新大赛，获一等奖 1 件、二等奖 9 件、三等奖 20 件。

2012 年，举办市第十六届青少年科技创新大赛。评选出优秀科技作品一等奖 27 件、二等奖 39 件、三等奖 61 件，科幻绘画类一等奖 10 件、二等奖 42 件、三等奖 71 件，教师优秀作品 6 件。其中 6 件作品在第三十三届省青少年科技创新大赛中获一等奖。

2013 年，举办市第十七届青少年科技创新大赛。参赛作品 2018 件，推荐优秀作品参加第三十四届省青少年科技创新大赛，获一等奖 6 件、二等奖 14 件，市科协获湖南省青少年科技创新大赛优秀组织奖。

2014 年，举办市第十八届青少年科技创新大赛。参赛作品 386 件，评选出一等奖 87 件、二等奖 67 件。推荐优秀作品参加第三十五届省青少年科技创新大赛，获一等奖 5 件、二等奖 9 件、三等奖 19 件。

2015 年，举办市第十九届青少年科技创新大赛。评出学生组创新作品一等奖 23 件、二等奖 33 件、三等奖 49 件；科技实践活动一等奖 12 件、二等奖 13 件、三等奖 18 件，科幻绘画作品一等奖 50 件、二等奖 55 件、三等奖 76 件，教师组作品一等奖 10 件、二等奖 5 件、三等奖 11 件，优秀科技教师 10 名。推荐优秀作品参加省第三十六届青少年科技创新大赛，获一等奖 8 件、二等奖 11 件、三等奖 27 件，其中 6 件被省大赛组委会推荐参加全国青少年科技创新作品大赛。

二、青少年机器人竞赛

2008 年，市科协、市教育局组队参加第八届中国青少年机器人竞赛湖南省联赛，参赛的 3 支市级代表队获一等奖 2 项、二等奖 2 项、三等奖 3 项，其中，道县五中队的“机器人灭火”、市六中二队的“机器人足球”获省一等奖，并被选送参加中国青少年机器人大赛。

2009 年，组队参加省中小学机器人竞赛，获省一等奖 1 项、二等奖 1 项、三等奖 5 项。

2011 年，选送市六中代表队和道县敦颐中学代表队组成永州代表队，参加省中小学机器人竞赛，获二等奖 1 项、三等奖 2 项。

2014 年，组织全市 16 支代表队参加省第七届青少年机器人大赛，获一等奖 2 项、二等奖 2 项、三等奖 5 项，永州职业技术学院附属小学队获优秀组织奖。

2015 年，组织参加省第八届青少年机器人大赛，永州参赛队获银牌奖 4 项、铜牌奖 4 项。

三、青少年科技活动示范基地建设

1997 年，市科协启动青少年科技活动示范基地建设。永州市一中青少年科技活动示范基地、冷水滩一小科技活动示范基地相继落成。此后，市科协先后培育和建设一批青少年科技活动示范基地。2005 年，零陵区富家桥镇中学被省科协授牌为湖南省青少年科技教育基地。2009 年，永州市六中、道县五中被省科协认定为省级青少年科技教育示范基地。

2008—2015 年，永州职业技术学院附属学校、永州市八中、祁阳县民生学校、双牌县一中、双牌职业技术学校、双牌三小、东安县一中、道县六中 8 所学校被评定为省防震减灾科普学校。

2009 年 5 月，永州市第八中学举行永州市防震减灾知识产权科普示范学校揭牌仪式

2014 年，零陵区黄田铺中学、东安县水岭中学被省气象局、省科协联合认定为湖南省气象科普示范学校。

第五章　工业科技

境内工业起步较早，20 世纪 50—70 年代，以机械制造为标志的工业体系初步形成。跃进机械厂、东升机械厂、建华机械厂、7319 工厂、中南药械厂、零陵汽车修配厂、轻工机械厂、零陵水电设备厂、通用机械厂、祁阳县浯溪机器总厂、祁阳电机厂等一批国有大中型机械制造企业陆续建成并投产，引进先进工艺和技术，不断研发新产品，取得了一大批科研成果。80 年代至 90 年代中期，境内造纸、印刷、皮革、水泥、玻璃、制药、农副产品加工、小水电设备等形成了门类齐全的产业链，轻工业有 21 个产品进入国际市场和获得地级以上科技成果 94 项。1996—2005 年，随着经济体制改革深入，特别是推进产权制度改革和调整工业布局，永州突出“一台车、一包烟、一张纸”（猎豹汽车、零陵卷烟、零陵造纸），初步形成汽车、卷烟、制药、食品、建材、冶金、造纸等支柱产业，新技术研发和应用力度加大。同一时期，民营科技企业快速发展，成为科技创新主体。1999 年，永州时新电子有限公司被省科技厅认定为境内第一家高新技术企业。2006—2010 年，按照市委、市政府“工业兴市”战略布署，推进新型工业化建设，调整优化工业结构，着力培育壮大农产品加工、机械制造、矿产品加工、清洁能源和再生资源利用、外向型加工贸易五大集群，汽车、卷烟、造纸、食品、制药、冶金、建材等支柱产业的研发能力大幅提升。2010—2015 年，实施新型工业化战略，加快工业园区和信息化建设，高新技术不断得到应用，先进机械制造、生物制药、电子信息、新材料、新能源及再生资源等新型产业呈加快发展态势，高新技术企业有了较快发展。至 2015 年年底，全市累计认定高新技术企业 134 家。高新技术产值由 2002 年的 2.50 亿元增至 2015 年的 101 亿元，为永州工业发展提供有力支撑。

第一节　机械工业

20 世纪 40 年代，境内机械制造业开始起步。50—70 年代，主要产品有车床、电机、柴油机、发电机组、造纸设备、制药设备等，少数产品进入国际市场。至 1990 年，主要国营生产行业有农机、金属加工、矿山、工程、粮油加工、制药、电机、发电及输配变电和智能装备等，取得了一批科技成果，少数科研项目和成果在全国处于领先地位。90年代中期，多数中小型国有生产企业实行“两个置换”（国有产权置换、职工身份置换）或破产，生产处于停产或半停产状态，科技成果较少。2000年后，长丰汽车股份有限公司、湖南科力电机股份有限公司、湖南零陵恒远发电设备有限公司、祁阳宇晖机电实业有限公司、市鑫东森机械装备有限公司、市亿达自动化机械有限公司等一批不同所有制成分的机械制造企业快速发展，并重视科研开发，引进新技术新工艺，在汽车、发电机组、电机、矿山机械等方面取得一批科技成果和专利技术。

一、矿山与通用机械

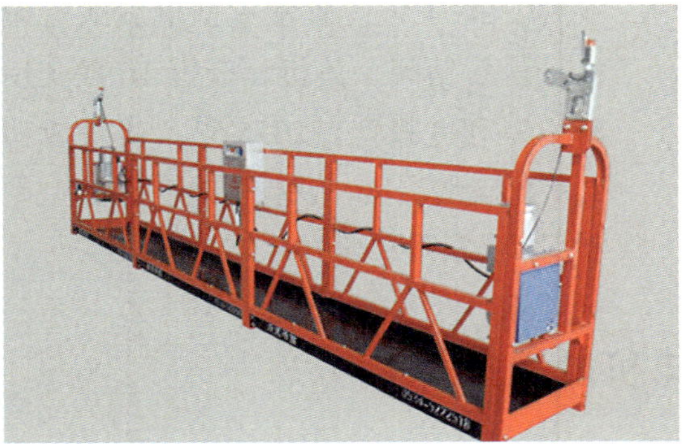

1995年，湖南省跃进机械厂研制的高处作业电动吊篮

1993—1995年，湖南省跃进机械厂冯文有、周怡楚等人，成功研制ZLO系列高处作业吊篮。该吊篮是高大建筑物外表装（维）修施工设备，比传统施工用具脚手架具有安全、装卸方便、操作简单、效率高、费用低等优点，产品性能达国际90年代同类产品水平，国内领先，填补省内空白。产品获1998年度省科技进步三等奖。

2004—2007年，祁阳丰达机电有限公司陶宗胜、崔麒麟等人，研制出YF系列热风机，解决了轴承高温、漏油、卡死、烧坏电机的难题，产品质量显著提高。

2006—2008年，祁阳宇晖机电实业有限公司谢宇、张均禹等人，成功研发高效节能低速碾压式破碎机，运用低速层压碾切破碎和动静结合原理，在电机低速运转状态下，使物料相互挤压、碾切破碎，比传统破碎机节能40%，提高效率25%，耐磨件使用寿命延长2～4倍。2011—2013年，成功研制高效节能型中压辊压制砂机，能在中等强度压力作用下，使物料之间形成料床相互挤压破碎，比传统制砂机节能40%以上，提高效率50%以上，其设计和制造属国内首创，获两项国家专利。

2013年，祁阳宇晖机电实业有限公司研制的高效节能型中压辊压制砂机

2008年，湖南龙昶机械工程有限公

司成立，落户新田县工业园，从事大、中型矿山设备、环保除尘设备和输送设备的研发、设计、制造。2010—2011年，获国家专利20多项。

2011年，永州市亿达自动化机械有限公司成立并落户宁远县十里铺工业园，从事智能自动化机械手、高精密机械零部件等产品研发、制造，与中南大学信息与科学工程学院进行产学研合作。到2013年，获国家专利29项。

2012年，永州市鑫东森机械装备有限公司研发的全液压凿岩一体钻机

2012年，永州市鑫东森机械装备有限公司成立并落户冷水滩区高溪市镇甄家冲村。当年成功研发全液压凿岩一体钻机并投产，获得7项国家实用新型专利。2014年，研发重型机载式劈裂机、岩石钻裂一体机，获得16项实用新型专利并投产。2015年，研发成功二氧化碳气爆器，获得5项实用新型专利、1项发明专利。

二、电机与机电设备

1987年，湖南省跃进机械厂通过引进技术和科技攻关，研发出具有世界先进水平的盘式制动电机、盘式电机变压器油泵两大系列民品，填补国内空白。1991年，该电机和油泵分别荣获全国新产品新技术展示会银奖、金奖，被国务院列为1992年度国家级重点新产品试产项目，变压器油泵被评为湖南省名牌产品。是年，获中国专利技术新产品博览会银奖，两大系列产品发展到150余种规格型号，以此派生的高处作业电动吊篮、环链葫芦、三合一减速机、冷却风扇、电力机车油泵、洗衣机直驱系统等系列民用产品初具规模，畅销国内，部分产品远销日本、韩国、乌克兰、新加坡等国家和中国香港、台湾地区。1989—1990年，该厂吴功清、王华伟等人，研发YPE三相异步盘式制动电动机系列产品，填补国内空白，以替代进口产品，并负责编制企业标准、湖南省地方标准和机电部专业标准，获1992年度省科技进步二等奖。同期，“YHPE系列环链电动葫芦用盘式制动电动机”的研发，其全自动定、转子铁芯冲卷机冲卷工艺技术为国内首创，获

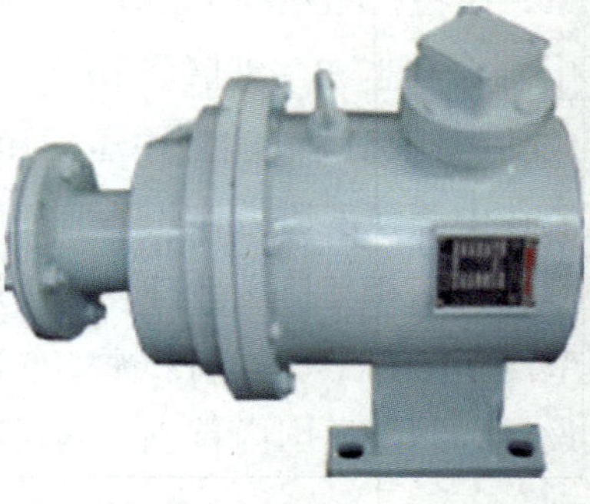

1992年，湖南省跃进机械厂研制的电力机车油泵

得 1996 年度省科技进步二等奖；“盘式电机系列产品研制开发”技术成果获 1998 年度国家科技进步三等奖。

1993—1994 年，祁阳县通用电机厂曾海军、何安德等人，成功研发 YZU 系列振动源三相异步电动机。该电机采用整体式球墨铸铁机体，选用专用重型轴承，选择电机定转子间的空气隙和电磁参数，提高产品精度和安全性，在效率、噪音、功率因素、过载能力、机械强度等方面优于国内同类产品。20 世纪 90 年代末，湖南黎海微电机有限公司聂葆生、柏安民等人，成功研发“低噪音高效罩极电机”，其技术达国内领先水平，获得 2000 年度市科技进步一等奖。2003—2006 年，湖南科力电机股份有限公司聂葆生、邓志远等人，研发混合式步进电机，设计的定子、转子结构合理，工艺先进，步距精度高，并优化设计电磁曲线，有效改善和提高电机的电气性能，其中 42BYG、57BYG 两款产品整体性能达到国外同类产品水平，部分指标优于国外产品，研究成果处国内领先水平。

2000 年，湖南科力电机股份有限公司研制的噪音高效罩极电机

2009—2010 年，湖南跃进机电有限公司张平、夏迎春等人，成功研发 7200 千瓦电力机车变压器盘式油泵，采用机电一体化离心泵结构设计和带安装脚立式安装，具有抗冲击和防震性强、耐压等级高、运转平稳、噪音低、无渗漏、易维护、使用寿命长等优点，技术水平国内领先，替代进口同类产品。

三、电工产品

1989—1991 年，祁阳医疗器械厂赵志生、唐修梅等人，采用先进的电子半导体电路，结合电工变压器原理研发成功多功能电焊机。该机具有电弧焊、碳阻焊、点焊、电阻焊等功能，能用于多种金属焊接；电流无级调节，大件小件均可焊接。

1998—2000 年，祁阳变压器厂陈安信、唐续义等人，采用新型导磁材料及部分其他新构件、新工艺研制出新 S9 系列配电变压器，节能效果明显，成为电力系统电网改造优先选用的更新换代产品。

四、机械基础件

2010—2011 年，湖南零陵恒远发电设备有限公司郭远军、蔡保乐等人，引进国外“消失模铸造”新工艺替代传统铸造工艺，提高了生产铸件成品率，减少加工余量，技术达国内领先水平，投产第一年生产铸件 1 万多吨，用于出口水轮机产品。

五、发电设备

1992—1993 年，零陵水电设备总厂郑会松、黄冬等人，采用双层蜗壳专利技术和两支点新结构，完成新型水轮发电机组研发，并具有出力大、效率高、自动化程度高等特点，填补省内空白，技术处国内先进水平，产品出口伊朗等国。

2007—2012 年，湖南零陵恒远发电设备有限公司郭远军、蔡保乐等人，成功研发卧式两支点高转速大容量混流式水轮发电机组，采用卧式安装结构、滑动轴承外循环润滑油水冷却系统，解决高转速机组轴承散热难题，产品运行稳定，操作维修方便，成果达国际先进水平，获 2012 年度市科技进步一等奖。这一时期，出口美国的 4000 千瓦卧式冲击式水轮发电机组，获联合国 TIPS 中国分部颁发的“发明创新科技之星奖”；出口越南念银电站的卧式两支点混流式水轮发电机组，技术成果达到国际先进水平，填补国内空白；出口泰国帕萨科电站的轴伸贯流式水轮发电机组是科技部 2011 年度国际合作技术项目。

2012 年 10 月，湖南零陵恒远发电设备有限公司研制的卧式两支点高转速大容量混流式水轮发电机组

六、其他机械设备

1987—1990 年，中南制药机械二厂江志良、王业洲等人，成功研制 BXSZI/20 型安瓿洗干灌封联动机组。该机组具有自动平衡、自动控温、自动记录、自动报警、故障显示功能和微机控制装置，实现人机一体化，国产化率达 98%，其主要技术参数、性能达国外同类机水准，可替代进口产品，获 1993 年度省科技进步三等奖。

1999 年，祁阳县楚天机电有限公司自主开发的 DGF/8 液体灌装机获三项国家专利，当年被认定为省高新技术产品，获省高新技术产业发展引导资金 200 万元资助。

2008—2009 年，湖南省天龙米业有限公司罗济民、罗拥军开展干式三段熟米粉设备研究。该设备有效地解决稻米加工普遍存在的晚籼稻及优质稻碎米由于支链淀粉含量高、黏性大而利用率低的问题，技术属国内首创，获国家实用新型专利。

2010—2012 年，新田县远征机械有限公司刘峰晖成功研发双液压系统烟叶称重打包法及烟叶称重打包机，解决国内制烟工业生产中普遍存在的烟叶称重不准确、打包力小、速度慢等缺陷，可提高称重系统的使用寿命，产品覆盖湘、粤、赣、桂等省区。获多项国家发明专利。

第二节　电子信息工业

境内电子信息工业起步于 20 世纪 60 年代，但发展缓慢。至 1991 年年底，只有地区无线电厂、新田县无线电厂及港商独资的永州必达通讯科技有限公司 3 家生产企业。全区电子工业产值 621 万元，职工 308 人，主要产品有励磁机、电话单机、氮肥造气自控机、五用电焊机、应急电源、通信线材、LED 照明灯、家用小电器等。2000 年，新田县无线电厂实行“两个置换”；零陵无线电厂实行租赁经营，电话机生产线全面停产，只生产励磁机。全市电子产品产值只有 199 万元。进入 21 世纪，境内承接沿海地区产业转移，大批高科技电子企业先后落户永州，以研发技术和产品加工为主，电子产业进入快速发展期。

1995—1999 年，市时新电子有限公司陈春、邹敬光等人，成功研发汽车电子智能监控装置，解决长期困扰汽车使用中电磁继电器、保险丝易损难题，比传统产品安全可靠、使用寿命长、容易检修维护。技术水平处国内领先，申请国家专利 2 项，2002 年被认定为高新技术产品。

2000—2001 年，祁阳县人民电站肖国平、桂富生等人，对小型水电站直流控制保护跳闸操作电源作技术研究，较好地解决小型电站保护跳闸电源电压降低，保护装置拒动，严重危及电站安全的问题，技术成果填补国内空白。

2002 年，冷水滩电线电缆有限公司电缆生产车间

2001—2002 年，冷水滩电线电缆有限公司胡安根、曾兴军等人，开展

“电缆分配系统用泡沫乙烯绝缘同轴电缆”研发；采用新工艺和新材料，比同类产品抗拉强度大、抗干扰性能强、生产无污染，技术处国内同类产品领先水平，获2002年度市科技进步一等奖。永州九天自动化有限公司李孝平、成鹏飞研发“JT系列汽车智能数码仪表总成”，获得2002年度市科技进步一等奖。永州仁和高新技术有限公司姜政鹏、王连强等人，研制“ENHSMD01台区综合管理屏”，获2003年度市科技进步一等奖。

2003—2015年，全市重视招商引资和工业园区建设，冷水滩、零陵、道县、祁阳、宁远、蓝山、东安7县区有大批台湾、香港和沿海地区的电子企业落户，电子信息产品和技术更新换代加快，有的技术达到国内领先水平。台湾德利电子有限公司、香港创意电子模具有限公司、永州捷宝电讯塑胶五金有限公司、湖南中宽通信电子信息网络发展有限公司、道县晶石电子科技有限公司、湖南科利尔环保科技有限公司、湖南奥盟电器有限公司等在道县工业园落户，主要生产电子信息产品、计算机硬软件技术开发等。其中湖南科利尔环保科技有限公司主要从事智能空气净化机研发、生产及销售，拥有国家发明、实用新型专利30多项。湖南奥盟电器有限公司蒋海波等人研发的红外遥控微功耗待机节能插座、人体感应节能防触电插座，设计有人体感应电路、检测开关、继电器输出电路和电源电路等，技术居国内领先水平，获国家发明专利1项和2014年度市技术发明三等奖。

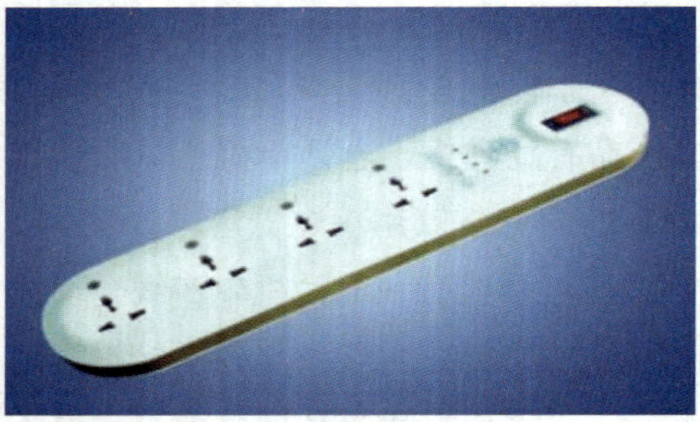

2015年，湖南奥盟电器有限公司研发的人体感应节能防触电插座

永州市创辉光电科技有限公司于2008年落户东安县白牙市工业园，主要研发生产汽车防盗器、电工电器、开关电源及生活照明节能LED灯系列产品，拥有14项发明专利。

湖南美星光电科技有限公司于2009年落户祁阳县工业园，主要研发生产LED产品、广告光源以及SMD灯珠封装系列。该公司刘汉平、邓伟等人，研发高亮度混合型发光二极管封装技术，用荧光粉涂覆新技术和封装新工艺，使荧光粉亮度提高40%~50%，发光效率提高5%~10%，获国家发明专利1项和2015年度市科技发明一等奖。

2010—2013年，永州市福星电子科技有限公司、永州市达福鑫显示技术有限责任公司、永州市新辉开科技有限责任公司、湖南省新辉开光学电子有限公司、永州市福源光学技术有限公司等企业入驻冷水滩达福鑫电子信息产业园。其中永州市达福鑫显示技术有限责任公司以研发生产液晶平板显示器为主，是湖南省内第一家生产投射式电容触摸屏的企业，其他企业主要从事通信，电子、汽车电子配件、液晶显示器等产品研发和生产。2014 年，永州市耀恒鑫电子科技有限公司加入，以研发集成电路芯片为主。

2012 年，永州市键特科技有限公司落户双牌县工业园，有 LED 生产线 6 条、线材生产线 8 条、发明和实用新型专利 5 件，技术和产品居国内领先水平。

2015 年，位于零陵区河西工业园的湖南德福隆科技有限责任公司，主要研发电子触摸屏

2014 年，市科技局引进湖南德福隆科技有限责任公司落户零陵区河西工业园，主要研发电子触摸屏，产品为各类电容式触控面板，应用于一体电脑、平板电脑、工控设备、仪器仪表、数码产品、无人机摇控器等，技术达国内领先水平。

第三节　轻工业

20 世纪 50—80 年代，境内轻工行业依托资源优势，引进先进工艺、技术改造传统产业，逐步建立形成了造纸、印刷、皮革、制鞋、纺织、印染、服装、玻璃、制药、制酒及农副产品加工等门类的轻工体系。1995—2000 年，因经营管理体制改革、环境污染、淘汰落后产能和市场竞争加剧等因素，冷水滩内衣厂、永州市皮革厂、湘南罐头厂、冷水滩区羽绒厂等国有、集体企业相继停产，造纸企业除冷水滩造纸厂外全部被关停。1993—2015 年，以永州市罐头食品有限公司、湖南熙可食品有限公司、湖南省天龙米业有限公司、湖南银光粮油股份有限公司、湖南金浩茶油股份有限公司为代表的民营企业先后建立并快速发展，引进新工艺和先进生产线，研发新产品，多项技术成果获国家专利和省、市级科技成果奖，轻工业得以恢复和快速发展。至 2015 年，全市有规模以上轻工企业 470 家，其中县（区）属 128 家，产值过亿元企业 62 家。

一、食品加工

境内粮食作物、油料作物、水果蔬菜等农产品资源丰富，是湖南重要的农产品基地，食品加工历史悠久。为将资源优势转化为商品优势，食品加工企业重视技术研发，不断提高食品加工技术水平，取得大批科技成果和专利技术。1992—2015 年，获得市级以上奖励的科技成果 29 项，其中，科技进步奖 22 项，科技发明奖 7 项；国家级奖 1 项，省级奖 6 项，市级奖 22 项。

（一）粮油加工

1990 年，境内粮食加工以稻米加工为主。具有现代加工设备和生产技术的粮油加工企业 19 家，其中地区五一米厂年加工能力 4 万吨，机械化程度较高。1992 年，湖南省天龙米业有限公司成立，随后湖南银光粮油股份有限公司、湖南湘君面业有限公司、湖南湘妹食品有限公司、湖南千千农业有限公司、湖南舜蓝农业科技开发有限公司、湖南七里香米业有限公司、湖南味百信粮油有限公司、市华利工贸有限公司、湖南金浩茶油股份有限公司、湖南林之神林韵油茶科技发展有限公司等一批上规模的民营粮油加工企业先后建立，新设备应用、技术工艺研究和新产品开发增多。

2015 年，湖南湘妹食品有限公司厂区

稻米加工　针对国内大米生产工艺、技术低端，高档大米市场被泰国米挤占的现状，20 世纪 90 年代末至 2007 年，湖南省天龙米业有限公司罗济民等人选用新型机具及在线风冷抛光、PIC 数控生产、紫外线照射等项新技术，建成年产 3 万吨高档米的生产线，获两项国家发明专利，加工技术处国内先进水平。同时推广种植“天龙香 3 号”“天龙香 103 号”优质稻新品种。2003 年，“天龙”系列高档精米技术开发，获市科技进步一等奖，“超泰米”技术开发获 2008 年度市科技进步一等奖。

2006—2011 年，市华利工贸有限公司尹新利等人应用生物酶发酵新技术取代传统工艺，自主研发补偿式米粉计量装置和米粉挤压用喂料设备，实现米粉自动化生产，产品质量好，环保安全，获国家发明专利 1 项、实用新型专利 3 项。2012—2013 年，开展干米粉生产关键技术研究，采取湿法工艺研磨，太阳能烘干机和热泵干燥技术，

2014 年，永州市华利工贸有限公司米粉自动化生产车间

提高了米粉膨化品质，成品复水性好，申请国家发明专利 1 项、实用新型专利 2 项。2013—2014 年，研发鲜湿粉生产关键技术，成功开发温湿度控制、鲜湿米粉泡粉和传输新技术，有效防止米粉断裂、堵塞和溢出，产品质量和产量大幅提升，获发明专利 2 项、实用新型专利 3 项，带动生产基地农民增收 2000 万元，解决 100 人就业。该技术获 2015 年度市技术发明二等奖。

2012—2014 年，湖南湘妹食品有限公司周太平、周继灵等人，采用糯米低温磕制、常温膨化和水磨等技术，在保持糯米天然营养成分基础上，改变原料配方，成功研发水磨糯米粉。该产品获国家专利 1 项和 2014 年度市技术发明三等奖。同期，湖南味百信粮油有限公司龙锋、李刚等人，开展高效型大米生产技术集成研究及应用，设计出稻谷入库分配、加工磁选、自动晾米、抛光筛分、粉尘沉降装置，提高生产效率，减少粉尘污染。

红薯加工　2007—2009 年，湖南天圣有机农业有限公司李拥军、石柱新等人，研发出“红薯淀粉生产及其薯渣处理工艺”“红薯淀粉加工和薯渣处理二合一生产工艺”，自行设计红薯淀粉全自动生产线一条，实现红薯淀粉的高效分离，并建立环保生产薯类块茎淀粉的技术工艺流程体系，解决薯类加工废水污染难题，效益显著；技术成果居国内同类研究领先水平。“红薯淀粉生产及其薯渣处理工艺”技术成果获 2009 年度市科技进步一等奖。

小麦加工　2012—2013 年，湖南湘君面业有限公司何日繁、李进英等人，针对国内小麦加工优质粉出粉率低问题，研究提高精粉率的面粉加工方法，采用调整筛理工艺、加密筛绢、按流量调整配粉管道等新技术，精粉出粉率由平均 48%提高至 55%以上，技术国内领先，获国家发明专利 1 项和 2015 年度市技术发明三等奖。

茶籽油加工　1996—2002 年，湖南金浩植物油有限公司与湖南农业大学合作，研发茶籽色拉油及系列产品，采取连续脱胶、脱酸、分离、水洗、干燥、脱色、脱臭、冬化等系列新工艺技术，生产的茶籽色拉油质量达到国际标准，获国家专利 4 项和 2004 年度市科技进步一等奖。

2005—2006 年，湖南金浩茶油股份有限公司组织科技人员开展科技攻关，研制出

2005 年，湖南金浩茶油股份有限公司茶籽油、茶油连续精炼车间

新型结构的低温螺旋榨油机，形成“茶籽剥壳—低温压榨—特种油过滤器过滤”冷榨新工艺，保留了油中生理活性物质，提升产品品质和品相。2007—2008 年，引进万吨茶籽油连续精炼生产设备及脱胶脱酸精炼新工艺，开发生产贡品茶油、野生茶油等 18 个规格的系列高档精炼茶籽油产品，形成年产优质精炼压榨茶籽油 1.60 万吨的生产能力，经济社会效益明显。2009—2011 年，改进油茶籽毛油精炼工艺，解决了传统法炼油回色、胶质、茶皂素、脂肪酸等杂质脱除等难题，获国家发明专利 1 项和 2011 年度市技术发明二等奖。2011—2012 年，运用亚临界低温低压技术提取茶油，获国家专利 1 项，技术成果处国内领先水平。2012—2015 年，成功研发油茶籽油脱蜡新工艺，解决常规工艺提炼茶籽油存在的蜡含量高、低温易发蒙结冻的难题，提高了出油率和产品质量，技术成果处国内领先水平，获国家发明专利和 2015 年度市技术发明二等奖。

2006—2011 年，湖南科技学院李治章、管天球等人，采用新工艺技术除去茶油中的脂肪酸、磷酸、胶质、蜡、色素和异味等，使油茶产品更富营养和卫生，适合于人体健康和发达国家烹饪食用要求，产品质量达到美国 FDA 标准，研究成果处国内领先水平，获 2009 年度省科技进步三等奖。同期进行化妆品专用茶油及其应用研究，开发出茶油系列化妆品 5 个产品，各项指标达到或优于国家标准，获 2012 年度省科技进步二等奖。

2012—2014 年，湖南大自然制药有限公司李文东、李春梅等人，开展高品质茶油制备方法研究，采用低温冷榨、碱炼脱皂、水洗脱胶、白土脱色、高温除臭等新工艺，成功制备出适合老年养生、孕妇食用的高品质茶油，工艺新颖、操作简便，技术处国内领先水平，获国家发明专利。2013—2015 年，该公司与湖南科技学院联合开展富硒茶油制备方法的研发，形成一套富硒茶油制备新工艺，技术成果处国内领先水平，获国家专利 1 项。

（二）果蔬、肉类和茶品加工

果蔬加工　1993 年，湖南万利食品工业集团公司廖明海、李初德等人，以当地产优质新鲜花生为主要原料，采用国际最新的“原料预处理—调配—灌装—封罐—杀菌—包装—出厂”工艺流程，研制出天然食品饮料“花生奶”，含有植物蛋白及多种人体所需的微量元素，香味浓郁，口感纯正，技术和产品填补国内空白。

1996 年，江华民族食品罐头厂研发的芙蓉珍珠椒罐头

1987—1996 年，江华民族食品罐头厂与湖南农业大学、省山区开发中心联合研发芙蓉珍珠椒罐头。以瑶山独有的珍珠椒为原料，采用新配方和工艺酿制而成，产品色泽鲜艳，营养丰富，风味独特，填补国内空白，分别获 1996 年度省科技进步四等奖、第五届中国新技术新产品博览会金奖和湖南省第三届农博会金奖。

2000—2004 年，湖南熙可食品有限公司、湖南农业大学联合开展柑橘产业化综合技术研究，攻克柑橘罐头加工中的多个技术难题，取得发明专利 2 项，制定产品标准 8 个，柑橘白兰地、橘瓣罐头、柑橘浓缩汁等生产技术居国内领先水平，同时筛选出“尾张”等罐头加工柑橘品种和黄皮酸橙等制汁品种，获 2004 年度省科技进步一等奖。2000—2006 年，该公司参与湖南省柑桔技术中心的“柑橘加工技术研究与产业化开发”项目，研发的柑橘酶法脱囊衣技术和抑制白点析出技术，可使罐头生产整瓣率提高到 96%，技术处国际先进水平，获 2006 年度国家科学技术进步二等奖。

2010—2013 年，湖南永康富硒生物科技有限公司钟世安、胡志钢等人，依托中南大学的科技成果，以柑橘类果皮、果渣，香柚次果、青果等为原料，对柑橘类果皮果渣进行利用研究，生产出果胶、香精油、柚黄酮、生物有机肥及果汁、保健食品等产品，获国家发明专利 2 项。

肉类加工 1988 年，湘南食品罐头厂成功研发永州传统名菜“东安鸡”罐头，形成烹制、杀菌、保味、封装等工业化生产“东安鸡罐头”技术。

1999—2004 年，湖南农业大学、湖南万利食品工业集团公司、吉首大学马美湖、高家月、顾仁勇等人，联合开展冷却肉生产技术研究。发明一种高效纯天然复合性保鲜剂，建立减菌化新工艺，攻克护色、汁液流失等技术难题，建立起冷却肉生产质控体系、操作规程及产品质量标准，并在湘、吉、滇等省推广形成规模产业，综合效益显著，获 2006 年度省科技进步三等奖。

2009—2011 年，湖南恒惠食品有限公司和湖南农业大学联合进行冷却猪肉贮运过程微生物预测技术研究，开发出针对冷却肉腐败微生物的预报软件，能快速、准确预测冷却肉贮运过程中和货架期的微生物变化，整体研究居国内先进水平，获得国家发明专利 2 项。另一项肉品生物调控保鲜及骨骼高效利用技术研究，获 2014 年度省技术发明二等奖。

2009 年，永州舜源农业发展有限公司新建标准化种兔养殖基地 3 个、年加工 500 吨兔肉生产线 2 条。九嶷山兔肉休闲系列产品、兔肉辣椒酱等通过国际管理体系认证、食品安全管理体系认证。2010—2014 年，连续获中国中部农副产品博览会金奖和 9 项发明专利，“舜毅”商标被评为湖南省著名商标。

茶品加工　境内茶类有绿茶、白茶、乌龙茶、红茶、黑茶五大类，以绿茶为主。绿茶制作自明代推行炒青制茶法，沿用至今；到 20 世纪末，绿茶、红茶加工主要依靠半自动加工机械。2010 年，市福田茶业有限公司引进绿茶全自动化生产线一条，开创永州自动化生产绿茶历史。

1994—1995 年，东安食用菌技术开发公司吕进、李朝贵等人，以银杏、枸骨叶及灵芝、茯苓等保健植物为原料，研发出保健品太极神茶，含有机黄酮甙、茯苓多糖等人体有益成分，有提神醒脑、生津止渴等保健作用。

1999 年，东安银杏保健茶厂研制生产的“舜峰牌银杏保健茶”获湖南省首届名特优新产品博览会银奖。

2004—2005 年，永州市浯峰茶业有限公司、市林科所刘鑫、柏劲松等人，从鲜叶采摘、制茶机械、堆放方法、炒茶工艺等方面，对浯溪贡茶制作进行研究，形成新制茶工艺，制作出的“浯溪贡茶”形美、色绿、香郁、味甘、无污染，达到国家绿色茶业产品标准。

2009 年，湖南三峰茶业有限公司在蓝山县建有百叠岭 3 个茶园基地，开发生产百叠岭银毫、百叠岭毛尖等产品。“百叠岭”品牌获湖南省著名商标称号。2011 年，有 2 个产品在北京“觉农杯”国际茶业博览会获金奖；“百叠岭银毫”获第八届中国国际茶业博览会金奖。

2009 年，湖南三峰茶业有限公司员工手制“百叠岭”茶

2010 年，湖南自然韵黑茶科技有限公司在祁阳县成立。该公司生产的自然黑韵茶获多项国家发明专利，其中黑茶发酵霉变控制技术是茶行业重大技术突破，产品出口东南亚。

2015 年，获中国最佳有机黑茶品牌“金芽奖”。

2012 年，回龙圩农垦集团公司以永济亭办事处茶叶基地的茶叶为原料，加工铁观音、金观音，开创永州生产乌龙茶先河，并填补永州乌龙茶产品空白。

其他加工　2012—2013 年，蓝山县龙湾三蓝生态园开发有限公司唐成辉，改进传统生产设备和方法，使极具地方特色的快餐食品“蓝山油茶”实现工业化生产。该产品开袋即可冲泡食用，无须煮制，存放保质期长，香糯可口。

（四）酿酒

20 世纪 60—70 年代，境内始用机械工艺酿酒，且颇具规模，主要生产啤酒、米酒和白酒 3 个类型。80 年代，陆续研发出新型酒类，白酒有九嶷山白五加，浓香型九嶷山大曲，宁远大曲、二曲等；以水果为原料酿制的果品酒有中华猕猴桃酒等。90 年代中后期，引进先进生产工艺，制酒水平升级。新开发潇湘白啤酒、金麦啤酒、俊浪红酒等 10 余个品种，枸杞酒、异蛇酒及传统名酒九嶷山白酒、男儿王酒、蓝山黑糊酒等，分别获各级新产品奖、科技创新奖、食品博览会金奖等。

1988—1992 年，江永县酒厂以优质大米、香糯为原料，配以中成药酒曲，采用固态二次发酵、二次蒸馏工艺，成功研发 28 度固态发酵米酒。该产品清亮透明，香气优雅，酒度适中，入口香醇，是低度米香型酒的典型代表。

1992—1995 年，冷水滩市啤酒厂赵燊、唐冬生等人，以小麦为主要原料，经酵母发酵，酿制成功 11 度潇湘白啤，具有蛋白含量高、泡沫性能好、有特殊酯香味的特点，获 1995 年度省优秀新产品奖。

1998 年，双牌县酒厂研制成功以高维果酒为主的系列产品。次年，高维果酒获湖南省优质产品称号。

2003 年，江永县江雄酒业有限公司研发“杞靓牌”枸杞酒，获湖南省新技术新产品交易会科技创新金奖。

2003 年，永州异蛇科技实业有限公司研发的“异蛇王酒”

1996 年，宁远酒厂开发出男儿王酒、舜皇酒等九嶷山白酒系列。2001 年，广东人李国保租赁宁远县酒厂，组建湖南男儿王酒业有限公司，生产 52 度男儿王酒、男儿酒、金男儿酒、永州大曲、舜皇酒、宁远二曲酒等；男儿王酒是以窖藏 10 年以上大曲酒为基础酒，融合传统和现代工艺酿制而成，2008 年获湖南科技创新金奖；2014 年，“九嶷山牌”白酒获湖南省科技创新金奖。

20 世纪 80 年代初，永州人开始养殖和加工异蛇并逐步形成产业，生产技术和产品获多项国家专利。1995 年，永州之野异蛇实业公司、市特种养殖技术研究所研制的“永州异蛇酒”获中国国际新技术新产品博览会金奖；1998 年，其配制方法获中国专利技术博览会金奖；2000 年，被列入国家“星火计划”。2003 年，市异蛇科技实业有限公司生产的“异蛇王酒”获湖南省农博会金奖。

二、造纸、印刷

（一）造纸

境内造纸历史悠久，各县区建有造纸厂，是永州优势产业之一。20 世纪 50 年代建有零陵造纸厂、冷水滩造纸厂以及生产造纸机械的地区轻工机械厂。到 80 年代，已逐步形成制浆、造纸、碱回收、余热发电、造纸机械生产的现代技术生产体系。90 年代，因市场竞争、企业改制、环境保护等因素，境内多数造纸企业先后退出市场。1999 年，零陵造纸厂（1996 年更名为零陵潇湘纸业有限公司）停产；县区除江华、宁远县有几家造纸企业生产外，其他县区小纸厂全部关闭停产。是年，冷水滩造纸厂改制为公司，2001 年并入岳阳纸业集团，更名为永州湘江纸业有限责任公司（以下简称湘纸公司），是境内唯一一家大型造纸企业，其主要技术指标和产品水平在全国造纸行业处领先地位，2015 年 4 月因环境保护等因素而停产。是年，境内造纸企业全部关闭停产。

1992—2015 年，湘纸公司依靠科技进步和创新，加快企业技术改造，更新生产设备和工艺，开发出精品牛皮纸、复合原纸、纸袋纸、彩码贴纸、高温热压垫层纸、湿帘纸等系列新产品，产销率连续多年保持 100%，有 9 项成果获省、市科技成果奖，科研带头人王福纪获 2011 年度市科技杰出贡献奖。1993 年，该厂李明声、章奇骥等人，以马尾松原木或松树蔸为原料，攻克产品水分高、耐破度低、无染色等技术难题，成功研发 180 克 / 平方米牛皮卡纸，其颜色接近美国产品，优于国内同类产品，填补省内空白，替代进口产品。1998—2004 年，研制成功挂面精品牛卡纸、涂布牛卡纸、胶带原纸和彩码贴纸、美卡牛卡纸、中性包装纸、复合原纸等种类。2004 年，湘纸公司获“湖南省高新技术企业”称号。2005—2006 年，王福纪、朱杰等人

2007 年，永州湘江纸业有限责任公司研发的精品牛皮纸

用马尾松、杉木、多种阔叶木木浆，采用新工艺研发成功高温热压垫层纸，是电子线路板的热压垫层材料，填补国内空白，成果居国内领先水平，获2009年度省科技进步三等奖。2006—2007年，罗冬良、苏德良等人采用置换蒸煮、封闭洗筛、氧脱木质素、过氧化氢漂白、优化打浆、抄造等国内首创生产工艺技术，成功研发精品牛皮纸，具有完全自主知识产权，技术水平和产品质量处于国内领先水平，获2007年度市科技进步一等奖。同期，毛国新、王福纪等人研发成功伸性纸袋纸，其技术和产品质量国内领先，综合效益显著。2007—2008年，毛新国、李西宝等人以马尾松、硬杂木等为原料，采用DDS置换蒸煮、封闭洗筛、EOP全无氯漂白等新工艺，选用食品级松香胶和硫酸铝施胶等添加剂，成功研发食品包装纸，技术处国内领先水平，获2008年度市科技进步一等奖和湖南省新产品证书。同期，王福纪、朱杰等人研发成功胶带原纸，具有高强度、不用淋膜、环保等特点，能替代进口产品，处国内领先水平；王福纪、唐晓敏等人研发成功的“湿帘原纸”，可替代进口产品，获湖南省新产品证书和2009年度市技术发明一等奖。食品包装用纸、高温热压垫层纸、复合原纸复合性能与防滑性能的生产方法获国家发明专利权。2009—2010年，苏德良、梁好新等人成功研发砂纸原纸，采用的园网纸机抄造工艺为重大突破，产品填补国内空白，替代进口产品，生产技术国内领先，拥有多项发明专利，获湖南省新产品证书。

（二）印刷

印刷业是永州的传统产业。20世纪90年代，信息技术推动印刷业的快速发展，民营印刷厂出现，配有彩印、激光排照、扫描、胶印、丝印、烫金、装订等先进设备，承接各种印刷业务。2000年始，各类小型印刷厂逐渐增多，印刷机械为平版印刷机。2011年，宁远县舜彩印刷有限公司成立，拥有罗兰对开双色机、四色机、覆膜机、磨光过油机、啤烫机、全自动粘盒机、天地盖成型机及各种国内外先进的印刷、印后配套设备，印刷种类包括画册、海报、礼品盒、天地盖盒、不干胶贴纸、彩盒、彩箱等，涵盖食品、化妆品、药品、保健品等行业。2012年，永州奔腾彩印有限公司引进立体弹跳书等创意图书生产技术，建有立体弹跳书生产线和创意包装生产线，其印制的创意图书既体现了书的内容和形式，同时又具备玩具的趣味与功能。

2012年，永州奔腾彩印有限公司研发的立体弹跳书

三、纺针织、服装

20 世纪 80 年代后，境内有纺织、针织、色织、复制（毛巾、线带）、麻带等国营企业 15 家和少数服装生产企业。2000 年前后，国营企业相继停产、转产或改制。2004 年，境内最大的国营纺织企业——市绵纺织厂破产改制。90 年代，民营纺织企业开始发展，特别是蓝山县一些打工族回乡创办毛织厂，起到引领作用。

1998 年，江华瑶妹子民族服装厂成立，研发生产瑶族服饰系列产品，囊括瑶族各个支系不同风格的服饰。2001 年，参加中国首届少数民族新优特（服饰产品）博览会。

2000 年始，随着永州大力承接沿海产业转移，纺针织、服装业快速发展，生产技术进步快。是年，蓝山县人曾佑德回乡与黄树新联合创办蓝山县合利毛织厂。2002 年，在东莞经营毛织业的蓝山县人邓捷返乡，在蓝山县城创办邓捷毛织厂，有织机 300 台；2003 年，台湾承展集团在蓝山创办的永州承阳针织有限公司，拥有毛织机械500 台。

2003 年，蓝山、道县、宁远、东安等县成为纺织服装企业的聚集地。仅蓝山、宁远县就分别有毛织加工企业 174 家、110 家。宁远县引进的香港真雅针织厂，有织机 150 台、横织机 300 台、缝盘机 100 台，年加工生产毛衣 150 万件。

2005 年，永州市与中国最大毛织产业基地——广东东莞大朗镇联合举办“湖南蓝山投资项目（大朗）推介会”，吸引优质企业投资置业。蓝山县毛针织业从最初的织机和缝盘加工起步，发展为原料加工、纺织设计、后整成型、产品出口等较完整的生产销售产业链，成为湖南省毛针织产业基地。2014 年，蓝山县毛织加工企业开始用半自动或自动针织机代替手动针织机，提高生产效率，降低劳动强度，全县新增半自动毛织机 1500 台，全自动毛织机 380 台，技术进步明显。

境内服装生产主要以贴牌生产为主，虽有一定规模，但多数技术创新不强，影响力不大。宁远三鑫制衣有限公司和宁远县鑫鑫隆制衣有限公司分别于 2011 年和 2012 年建成投产，专业生产男装休闲裤，均为罗德里奥、特迪华伦、喜登路易、金利来等知名品牌贴牌、设计、生产休闲裤。品牌影响力较大的是新田县梦都家纺有限公司，是

2015 年，新田县梦都家纺有限公司生产的“梦都牌”床上用品

生产床上用品、宾馆用品、床垫系列的专业企业，生产的“梦都牌”系列产品 2015 年荣获湖南省新技术产品金奖、湖南省产品质量奖。

四、皮革制品

20 世纪 80 年代，境内皮革制品企业主要集中在冷水滩市、双牌县、道县。有地区皮件厂、冷水滩市制革厂、双牌县皮鞋厂、双牌县五星皮鞋厂及道县多家皮革制品企业，主要生产皮鞋、皮带、皮箱。90 年代，皮革制品企业几度兴衰。1995—1997 年，冷水滩市皮件厂、冷水滩区制革厂、双牌县皮鞋厂先后停产。1999 年，“道州牌”皮鞋被评为湖南省名牌产品，2001 年，被评为首届国家质量免检产品。

2000 年后，沿海地区一些加工企业陆续转移到永州境内建厂。2005 年，永州湘威运动用品有限公司落户蓝山县，投资 3000 万美元在工业园建厂，生产“彪马”牌运动系列产品，并建立技术研发中心。次年，永州协威橡胶工业制品有限公司、永州加伟鞋材制品有限公司、蓝山上宜鞋材制品有限公司、蓝山县宝和鞋材有限公司等配套企业落户蓝山县，形成湘威制鞋工业园。2012 年，永州湘威运动用品有限公司进出口额达 7489 万美元，居永州市鞋类产品出口第一、湖南省第五。

2010—2015 年，永州实施国务院关于承接东南沿海产业转移试验区政策，新田、蓝山、宁远、祁阳等县区先后出台优惠政策，吸引一批国内外皮革制品知名企业携带先进技术、工艺和生产线落户永州。主要产品有运动鞋、皮包、背包等。2010 年，湖南凯盛鞋业有限公司落户祁阳工业园，占地 38.68 公顷，有生产厂房 13 栋、裁剪组 4 个、针车线 25 条、加工线 15 条，配套设施完备，自动化生产，订单生产世界知名品牌耐克鞋系列，年产鞋 1500 万双出口，安排 5000 人就业。2011 年，新田县荣达鞋业有限公司成立并投资 9500 万元在方达工业园建厂，有 12 条国内先进针车生产线，生产雪地靴和沙滩靴。

第四节　卷烟工业

20 世纪 50 年代初期，零陵县组建胜利卷烟厂，由于原料缺乏、产品不畅销，1953 年停办。70 年代中后期，境内先后建成新田卷烟厂、零陵卷烟厂、江华卷烟厂。90 年代，新田、零陵、江华卷烟厂设立科研机构，在卷烟生产线自动化、烟卷粘胶剂研制、保健烟开发等方面开展科研并取得一些成果。2000 年后，零陵卷烟厂重视科技进步，逐步建立和完善质量管理体系，主要产品在国家一、二级站抽检及省行业评比中合格率均达 100%；新产品红盖 / 黄盖“九子龙”、红软“红豆”被评为全国优等卷烟品牌；新产品“ESCTACY 牌”实现出口，还开发出“兰花牌”戒毒烟等。2003 年 1 月，根据国家烟草专卖局“扶大关小”的产业政策，江华卷烟厂、新田卷烟厂关停。同年 12 月，常德卷烟厂兼并零陵卷烟厂，成立常德卷烟厂零陵卷烟分厂，更加注重设备更新和工艺技术的升级。同时，烟草系统及有关部门加大对烟叶初烤烤房及烘烤技术、复烤技术的研发力度，不断提高烟叶烘烤技术水平和烘烤质量，为卷烟工业提供优质原料。

一、烤房烘烤

烟叶烘烤是确保制烟质量的关键环节。烟叶采摘后必须烘烤，调温黄熟、脱水干筋。境内烟区老式烤房普遍存在烘烤过程复杂、劳动强度大、烘烤质量不高等问题。为此，科技人员着力对传统烤房及烘烤技术进行改进研究，取得一批科技成果，产品质量得到很大提升。

1988—1992 年，地区烟草公司和地区农科所周国生、秦宣才等人，对烤烟采摘成熟度及烘烤工艺进行研究，改变烟叶采摘标准和采用低温慢变黄烘烤新工艺，烘烤后的烟叶颜色好，油份多，叶片结构疏松，香气充足。1991—1992 年，东安县科委、县农村能源办公室唐爱平、张造华等人，在东安县境内推广斜走式节能烤房，将老式瓦管烤房的瓦管大垄改为水泥预制件，单烟窗改为双烟窗，炉膛两侧增设热风室和热风通道，双坡排湿屋面改为四坡排湿屋盖，比老式烤房节能 30%以上，黄烟率达 90%以上，经济和环保效益明显。同期，江华县科委、县烟草局刘国风、胡京华等人，采用扩大预制件炉膛，增设 4 条热风道，尾火管出口用缩孔，烟窗中部增烟窗闸等措施，一次加煤能烤干一房烟，节能省工，技术处于省内领先水平。

1995 年，市烟草公司甘在德、聂新柏等人，引进推广外地烤烟三段式烘烤工艺，通过优化烤房结构，对低温烟叶变黄程度、温度计悬挂位置等改进，有效提高了烟叶煤烤质量。次年开始在全市烟区推广应用。至 1999 年，共改造和新建烤房 61754 座，有 4.18 万公顷烤烟烟叶采用该工艺烘烤。

2006 年，市烟草公司参照云南、江西等地烤房的技术特点，从上海、广东等地引进先进设备，采用温湿度自动控制系统，结合永州烟区烤房优点，研制出密集式烤房，烘烤量是老式烤房的 5 倍，能减少人工，节约用煤量，提高烟叶的烘烤质量。并制定《密集式烤房建造技术规程》《普通烤房密集化改造技术规程》和《密集式烤房烘烤技术规程》，在全市推广应用获得较好经济效益。2008 年，获省烟草专卖局科技进步一等奖。

2009 年，永州烟区推广的密集性烤房

2009 年，市烟草公司蒋笃忠、袁芳等人，在宁远、新田、江华等烟区进行湘烟 3 号烘烤工艺研究，提出延时慢烤工艺，制定《湘烟 3 号成熟采收及烘烤技术规范》。2012 年，获省烟草专卖局科技进步三等奖和 3 项国家专利。

2010—2013 年，市烟草公司袁芳等人开展烘烤节能技术研究。2010 年，研究连体密集烤房余热共享装置，节能效果明显。2011 年，研究通过太阳能加热和热泵加热可满足烟叶需求，节能效果更显著。2013 年，“新材料密集式烤房及配套烘烤工艺研究”获省烟草专卖局科技进步一等奖和国家烟草专卖局科技进步三等奖。同期，开展永州烟区浓香型烟叶提质采烤模式研究与应用，探索出烟叶适宜成熟度和密集烘烤关键温度点的相互关系与采收模式，操作性强，效益明显，技术居省内领先水平。

2005—2013 年，市烟草公司、湖南农业大学袁芳、邓小华等人，采用烟叶质量评价理论和技术，对永州烟区烤烟进行化学成分区域特征及综合评价研究，探索烤烟化学成分指标相互关系，绘制出永州烤烟化学成分可用性指数和类型空间分布图，划分出永州烤烟化学成分类型区，共发表论文 5 篇，研究成果达国内先进水平。

2012—2014 年，市烟草公司蒋笃忠等人开展烟叶切柄烘烤研究，采用中温中湿烘烤等工艺技术，能改善烟叶的外观品质，促进淀粉的降解和香气的形成，减少香气的损失，提高烘烤质量。2015 年，该项研究申请国家专利 4 项，发表论文 1 篇。

二、烟叶复烤

1989 年，零陵烟叶复烤厂从意大利引进技术先进的烟叶打叶复烤生产线，填补省内空白。因多数厂家自制烟丝，一般只需挂杆复烤烟叶，打叶复烤生产线发挥作用不大。

1992—1993 年，零陵烟叶复烤厂阎萍、李建平等人，开展数字式烟叶复烤温度湿度自动控制系统研发。采用自动化仪表和测量元件等构成自动控制系统，实现对蒸汽挂杆烟叶复烤温、湿度自动控制，技术处于国内领先水平。

1994 年，地区烟草公司袁晓光、文开玉等人，引进意大利先进 COMAS 设备、工艺对打叶复烤生产线进行技术改造。改全套设备引进为辅助设备国内制造；改进打包机和纸箱包装，增加复压装置，提高集装箱质量和装货量；改进供水系统；改喷气法清洁刀片为磨刀法等，大幅节约成本，提升质量。该技术获 1996 年度省科技推广四等奖。

2003 年，国家限期淘汰挂杆复烤设备和取消卷烟厂自行复烤，打叶复烤步入新的发展阶段。永州复烤厂先后添置布拉本德快速水分测定仪、红外线测温仪、MS-6B 型红外线水分仪、FED-240 型烘箱、万分之一电子天平、托利多电子秤、FT91 型旋转式粉碎机等系列检测器具。2009 年，又添置 MT-C 型快速水分测定仪等。新设备、新技术的实施应用，提升检测水平，使各项工艺指标均达到标准要求，大中片率达 89% 以上，成品接受合格率达 100%。2009—2014 年，累计完成复烤加工烟叶 25.72 万吨。

2003 年，永州复烤厂打叶复烤生产线精选台

三、卷烟加工

（一）设备工艺

1995 年，零陵卷烟厂对 3000 千克 / 小时制丝生产线技术改造，达到 5000 千克 / 小时规模。2006 年，新建 5000 千克 / 小时制丝线一条。2007 年，新增 4000 千克 / 小时烘叶丝线一条。2011 年，新建 2500 千克 / 小时梗丝膨胀干燥线。2012 年，启动芙蓉王品牌制丝线技术改造。2015 年，两条 3000 千克 / 小时芙蓉王品牌制丝线正式投产。

1992—2003 年，零陵卷烟厂更新卷接机组 10 套，包装机组 15 套。到 2003 年，有卷烟、包装设备 30 套。到 2015 年年底，有 PROTOS 卷接设备 2 套（进口）、ZJ17 卷接机组12 套，各种包装设备 14 套。

1992 年，零陵卷烟厂有滤嘴成型设备 6 套；2003 年，有滤嘴成型设备 11 套。2015 年年底，通过设备升级，有 ZL26 成型机 4 套。

1993 年，零陵卷烟厂开始引进薄片设备。2003 年，有 4 条 WYP-180 千克 / 小时薄片生产线，于 2005 年报废。

2003—2015 年，零陵卷烟厂生产设备升级后，工艺管理达到中国烟草总公司制定的《卷烟工艺规范》，结合卷烟国家标准和行业标准，不断完善适合自身生产需要的产品标准、工艺技术标准、材辅料标准、监视和测量方法标准等。

（二）新产品研发

1987—1993 年，零陵卷烟厂易和新、谢习金等人，运用中医“闻香治病”理论，

2013 年 1 月 13 日，零陵卷烟厂卷包车间设备检修

1993 年，零陵卷烟厂研发的“红豆”卷烟

在发掘古代秘方基础上结合现代药理成果，成功研制“百乐神”保健香气烟。该产品加入多种中草药提炼物和香精，用食用包装塑料制成卷烟形状；吸吮时，通过香气分子的运动，有芳香化湿、通窍、醒脑提神等功效，利于烟民戒烟，对呼吸系统起到保健和预防疾病作用。属国内首创，申请国家专利 1 项，经济和环保效益好。其间，该厂武俊瑶等人开展“甲级烤烟型卷烟配方改革产品‘红豆牌’香烟的设计与研究”，获 1993 年度省科技进步三等奖。

（三）其他创新成果

2010 年，零陵卷烟厂制丝协会的《烟草企业推行 TnPM 查找和清除六源（6HD）活动初探》获2010 年全国 TnPM 大会优秀论文奖；企业管理部的《企业流程信息化运行评价体系的构建》获湖南企业管理现代化创新成果二等奖。2012 年，卷包车间的“提高 GD 铝箔纸包装质量的稳定性”“烟支调向后对装烟盘的研究改进”获市烟草公司 2011 年度创新小组项目二等奖；卷包车间的“降低 YF27A型发射机发射水性胶丙纤嘴棒故障频次”、动力车间的“锅炉鼓风节能降噪系统的研究与应用”获 2013 年度市烟草公司创新小组项目三等奖。

第五节　医药工业

境内土壤、气候条件优越，中草药材资源丰富，药材种植、加工及研究历史悠久，唐刘禹锡有“湘水流，湘水流，……零陵芳草露中秋”诗句。诸如灵芝、香草、薄荷、异蛇等本埠特产名贵药材及养生酒“零陵包茅”进贡多有记载。清代《永州府志》载：东汉“零陵献芝草”，故零陵别称“芝山”“芝城”。

20 世纪 50—80 年代，国家重视医药事业，采取扶持发展政策，促进药材种植和医药工业发展，相继建成中南制药机械厂、零陵地区制药厂、九嶷山制药厂、湘南制药厂、宁远天然药物提炼厂等企业，医药企业应用现代技术设备生产药品，不断提升技术含量，产品行销全国。地区制药厂的罗汉果系列产品、宁远天然药物提炼厂的银杏浸膏及绞股蓝系列产品等销往英国、美国、东南亚各国和地区；九嶷山制药厂生产的维生素原料及其制剂填补省内空白。90 年代，国有制药企业或转产，或兼并，或破产。2002 年，零陵制药厂整体被湖南时代阳光药业股份有限公司兼并。

1995 年至 21 世纪初期，湖南恒伟药业股份有限公司、湖南馨恒堂中药饮片有限公司、湖南希尔天然药业有限公司、湖南敬和堂制药有限公司等一批民营生物医药企业相继建立，成为生物制药的主体，其技术起点高，工艺设备新，投资规模大，重视科研开发，与著名高校、科研院所联合开展科研攻关，取得一批创新成果和专利技术。1992—2015 年，共取得医药工业科技成果 23 项，其中，省科技进步三等奖 4 项、省专利三等奖 1 项、市级奖励 18 项。其中，市技术发明一等奖 2 项、二等奖 2 项、三等奖 3 项，市科技进步一等奖 3 项、二等奖 4 项、三等奖 4 项。罗汉果冲剂、藿香正气水、喉咽清、六味补血丸等药品进入国家药典。

一、中成药

1992—2015 年，境内中成药生产企业和产品主要有：

湖南恒伟药业股份有限公司，主要生产血络通胶囊、消栓通络片、糖尿乐片、复方益肝灵胶囊、健胃消食片等 9 个中成药品种。

湖南希尔天然药业有限公司，主要生产静安胶囊、丹参酮滴丸、伤寒清颗粒、糖清桑叶胶囊、苦瓜复合片 5 个中成药品种。

湖南时代阳光药业股份有限公司，主要生产喉咽清口服液、小儿扶脾颗粒、藿香正气水、驴胶补血颗粒、五积丸、板蓝根颗粒、十滴水、小儿止咳糖浆等中成药品种。

湖南敬和堂制药有限公司，主要生产舒筋除湿胶囊、六味补血颗粒、胃肠健胶囊等。

湖南馨恒堂中药饮片有限公司，主要生产杜仲、厚朴、黄柏等800多个品种的中药饮片，年加工中药饮片300多吨。

湖南大自然制药有限公司，主要生产丹栀逍遥片、活力源、五脂分散片、乳疾灵片等中药饮片。

1993—1996年，冷水滩区医药保健品有限公司刘润保、刘开山等人，选用有益肝肾、活血补气、消肿止痛作用的中药材21味，采用生物优选发酵法新工艺，研制出保健新药消痹胶囊。对治疗风湿性腰腿疼、肩周炎、坐骨神经痛等疗效好，经湖南中医学院及其附属第一、附属第二医院，长沙市第二人民医院等临床应用160例，有效率达98%。

1994—2009年，湖南省药品检验所、湖南恒伟药业有限公司、中南大学湘雅三医院林海、张杰等人，应用大孔树脂吸附纯化、膜分离、环糊精包含、一步制粒、喷雾干燥、缓释控制等新技术，成功研制出血络通胶囊，有活血化瘀、益气健脾功效，对防治心脑血管疾病疗效确切。该药获2010年度省科技进步三等奖。

1997—2002年，湖南敬和堂制药有限公司陈奉元等人在古方“四物方”基础上加减方剂研制出六味补血颗粒。该产品具有益气养血功效，临床主治气血两虚症，有效率为95.33%，优于国内同类产品；申请国家发明专利1项和获2006年度市科技进步一等奖。1997—2007年，在四君子汤、理中丸、厚朴温中汤等古方剂基础上研制出胃肠健胶囊，该药具有温中散寒、行气和胃功效，适用脾胃虚寒症，对慢性浅表性胃炎、消化性溃疡、慢性肠炎及结肠炎等症，有效率达93.33%。该产品获国家发明专利1项。2004—2009年，针对临床常见疾病顽固性头痛，研发制成中成药天麻头风灵片，临床有效率达90.38%。申请国家发明专利1项，获2010年度市科技发明二等奖。2002—

2002年，湖南敬和堂制药有限公司研制的新药六味补血颗粒

2011年，湖南敬和堂制药有限公司研制的新药舒筋除湿胶囊

2011 年，成功研制由 21 味中药构成的舒筋除湿胶囊，对骨关节炎、类风湿性关节炎等有明显疗效，获国家发明专利、国家新药证书及生产批件。2011 年，被科技部列为国家重点新产品，获 2012 年度市技术发明二等奖。

2007—2011 年，湖南时代阳光药业股份有限公司蔡光先、朱光葵等人，研制出用于治疗功能性便秘的中药组合物，对于阴虚肠燥型功能性便秘显示出良好的效果，该中药组合物组方精练、药效确切、针对性强、配伍严谨，获国家发明专利 1 项。2009—2011 年，该公司唐纯玉、朱光葵等人在挖掘民间秘方的基础上，成功研制出治疗扁桃体炎、咽炎的中药组合物，治疗扁桃体炎、咽炎总有效率分别为 94.08%、93.38%，使用安全，无毒副作用。该药获得国家发明专利 1 项和 2013 年度市技术发明一等奖。2013 年，该公司朱光葵、曾定一等人设计口服液的包装瓶，获得国家外观设计专利 1 项。2014 年，该公司生产的喉咽清口服液被科技部、商务部、环境保护部、国家质量监督检验检疫总局评为国家重点新产品，获当年度省专利三等奖。

2011 年，湖南时代阳光药业股份有限公司研制的新药喉咽清口服液

2009—2010 年，湖南恒伟药业股份有限公司张吉刚、陈辉等人，根据不同药材特性分别采取不同提取工艺，提取中药材的有效成分，采用 β－环糊精包合技术，增加产品溶出度，提高产品疗效，并完成年产 150 万盒的糖尿乐片产业化，对带动药材种植产业、提升中药材产业化水平起到示范作用。

2010 年，湖南恒伟药业股份有限公司生产的糖尿乐片

2010—2012 年，湖南大自然制药有限公司李文东、邹先明等人，利用人参、丹参、灵芝、山渣等中药药效互补机理，研发出一种适合糖尿病患者食疗的新型植物药和生产工艺技术，获国家专利。

二、生化药物

生化药物是从生物体分离、纯化所得，可用于预防、治疗和诊断疾病的生化物质，已有部分或通过化学合成，或生物技术制备，或重组而得。生产技术较为复杂，是一个有发展潜力的新兴产业。境内生化药物生产起步较晚，主要厂家有湖南希尔天然药业有限公司、湖南大自然制药有限公司等。

2001 年，永州异蛇生物科技有限公司、湖南轻工业专科学校璐南洲、吴苏喜等人，采用复合蛋白作酶催化剂，选择酶种控制底物浓度，调整控制酶解、浓度、温度和时间等方法，制备“异蛇”低肽营养液，提高产品附加值及低肽物质的利用率。产品广泛应用于医疗、食品、饲料、化工等行业，技术居国内领先水平。

2009—2012 年，永州职业技术学院、双牌县时胜中药材种植专业合作社等单位莫志军、李炳华等人，在双牌、道县引种栽培青蒿 428，进行不同肥力、不同密度实验和叶面喷施氨基酸糖磷脂实验，制定《青蒿高产栽培技术规程》，建立起高产栽培技术体系，技术水平在省内领先。

2010—2015 年，永州星辰生物科技有限公司与湖南农业大学合作开展黄花蒿优良品种选育和高效栽培技术研究及应用，分别在冷水滩区、道县、新田县组建农民专业合作社和种植基地，面积达 2333 万公顷，获 2015 年度省科技进步三等奖。

2013 年，湖南希尔天然药业有限公司的天然药物提取车间

2010—2013 年，湖南希尔天然药业有限公司肖满意、陈锋等人，研发出能得到稳定的高纯度罗汉果提取物的新工艺，生产出全新的代糖产品——果苷糖，可广泛用于各类食品及保健食品生产，销往美国、日本、加拿大、俄罗斯、马来西亚和欧盟各国。

2011—2014 年，永州职业技术学院王文渊、黄宁江等人，采用酶法耦合高压脉冲电场技术，提取竹叶中的茶多酚、黄酮、多糖等活性成分，突破常规工艺中只能提取单一活性成分的技术瓶颈，实现竹叶多糖、黄酮、茶多酚活性成分的同步分离，提高了生产效率和产品纯度，技术达国内先进水平。

2014 年，宁远县兴泰生物科技有限责任公司引种澳州茶树，引进国外生物加工新设备，采用现代生物纳米蒸馏、淬取技术，从互叶白千层原料中提取出精油，可广泛用于生物医药领域。该技术获国家发明专利。

三、制备方法

2008—2009 年，湖南时代阳光药业股份有限公司唐纯玉、唐代凤等人，对本公司

2015 年，湖南时代阳光药业股份有限公司喉咽清口服液智能生产线

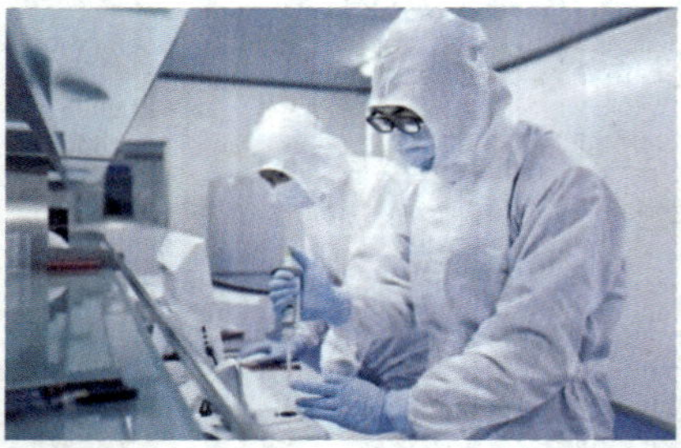
2012 年，湖南希尔天然药业有限公司技术人员测定罗汉果化学成分

的国家名牌产品“驴胶补血颗粒”进行生产方法的技术改进，开发出一种生产新工艺，能大幅减低乙醇消耗，缩短生产周期，提高生产效率。产品有效成分指标、疗效有明显提升，申请国家专利 1 项，获 2011 年度市科技进步一等奖。2012—2014 年，该公司唐纯玉、彭艳梅等人组织实施“中成药大品种喉咽清口服液核心技术的现代研究及产业化”项目，采用吸附澄清法、高速离心法等对生产工艺进行优化，解决在加热灭菌后产生沉淀和产品澄明度等技术难题，缩短生产周期，获得国家发明专利 1 项和2015 年度省科技进步三等奖。

2009—2012 年，湖南希尔天然药业有限公司、湖南希尔药物研究有限公司徐月灿、陈锋等人，在分析罗汉果化学成分、甜甙结构及理化性质差异基础上，研发出高含量罗汉果甜甙 V 的制备方法，生产出国内最高纯度的罗汉果甜甙 V 产品，并制定出罗汉果甜甙 V 含量测定标准和方法，获国家发明专利 1 项和 2012 年度市技术发明一等奖。

2011—2013 年，湖南大自然制药有限公司李文东、邹先明等人，以传统中药材厚朴或高酸厚朴粗品为原料，优化厚朴提取生产线关键技术，实现低酸优质厚朴生产，增效明显。

2013 年，祁阳县中医院唐柏平、李琼英等人，通过对新伤跌打胶囊处方、剂量、装量、质量标准等方面综合分析研究，对生产工艺和质量标准进行深化，摸索主要组方中药的薄层色谱鉴别，并采用高效液相色谱测定其含量，对质量进行量化测控，制定成熟、合理的生产工艺和质量标准，确保临床使用的安全性和稳定性，技术处省内领先水平。

2010—2014 年，湖南科技学院、湖南恒伟药业股份有限公司何福林、姜红宇等人，利用大孔吸附技术对银杏叶提取液进行分离纯化，提取液成分各项质量指标均优于药典要求。对湘南银杏叶最佳采收时间研究，找出不同时期银杏总黄酮醇苷和内脂含量的变化规律，并确定湘南地域药用银杏叶最佳采收时间为 8 月下旬至 9 月下旬，破解永州地区银杏叶总黄酮醇苷、总萜内脂提取含量不高的技术瓶颈。该研究成果填补省内空白，居国内同行业先进水平，申请国家专利3项，获2015年度省科技进步三等奖。

第六节 建材工业

20世纪50—60年代，境内建材工业始于砖瓦制造业的兴起，水泥工业从无到有。至60年代末，全区已有20多家水泥厂，年产能近50万吨，成为建材工业支柱。同时，耐火材料工业得到发展，有3家初具规模的耐火材料厂先后建成投产。至1991年，境内有建材工业企业73家，完成工业总产值3.48亿元，占工业总产值的10.40%，在工业科技进步中有所贡献。有11项科技成果获得地区级及以上奖励，15篇科技论文在省级及以上刊物发表；大部分水泥厂已改建机械化立窑，个别建立干法旋窑生产线，生产普通硅酸盐水泥，并开发出硫铝酸盐和铁铝酸盐等特种水泥。

2006年开始，大部分水泥生产企业采用新型干法旋窑生产线取代落后小立窑生产线。烧结砖、外墙砖和复合轻质环保墙体材料等新型墙体材料及预拌混凝土产业迅速发展，并逐步实现机械化、电气化、自动化生产。至2015年，全市有建材规模工业企业79家，完成主营业务收入76.23亿元，占全市规模工业的7.6%。

一、水 泥

20世纪90年代，境内水泥生产以立窑生产为主。湖南省光电自动化开发公司、黎家坪水泥厂廖一浩、李孝平等人，研发水泥生产“进料系统、计算机中央调度控制系统”，获得1993年度地区科技进步二等奖。东安县水泥厂开发的立窑偏火现象和预加水成球微机控制技术，处于省内同行先进水平。

2006年始，新型干法旋窑水泥生产工艺广泛应用。该技术具有高效、优质、节能、环保和大型化、自动化及科学管理等特征，生产过程主要分为生料制备、熟料煅烧和水泥制成3个阶段。2007年，永州莲花水泥有限责任公司日产2500吨熟料新型干法旋窑生产线在宁远县建成投产，填补永州无高品质水泥的空白。

2009年，永州市九嶷骄阳水泥有限责任公司日产2500吨熟料的新型干法旋窑生产线在冷水滩区建成投产。

2010年，华新水泥（道县）有限公司日产4000吨熟料新型干法旋窑生产线在道县建成投产。

2011年，祁阳海螺水泥有限责任公司日产5000吨、永州莲花水泥有限责任公司日

2015 年 6 月 8 日，祁阳海螺水泥有限责任公司日产 4500 吨干法水泥熟料生产线投产

产 4000 吨熟料新型干法旋窑生产线相继建成投产。

2012 年，江华海螺水泥有限责任公司日产 4500 吨新型干法水泥熟料生产线建成投产，年产熟料 180 万吨、水泥 220 万吨。江华县金华水泥有限公司新型干法水泥生产线建成投产。

至 2015 年，全市有永州莲花水泥有限责任公司、永州市九嶷骄阳水泥有限责任公司、华新水泥（道县）有限公司、祁阳和江华海螺水泥有限责任公司等新型干法旋窑水泥企业，年总产能 960 万吨。

二、墙体材料

（一）砖类

20 世纪 90 年代，境内砖类墙体材料大多是实心黏土烧结砖（红砖），生产企业上千家之多，遍布各县区乡镇，规模大小不一。21 世纪初，因规模小、设备简陋、技术落后，企业纷纷倒闭、关停、转产。2005 年始，一些红砖厂转产非黏土烧结多孔砖、空心砖、蒸压粉煤灰砖和蒸压灰砂空心砖。

2010—2011 年，市泽宇新世纪建材有限公司在冷水滩区竹山桥镇新建 1 条以煤矸石、页岩和建筑垃圾为原料的自保温烧结多孔空心砖生产线，年产能 2 亿块标准砖，为湖南省大型页岩多孔砖生产线之一。宁远县和兴页岩砖厂、宁远县福兴页岩砖制造有限公司年产 6000 万块页岩多孔砖生产线相继建成投产。新田县联志空心砖厂建成投产，日产可达 20 万块标准砖。

2014 年，东安县东兴墙体材料有限公司投资 8000 多万元、年产 3 亿块标准砖的页岩多孔环保砖生产线建成投产，为当时中南五省最大生产线之一。是年，江华县紫东建材有限公司建成投产的年产 20 万立方米蒸压加气混凝土、6000 万块蒸压加气灰砂标砖的新型环保轻质建材生产线，其技术装备处于省内先进水平。

（二）砌块类

砌块类主要有普通混凝土小型空心砌块、轻质混凝土小型空心砌块、烧结空心砌块、蒸压加气混凝土砌块、石膏砌块、粉煤灰小型空心砌块。其中蒸压加气混凝土砌块发展较快。

2008 年，冷水滩区长江加气混凝土砌块厂建成投产，是最早生产加气混凝土砌块的新型墙体材料企业，年产能 30 万立方米。2009 年，宁远县紫东建材有限责任公司建立，总投资 4000 万元，主要生产加气混凝土砌块，年产 30 万立方米。

2012 年，市和顺建筑节能材料制品有限公司、长江砌块厂、宁远县紫东建材有限责任公司生产的蒸压加气混凝土砌块通过湖南省墙材产品认定。2014 年 9 月，江华县紫东建材有限公司的蒸压加气混凝土砌块通过湖南省新墙材产品认定。

（三）墙板类

1999 年 11 月，湖南省中政建材有限公司在冷水滩区建成保温隔热轻型陶粒隔墙板生产线，是永州市第一家墙板类新型墙体材料生产企业。2010 年，该公司投资 7500 万元建设的年产 300 万立方米 ZZBB 特种防火酚醛板外墙装饰一体化系统建成投产，填补境内新墙材空白。

2003 年，市鑫盈建材有限公司在凤凰园经济开发区工业园建成金属面绝热夹芯板生产线，年产能 20 万平方米。研发的新型墙幕装饰材料“铝瓦楞复合板”获得国家专利，产品当年上市。2013 年，金属面硬质聚氨酯夹芯板通过湖南省新墙材产品认定。

三、装饰材料

境内具有一定科技含量装饰材料主要为石材、涂料等。

1994—1997 年，蓝山县石材总公司、永俊彩釉砖厂、蓝山县科委承担省星火计划“花岗岩大理石薄板材及优化变色技术开发”项目，采用 DSQ-30 型多刀片电脑控制切片和 HSP-310 型电脑控制切割、分片，十二磨头连续自动粗磨、精磨、抛光，产品达到国家一级标准；采用元素渗透法，优化染色技术，使低档板材优化变色，产品具有耐酸碱、耐有机溶剂、抗老化等优点。

1999—2001 年，零陵学院蒋廷松、管天球等人研发建筑用新型聚氨酯彩弹防水涂料，其拉伸强度、延伸率、低温柔性、耐候性、不透水等性能良好，是焦油基氨脂产品的理想替代品，填补省内空白，质量达到国内先进水平。

2002—2005 年，永州雅洁环保涂料研究所杨茂、张飞等人引进重庆大学技术配方，选用优质原料及复合添加剂，采用电脑配方、电子秤、高精度搅拌机等新技术，研发成功新型环保建筑材料“宝佳”“雅洁”牌腻子粉。该产品不含甲醛等有害成分，性能稳定，各项技术指标优于国家标准，应用广泛。

2009 年，市旺达工业有限公司研发生产“新型环保建筑节能隔热保温腻子涂料”，获国家发明专利，被国家建设住宅产业化促进中心列入国家康居示范工程选用部品与产品，被中国建材管理协会评为中国建材节能环保重点新技术、新产品。

第七节 化学工业

20世纪90年代，境内生产的化工产品主要有碳酸氢铵、磷肥、复混肥、农药、焊剂、松香、乳化炸药、稀土氧化物等。化工企业对扩能技术改造取得较好成效，规模和实际产量增长较快。1995年，全区合成氨生产总量达10万吨；新产品研发力度加大，农药、复混肥等新产品开发成功并推向市场。

21世纪初，境内化工行业因产能、环保和市场等因素，大多数化工企业停产改制。生产碳酸氢铵的小氮肥企业全部停产，研发生产新型复合肥的企业则发展壮大。2002年，市农药厂与海利集团成立海利集团永州生化有限公司。2006年，被浙江德清邦化化工有限公司收购更名为永州广丰农化有限公司。该公司引进新技术生产和经营的主要产品有农药中间体、除草剂和杀虫剂等系列制剂。炸药生产企业湖南省南岭化工厂继RJ系列乳化炸药于1988年获国家发明三等奖后，铵梯炸药、乳化炸药、膨化硝铵炸药、安全鞭炮药剂4个产品在2004年被认定为高新技术产品。湖南省湘南爆破器材有限责任公司重视产品、技术和工艺研发及技术改造，取得多项技术成果。2010—2015年，境内其他化工新产品如高分子材料、纳米材料的研发以及生产工艺技术改进均有新进展。

一、化学肥料

1988—1992年，宁远县科委、省稀土农用研究中心万强、宁加贲等人，研制成功一种在烟叶叶面喷施的稀土微肥复合剂。该产品以单一稀土镧、钕、镨等为核心，加入锌、硼、镁等微量营养元素合成的有机酸稀土微肥复合剂，为烟草生长提供多种微量元素，能提升烟叶产量，且对人畜安全，技术居国内先进水平，获1992年度省科技进步四等奖。

1990—1991年，地区供销社、地区津湘精细化工产品研制所杨右章、孙正尧等人，吸收国内外先进产品的优点，采用三种有机酚类钠盐配制而成动植物细胞赋活增进剂14%复硝钠。该产品能起调节植物体内源激素的作用，具有促进和抑制动植物生长的双向功能，可与一般农药混合使用，能提升农作物产量和质量。产品填补省内空白，获1992年度省科技进步四等奖。

1991—1992年，地区农科所、地区烟草公司张绵友、周清等人，根据湘南烟田土壤缺乏微量元素情况，优选一定种类和数量的营养物质，成功研制“肥精”喷施肥，适时喷施于烟叶叶面，调节其生长发育，达到增产提质目的，累计推广6000公顷，增值明显。

1998—2002年，中国烟草中南农业试验站、省土壤肥料研究所等单位肖汉乾、万强等人，通过对全省烟区土壤的养分含量特征及不同土壤养分的差异对比，研制出烟草活性有机专用肥及生产工艺，生产专用肥15万吨，在湘、赣、辽等省推广9.12万公顷，新增产值3.89亿元。研究成果处于国内领先水平，获2003年度省科技进步二等奖。

1999—2003年，湘蓝地大实业有限公司实施省星火科技计划“高效微生物有机生态复合肥研究技术开发”项目获得成功。运用生物技术，以猪粪、茶枯、米糠、花生杆和其他农作物秸秆为原料，通过有益微生物发酵和配比氮、磷、钾无机盐，开发出高效微生物有机生态复合肥。

2001年，新田县氮肥厂引进技术开发叶面喷施肥，主要用于蔬菜等农作物，当年生产5600吨。

2002年，市新远复合肥有限公司建设的4万吨复合肥设备投产。2004年，该公司“施特力”复合肥获湖南省农资博览会银质奖。

2008年，湖南省中科农业有限公司生产基地落户东安县芦洪市工业小区，主要生产氮肥、复合肥、农用元素肥、药肥、氨基酸肥、生物肥等系列产品。2010—2012年，成功研发速效营养氮肥，获国家专利；该肥料具有作物易吸收、见效快、果实品质好的优点，在永州、邵阳、衡阳等地推广8000公顷，增产增收明显。2012—2013年，将农业废弃堆料通过添加发酵菌剂发酵，与腐殖酸、氮、磷、钾等混合加工而成多菌生

2004年，永州市新远复合肥有限公司生产的施特力复合肥

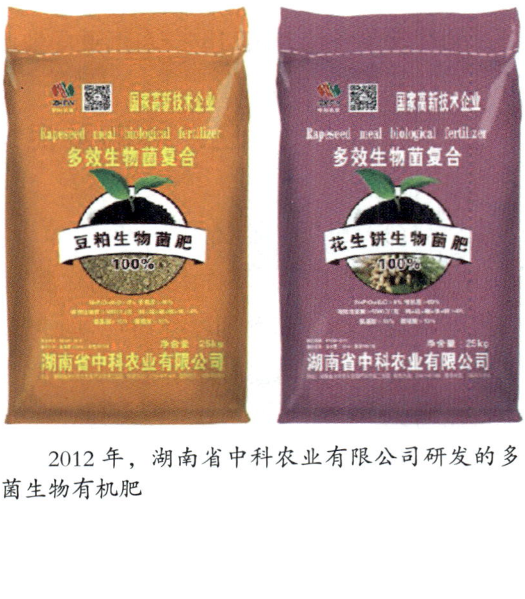

2012年，湖南省中科农业有限公司研发的多菌生物有机肥

物有机肥；2012 年，在永州、邵阳、衡阳等地推广 5333 多公顷，2013 年获国家专利。

2010—2013 年，湖南科技学院、湘南优势植物资源综合利用湖南省重点实验室、湖南省中科农业有限公司刘小文、何福林等人，研发出一种新型微纳米富硒缓控释生物肥，可提高作物产量和改善土壤理化性状，申请国家专利 4 项，实用新型专利 1 项。

二、农　药

永州市农药厂是化工部定点农药生产的全民所有制企业，始建于 1970 年，位于零陵区河西桃江路 53 号。主要经营农药、兼营电石、富锰渣、高效分散松香胶。农药产品有 20%增效杀虫双水剂、10%敌·氯乳油、20%异丙威乳油、50%复方硫可湿性粉剂、10%吡虫啉粉剂等品种，具有良好杀虫效果，产品销往国内 10 多个省、市，有较好的声誉和市场占有率。1998 年，研制 20%灭虫威水剂，以其高效快速的杀虫效果和合理的价格深受农户欢迎，销往湖南、湖北、广东、广西、江西等省区，填补省内空白。1999 年，研制的强杀威、虫全净等新品农药推广上市。

2001 年，海利化工集团公司向市农药厂无偿提供一种低毒农药和一种专用除草剂生产技术，填补省内空白。2002 年，市农药厂与海利集团签约，成立海利集团永州生化有限公司。2006 年，市农药厂被浙江德清邦化化工有限公司收购后更名为永州广丰农化有限公司，生产经营的主导产品为：农药中间体——双甘膦，除草剂——41%草甘膦异丙盐、10%草甘膦水剂，杀虫剂——20%增效杀虫双水剂、20%异丙威乳油、20%灭杀双水剂、20%丁马乳油，10%敌敌畏氯氰菊酯，40%多硫悬浮剂，10%硫肟醚水乳剂等。产品销往全国各地并出口欧美东南亚等地区。

三、炸药及民爆器材

境内生产炸药及民爆，器材的企业有 2 家，即湖南省南岭化工集团有限责任公司（前身为湖南省南岭化工厂，简称南岭公司）和湖南省湘南爆破器材有限责任公司（前身为湖南省湘南器材厂，简称湘器公司），均隶属于省科工办、省国资委监管，是国家批准的军民用黑火药、民用爆破器材及专用生产设备的定点大二型骨干生产企业。

（一）炸药

20 世纪 70—80 年代，南岭化工厂研发的 RJ 系列乳化炸药获 1987 年度省科技进步四等奖和 1988 年度国家发明三等奖。2004 年，南岭公司下属湖南南岭民用爆破器材有

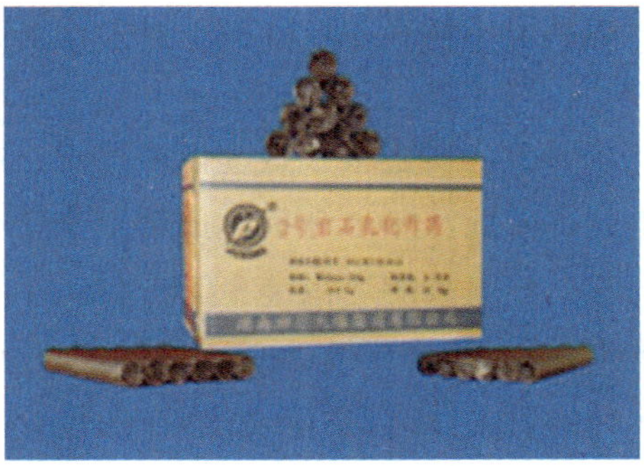

2004 年，湖南南岭民用爆破器材有限公司生产的膨化硝铵炸药（左）、岩石乳化炸药（右）

限公司生产的岩石铵梯油炸药、乳化炸药、膨化硝铵炸药、安全鞭炮药剂 4 个产品被认定为高新技术产品，该公司被省科技厅认定为高新技术企业。2009 年，与南京理工大学共同组建技术开发中心，引进和开发膨化硝铵炸药、新型安全鞭炮药剂、密度添加剂等新产品；与长沙矿冶研究院合作开发建设改性剂炸药、密度添加剂等 3 条生产线；引进湘潭大学技术扩建一条年产 4000 吨的新高氯酸钾生产线；引进河北科技大学技术新建液体和固体二氧化氯产品生产线；与国际知名企业——澳大利亚澳瑞凯合资合作，引进其具有国际先进技术水平的起爆器材产品。2011 年，在吸收国内先进生产工艺技术基础上，该公司自行设计建成年产 3000 吨乳化剂生产线，成功研制出一种新型油相钢带冷却下料装置，解决油相产品生产过程中的技术难题，获国家专利。2014 年，完成油相、乳化剂、肠衣膜和卡扣等技术攻关以及油相材料生产线升级改造，在采用自主创新自动放料计量系统后，劳动强度降低，质量得到提高，在国内同行业处于领先水平；“油汽分离器装置”和“反应釜导热油输送系统”获得国家实用新型专利。

（二）民爆器材

1992—2015 年，湘器公司科技人员自主或与外单位联合进行试验研究，开发出导爆管雷管、塑料导管、导火索断细药装置、高强度高精度导爆管雷管、起爆雷管、双

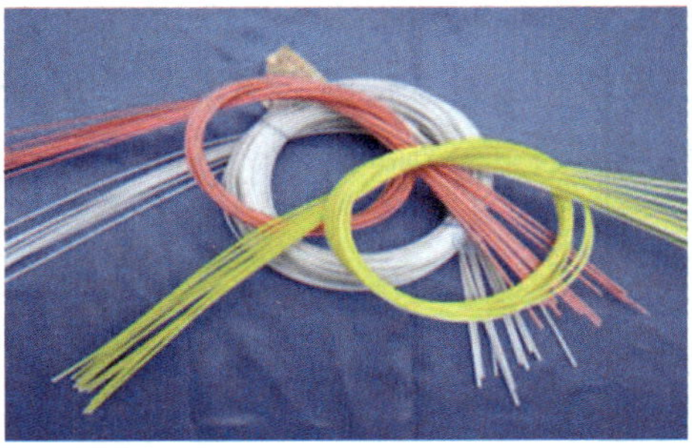

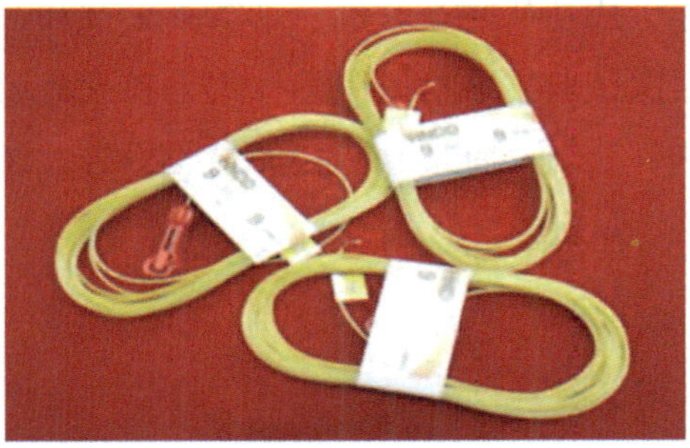

2015 年，湖南省湘南爆破器材有限公司研发生产的塑料导管（右）、导爆管雷管（左）

发火延期引信装置、黑火药、消防类等产品，并取得一批技术成果、发明和实用新型专利。

1993年，湘器公司成立以廖振树、熊忠贵为负责人的研制小组，研制开发点火线非电起爆系统。1995年研制成功，是开采宝石、黄金矿专用的延时起爆系统，具有点火可靠、导火索燃烧稳定、延时准确、雷管可起爆各种常用炸药的特点，并且有较好的抗水、抗柴油、抗硝胺溶液的性能。是年，省国防科工办批准定点生产。

1995年，湘器公司与长沙矿山设计院研发导火索断细药装置。由周守八牵头，柴建华负责工装设计，经试验获得成功。该装置能实时监控导爆索、导火索机下药量，从而保证产品质量，在下药量低于正常标准时，能自动报警并控制机器停机。应用于导爆索、导火索机后，大幅提高产品质量。

1999年1月，湘器公司李依章牵头组织课题组研制一种装配在延期导爆管雷管和电雷管中起延时作用的传火元件即延期体。2005年5月，通过生产定型和省国防科工办的技术鉴定。2007年，对延期体生产线进行技术改造，生产能力从8000万发/年提升到1.20亿发/年，工艺改进项目获“湖南省国防科技工业系统创新杯奖”。2013年，“一种延期体集合器”获国家发明专利权。

2013年，湖南省湘南爆破器材有限公司“延期体集合器”生产车间

2007年，湘器公司与西安应用物理化学研究所开展对高温延期索的研制，于2010年年底提供小批量样品至油井试验，产品符合技术要求，2011年批量生产。

2010年，湘器公司姚渊、曾大桥等人研发灭火装置中的热引发器，获得国家专利。是年，成功研制产气剂、烟雾灭火剂和气溶胶灭火剂等配套产品。2013年，经过3年数百次试验，成功研制悬挂式干粉灭火装置，2015年8月获得国家固定灭火系统和耐火构件质量监督检验中心的检验报告，2016年年底通过公安部消防产品合格评定中心的强制认证。

四、其他化工新产品

（一）茶皂素

1986—1988 年，地区香料厂唐俊成、何大光等人，采用独创的底开式浸出器从油茶饼中提取皂素。皂素浆获取率平均 38.40%，溶剂消耗在 10%以下，总甙含量为 87.35%，技术处国内先进水平，填补省内空白，获 1992 年度省科技进步四等奖。

（二）松香改性聚氨酯漆

1991—1992 年，地区家具装饰公司张定生、熊霓云等人，成功研发 S01-3 聚氨酯漆，生产工艺成熟，设备完善；产品装饰性、耐温性及耐水、耐磨、耐腐蚀性好，保护功能强。产品填补省内空白，达国内先进水平，获 1992 年省新技术新产品交易会科技创新金奖。

（三）砂状冰晶石

1992—1993 年，祁阳氟化盐厂陈铁基、蒋宜权等人，以价格低廉的黏土、食盐代替昂贵的氢氧化铝和纯碱，采用粘土盐卤法生产人造砂状冰晶石，产品质量达到 GB4291-94 特一级标准，性能稳定，生产成本降低 12%，技术处国内先进水平，获 1996 年度省科技进步三等奖。

（四）水性聚氨脂

2012 年，宁远博信水性高分子材料有限公司的水性聚氨酯生产线建成投产。产品填补国内市场空白，主要出口印度尼西亚、越南等东南亚国家。

（五）硫酸钙晶须

2013 年，宁远县隆翔新型材料科技有限公司采用白云石为原料生产硫酸钙晶须产品，为国内首创，具有无毒、绿色，增强工业制品耐磨、耐温和稳定性能，可替代石棉和玻璃纤维，成为摩擦材料的新型产品。

（六）超细高性能锡钯胶体材料

2011—2014 年，湖南化讯应用材料有限公司、深圳化讯材料应用有限公司邱文裕、廖丽军等人，通过优化高性能纳米锡钯胶体材料配方、生产工艺参数试验、超声波生产系统组件及工艺，对新产品材料性能检测及产品测试等，使其主要性能指标优于国内同类产品，技术处国内领先水平，在方正集团等国内知名企业应用，反映良好。

五、工艺技术

（一）制备对异丙基甲苯新方法

长沙理工大学、湖南科技学院等单位湛雪辉、湛含辉等人，采用松节油生产樟脑和松油醇的副产物工业双戊烯为原料制备对异丙基甲苯，转化率高、产品纯度高，且生产原料丰富、价格低，增加工业双戊烯的附加值，其工艺技术和产品综合指标达到国际先进水平。该技术获 2009 年度省科技进步三等奖。

（二）精细有机化学品的绿色合成研究

2000—2008 年，湖南科技学院袁先友、张敏等人通过研究，提出在固体酸催化精细有机合成反应中，利用微波加热不仅加快反应速率，且对固体酸催化反应有促进和诱导作用。研究催化剂制备、表征、性质、催化机理、结构与催化活性之间的关系，为精细化学品的绿色合成工业化提供实验数据和模型。其研究成果在国际权威刊物发表 SCI 收录论文 20 余篇，EI 收录论文 4 篇，获授权国家发明专利 2 项，出版学术专著 1 部。该研究成果获 2010 年度省自然科学三等奖。

（三）利用直流电熔新工艺生产焊剂

2011 年，永州市兴发电熔科技有限公司施和平、李春范等人，使用直流电熔新工艺生产中锰高硅低氟熔炼型焊剂，解决了低锰高铁矿在焊剂生产中污染等问题。比传统生产工艺减少原料损耗 14%以上，每吨产品降低成本 15%，申请国家发明专利 2 项、实用新型专利 1 项。

（四）绿原酸工业化生产装置改进及应用

2011 年，双牌县金蕊实业有限责任公司绿原酸生产车间

2011 年，双牌县金蕊实业有限责任公司曾国进、唐万涛等人，采用水提法和膜分离法，改进传统技术。在提取罐底部增设竹垫，在浓缩罐喷嘴上焊接一个弧形不锈罩等，可增加蒸发面积，缩短浓缩时间，提高工作效率，降低产品损失、生产成本和粉尘排放，该技术居国内先进水平。

（五）纳米碳酸钙生产工艺

2002 年，祁阳县建材化工厂与中南大学合作，开发纳米超细轻质碳酸钙及连续碳化新工艺。2012—2014 年，湖南金箭新材料科技有限公司文经建、张桂美，采用晶型控制剂抑制碳酸钙的结晶速度和粒径，突破纳米碳酸钙生产须在冷冻状态下合成的传统工艺，实现在常温状态下生产纳米碳酸钙，可节省设备投资 60%以上，每吨产品生产降低电耗 30%、成本降低 300 元以上。

（六）仿不锈钢铝材表面处理技术

2013—2015 年，祁阳宏泰铝业有限公司蒋国富、黄建国等人，采用铝材热处理淬火—表面初处理—表面再处理等新工艺，使铝材表面具有较高硬度、强度和有较好的色泽及附着力，在铝材表面形成一层仿不锈钢金属色泽膜，可防污、防锈、防刮痕。主要技术性能指标优于国家标准，获国家发明专利、实用新型专利各 1 项，获 2015 年度市科技进步一等奖。

（七）多金属矿与二次氧化贵金属物料处理技术

2009—2015 年，福嘉综环科技股份有限公司与中南大学开展长期产学研合作，在富氧底吹、杂铅电解、银铋分离、贵金属“火法”与“湿法”结合等方面研发关键核心技术。重点处理多金属矿与二次氧化贵金属物料等，取得多项国家发明专利。

2013 年，福嘉综环科技股份有限公司的冶炼三联炉

（八）三聚氰胺氢溴酸盐阻燃剂工业化应用

2012—2015 年，湖南美莱珀科技发展有限公司彭治汉、赵海珠等人，研究三聚氰胺阻燃剂、溴系阻燃剂在凝聚相阻隔成碳阻燃等机理基础上，设计开发磷—溴—引发剂催化阻燃剂及阻燃母粒体系，达到低添加与高效阻燃的统一，提升阻燃材料使用安全性，并形成整套生产技术和自主知识产权，投入生产后，经济效益显著。

第八节　冶金工业

20 世纪 80 年代末至 90 年代，境内冶炼业兴起，主要从事锰粉、钢铁、锰铁合金、铁合金、铅、锌、锑、铝的冶炼，并重视技术改造，引进先进技术和开发新产品，取得一批科技成果。进入 21 世纪后，境内各类冶炼企业建设和发展迅速，矿产品深加工技术特别是锰矿、稀土氧化物加工技术取得新进展。同期，冷水滩耐火材料厂、零陵耐火材料厂耐火材料生产技术和新产品开发处于国内先进水平，后因环境保护、经营管理等原因，分别于 2004 年和 2014 年破产改制。

一、冶炼技术

1985—1988 年，零陵东湘桥锰矿黄顺生、石明生等人，研发电炉冶炼硅锰合金新技术。在 3000KVA 电炉内加入锰矿石、焦炭、硅石、石灰，通电加热并产生相关化学反应，大幅提高锰、硅回收率，降低冶炼电耗，各项排放指标符合国家规定标准。产品质量好，远销日本、东南亚、西欧等国家和地区，经济、社会、环保效益明显，技术居国内先进水平。

1987—1991 年，省冶金材料研究所、地区冶金化工总厂、省锰矿公司李树仁、谭建安等人，成功研制新型环形烧结机。该机结构简便、能耗少，漏风率低，可增加富锰渣和生铁产量，经济效益显著，为小厂矿提供了经济适用的小型烧结机具，获得 1993 年度省科技进步三等奖。

1996 年，省外贸矿产品进出口公司与宁远县联营创办锑品冶炼厂，配备熔烧炉、反射炉、引风机、柴油机组等设备，设计能力为年产 500 吨精锑，具备完成精锑生产 310 吨的能力，后因精锑价格下落，企业经营困难而停产。是年，江永县银铅锌矿投入资金 150 万元，兴建处理电铅阳极泥的贵金属车间。

1999—2003 年，零陵区利用境内丰富的锰资源，在珠山镇创办以锰产品深加工为主的珠山冶化工业园。先后引进长城冶金炉料有限公司、恒盛铁合金有限公司、利丰冶化有限公司、鑫贵锰业有限公司、荣顺达实业有限公司等 15 家规模以上加工企业，形成以锰冶炼为支柱的冶化工业集群，主要产品有硅锰合金、生铁、富锰渣等。

2001—2004 年，江永县银铅锌矿投入 498 万元进行技改，淘汰旧设备，选用新技术、新工艺，粗铅冶炼达 1 万吨以上，电铅生产能力从 4000 吨提至 1 万吨；银锭质量达国家一号银锭标准。

2008—2009 年，湖南东港锑品有限公司阳金升、胡时专等人，采用自主创新的鼓风炉布袋氧气输送、外购锑氧化物的斗式提升、自身反射炉炉顶、一次性尾渣等工艺技术，形成年产 6000 吨锑锭规模，产品符合国家精品锑标准。新工艺提升了自动化程度，减轻了劳动强度，经济节能环保效益明显。2009—2010 年，该公司刘健秋、李羽等人，改变手工操作技术流程，采用自动化配料、抓料、运输加料、电子秤计量等装备技术，大幅降低劳动强度和锑氧粉丢失，提升生产效率和产品质量，形成年产熔炼锑的硫化物 1 万吨能力，每年节省费用约 400 万元。申请国家发明专利 2 项，实用新型专利 2 项。

二、加工技术

境内矿产品加工主要是以锰矿为原料加工生产锰粉、焊剂、硅锰合金、富锰渣等产品，以锑矿为原料加工生产锑系列产品，以稀土为原料加工生产稀土氧化物产品等。

（一）锰矿加工

1987 年，永州市（县级市）锰粉厂投资 100 万元，购入 2 台雷蒙机，8 台焊剂炉，125 变压器等设备进行技术改造，使锰粉年生产能力达 1 万吨；该厂生产的埋弧焊用熔剂型焊剂通过省级鉴定，各项性能指标均达 GB5293—85《碳素钢埋弧焊用焊剂标准规范》要求，处于国内领先水平。

1991—1994 年，地区焊剂厂施和平、蔡松成等人，利用当地锰矿资源，采用电弧炉熔炼法研发 431 焊剂系列产品，用计算机控制全生产过程，使熔炼处于最佳状态，提高产品稳定性。技术属国内首创，产品质量处于同类领先水平，获 1995 年度省科技进步四等奖。

1999 年，东安县金鸡焊材有限公司利用当地锰矿资源，开发出 1.5MI 低温钢用焊剂、SD–1 快速焊剂、低氢高韧性 YD–504A 焊剂，并被认定为省高新技术产品，填补国内此类产品空白，列入省科技引导资金项目计划，获得 105 万元科技引导资金支持。到 2004 年，东安县焊材焊剂产量占据全国 50%的市场。

2003—2005 年，市哈陵焊接器材有限公司刘工程、施和平等人利用当地低品位锰矿资源，成功研制钢筋电渣压力焊专用焊剂 HL801。该产品为竖向钢筋焊接的一种专用焊剂材料，主要用于港口、桥梁、水利及建筑工程中的柱、墙、构筑物等现浇混凝土结构中竖向受力钢筋的连接，各项力学性能、工艺性能优于其他产品，填补国内空白，技术水平国内领先，获 2005 年度市科技进步一等奖。

（二）稀土加工

2002 年 3 月，市湘江稀土有限责任公司落户祁阳县观音滩镇，是以独居石为原料冶炼分离稀土的高新技术企业。2013—2014 年，该公司对原有老旧生产设备实施技术升级改造，建有 7 条国际技术水平的萃取分离生产线，有完善的环保设施，具备年加工处理独居石 5000 吨、萃取分离 3000

2013 年，永州市湘江稀土有限责任公司稀土氧化物生产车间

吨稀土氧化物的能力，主要产品有氧化镧、氧化铈、氧化镨、氧化钕等。

2005 年 3 月，湖南皓志科技股份有限公司落户祁阳科技工业园内，是国家高新技术企业，有抛光粉生产线与抛光液生产线各 1 条，主要产品有纳米级抛光与研磨粉体材料、氧化硅纳米抛光液体材料、氧化硅纳米超细粉体材料、氧化锆纳米研磨液等。至 2014 年，公司已取得国家发明专利 13 项，实用新型专利 11 项。2008—2012 年，该公司李艳花、于长江等人应用液相化学沉淀法合成稀土抛光前躯体，通过焙烧、分级等新工艺生产出含氧高端稀土抛光粉，打破国外对导电玻璃领域抛光粉的垄断，获国家专利 2 项。同期，该公司刘俊、翟海军等人成功研发出“高纯碳酸锆—铁掺杂处理—焙烧—粉碎分级—配浆”生产氧化锆抛光液新工艺，生产的产品各项技术指标和性能符合用户要求，能替代进口产品，大幅降低用户成本。获国家发明专利 2 项、实用新型专利 6 项。

三、耐火材料

1990—1991 年，中国建筑材料科学研究院、零陵耐火材料厂杨勇虎、郭海珠等人，采用二氧化硅结合碳化硅并加入复合添加剂，较好地解决碳化硅制品在烧成和使用过程中的抗氧化性、制品胚体脱模和干燥等问题，提高了制品的常温强度和高温强度，以及大尺寸薄型棚板的胚体强度、致密度和标面平整度，达到国际同类产品的质量水平，并在湖南、四川、广东等地陶瓷厂推广应用。

1986—1987 年，株洲硬质合金厂、冷水滩耐火材料厂李柏生、陈新国等人，开展耐火材料异型钢结硬质合金模具材料成型及烧结的研究。经工业规模试验表明：异型钢结硬质合金用于异型耐火材料模具，具有耐磨性好、使用寿命长、砖胚质量高、节约生产工时、降低生产成本、提升劳动生产率等优点，经济效益显著，为异型耐火材料模具生产开创新途径。获 1993 年度省科技进步三等奖。

1990—1991 年，冷水滩耐火材料厂杨长青、张国交等人通过改进生产配方，采用泥浆拌料、高压、成型和高温烧成等生产新工艺，成功研发“高热震低气孔率粘土砖”，提升了砖的致密度，显气孔率明显下降，产品质量达国内先进水平，可代替进口产品，获 1993 年度省科技进步三等奖。

第九节　能　源

20 世纪 90 年代，境内能源供应主要以电力、煤炭为主。因环保和资源等因素，大多数煤炭开采企业在 2000 年前后停产关闭，原煤供应主要靠外地调进。水力发电和供电成为永州能源供应的主渠道，至 2015 年，已建成南津渡水电站、浯溪水电站、潇湘水电站、湘祁水电站等水力发电站，以防洪、灌溉为主要功能，兼顾发电，在引进、开发及应用新技术上，取得一批科技成果。进入 21 世纪后，代表新能源的风能、太阳能、生物质能等开始被开发利用，节能技术也取得新进展。

一、供　电

1992—2015 年，永州电业局（国网永州供电公司）通过科研开发，应用推广了一大批新技术新产品，一批技术成果获得省、市科技进步奖。

2001 年，与武汉电力学院合作开发“变电站模拟培训系统”，获省电力局科技进步二等奖。

2004 年，易泽茂、蒋志兵等人研发“电力营销管理系统”，获市科技进步二等奖。

2002—2005 年，永州电业局、湖南大学和湖南湖大华龙电气与信息技术有限公司合作研发成套电能质量监测评估系统。该系统应用网络通信技术，通过软、硬件结合，对全网电能质量各指标数据进行实时采集、发布、查询和监控等，运算快，能准确测量、计算和评估电能质量，技术达国际同类先进水平，获 2006 年度市科技进步二等奖。

2005 年，《提高站用电可靠性防止 220 千伏主变跳闸》《改进照明回路，减少维护工作量》获得湖南省优秀 QC 成果奖。

2006 年，成功开发集中管理型录音系统。该系统基于广域信息通信网络，引入数据集中、网络管理、集中管理的概念，开发专用录音软件，解决录音设备不便于维护、录音数据不安全、查询不便等问题。

2007 年，成功开发防电气误操作综合智能监护系统。该系统利用详细的操作日志、全程操作录音，为倒闸操作考核、事故分析提供了原始依据，配合严格的考核制度，可充分调动操作人员的主观能动性，规范倒闸操作，杜绝误操作事故。2008 年，“提高保护压板投退正确率”获省电力公司科技进步奖二等奖。

2008—2009 年，冷水滩区供电局邓汝千、唐怡密等人成功研制“新型高压电缆分支箱接地装置”，解决了高压电缆分支箱的接地问题。产品结构简单，操作简便、成本低，获实用新型专利 1 项和 2009 年度省电力公司群众性科技创新二等奖。

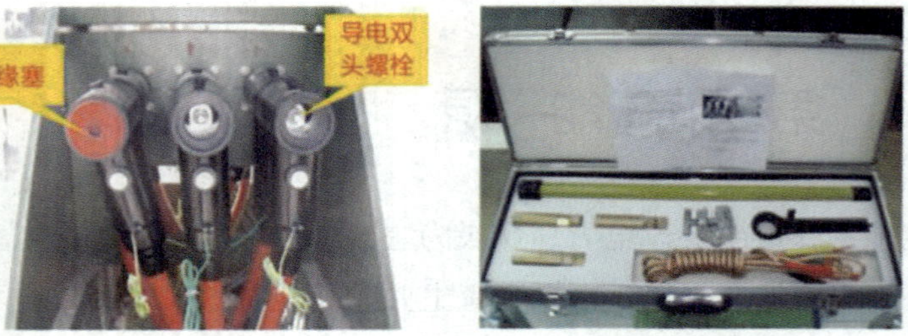

2009 年，冷水滩供电局研制的新型高压电缆分支箱接地装置

2009 年，研制出“新型 220 千伏耐张瓷瓶带电或停电检修专用卡具”，有效解决传统作业工具不能实现带电更换双联双串中的零值绝缘子问题。2010 年，研发“EXCEL 电费资金到账确认专家”，解决客户电费到户资金与客户名难对应、与银行不能同步实时入账、到账不能实时掌握等问题，从而降低账务工作量，提高电费催收准确性。是年，有 6 个科技成果获省电力公司科技进步奖，其中“降低配电线路跳闸率”获省电力公司科技进步二等奖。

2011 年，“提高变电站微机五防装置使用率”获省电力公司科技进步二等奖。2012 年，有 10 个项目获得省电力公司科技进步奖，其中“研制电气试验新型短接线”获一等奖，“提高三牌使用寿命，实时线损监测系统软件的开发”“配电台区低压引下线蝴蝶瓷瓶卡线器”3 个项目获二等奖。同时，自主研发“电力计量封印智能管理系统”，使计量装置封印管理与营销 SG186 信息化系统无缝连接，实现封印在系统内实时流转，并清晰及时可查，使封印管理规范，在封印发放和配送等环节节省时间约80%。

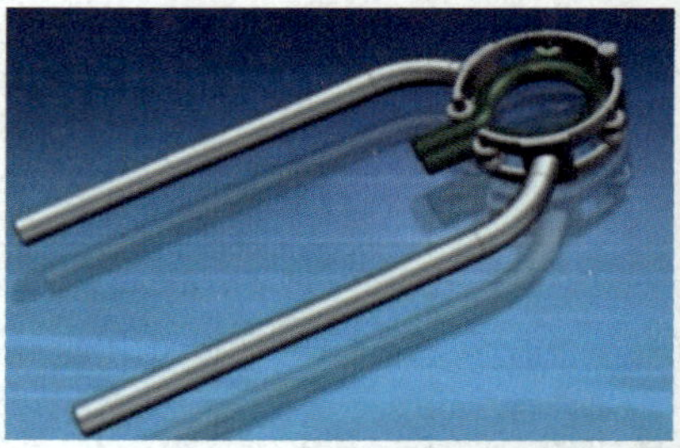
2012 年，永州电业局研制的配电台区低压引下线蝴蝶瓷瓶卡线器

2013 年，根据山区常出现雾凇和雨凇现象，严重威胁电网安全问题，采用特殊截面的组合式高强复合材料操作杆，成功研制“便携高效人工除冰新型工具”，可个人携带并快速灵活组装，除冰时间缩短，安全性提高。是年，有 6 个科技创新和推广项目获省电力公司科技进步奖，其中，“研制组合式互感器”“提高低压居民采集率和台区综合线损合格率”获一等奖，“挖电杆杆洞的专用工具”“多用途电源插头”获二等奖。

2014 年，有 8 个项目获得省电力公司科技进步奖，其中，“便携式杆上配变吊装工具”获一等奖，“制作电缆沟盖板起吊兼搬运多功能工具”“新型配电变压器自动加油装置研制”获二等奖。

2015 年，有 5 个项目获得省电力公司科技进步奖，其中，“新型双盘多功能紧线器研发与改进”“智能相序变换器设计及应用”获一等奖，“制作培训课软件，促进大学生岗位快速成才”获二等奖。

2014 年，永州电业局研制的制作电缆沟盖板起吊兼搬运多功能工具

在科技研发的同时，永州电业局对一些核心或关键技术及时申请专利保护，2009—2015 年获得国家授权专利 21 项。沈桂诚、何银国等人研究的“实现用户自定义睡眠参数控制空调运转的遥控装置及方法”，王建梅、廖家旺研发的“一种箱式变压器检修接地装置”，傅翔研制的“一种装卸用小车”3 个项目获得国家发明专利。

二、新能源

20 世纪 50 年代，境内农村开始建设沼气池使用生物质能，70 至 80 年代农村家用沼气池建设形成一个小高潮，90 年代大型沼气池工程开始在大型猪场和肉类加工厂推广应用。其他新能源的应用起步较晚。2013 年 9 月，市政府办发布《永州市能源发展规划（2013—2015 年）》提出积极开发利用新能源，调整优化能源生产及消费结构，并规划风能、太阳能、生物质能发电的装机规模。至 2015 年，新能源开发形成一定发电规模的是风能发电，已建成 4 家风电场；祁阳 3 万千瓦生物质发电项目正在建设中。

2015 年 8 月，江华东田风电场首台风机并网发电

2012 年 10 月，永州市第一家风电场——江华花地湾风电场开工建设。该风电场是蒙东协合新能源公司在南方投资兴建的，地处江华县大路铺镇，规模 48 兆瓦，建设一座 110 千伏升压站。2013 年 8 月完成首台发电机组吊装。2014 年 9 月，24 台风机全部并网发电。

2014 年 7 月，中国风电

集团投资的江华东田风电场开工建设，总投资4.50亿元，建设范围涉及东田镇、沱江镇、大路铺镇等，装机规模48兆瓦，安装每台2兆瓦风机24台，采用湘电TFY2000型永磁同步发电机，具有结构简单、体积小、重量轻、损耗小、效率高等优点。2015年8月，首台风机并网发电。

2014年11月，国电龙源江永风力发电有限公司投资的江永黄甲岭风电场主体工程开工建设，是国家“十二五”第三批核准计划的重点新能源投资项目，总投资约4.25亿元。安装24台2兆瓦风电机组，装机容量48兆瓦，2015年6月升压站受电，至年底上网电量2746万瓦。

2015年5月，中国风电集团投资的江华界牌风电场开工建设，总投资约4.5亿元，建设范围在界牌乡鸭头源村、蓬田源村、小源村等12个行政村，总装机规模48兆瓦，安装每台2兆瓦风机24台，采用湘电TFY2000型永磁同步发电机。是年12月，全部并网发电。

2015年12月，江华界牌风电场并网发电

2012年8月，祁阳凯迪绿色能源开发有限公司投资的30兆瓦生物质发电项目开工建设，是国家鼓励发展的新兴能源产业，发电燃料为农作物秸秆、稻壳、木屑、山林薪材和筛选后的可燃垃圾。总投资3亿元，装机容量30兆瓦。采用国家推广的环保炉型循环硫化床锅炉，适应燃料范围广，燃烧效率高，属中温燃烧，产生二氧化硫、氮氧化物比较少，汽轮发电机采用高温超高压技术，可大幅降低燃料消耗。2014—2015年，完成主车间、发电房建设和设备安装调试。2016年3月，发电机组一次性完成240小时的可靠性试运行。

三、节　能

20世纪90年代，境内节能技术主要研制家用节煤炉和烟叶节能烤房改造。进入21世纪，重点在工农业生产中开展节能减排，并取得一批生产工艺节能和节能产品的科技成果。

（一）高效低噪小型节能碾米机

1992 年，新田第一机械厂研制的“高效低噪小型节能碾米机”吨料耗电仅 5.30 千瓦时，较传统产品标准吨料耗电节能 47%，还可与小型耕整机动力配套，通过省机械研究所专家鉴定，被省科委列为省星火计划重点推广项目。

（二）高效节能蒸发器

1992 年，永州市节能设备厂研发的“高效节能蒸发器”获中国新技术新产品科技创新一等奖和“10 年专利成果奖”。1995 年，被国家医药总局评为第一批节能产品，并在全国推广。

1992 年，永州市节能设备厂研发的高效节能蒸发器

（三）95-1 型双层铁壳节煤炉

1994—1995 年，新田县电器炉具厂肖显中、谭建生等人，以高铝薄壁耐高温炉胆作炉芯，采用双层高铝硅纤导风套内隔热，双层导风套之间设计两条余热回风槽，导风套紧贴炉胆，以内铁壳定型保护，外围使用颗粒性保温材料再次隔热，节能效果高出普通炉具一倍。1995 年，参加中国国际新技术新产品博览会并获金奖。

（四）隧道窑热能的再利用

1995—1996 年，宁远县瓷厂胡光武、陈全中等人，运用热交换原理，将隧道窑体、产品、窑车上积蓄的热量，引入成型车间链式烘房内用于半成品干燥，可降低煤耗及环境污染，提升产品质量，减轻劳动强度。

（五）超导传热环保型节能锅炉

1998 年 8 月，市节能设备厂唐于君、王礼建等人与湖南大学合作研发。在锅炉相关部位安装的新型高效超导传热器，通过管内传热介质的相变换热，将传统锅炉的辐射传热改造为以超导传热为主的复合传热，可燃料煤、燃气、燃油兼用，提高热能 10%，节省能源 30%。

（六）多功能供热炉

2005 年 5 月，市雅大科技实业有限公司胡顺开、胡顺端等人，将传统供热装置环绕炉膛的储水层隔成两个环层，内层装超导液作循环供热用，外层装水供热水导出，实现同时供热、供热水，一炉多用。可节煤 50%，节油节气 40%以上，降低综合费用 50%，提高供热效率 30%。申请国家专利 1 项。

（七）高清洁车用汽油新技术

2010—2016 年，永州锦荣新能源开发有限公司蒋良荣、刘昌铁等人，采用 3%的特种配方添加剂、30%的特质生物甲醇和67%汽油，经过新工艺调配成高清洁车用汽油，直接用于汽车燃料。各项技术和产品质量指标好于国家或地方标准，技术国内领先，获国家专利13项。

第十节　高新技术产业

高新技术是指前沿科技领域的最新技术成果，高新技术产业则是以高新技术为基础，从事一种或多种高新技术及产品的研发、生产和服务的企业集群。高新技术企业由科技部或省科技厅按照相关的条件、标准和程序认定，经认定的高新技术企业，按有关规定享受税收减免、金融贷款和研发项目扶持等优惠政策。1990年，境内高新技术产业开始起步，因永州市经济基础薄弱，科技实力有限等因素，高新技术产业发展缓慢。1996年，市委、市政府遵照中央和湖南省关于加强技术创新发展高新技术产业的有关精神，作出加快发展高新技术产业的战略抉择，提出支持高新技术企业发展的多项举措，高新技术产业得以发展。

一、高新技术企业

1999年，市时新电子有限公司被省科技厅认定为境内第一家高新技术企业。1999—2002年，市直有关部门支持高新技术企业发展，帮助争取省高新技术产业发展引导资金项目14项，到位资金7200万元。其中，市科技局推荐企业6家，到位资金1250万元；市计划委员会推荐企业3家，资金1050万元；市经济委员会推荐企业1家，到位资金300万元；市农业委员会推荐企业3家，到位资金600万元；省经贸委推荐长丰公司长沙汽车制造总厂组建新制造公司，到位资金4000万元。2000年，认定高新技术企业8家，有高新技术产品9个。

“十五”期间（2001—2005年），共认定高新技术企业29家（含复审）。2001年，争取省高新技术产业引导资金项目7项计2300万元，其中长丰集团1000万元，湖南黎海微电机有限公司350万元，永州市三利实业有限公司150万元，永州市特种养殖技术研究所100万元，永州市湘江稀土股份有限公司400万元，江永香柚开发总公司150万元，东安金鸡焊材有限公司150万元。2002年，全市经过省科技厅认定的高新技术企业达22家，高新技术产品23个，实现高新技术产值25亿元。2005年，新认定高新技术企业5家，全市实现高新技术产值35亿元。

“十一五”期间（2006—2010年），突出重点领域的技术创新，重点支持现代农业、机电制造、生物医药、新材料等领域的高新技术发展和产业化。共认定高新技术企业 28 家（含复审），高新技术产品 40 个，形成机械电子、新材料、生物医药和农产品深加工四大高新技术产业集群。2010 年，实现高新技术产值 75 亿元。

“十二五”期间（2011—2015 年），共认定高新技术企业 68 家（含复审）。2015 年是认定高新技术企业最多的一年，有 18 家，实现高新技术产值 101 亿元。

1999—2015 年，全市累计认定高新技术企业 134 家（含复审）。

1999—2015 年度永州市高新技术企业一览表

表 5－1

序 号	企 业 名 称	认定时间（年度）
1	永州市时新电子有限公司	1999
2	永州市九天自动化有限公司	2000
3	永州市哈陵焊接器材有限公司	
4	永州市冷水滩四通天然植物制品厂	
5	永州市节能设备厂	
6	新田县新德利化肥有限责任公司(原新田县复合肥厂)	
7	湖南百草制药有限公司	
8	永州市特种养殖技术研究所	
9	湖南八方药业有限公司(原湖南剑鹰制药有限公司)	
10	湖南正太金琥药业有限公司	2001
11	永州市湘江稀土股份有限公司	
12	永州市绿源牧业科技有限公司	
13	湖南熙可食品有限公司	
14	祁阳鑫利冶金化工有限公司	
15	湖南科力电机股份有限公司	
16	长丰(集团)有限责任公司	
17	永州市冷水滩南方食用菌开发有限公司	
18	湖南江南奇正科技有限公司	
19	冷水滩中大特种水泥有限公司	
20	永州异蛇生物科技有限公司	
21	湖南恒伟药业有限公司	2002
22	长丰汽车制造股份有限公司	
23	冷水滩电线电缆有限公司	2003
24	长丰沙发有限公司	
25	永州仁和高新技术有限公司	
26	永州市时新电子有限公司	
27	永州市希尔天然物料有限公司	
28	湖南金浩植物油有限公司	

续表 5－1

序号	企业名称	认定时间（年度）
29	湖南大自然制药有限公司	2004
30	湖南熙可食品有限公司	
31	湖南南岭民用爆破器材股份有限公司	
32	永州市山香油脂油料有限责任公司	
33	湖南永州湘江纸业有限责任公司	
34	永州市希尔药业有限公司	2005
35	湖南金浩植物油有限公司	
36	湖南省冷水滩电线电缆有限公司	
37	永州仁和高新技术有限公司	
38	湖南长丰汽车沙发有限责任公司	
39	湖南省天龙米业有限公司	2006
40	永州长怡汽车电子有限公司	
41	湖南东港锑品有限公司	2007
42	湖南长丰汽车内装饰有限公司	
43	湖南长丰汽车塑料制品有限公司	
44	湖南大自然制药有限公司	
45	湖南南岭民用爆破器材股份有限公司	
46	湖南天圣有机农业有限公司	2008
47	湖南美莱珀科技发展有限公司	
48	湖南金浩茶油股份有限公司	
49	湖南跃进机电有限责任公司	
50	湖南省中科农业有限公司	
51	长丰(集团)有限责任公司	
52	湖南熙可食品有限公司	
53	永州长怡汽车电子有限公司	2009
54	湖南时代阳光药业股份有限公司	
55	湖南省天龙米业有限公司	
56	湖南神斧集团湘南爆破器材有限责任公司	
57	湖南兵器建华精密仪器有限公司	
58	湖南长丰空调有限公司	2010
59	湖南科茂林化有限公司	
60	永州市鑫盈建材有限公司	
61	湖南长丰汽车内装饰有限公司	
62	湖南长丰汽车塑料制品有限公司	
63	湖南东港锑品有限公司	
64	湖南长丰汽车沙发有限责任公司	
65	永州市异蛇科技实业有限公司	
66	湖南南岭民用爆破器材股份有限公司	

续表 5-1

序号	企业名称	认定时间（年度）
67	湖南天圣有机农业有限公司	2011
68	永州皓志稀土有限公司	
69	湖南省中科农业有限公司	
70	湖南省中政建材有限公司	
71	永州重力托玛科技实业有限公司	
72	湖南省永达锰业有限公司	
73	祁阳宏泰铝业有限公司	
74	永州锦滦新能源开发有限公司	
75	永州市兴发电熔科技有限公司	
76	湖南美莱珀科技发展有限公司	
77	湖南跃进机电有限责任公司	
78	湖南奥盟电器有限公司	
79	湖南金浩茶油股份有限公司	
80	湖南恒惠食品有限公司	
81	永州市雅大科技实业有限公司	
82	永州山香香料有限公司	
83	永州市华利工贸有限责任公司	
84	湖南神斧集团湘南爆破器材有限责任公司	2012
85	永州长怡汽车电子有限公司	
86	湖南时代阳光药业股份有限公司	
87	湖南省天龙米业有限公司	
88	湖南农大海特农化有限公司	
89	湖南兵器建华精密仪器有限公司	
90	永州湘江纸业有限责任公司	
91	湖南希尔天然药业有限公司	
92	湖南零陵恒远发电设备有限公司	
93	湖南长丰汽车内装饰有限公司	2013
94	湖南长丰汽车塑料制品有限公司	
95	湖南长丰汽车沙发有限责任公司	
96	湖南长丰汽车空调有限公司	
97	永州市水利水电勘测设计院	
98	湖南东港锑品有限公司	
99	湖南科茂林化有限公司	
100	湖南美星光电科技有限公司	
101	永州市鑫盈建材有限公司	
102	湖南南岭民用爆破器材股份有限公司	

续表 5－1

序号	企业名称	认定时间（年度）
103	湖南元创精密科技有限公司	2013
104	湖南格润新能源有限公司	
105	湖南银光粮油股份有限公司	
106	湖南林之神林韵油茶科技发展有限公司	
107	湖南龙昶机械工程有限公司	
108	永州市祥瑞生物科技有限公司	2014
109	湖南长丰猎豹汽车有限公司	
110	永州福嘉有色金属有限公司	
111	永州市创辉光电科技有限公司	
112	湖南省凯盈科技有限公司	
113	蓝山县金山川粉末冶金有限公司	
114	湖南皓志新材料股份有限公司	
115	湖南长丰汽车零部件有限责任公司	
116	湖南省中科农业有限公司	
117	湖南恒伟药业股份有限公司	2015
118	永州恒丰机械有限公司	
119	祁阳宏泰铝业有限公司	
120	永州市达福鑫显示技术有限责任公司	
121	湖南熙可食品有限公司	
122	湖南科力尔电机有限公司	
123	永州市新辉开科技有限公司	
124	湖南和广生物科技有限公司	
125	永州湘江纸业有限责任公司	
126	湖南时代阳光药业股份有限公司	
127	湖南永州奔腾彩印有限公司	
128	江华九恒数码科技有限公司	
129	湖南美莱珀科技发展有限公司	
130	宁远县九疑兔业开发有限公司	
131	湖南希尔天然药业有限公司	
132	湖南皓志科技股份有限公司	
133	永州市湘江稀土有限责任公司	
134	湖南兵器建华精密仪器有限公司	

二、科技园区

境内高新技术园区建设较滞后。到2015年，还没有一家国家和省级高新技术园区。市级有经科技部批准的永州国家农业科技园区和省政府批准的永州经济技术开发区。

（一）永州国家农业科技园区

1996年，市委、市政府在伊塘、接里桥、邮亭圩三镇组建永州市现代农业科技示范园；2008年，经省科技厅批准，晋升为省级农业科技示范园。2009年，被省财政厅、科技厅授予“高效生态农业示范基地”称号，被省政府授予“高技术生物产业基地”称号。2010年，经科技部、农业部、水利部等六部委批准为第三批国家农业科技园区（试点）。设立园区管理委员会（临时），隶属市政府办管理。2011年，永州国家农业科技园被农业部批准为国家级农业产业化示范基地。2012年，在科技部的年度国家农业科技园区评估中，位列在建园区第11名。2014年，在科技部国家农业科技园区创新能力评价中排名第12位，先后被评为科技部科技特派员创业基地、科技部第一批星创天地、湖南省新型工业化示范基地、湖南省科技成果转化示范基地、湖南省农业星创天地示范基地。

2016年2月5日，永州国家农业科技园区工作委员会、管理委员会挂牌

永州国家农业科技园区规划面积9.86万公顷，其中，稻田1.73万公顷，旱田0.47万公顷，果园0.33万公顷，水面0.20万公顷，森林5.33万公顷，荒土1.20万公顷，村庄道路0.60万公顷；园区共有行政村236个，总人口21.60万人，其中，核心区面积0.80万公顷，示范区面积9.07万公顷。在核心区，日供水2万立方米自来水厂、35千伏专线供电站、进园公路一期等工程建成并投入使用。到2015年，有科研所、技术中心等科研机构14家，其中，国家级1家、省级6家、市级7家；市柑科所、市林科所、市节水灌溉试验站等科研单位均在农业科技园核心区内；累计实施各类科研项目122个，其中，国家级22个、省级36个，获国家二等奖2项、省级科技奖励11项，取得专利64项，制定出台食用菌、油茶等行业标准和技术规程4个，引进、推广新技

术、新品种、新设施196项(个)。2010—2015年获得各类农业科技研发、试验、推广成果49项，其中，国家科技进步二等奖、省科技进步一等奖各1项。

2015年，园区已形成以优质稻、柑橘、西瓜、油茶、种苗和食用菌为主导的特色农业，以粮油加工、果蔬加工、天然辛香料萃取为龙头的农副产品精深加工业，以永州森林植物园为核心的乡村旅游休闲观光业等。到2015年年底，入园企业39家，其中高新技术企业10家，有科技人员460多人，外聘科技人员50多人。国家级农业产业化龙头企业1家、省级13家、市级26家，获评“全国放心粮油示范企业”称号的8家、“全国油茶籽油加工十强企业”称号的1家；拥有中国驰名商标5个、湖南省著名商标9个、国家地理标志保护产品1个；组建农村专业合作组织65个，发展会员4万余人。实现总产值128亿元，税收7.20亿元。

（二）永州市经济技术开发区

2018年7月，永州市经济技术开发区潇湘科技创新中心科技展示馆启用

永州市经济技术开发区的前身是永州市凤凰园经济开发区，位于永州中心城市西北部，始建于1988年。1990年，经省人民政府批准为省级重点开发区。2013年11月20日，经省政府同意更名为永州市经济技术开发区，下辖长丰工业园、凤凰工业园、冷水滩高科技工业园和1个街道办事处，总规划面积121平方公里，总人口8.50万人，建成区面积22平方公里。2016年，开发区有工业企业187家，已形成汽车制造及零部件、食品加工、电子信息、生物医药、文化创意等产业集群，实现技工贸总收入461亿元，工业总产值366.30亿元，工业增加值108亿元，进出口总额1.80亿美元，税收18.68亿元。有高新技术企业22家，高新技术产值占工业总产值的比重为27%；有国家驰名商标3个，省级名牌商标8个。先后被授予“湖南省承接产业转移特色园区”“湖南省知识产权工作示范园区”“省级推进新型工业化示范基地”“全国模范劳动关系和谐园区”等称号。

三、部分高新技术企业简介

（一）湖南熙可食品有限公司

湖南熙可食品有限公司（2015 年）

位于永州市经济技术开发区向荣工业村，1997 年成立，是以生产柑橘、甜玉米、蘑菇、草莓等果蔬食品为主的国家农业产业化重点龙头企业。到 2015 年年底，年产值、产量、出口创汇在全国食品罐头行业位列前五名，柑橘罐头行业位列全国排名第一位。主要产品有橘子、胡柚、枇杷、杨梅、芒果、菠萝、荔枝、椰果等罐头食品，总资产 4.10 亿元，其中固定资产 2.30 亿元。该公司拥有 6667 公顷自有果园、2 个果苗基地、1 家果业公司，在中国南方和北方均有现代化食品加工厂，20 多条生产作业流水线，1 个国家级研发中心和国际化质量检验中心。产品销往美国、加拿大、欧盟、日本等 20 多个国家和地区，并与美国 Del Monte、KFC、沃尔玛，英国 SPC，Hagoromo、Maruha 等国际顶级企业建立起长期良好的合作，积累有丰富的水果加工经验以及农产品服务经验。该公司先后获得美国 FDA、英国 BSI、德国 IFS、中国 ISO 9000、HACCP 体系和绿色食品等认证，先后荣获国家科技进步二等奖、湖南省科技进步一等奖以及“国家高新技术企业”“全国农产品加工业示范企业”“全国园艺产品出口示范企业”“中国优秀民营科技企业”“全国新农村建设百强示范企业”“全国乡镇企业创名牌重点企业”等荣誉称号。2006 年，该公司技术中心经国家发改委、科技部等部委确认为“国家认定企业技术中心”。

湖南时代阳光药业股份有限公司（2015 年）

（二）湖南时代阳光药业股份有限公司

位于零陵区工业园内。截至 2015 年年底，拥有 6.26 万平方米的厂房和 8 条全自动中成药生产线，能生产颗粒剂、丸剂、酊剂、口服液等 8 个不同剂型、54 个品种，其中基本药物目录品种 16 个，2004 年、2009 年两次通过国家 GMP 认证。主要产品有驴胶补血颗粒、藿香正气水、喉咽清口服液等。2009 年，时代阳光（永州）牌藿香正气水被评为湖南省名牌产品。2010 年，该公司被省知识产权局确认为知识产权优势培育企业，被省食品药品监督管理局确定为省医药示范性企业。“时代阳光”牌、“金驴”牌和“永州”牌被评为省著名商标。

（三）湖南科力电机股份有限公司

位于祁阳县黎家坪镇，2001 年成立，注册资本 1500 万元。到 2015 年，厂区面积 20 多公顷，员工近 2000 人。其中，大中专毕业生约占 15%，中级职称以上各类技术骨干、管理骨干约 80 名。工厂拥有国际先进水平的进口设备 360 多台（套），并有 15 条柔性装配流水线。资产总额近 2 亿元。主要生产微波炉、换气扇、暖风机等家用电器配套用单相交流罩极电机，园林工具等配套用串激电机，打印机、扫描仪、舞台灯光、工业控制等配套用混合式步进电机及贯流风机四大系列 100 多个品种，其中罩极电机产销量全国第一。该公司与湖南大学、上海第 21 研究所、西安微电机研究所建立起稳定的技术开发合作关系，产品的技术、质量水平处于国内同行领先地位。产品获得中国电工委 CCC 认证、美国 UL 认证、德国 VDE 认证、欧盟 CE 认证，被评为湖南省名牌产品和湖南省高新技术产品，与美的、格力、惠尔浦、天津 LG、上海松下等国内大型电器集团公司建立起长期稳定的合作关系，并出口到美国、加拿大、日本、德国、意大利、西班牙、波兰、伊朗、土耳其等国家和地区。荣获“优秀非公有制企业”“市优秀企业”等荣誉称号。

湖南科力尔电机股份有限公司（2017 年）

（四）湖南长丰汽车沙发有限责任公司

位于冷水滩区张家铺 1 号，1997 年成立，是长丰集团有限责任公司的控股子公司，下设长沙、滁州、广州 3 家分公司，注册资本 6000 万元。截至 2015 年年底，总资产 2.24 亿元，占地面积 2 万多平方米，建筑面积 1.38 万平方米，拥有员工 430 余人，其中大专以上学历科技人员 146 人，有各种先进生产设备 400 多台套，具备单班生产 5 万台 / 套汽车座椅的生产能力。主导产品有汽车座椅、天窗及玻璃升降器等零部件。该公司自成立以来，荣获“湖南省最佳效益企业”“湖南省高新技术企业”“湖南省守信用企业”“湖南省和谐劳动关系企业”“永州市十佳就业单位”等荣誉称号。该公司引进吸收国际先进管理理念与管理方式，构建以绩效管理、质量环境管理体系为主导的基础管理体系；建立以国家级实验室为基础的质量与研发平台，拥有自主知识产权 8 项，已形成永州、长沙、滁州等生产基地，产品销售收入、利润进入全国同类企业十强。

（五）永州市异蛇科技实业有限公司

永州市异蛇科技实业有限公司（2015 年）

位于零陵区异蛇山庄，1996 年成立，是一家集异蛇养殖、蛇毒研究、产品精加工于一体的高新技术企业。下属单位永州异蛇生物研究所，与广西医科大学蛇毒研究所、湖南中医药研究院、湖南科技学院、长沙理工大学等科研院所合作，研究成功的蛇毒蛋白、蛇肉蛋白等产品，在医药、食品、生物制剂领域广泛应用；尖吻蝮蛇、眼镜蛇等珍稀蛇类人工养殖技术研究成果，荣获省科技进步二等奖和市科技进步一等奖，“尖吻蝮（蕲蛇）精深加工及产品研发应用”项目获市技术发明二等奖。该公司获得湖南省野生动物及其产品经营许可证、食品生产许可证和 ISO 9001（2008）质量管理体系认证，是湖南农业、林业产业化龙头企业，国家级尖吻蝮蛇、乌梢蛇中药材养殖示范基地、中国野生动物保护协会养殖委员会爬行动物（蛇类）养殖示范基地。2015 年，该公司生产有异蛇王酒和异蛇鞭酒系列、异蛇酒系列、蛇油蛇肽护肤品系列、异擦宁消菌外用系列产品。异蛇王酒、异蛇鞭酒酿泡技艺被列入湖南省永州市非物质文化遗产保护名录。注册商标“柳宗元”牌于 2007 年被评为湖南省著名商标，2012 年被评为中国驰名商牌。2015 年，“柳宗元”牌产品被评为湖南省名牌产品。

第六章　农林水利

农业发展在经济社会发展中具有举足轻重的地位。1978 年改革开放以后，党委、政府始终把农业特别是粮食生产放在经济工作的首位，深化农村改革，大力推进科技兴农，优化农业产业结构，加快了农业现代化进程。1992—2015 年，境内广大科技工作者以发展高产、优质、高效农业为己任，注重新品种引进和高产育种技术研究与推广；突破传统畜牧水产家养模式，转向集约化、工厂化发展；随着国家农机补贴政策的实施，新型农机具的研发和推广力度加大；水电水利工程技术逐步现代化、智能化，永州优质水资源得以较好保护和利用。大批农林水利科技成果的运用，产生了显著经济社会效益。

第一节　种植业

一、粮食作物

（一）水稻

1982 年，在江永桃川洞发现“江永野生稻”；1993 年和 1995 年，考古学家两次在道县玉蟾岩遗址发现距今约 1.2 万 ~ 1.4 万年的古栽培稻。2004 年 11 月，哈佛大学、北京大学和省考古研究所组成的“中国水稻起源考古研究”中美联合考古队，在道县玉蟾岩发现了 6 枚古稻籽粒及 1 块原始陶器残件，这是世界上所知年代最早的实物标本，考证其年代为距今 1.4 万 ~ 1.5 万年。

中华人民共和国成立后，水稻生产与研究一直处于优先发展的科研领域。20 世纪 50 年代中期，单季稻改双季稻。60 年代中期，高杆改矮杆。70 年代初期，开始推广杂交稻。80 年代中期至 90 年代，引进和选育杂交新组合，注重优质稻开发，重视稻米质量，综合考虑米质、高产性和抗病性等因素。2001 年，开始引进两系超级杂交稻种植，逐步大面积推广；2011—2015 年，实施“用 3 亩田产 4 亩田稻谷”的“种三产四”丰产工程。2011 年，零陵区农业局参与由湖南杂交水稻研究中心等单位联合开展的“超

2012年7月9日，湖南杂交水稻研究中心研究员、中国工程院院士袁隆平（前右一）在零陵区富家桥镇察看超级杂交水稻长势

级杂交稻‘种三产四’丰产技术研究与应用”，在富家桥镇示范推广，大幅度提高水稻单产和总产，获得2014年度省科技进步一等奖。1992—2015年，境内获得国家、省表彰的农业科技成果26项，其中，国家二等奖1项，省级奖励25项（一等奖2项，二等奖2项，三等奖16项，四等奖5项），市政府表彰112项（特别奖1项，一等奖16项，二等奖34项，三等奖59项，四等奖2项）。

1.新品种引进与推广 1992—1995年，境内引进推广主要新品种有：威优49、48、64、8312、35、1126，华联2号等；中稻杂交当家组合有：威优6号、威优64，汕优64、汕优桂33、汕优桂99等；晚稻杂交当家组合有：威优6号、威优64、威优46、汕优桂34、汕优64、汕优63、汕优桂33等。

1996—2015年，引进推广主要早稻品种有：浙辐7号，湘矮早9号，浙辐802，湘早籼3号、6号、7号、13号、19号、24号、29号、45号，二九丰、浙852、中嘉早17号等；杂交稻品种有：威优48－2、金优402、株两优819和4026、潭两优83、淦鑫203、陆两优996、中优早5号等；中、晚稻品种有：汕优46、58、63、64、77，准两优527和608，Ⅱ优58和162，Y两优1号、2号、7号，湘晚籼12号、13号，金优117、207，丰两优香1号，汕优桂99，威优46，两优培九，皖稻153，科优21，C两优396，丰源优299，天优998，五优308，岳优9113，深优9586，天优华占，泰优390，岳优360等。

1993—1994年，地区农技推广站唐宏斌、唐治炳等人，引进推广湘早籼7号、13号、14号，金优77等，晚稻引进推广湘晚籼3号、5号，金优63、77、107和金优桂99等。采取品种搭配，早配迟、中配中、迟配早，适时播种、培育壮苗、合理密植、插足基本苗等技术，推广种植1.34万公顷，每公顷比常规品种增692.40千克。

1995—1999年，市农科所陈国祥、朱恩明等人从湖南农业大学引进香型杂交晚稻新香优80。通过试验、制种、示范、推广等措施，获得成功，该品种表现成芽率、成穗率、结实率高，产量高、米质优、抗性强等特点，5年示范推广种植2.66万公顷，增产增效明显。

1998—1999年，宁远县农技推广中心、宁远县科委陈同旺、刘梦华等人，引进巴西陆稻推广获得成功。1998—1999年，在宁远县推广1520公顷，平均每公顷产稻谷4.50吨以上。

2.品种选育和制种　1985年始，境内农业部门进行水稻品种选育和制种技术研究，培育出一批良种并在高产育种方面取得突破。

品种选育　市农科所朱团洪、朱恩民等人，成功选育永早籼4号，获1997年度市科技进步一等奖。同期，该所还成功选育永早籼1号、3号并推广。

1988—1998年，省种子集团公司、芝山区种子公司王国荣、黄四齐等人，从福建三明市农科所引进杂交水稻新组合威优77、汕优77与恢复系明恢77，利用明恢77配制了I优77、金优77、新香优77等杂交新组合；制定优质高产制种技术方案和高产栽培技术措施。该系列杂交新组合产量高、米质好、抗性强、易制种，8年间在全省推广种植面积220.60万公顷，综合效益显著。获1999年省科技进步三等奖。

1991—2004年，市农科所朱恩明、熊昌明等人，开展中熟杂交晚籼组合新香优118选育研究，通过去雄杂交、测交，新组合比较试验等，2002年、2003年参加省中熟晚籼组合区相关试验，2004年进行多点试验，表现出耐肥、抗倒性、抗病性强，后期耐寒性较强，成熟落色好，丰产性稳定，2005年通过省级作物品种审定。2005—2009年，在湘、鄂、赣、桂等省区累计推广种植该品种49.95万公顷，平均每公顷产稻谷7.50吨以上，且米质优于普通品种，综合增收25.74亿元，技术成果处国内先进水平。同期，开展优质高产晚籼新组合T优118选育，表现出生长势强、穗大粒多和抗性好的特点，每公顷产稻谷8.25吨左右，米质优良，获2010年度市科技进步一等奖。2008—2012年，市农科所李成业、桂爱军等人，采取统一种子供应、技术服务、田间管理的方

2003年9月，市农科所朱恩明等人培育的中熟杂交晚籼组合新香优118

法，适时播种控秧龄，合理密植争多穗，早追肥和综合防治病虫等技术，累计推广51.79万公顷，增产稻谷33万吨，获农业部2011—2013年度全国农牧渔业丰收三等奖。

1996—2010年，市农科所李四九、欧阳国春等人经研究选育，筛选出恢复系R899。该恢复系米质优、抗性好，配组优势好，所配组合品质和产量优势明显；所配制的新香优899是通过永州市审定的第一个杂交稻品种，所配成的金优899与I优899是永州市第一批通过省审定的杂交稻品种；在湖南、江西、广西等地累计推广种植113.33多万公顷，平均每公顷产8.25吨以上，社会经济效益显著，研究成果达国内先进水平，获2002年度市科技进步特别奖。1998—1999年，该所朱团洪、朱恩明等人，选育成功湘早籼27号；该品种表现早熟、抗性好、高产稳产，全市累计推广种植9.33万公顷，新增产值7560万元，获1999年度省科技进步三等奖。

2001—2010年，湖南阳明种业有限公司、市农科所秦志舫、李成业等人，进行品种选育研究。2006年，筛选出高产优质杂交晚籼中熟组合益优701；2007年，多点示范种植；2008年，参加省晚稻筛选实验；2009年，参加省晚稻区试；2011年，通过省农作物审定委员会审定。获2011年度市科技进步一等奖。

2009年4月，湖南阳明种业有限公司、市农科所培育的杂交晚籼中熟组合益优701

2009年6月23日，市农科所李成业观察湘优616结穗情况

2002—2013年，市农科所、省杂交水稻研究中心、湖南金色农华种业科技有限公司李成业、段贵建等人，经5年7代系谱单株选择培育而成三系早籼组合湘优616。2005年通过省品种鉴定，2009—2012年参加各级区域试验，2013年通过省品种审定。该组合表现熟期适宜，丰产性、稳定性好，田间抗性好，区试平均每公顷产7.72吨。获2013年度市科技进步一等奖。

1999—2014 年，湖南省天龙米业有限公司、市农科所雷春生、邹全胜等人，经 5 年 6 代选育而成优质稻天龙 1 号。该品种具有米质优、生育期适宜、高产、抗性强、稳定性好等优点。2003—2011 年，境内示范种植 46.66 多万公顷；2012—2013 年，扩大至衡阳、郴州及桂北、粤北等地，累计推广种植 73.33 万公顷，增产增效显著。获 2014 年度市科技进步一等奖。

2017 年 7 月 16 日，零陵区富家桥镇晚稻建优 2 号秧田

2006—2015 年，市伊园科技有限公司、市农科所李成业、王松柏等人，选育成功优质杂交稻新品种建优 2 号，经区试、生产试验和大田种植表现高产稳产，2014 年在省内多点示范种植 5333 公顷，平均每公顷产 8.85 吨，每公顷增产 750 千克以上。且发病率低、抗倒伏，适合机械收割；米质优，精米率 69.30%。2015 年，被省农经委指定为主推优质稻品种，获该年度市科技进步一等奖。

制种技术　1985—1991 年，地区农业局参与省种子公司组织开展的“南繁杂交水稻制种高产技术研究及应用”项目。突破在海南省五指山以北冬季不能制种的禁区，形成南繁高产技术体系。1988—1989 年，湖南省 4000 余公顷杂交水稻南繁制种面积和单产居全国同期南繁之首。技术处国内领先水平，获 1993 年度省科技进步三等奖。

1987—1993 年，资兴市种子公司、地区农校曹梦飞、周宗岳等人通过实验，研究出基地选择、后期施肥、轻度割叶、振动母本、适时赶粉等提高异交结实率的技术措施，结实率由 38%增至 55%。该制种技术处国内领先水平，获 1994 年度省科技进步三等奖。

1991—1992 年，地区种子公司、道县、东安县、祁阳县种子公司黄培劲、程机等人，发现杂交水稻父本散粉高峰期和母本柱头外露高低的敏感期两个生物学规律，独创排除授粉障碍的配套技术，成果处国内领先水平，获 1991 年度地区科技进步特等奖、1992 年度省科技进步二等奖。

3.栽培技术　20 世纪 80 年代至 90 年代初，推广早稻用箩筐、编织袋装保温催芽，杂交中晚稻用编织袋装、日浸夜露浸种催芽；杂交早稻育秧大面积采用地膜小苗带土直栽技术。推广杂交稻每蔸双株寄插、两段育秧、大蔸原蔸移栽技术。1990—1996 年，杂交早稻推广地膜小苗育秧技术，杂交中晚稻推广浸种催芽和旱育秧技术；1997—2008 年，推广塑料软盘旱育抛秧技术，部分地方中耕已采用除草剂；2008—2015 年，推广水稻集中育插秧技术，改善育秧设施设备，开展高产栽培技术、免耕抛栽技术和再生稻研究等。

1990—1992 年，江华县农业局蒙长清、杨泽日等人，学习借鉴广西富川县小苗移栽和日本专家原正市的早稻耐寒育秧技术，采用育秧床土经酸或硫磺粉处理、旱地育苗、中苗移栽等项新技术，获得成功。该县连续两年推广种植 6666 公顷，较常规方法种植增产增收明显。

1991—1992 年，地区农技站、双牌县和冷水滩市农业局唐宏斌、唐治炳等人，利用收割后稻桩上存活休眠芽的机理，选用再生能力强的优种组合汕 63 和 V64，采取提早播种、合理密植，起垄栽培，满足水稻生长的水、温、光与养分等技术措施，使其再度萌芽生蘖，约 30 天齐穗，60 天成熟，是水稻种植方式的新突破，连续两年实施再生杂交稻高产栽培，面积 1733 公顷，两季平均每公顷产 11.40 吨，比常规种植每公顷平均增 2.99 吨。

1996—1998 年，祁阳县农业技术推广中心李阳生开展水稻、玉米两季间种亩产吨半粮栽培技术研究，采用高密植型，宽窄行种植，起垄栽培玉米，平洼种植水稻等技术；单产增幅大，1998 年种植 0.47 公顷，折每公顷均产 22.65 吨，产值 2.92 万元，增收明显，开辟了一条高效农业新途径。市农科所欧高明、李四九等人实施双季优质稻吨粮开发。两个项目均获 1998 年度市科技进步一等奖。

1998—2003 年，省植物保护研究所、道县农业局刘见平、刘都才等人，将稻田免耕、水稻抛栽、再生栽培和无公害栽培技术进行优化，优选出优良再生稻组合，制定中稻免耕抛栽秧再生无公害栽培技术操作规程，整体技术居国内同类研究领先水平，获 2004 年度省科技进步三等奖。2002—2004 年，江华县农业局赵民军、谢绍祝等人，采取早稻收割后，用化学除草剂灭茬处理，免去犁耙程序，选用大孔径秧盘和黏性营养土，喷施“多效唑”、适量施氮肥和腐熟有机肥后，直接浅水抛栽晚稻秧苗。在湘南片区推广实施 3 年，总结出一套成熟的免耕抛秧栽种技术，增效明显。

2004—2005 年，湖南银利来粮油实业有限公司李蔚、胡友齐等人，在祁阳白水、大村甸镇建立标准化种植基地，推广种植新软粘 13 号、湘晚籼品系、新香优 80、两培优等品种；采取稻鸭共生、频振式诱蛾灯杀虫、生态综合防治技术、施有机肥、科学管水等项生物技术，推广种植 5018.80 公顷。经测产，早稻每公顷均产 6.75 吨，晚稻每公顷均产 6.10 吨，每公顷增收 1500 余元。

2004—2008 年，市农科所李四九、蒋刚生等人，推广杂交早稻金优 899。集成组装一整套技术上好懂、易推广的高产稳产技术规程。5 年累计在湘、赣、桂等省区推广

2007年6月，市农科所李四九等人培育的杂交早稻良种金优899

56.45万公顷，呈现产量高、品质优、抗逆性强、综合效益好等特点，技术成果达国内先进水平。

2005年，东安县农业局易恢满、艾云清等人，组织实施水稻单产增收行动。通过改良中低产田，选用高产优质品种，加大用种量，增加基本苗，使用旱育秧、软盘或无盘抛秧、直播，测土配方施肥，合理管水，综合防治病虫害等技术，推广5.23万公顷，平均每公顷产6.73吨，比上年每公顷增产10.30%。2008年，该局胡翔飞、周桂华等人，实施万亩双季稻高产示范，面积1360公顷，采用“良种—良田—良法—良肥”组合技术，实现增穗增粒增产；早稻673公顷，平均每公顷产8.25吨，晚稻687公顷，平均每公顷产7.41吨，示范效应明显。

2008—2010年，冷水滩区农业局周烨、柏黎明等人，组织实施超级杂交早稻丰产栽培配套技术推广。采取统一供种、统一育秧、统一技术方案、统一测土配方施肥、统一病虫害防治等措施，推广超级杂交早稻1.69万公顷，增产2.71万吨。

2012—2014年，双牌县农业局、零陵区农业局、市农科所唐少东、李炳华等人，与湖南穗香大地农业科技股份有限公司协作开展香型杂交稻农香优204高产栽培技术研究与应用。通过品种品比、移植密度、施肥水平及稻飞虱防治等项研究，形成一套高产栽培技术。累计推广1.95万公顷，每公顷产粮9.23吨，增产增收明显。

（二）旱粮作物

境内种植旱粮历史悠久，旱粮作物主要有麦类、稷类、豆类、薯类。1995—2005年，主要推广的品种：玉米有掖单13号、临奥1号；高粱有红缨子、湘糯梁1号、两糯1号；大豆有湘春豆6号、12号、14号、21号、22号系列良种和中黄13、19等；薯类以红薯为主，有湘薯16号、湘幅1号、南薯88、豫薯868等。2006年，引进优良品种并开展旱粮高产高效栽培示范。宁远、江华县分别创办万亩大豆和玉米高产高效示范区，大豆示范区平均每公顷比上年增产169.50千克；玉米示范区平均每公顷比上年增产1.07吨。春大豆—优质晚稻、玉米间大豆套红薯、玉米间大豆、玉米间辣椒等高产高效栽培模式示范取得较好效果。2009年，道县万亩大豆高产示范被列为农业部高产创建示范点，高产示范片单产达到150千克，超过农业部示范单产要求。2010年，全市创办玉米万亩高产创建示范片1个，大豆、花生千亩高产创建示范片各1个。2011年，创办玉米、大豆等万亩高产创建示范片30个。

1.玉米良种引进及高产栽培技术　20世纪90年代中期，零陵农校、市农科所、市林业局科技推广站等单位邓小华、喻美莲、潘九林等人，引进掖单13号等22个玉米品种做品比实验，筛选出9313等9个品种在冷水滩、芝山、双牌等县区进行高产栽培技术研究。

2010年6月，市农科所早春甜玉米技术示范

1998—1999年，新田县旱粮办林仕发、喻秋明等人，采用优质杂交玉米湘玉7号与红薯良种南薯88套种，种植3336公顷（约5万亩）；实施适时插薯，合理密植，科学用肥，综合防治病虫害、鼠害等项技术措施。经测产验收，刷新5万亩旱土旱粮亩产过吨粮的湖南省记录。

2005—2010年，市农科所潘九林、段贵建等人，从良种选择、实时播种、壮苗培育、定向移栽、合理密植、经济施肥等方面进行系统研究，集成组装一套适合永州气候条件及其相似地区推广早春甜玉米丰产高效栽培技术体系，在东安、江华、双牌、冷水滩、零陵、祁阳等县区大面积推广，增产增效显著，技术居国内先进水平。

2012—2013年，东安县农业局吕正午、唐建军等人，参与农业部下达的“玉米高产创建示范”计划项目，采取“一穴单株”“宽窄行”栽培、测土配方、氮磷钾搭配施肥等技术措施，形成一套适宜湘南丘陵坡地的玉米高产栽培技术，推广示范面积8000公顷。2013年测产验收，示范片平均每公顷产7.08吨，增产效益显著。

2.高粱良种选育技术　1994—2000年，宁远县种子公司、九嶷山乡农技站、湾井镇农技站唐安成、鲁茂祥等人，采用系统选育法成功选育九嶷糯粱HS－57，并研发配套繁殖制种技术。该品种遗传稳定，配合力高；制种安全、产量高、质量好。2000年，宁远县示范推广该品种，较一般品种每公顷增产1.50吨，获2000年度市科技进步一等奖。1996年，宁远县农业局荆志成、鲁茂祥等人，推广两系杂交新组合湘两优糯粱一号；该品种具有生长期短、抗倒伏、再生能力强、适应性广、产量高的特点，秋季再抽穗，一年两收；是年，在全县示范推广种植2667公顷，增产15%～20%。

2013 年 10 月，鲁茂祥在糯高粱制种基地记录数据

2006 年，宁远县圣粱种业有限公司鲁茂祥、皮三富等人，承担国家酿酒专用糯高粱湘宁糯 3 号的选育及应用研究；采用高世代不育系制种技术，选用不育系 SHC-1 与恢复系宁 R1288 进行测交配组，获得成功；2008—2009 年，参加全国高粱品种试验，表现稳定；2009 年通过国家鉴定，成为茅台、泸州老窖、衡水老白干等国内高中档白酒酿制的首选原料品种。2011—2013 年，鲁茂祥、皮三富等人又开展杂交糯高粱“两糯一号”优质高产制种技术研究，找到适合的制种环境及播种时期，改育苗移栽为大田直播，延长营养生长期，改单纯使用化肥为使用多元素有机复合肥，延长营养生长期，增加千粒重，技术处国内领先水平。

3.红薯良种引进及高产栽培技术　1990—1993 年，新田县旱粮办公室李群、雷土明等人，引进南薯 88，采取培育壮苗、适时早插、高垄双行、适度密植、合理施肥、适时收挖，安全贮藏等技术措施，在全县示范推广种植 5480 公顷，平均每公顷产鲜薯 32.80 吨，增产明显。

2006—2009 年，市农科所谢宜芝、欧阳国春等人，采用种苗供应与技术支撑结合，技术培训与技术服务结合，高产栽培与田间管理措施结合，形成一套超然 966 红薯综合高产栽培技术，丰产效果好，平均每公顷产量 116.28 吨，并带动形成种植加工产业链，综合效益显著，技术处省内先进水平。

2007 年 6 月，市农科所超然 966 红薯示范种植基地

2008—2011 年，湖南科技学院、市永大生物能源科技有限公司黄光文、

管天球等人，对在大田获得芽变株，采用茎尖玻璃化保种，薯拐育苗，“早作物—夏薯—绿肥”轮作、“玉米—红薯”或“西瓜—红薯”套作、“幼林—红薯—绿肥”间作等方式提高复种指数和栽培效益，三年累计推广栽种红薯400公顷，每公顷增产约7.50吨。

4.大麦试种推广　1996—1997年，新田县农技推广站的程彦、周名建等人，从湖北省农科院引进高产饲料大麦品种鄂大麦7号试种，获得成功并示范推广。该品种具抗逆性强、成熟早、产量高，种植成本低，综合效益显著等优点。

5.大豆新品种引进及配套技术　2005—2010年，新田县优质大豆开发协会蒋异、年海等人，引种华南农业大学选育的新品种华春6号，采用测土施肥、病虫害综合防治技术、搞好田间管理等技术措施，产品达到绿色食品标准，5年累计推广种植1666.67公顷，较常规品种平均增产20%~30%。

二、油料作物

境内油料作物主要种植油菜和花生。1991年，主打油菜品种有湘油11号、湘油5号、川油9号等。1992—2015年，种植品种主要有中油821，湘油15，湘杂油1号、2号、3号、4号、5号、6号，湘杂油631、753、695、518，丰油682、792、730、841，油研7号。优质油菜覆盖率达98.50%、优质杂交油菜覆盖率95.30%。水田以“稻—油”“稻—稻—油”轮作栽培为主，旱地以玉米—油菜或红薯—油菜轮作栽培为辅。20世纪90年代，推广双低油菜规范化栽培、油菜育苗移栽、油菜直播、油菜机播机收、增施硼肥、喷施“多效唑”、化学除草和施用复合肥等技术。2000年后，推广“稻—油栽培技术”“稻—稻—油栽培技术”“油菜直播栽培技术”等。2007—2012年，市农科所段贵建、李成业等人从冬油菜品种选择、适时播种、壮苗培育、合理密植、适当用肥等方面进行研究，筛选出湘杂油693等6个优良品种及研究配

2013年3月15日，市农科所李成业观察湘杂油693品种的花期

套高产栽培技术，产量比常规品种高10%，总结出《双低冬油菜高产高效栽培技术规程》，六年累计推广种植1.33万公顷，新增产值1.5亿元。2013年，普及推广机播机收技术和撒播直播技术。2015年，开始采用宽窄行栽培技术。

1992年，随着花生种植经济效益不断见好，花生新品种引进、新技术推广加快，种植面积扩大，单产提高。1992—1999年，以种植本地中籽、小籽花生和湘花生1号、2号、3号、4号等品种为主。2000年后，推广粤油5号和粤油79。主要采用垦复穴播、地膜覆盖、起垄栽培技术。2001年，全市花生种植面积1.98万公顷，总产4.65万吨，较1992年面积增长近1倍，总产增加2.5倍，单产增长39.56%。2007年，花生种植面积达2.27万公顷，总产5.75万吨，创历史新高。2014年，宁远县农业局胡兴、龚永锋等人，大面积示范推广适宜湘南丘陵红壤花生高产栽培技术，该县万亩示范种植区平均每公顷产4.59吨，较上年增83.20%。

三、水果、蔬菜、食用菌、茶叶、西瓜

（一）水果

1.柑橘　境内是柑橘的原产地之一，栽培历史在1800年以上。1991年，有品种、品系137个，其中，橙类50个、宽皮橘类53个、金柑类6个、柚类16个、枳类5个、其他7个。1992—2000年，主要推广种植椪柑、柚和脐橙。2000年以后，主要推广脐橙，发展早熟、特早熟柑橘品种和杂柑。2015年，境内柑橘种类有橙、宽皮柑橘、柚、金柑、枳、佛手和柠檬、杂柑8大类，品种近200个。以种植宽皮柑橘、橙、柚、杂柑四大类为主，栽培的主要品种：宽皮柑橘以尾张、南柑20号、宫川、宫本、兴津、椪柑、南丰蜜橘、沙糖橘等为主；橙类以哈姆林甜橙、华盛顿脐橙、纽荷尔脐橙、纽荷尔新系脐橙、大红甜橙、夏橙、锦红冰糖橙等为主；柚类以沙田柚、蜜柚、葡萄柚等为主。在苗木繁殖新技术研究推广方面，20世纪80—90年代，推广大棚容器育苗技术。2000—2015年，推广无病毒容器育苗技术，同时建设了一批采用无病毒容器育苗技术的大型苗圃，主要有道县绿源果业开发有限公司的柑橘无病毒苗繁育中心、永州利添生物科技有限公司道县苗圃、湖南熙可食品有限公司南方优质种苗快繁中心苗圃、湖南省季丰农业有限公司的江永无病毒容器育苗苗圃等。在栽培技术方面，主要引进澳大利亚建园和栽培管理先进技术，事前规划，开深沟，深翻土，压绿肥，培肥土壤；山地建园挖鱼鳞坑，等高水平梯田种植，坡线种植；改密植为稀植，提倡自然园头形、开心形和塔形；改精细修剪为粗放修剪等。

柑橘类　2002—2007年，道县农业局胡昌启、郭平荫等人，采用山地坡线撩壕、平地起垄建园、袋装育苗、节水、测土配方施肥、修剪、保花、生态防治等综合技术

措施，推广“猪—沼—果”生态种养模式，全县脐橙面积、产量、品质有较大提升；2006 年，道县脐橙被国家食品发展中心定为“绿色食品”A 级产品。该技术成果获 2007 年度市科技进步一等奖和省丰收一等奖。

2010 年 7 月，市林科所柑橘幼林套种夏季西瓜实验基地

2003—2006 年，市林科所等单位谢红梅、柏劲松等人，从水肥管理、土壤改良、修剪抹梢、保花促果、防治病虫等方面，对红壤山地温州蜜柑丰产栽培技术进行研究，使橘果产量、品质、售价及果农的经济收入明显提升，技术处国内同类先进水平。2007—2011 年，对不同栽培模式下柑橘高、径、冠幅等生长指标及其产量、经济效益对比研究，并在柑橘幼林中套种夏季西瓜—秋季西瓜—冬季蔬菜三茬农作物，增值效果明显，获 2012 年度省科技进步三等奖。

2004—2011 年，市农科所潘九林、段贵建等人，引进新品种鄂柑 2 号进行速生丰产技术研究，通过品比试验、高标准建园、合理剪春梢、高效施有机肥等措施，达到丰产目的，5 年生鄂柑单株产量 70 千克，技术处国内先进水平。

2011 年 10 月，市农科所潘九林等人引种的鄂柑 2 号

2004—2014 年，东安县农业局谭德远、陈明明等人，历经 10 年对全县 3.26 万公顷温州蜜柑实施标准化生产技术。采用创建核心示范区、稀植矮化栽培、深翻改土、配方施肥、生物杀虫等项技术措施，增产 20%，总结出一套适合当地温州蜜柑标准化生产集成技术。

2008—2009 年，市柑科所何小华、李友卿等人，推广温州蜜柑高产栽培技术，橘园管理和果实品质达国内先进水平；2010—2012 年，对蜜柑老果园改造，全面实施标准化技术管理，解决种植不规范、农药残留超标等问题，柑橘产量、品质、经济效益显著提高。2012—2014 年，该所李友卿、尹向东等人自制有机复合肥，给柑橘施底肥和叶面喷施，提高果品硒含量，产品符合国家《食品中硒限量标准》，技术居国内先进水平。

柚类 1996—1997 年，江永县香柚研究所何成红、胡永上等人，选用琯溪蜜柚等外地良种与江永酸性香柚授粉实验，获得技术突破，筛选出既能作香柚授粉品种又有较高商品价值的早香 1 号等 3 个优良品种，替代酸柚，坐果率达 28.97% ~ 31.80%，果品质优，累计推广 666 余公顷，经济和社会效益显著，获 1998 年度省科技进步四等奖。2002—2007 年，江永县桃川洞新产品开发区管委会、江永潇湘食品有限公司卢胜进、马新民等人首次用毛笔黏蘸剪磨花粉点授香柚鲜花，技术属国内首创并录制《江永香柚剪磨收集花粉毛笔点授技术》光盘；财政部、中国科协面向全国推广，累计推广面积 6666 余公顷，产生良好社会经济效益。2008 年 7 月，农业部批准对“江永香柚”实施农产品地理标志登记保护。

2007 年 4 月，江永县果农用毛笔对香柚花朵人工授粉

2.时鲜水果 境内气候条件和复杂多变地形，适合多种果树栽培，是常绿果树和落叶果树的混栽区。除柑橘外，时鲜水果有：李、梨、桃、枇杷、枣、葡萄、石榴、杨梅、柿、栗、无花果、梅、杏等，大多零星种植，商品量少，一般史书仅挂名而无详细记载。20 世纪 80 年代，果园面积在 555 公顷以下。1992 年，果园面积 2546 余公顷，产量 4069 吨。1994 年，政府倡导丘岗山地开发，时鲜水果生产有所发展，但良种选育和栽培技术研究不多，以引进良种种植为主。

1990 年，省林科院、冷水滩区林业局文卫华、刘益兴等人，从浙江、福建等地引进枇杷良种 8 个进行小面积栽培和多点栽培试验；经 8 年研究，筛选出最适宜低丘陵地区栽培品种 4 个，即：白梨、大房、太城 4 号和解放钟，技术成果居于省内先进水平，获 2000 年度省科技进步三等奖。1998 年，新田县果业办、新田县科技局、永州职业技术学院周政华、王川才等人引种 0.66 公顷大五星批杷，研究品种特性及在当地的表现，获得成功；2001—2005 年，在新田县大面积推广，推广种植 2666 余公顷。

1994—2006 年，蓝山县农业综合开发办、县科技局、黄花梨协会陈孔仁、陈光伍等人，通过引种、筛选和培育，形成以翠冠、清香、黄花等品种为主的 30 多个早、中、晚熟蜜梨品系。1998 年，在该县洪观镇泉塘村一带建设千亩“猪—沼—梨”生态梨园示范基地。至 2006 年，推广种植蜜梨 3466 多公顷；蓝山蜜梨获农业部优质农产品证书，成为该县水果主导产业。

2015 年 6 月，江华县大路铺镇兰下村村民正在采摘有机雪梨

1999—2009 年，永州职业技术学院、江华县六月香果业有限公司胡小三、邹会龙等人，从浙江农科院引进成熟早、外形美、核小皮薄、口感好的优质早熟雪梨试种，建成引种观察园、木本园、基地园，摸清该品种生长发育习性及环境条件，研究出一套符合 A 级绿色食品生产的高产优质栽培技术，建立种苗基地和培训基地，累计推广种植 2000 多公顷，年产值 1 亿多元，综合效益显著。

2001—2006 年，中南林业科技大学、湖南省蓝山金地开发有限公司赵思东、谭晓风等人，根据湖南省省内自然环境，从国外引进砂梨新品种 41 个进行区域种植实验，对果实品质、生长性状、抗病性和丰产性等方面量化评定，择优筛选出 8 个适合湖南种植的早、中、晚熟砂梨品种，制定出一套适合湖南南方的《名优砂梨无公害栽培技术操作规程》，在湘种植面积 2466 多公顷，综合效益显著。技术处国内领先水平，获 2007 年度省科技进步二等奖。

2012—2013 年，蓝山亿博农业发展有限公司、蓝山新顺农牧业发展有限公司彭才庆、汤建新等人，采用合理密植、夏季修剪、生长调节剂处理新梢、花序分离期拉花序、施用有机发酵肥、无公害防治等技术措施，当年种植夏黑无籽葡萄当年结果，平均每公顷产 18.75 吨。2012—2015 年，示范推广 16 公顷，经济效益显著。

（二）蔬菜

境内蔬菜栽培历史悠久、种类繁多，农家有种植蔬菜的传统习惯。主要有辣椒、萝卜、白菜、芥菜、南瓜、冬瓜、丝瓜、苦瓜、豆角、茄子、莴生、香芋、黄花菜、百合、魔芋、菱、葱、蒜等，计 22 科、66 种，以萝卜、白菜、辣椒、葱、蒜、瓜类最为普遍。20 世纪 80 年代前，农家蔬菜种子靠自选、自留、自繁、自用。80 年代后，新品种大量出现，蔬菜品种加速更新换代。引进推广早丰、早魁蕃茄，长沙肉丝瓜，湘早茄、油罐茄，津研系列黄瓜，之豇 28-2，湘豇豆角，湘研系列辣椒，山东系列大白菜等良种。境内蓝山大白苦瓜、宁远早苦瓜、道县长线丝瓜、永州生菜、新田陶岭三味辣椒、江华珍珠椒、道县早熟辣椒、祁阳红爪姜、双牌大白姜、东安大蒜、江永槟榔芋、江永福洞生姜等地方良种也得到改良推广。

20 世纪 50 年代中期推广蔬菜温床育苗，60 年代中后期推广容器育苗，喷灌，塑料大棚、中棚、小拱棚及遮阳网等；根据不同蔬菜类型、品种特性，采用合理轮作、套作、间种方式，发展早熟夏季蔬菜，高寒山区发展反季蔬菜、瓜果。20 世纪 80 年代后期，推广使用新农药、新化肥和赤霉素、萘乙酸、乙烯利等生长素，从偏重氮肥转向多元素复合肥，推广使用性诱剂、杀虫灯、黄板、诱铺器和百菌清、测阳毒素、井岗霉素等绿色防控技术防治病虫害。

2016 年 10 月，湖南德辉现代农业开发有限公司蔬菜种植智能大棚

1991—2015 年，以引进新品种推广新技术、开展丰产栽培及无公害生产技术研究为主。推广设施大棚栽培技术、高效节水灌溉技术（喷灌、微喷灌、地膜覆盖栽培）、水肥一体化、机械化生产技术。建立现代蔬菜种植技术示范园，最具代表性的是湖南德辉现代农业开发有限公司建设的德辉农业园，有蔬菜大棚 12 公顷，智能蔬菜大棚实现自动喷灌、滴灌。

1991—1999 年，零陵农校陈育君、郑贤陆等人，引进湘研系列辣椒，开展品种对比示范，建立村、户联系点和育苗栽培示范园，抓好育种栽培技术培训等措施，累计推广种植 1333 多公顷，平均增收 40%。

1994 年 6 月，零陵农校推广种植的湘研 1 号辣椒

1992—1994 年，江永县农业局周兆生、蒋团生等人，在桃川、下层铺等乡镇示范推广荷兰豆高产栽培技术。采取引进良种、磷钾菌拌种、高垅单行、合理密植、插篱引蔓、综合防治病虫、适时采收等技术措施，示范种植 350 公顷，平均每公顷产 5.22 吨，技术

水平处于省内领先，获 1995 年度省技术推广四等奖。

1992—1994 年，江永县农业局、县科委周兆生、唐宏斌等人，采用地膜温床育苗移栽、高垅栽培、合理稀植、优化施肥等新技术；用甲基异柳磷和甲霜灵—锰锌控制防治芋疫病及地下害虫，较好解决病虫害、香芋品质下降、死蔸等难题，形成《香芋优质高产模式栽培技术》《防治香芋病虫综合技术》规程，对香芋高产种植有重要指导作用。

1993—1997 年，市蔬菜办公室唐树成、邓湘祁等人，采用无机黏凝剂与有机物结合、复合预制等技术试制成功新型蔬菜大棚，具有保温性好、抗压性强、外形美观、成本低、操作简单等优点，可使用 20 ~ 25 年。1997 年，全市推广 1 万多个，社会经济效益明显。

1999 年，永州职业技术学院莫志军、周德祥等人，引进蜜本南瓜并推广；该品种适应性广、易栽培、易管理、抗逆性强、营养价值高、口感好；到 2001 年，示范推广 2333 公顷，平均每公顷产 45 吨，经济社会效益好。2009—2013 年，市农科所、湖南舜农科技有限公司林娟、段贵建等人成功引种推广阿根廷奶油南瓜；该品种果型美观，果肉细密，口感好，耐储运，推广 266.66 公顷，每公顷产 52.50 吨，农户增收明显。

2003—2004 年，江华县科技局何进钧、伍成首以引进优良杂交茄粤茄 7 号为亲本，与当地优质砧木金砧 1 号嫁接，培育出结果时间长、耐旱、抗逆性强、品质好、产量高的新种苗。

2004—2010 年，蓝山县蔬菜研究所、县科技局曾昭琨、李松旺等人，对蓝山大白苦瓜种子实施规模化生产，制定种子规范化生产技术操作规程，每年提纯复壮，提升种子纯度，保证种子质量，使该品种保持早熟、高产、优质、抗性强、适应广、个体大、风味佳等优点。

2009 年 7 月，蓝山大白苦瓜良种

2008—2009 年，双牌县科技开发中心盘规元、龚雪等人，开展高山种植雪莲果技术研究，总结出丰产优质栽培技术规程，解决了雪莲果开裂和低产问题，在该县示范种植 1333 公顷，平均每公顷产 30 吨，经济效益显著。

2010—2014 年，永州锦林农林科技开发有限公司夏友松、张四凤等人，根据双牌县林区生姜种植传统经验和自然条件，研究出晒姜困姜、覆膜育种、提高出苗率、合理施肥等技术，制定《林区坡地生姜优质高产栽培技术规程》并示范推广。仅 2013 年就推广种植 1333 公顷，平均每公顷产姜 60 吨，较常规生产每公顷增产 15 吨。

（三）食用菌

20 世纪 80 年代初，祁阳、零陵、江华、蓝山、东安等地，人工栽培食用菌比较普遍。栽培品种主要有香菇、草菇、平菇、凤尾菇、蘑菇、竹荪。80 年代开始推广室内培植香菇，多以鲜销为主；90 年代初，东安县开始在稻田水稻行中套种紫木耳获得成功。2000 年后，食用菌品种转向珍、稀、特、优，生产模式由家庭作坊向规模化、集约化、标准化发展。到 2015 年，建成日产 15 吨以上的食用菌工厂化生产企业有 2 家。逐步形成以江永县、零陵区为主的金针菇，江华县、冷水滩区为主的姬菇、秀针菇，东安县、蓝山县、道县、双牌县为主的平菇、香菇，以及冷水滩区的杏孢菇，东安县的双孢菇，新田县的黑木耳等食用菌生产格局。市祥瑞生物科技有限公司采用自动化食用菌瓶栽工厂化生产技术，可生产加工金针菇、杏鲍菇等产品。湖南宇秀生物科技有限公司引进日本生产技术，建成国内技术、设备一流的瓶栽杏鲍菇标准化厂房，日产杏鲍菇 15 吨。

2012 年 7 月，永州祥瑞生物科技有限公司金针菇工厂化瓶栽车间

1988—1994 年，中南林学院、东安县竹荪培训中心、地区林科所等单位黄健屏、潘世表等人，从竹荪喜欢生长在竹蔸附近的习性得到启示，研究出以单纯竹屑为培养料的竹荪栽培新技术。可缩短出荪时间，降低生产成本，提升抗病能力，每公顷产量 0.90 吨 ~ 1.50 吨。该技术操作简便，在省内外广为应用，处国内领先水平，获 1996 年度省科技进步四等奖。

2001—2002 年，永州职业技术学院唐三定、窦铁生等人，研究食用菌包装保鲜技术。采用盐溶液和柠檬酸溶液浸泡大盖鲜菇，以延缓变质，为鲜菇延长保鲜期提供技术支持。

2002—2004 年，江华县食用菌研究所黄明球、周灼明等人，根据山区地理、气候等特点，选育出反季节香菇和秀珍菇品种，并反季节种植获得成功，每年可生产反季节食用菌约 80 万袋。2003—2007 年，该县科技局从江苏、浙江等省引进秀珍菇、姬菇，采用液体制种，改进菌丝培养技术，实行开放式接种和蒸汽灭菌，以有机无污染植物为栽培基料，在水口镇、涛圩镇的 6 个菌场示范栽培获得成功；累计推广种植 1300 万袋，生产鲜菇 1.3 万吨，综合效益良好。2010—2012 年，又引进茶树菇、香菇等良种，采用改单季为双季栽培，营养基增加秸秆比例，导入锅炉蒸汽灭菌等技术，在水口、务江、沱江等镇推广种植 7000 万袋，产鲜菇 7.7 万吨，技术处国内先进水平。

2011—2014 年，湖南果秀食品有限公司、湖南农业大学、湖南宇秀生物科技有限公司阳国秀、夏志兰等人，开展杏鲍菇工厂化瓶栽优良品种选繁育技术研究。主要研究菌种遗传特性与生产性能、工厂化生产优良品种选育及其优质丰产生产技术、食用菌液化菌种制作技术、单孢分离交配法提纯复壮杏鲍菇品种、食用菌液化菌种标准化生产体系构建等；制定杏鲍菇工厂化栽培技术标准，选育出杏鲍菇优良品种宇秀一号菌种，筛选出以芒草为主料的新型培养基配方。申请发明专利 8 项，发表专业论文 2 篇，获 2014 年度市科技进步一等奖。

2014 年 7 月，湖南宇秀生物科技有限公司杏鲍菇工厂化瓶栽车间

（四）茶叶

境内茶叶种植及加工历史悠久，但茶叶的现代科研开发起步晚。1981—1983 年，地区农业部门对境内茶树资源开展调查，整理出 80 多种群体或类型。主要地方品种有江华苦茶、江华甜茶等。主要引进外地良种有云南大叶、凤凰水仙、福鼎大白、福建铁观音、黄旦、毛蟹等。2009 年，江华县南源茶叶专业合作社东田镇鹧鸪坝茶园引种安吉白茶 33.33 公顷；2012 年，又引进保靖黄金茶种植 1.33 公顷；2013 年，祁阳湘君白茶专业合作社在该县七里桥镇虾螃湾村茶园引种种植黄金芽 0.66 公顷。在茶叶栽培管理上，对新建茶园采用统一规划、布局合理、排水流畅、等高种植、土地深翻、精选良种、条栽密植等技术及方式。

2000—2003 年，福田茶场、永州职业技术学院廖家艳、唐三定等人，从福建引进福鼎大白、福云 6 号、龙井 43 号、萍云 11 号、乌牛早等无性系良种试种，从成活率、抗逆性、萌芽期、百芽重、扦插苗成活率、春茶鲜叶产量、鲜叶适制性及茶内质等方面开展研究；2004 年，示范栽培 6.66 公顷，产特级春鲜叶 8.00 吨、二级鲜叶 12.00 吨，夏秋茶鲜叶 1.10 吨，为大面积推广提供技术示范。

2002 年，永州阳明山天然茶业有限公司李志军等人，对塔山婆婆 666.66 公顷的千

2004 年 2 月，永州涪峰茶业公司、市林科所采用覆草保湿技术栽培茶苗

年原生态古茶园进行开发改造，被评为全国 30 家最美茶园之一。对古茶依法保护，注册“塔山婆婆”“九嶷仙风”等 10 多个商标和 2 个国际马德里商标。从茶叶中提取黄酮素技术获得国家专利。

2004—2011 年，永州涪峰茶业公司、市林科所刘鑫、谢红梅等人，从品种配置、茶苗种植、苗期管理、耕作方式、施肥配比、茶树修剪、病虫防治等方面，对新建的 17.06 公顷茶园进行了 6 年研究，形成一套茶叶丰产栽培综合技术。该技术达国内先进水平。

（五）西瓜

20 世纪 60—80 年代，地区农科所等对西瓜品种及种植技术有所研究，但境内种植面积不大。20 世纪末至 21 世纪初期，随着农业产业结构调整，在境内逐步成为一个大产业。2010 年，仅冷水滩区伊塘镇一带“黑美人”西瓜种植 4066.66 公顷，年产西瓜 15 万吨并销往全国各地，被中国绿色食品发展中心认定为“绿色食品”A 级产品，享有“中国黑美人西瓜之乡”的美誉。2014 年，全市种植西瓜达 3.33 万公顷，产瓜 150 万吨，产值达 20 亿元。主要品种有旭都无子、雪峰无子系列、无子 304、洞庭一号等，小型西瓜有红小玉、黄小玉、小黑美人、金美人、小兰、天黄等。嫁接和容器育苗、地膜覆盖、大棚栽培与高寒山区迟熟栽培等新技术广泛推广应用。

1993—1995 年，双牌县科委、蔡里口乡李建彪、陈运琪等人，采用恒温催苗、地膜覆盖、嫁接换根等技术措施，总结出一套迟熟西瓜种植高产新技术，示范种植 451.60 公顷，平均果重 4.06 千克，固形物含量 12.30%，比早中熟西瓜高 3～4 个百分点，每公顷产 37.56 吨，经济社会效益显著。

1999 年 4 月，市柑科所李友卿等人，选择台湾良种“黑美人”进行嫁接育苗试验并获成功；2004 年后，推广辐射到冷水滩、零陵、祁阳、东安、道县、江永、江华等县区，种植面积每年 2666.66 多公顷。2011—2012 年，筛选出适合湘南丘岗山地种植的延夏西瓜良种，制定出延夏西瓜播种时段、嫁接育苗方式、定植适期、覆膜模式、田间管理技术标准并推广应用，比传统种植提高产量 10.70%。

2005—2008 年，冷水滩区农业局龙国文、蒋石专等人，采取营养钵嫁接、测土配方、改劈接法为顶插法等育苗措施，提高嫁接苗成活率；采用合理稀植、整蔓、膨瓜

2012 年 6 月，市柑科所栽培的延夏西瓜

期注重肥水供应等栽培技术，形成“黑美人”西瓜嫁接丰产优质栽培技术并示范推广。2010—2015 年，祁阳县农技推广中心刘菲、谢慧兰等人，采用简约化栽培、合理稀植、地膜覆盖、滴水灌溉、水肥耦合、不整枝等新技术，形成一套湘南红壤丘陵“黑美人”西瓜简约化栽培技术规程。

四、烟　草

境内烟草种植至今已有 300 多年历史。20 世纪 80 年代末，主要种植外来品种 G80、K326。1991 年，种植面积 3.13 万公顷，总产量 4.89 万吨，成为全省烟草主要产区。1992—2002 年，在烟草栽培技术方面取得了一些科技成果。2003—2015 年，市烟草系统建立健全烟草科研体系，加大人力、财力投入，在品种选育、育苗技术、大田管理施肥技术、病虫害预测预报与综合防治，集约化烘烤设备开发等课题研究上取得一大批科技成果。据统计，市烟草系统累计完成科技项目 591 项，其中，国家烟草专卖局项目 71 项、省烟草专卖局项目 148 项、自立科技项目 372 项，总计投入科技项目经费 3582 万元。获得科技进步奖 36 项，其中，省科技进步二等奖 2 项、三等奖 1 项；中国烟草公司科技进步一等奖 1 项、三等奖 2 项；市科技进步一等奖 4 项、二等奖 7 项、三等奖 3 项；省烟草公司科技进步一等奖 4 项、二等奖 6 项、三等奖 6 项。同期，获得国家专利 24 项，有 16 项知识产权获省烟草公司奖励。

（一）引进品种

1987—1991 年，省烟草公司原烟处、地区烟草公司等单位引进推广烤烟 K326、G80、NC89 品种。实验表明：比原有当家品种 G140、中烟 115 平均单产高出 10%以上，且品质好，烟叶化学成分协调。在全省推广 7.06 万余公顷，占烤烟种植面积的 85%，获 1993 年度省科技推广四等奖。

1992—2005 年，先后引种云烟 87、云烟 85、K346；2006—2008 年，引种云烟 201、云烟 203、中烟 98 等；2009 年，引种 9511、9506 等；2010 年，引种云烟 97。

2012年，从国外引进PVH2310、NC196，试点表现较好，作为2013年全省特色烤烟品种筛选材料。2015年，市烟草公司完成“烟草种质资源平台建设”项目32份烟草资源品质鉴定，开展国外烤烟引进品种对比实验研究，筛选出12个优良株（品）系。

（二）选育品种

20世纪90年代末，市烟科所与郴州市农科所合作，以G80为母本、G140为父本杂交选育烤烟新品种湘烟1号。该品种具有较好的稳定性、抗逆性，适应性强，耐肥力中等，田间分层落黄好，成熟偏早且耐熟，易烘烤等特点。

2002年，市烟草公司、中国烟草中南农业试验站胡日生、杨全柳等人，开展烟草品种选育试验研究。至2008年，采取杂交聚合育种方法，结合异地穿梭育种和南繁加代技术选育，获得一个杂交新品种湘烟3号。2009—2010年，参加市烤烟品种区试；2011年，参加湖南省烤烟品种区试；2012—2013年，参加全国区试并通过全国农业评审；2014年，获省烟草公司科技进步一等奖；2015年，通过全国烟草品种审定委员会审定，正式命名为“湘烟3号”，获国家烟草专卖局科技进步三等奖。

2003年始，以自育品系MSYZ206 - 9为母本，82 - 11 - 7为父本，培育出雄性不育一代杂交种湘烟5号。该品种平均每公顷产2.82吨，上等烟比例35.99%，上中等烟比例86.35%。2008年，通过省农业评审，在全省主要烟叶产区生产示范。2008—2009年，参加全国区试。2010年，通过全国烟草品种审定委员会审定，正式命名为“湘烟5号”。

1992—1996年，市烟科所周国生、张大伟等人，推广应用烤烟种子包衣技术。该项目以烤烟种子为核心，采用独特的生产工艺，在种子周围包被保水剂、肥料、微量元素、调节剂、黏合剂、防病杀虫剂等有益物质配成的原料，达到省种、省工、壮苗齐苗、增产增收目的，1996年在全省推广9万公顷，获1996年度市科技进步一等奖。

2007年6月，市农科所烤烟良种生产综合配套技术试验田

2004—2008年，市农科所王霈、秦宣才等人，从最佳移栽期、不同施肥水平和微量元素硼肥喷施浓度及次数、疏花疏果、单果打留数、种子采收成熟度、不同采收方法等方面进行研究，形成湖南省烤烟良种生产技术规程。采用该技术使种子发芽率提

高5%，发芽势提高8%，千粒重提高8%，获2008年度市科技进步一等奖。是年，市农科所、市烟科所杨全柳、胡日生等人，开展“烤烟胞质雄性不育杂交双季制种技术研究”，获得省烟草公司科技进步二等奖。

（三）育苗及栽培技术

1989—1992年，地区烟草公司彭伟国、杨七昌等人，推广G80、K326良种，实施两段育苗、烟稻轮作、高垄单行、适时移栽、科学施肥、中耕培土、打顶抹苏、防治病虫、科学烘烤等技术措施，比普通烟叶生产增产21%，黄烟率达100%。

1992—1994年，宁远县烟草公司黄石旺、宁尚辉等人，推广烟—稻轮作地化学除草技术。选择3～5叶期，筛选出“都尔”和“盖草能”两种低残留、安全、高效农药。三年共推广实施化学除草8046.66公顷，减少病虫危害，提高肥、光利用效能，减轻烟农劳动强度及生产成本，经济生态环保效益明显。

2002年，市烟草公司靳志丽、刘正日等人，开展烤烟专用叶面肥配方研制，至2005年研制出一种以无机营养、生产调节物质、有机活性物质、展着剂为主要成分的复合型叶面肥。2006—2009年，推广6000公顷；2008年，获国家专利；2011年，获省烟草公司科技进步三等奖。

2002年，市烟草公司张大伟、聂新柏等人，开展烤烟漂浮育苗技术研究及应用，获市科技进步一等奖。2003年，永州烟区主要推广漂浮育苗技术和两段育苗技术两种育苗方式，漂浮育苗技术推广面积4240公顷，占总面积的47.18%，实现由“供种”向“供苗”转变。

2003年，市烟草专卖局徐文军、聂新柏等人，对种子引发剂配方、引发和回干方式与方法、种子包衣技术改良等进行研究，开发出烤烟引发包衣种，具有种子活力高、萌发速度快、出苗整齐、烟苗素质高、抗性强等特点。2003—2006年，在全省示范推广面积12.80万公顷，新增效益2.85亿元。该技术成果获2006年度省科技进步三等奖。

2004年，市烟草公司靳志丽、徐文军等人，开展烟田稻草覆盖及配套技术研究；通过稻草覆盖，可改良土壤，使土壤中水分和温度趋于均衡，有利于提高烟叶品质，减少地膜“白色污染”。2006—2007年，推广面积9686.66公顷，产生效益1333万元。靳志丽获得2007度市科学技术突出贡献奖。2008年，靳志丽、梁文旭等人，开展南方烟稻复种连作区土壤改良技术研究与推广应用；2010—2011年，编制出《烟稻复种连作区土壤改良技术规程》；2014年，撰写《烟稻复种连作区土壤改良技术》专著，在湖南省科技出版社出版。2010—2015年，针对永州烟草浓香不浓、特色下降等问题，靳志丽、刘正日等人，开展浓香型特色品种适宜性研究、微生物菌肥对烤烟增香提质作

2015 年 6 月，市烟科所研究人员靳志丽等人对烤烟增香提质做田间观察

用研究和永州烤烟品质特色定位及提升技术研究与应用，制定《永州浓香型烟叶增香提质生产技术规程》。

2014—2015 年，市烟草公司科研人员开展烟草栽培配套农机具研发，研制出配套施肥打穴机和烟田覆膜机，获得国家实用新型专利。

五、植物保护

20 世纪 70—90 年代，境内植物保护技术主要在虫草鼠害防治、病虫测报、植物检疫等方面开展科研和技术推广，取得了一批成果。1992 年后，研发重心放在重大病虫害防控技术方面。

（一）水稻病虫害防治技术

1994—1995 年，省植保站、地区植保站等单位王金辉、刘自君等人，通过调研稻瘟病发生动态，建立病害观察点，对稻瘟病发生与气象和栽培相关性、品种抗性、病菌抗药性等进行研究，制定出综合治理技术规范。在零陵区、道县等 8 个县区累计推广 22.79 万公顷，平均每公顷产稻谷 6.19 吨，每公顷减少稻谷损失 575.10 千克，带动和推广面积 95.48 万公顷。技术处国内领先水平，获 1997 年度省科技进步推广三等奖。

2010—2014 年，市植保植检站，祁阳县、道县、冷水滩区、江华县、宁远县植保植检站周涛、林涛等人，开展湘南水稻病虫防控增产技术、绿色防控技术、植保药械的研究与应用，推进多种防控技术融合和成建制村的专业化统防统治。至 2014 年，组建服务组织 123 家，技术应用受惠面积 8.33 万公顷。获 2014 年度省农业丰收二等奖。

2014 年，农业部、贵州大学、省植保植检站和市植保植检站联合在江华县进行南方水稻黑条矮缩病综合防控技术示范，主推南方水稻黑条矮缩病发生早期诊断与监测预警技术、缓释增效杀虫剂应用技术和抗病毒药剂应用技术等。

2015 年，市植保植检站和东安县植保植检站受全国农技中心农药与药械处委托，实施二化螟、褐飞虱田间常用药剂药效试验和稻纵卷叶螟性诱捕器自动化计数与手动计数比较试验。

（二）柑橘病虫害防控技术

1998—2001年，市植保站和江永县植保站参与省植保站主持的“柚实雷瘿蚊生物学特性和控防技术”研究。通过4年研究观察，弄清雷瘿蚊的生活史、生活习性和各代发生期以及影响其发生的主要因素，制定出预测预报方法与控防措施。在全市3333.33公顷脐橙生产区和已发生区实施推广“表土施药 + 树冠喷药（套袋前）+ 套袋”防治模式，有效的减轻柚实雷瘿蚊危害。据统计，新增产值、节约成本、挽回损失共计5695万元，获2002年度省科技进步三等奖。

1999—2007年，江永县桃川洞名特优新产品开发区管委会、江永潇湘食品有限公司等单位卢胜进、马新民等人，以抽样调查为主要方式，对黑蚱蝉虫卵分布类型及成虫对不同品种危害程度开展调查，查明黑蚱蝉在柚园、田间消长规律，研究出环境友好型防控系列技术。其中在树兜周围设置“环形水槽”技术属国内首创，效果显著。

2003—2005年，市植保站，双牌、江永、祁阳、宁远、零陵五县区农业局周涛、江衡等人，开展柑橘病害监测及控防技术研究。经3年攻关，确定自1977年以来境内柑橘“黄化”现象为黄龙病，并摸清该病害传播介体为柑橘虱及发生规律，总结出一套预报方法及综合防治技术。该技术在全市推广应用后，柑橘黄龙病得到有效控制。

2015年，中国柑桔研究所、中国农科院、湖南农科院、湖南农业大学、华南农业大学、台湾东屏科技大学等科研院校合作，在江永县允山、桃川、粗石江等地建立柑橘黄龙病综合防治试验示范点。湖南若农有害生物防治有限公司、长沙金博农化有限公司、湖南大方植保有限公司、广西科虹生物防治有限公司等专业化公司参与柑橘病虫害统防统治示范。

（三）烟草病虫害防治技术

20世纪90年代，境内烟草病虫害防治技术自主研究不多。进入21世纪，新技术研发应用增多，并取得一批科研成果。

1988—1992年，地区烟草公司、农科所李淑娥、柏淑仪等人，开展烟草病虫草害种类调查及防治研究，摸清病虫草害的群落组成及优势种群消长动态与危害，找到适合当地病虫草害的防治办法。

2003年，市烟草公司黄石旺、周向平等人，开展永州烟区主要烟草病虫害发生和流行规律的研究，编制《永州市烤烟病虫害预测预报技术规程》，建立起市烟草病虫害预警机制，该项成果获省烟草公司科技进步三等奖。是年，市农科所和市烟科所涂季花、周国生等人，开展烟青虫自然种群生命组建及其在预报和防治上的应用研究，摸清了永州烟区烟青虫的消长规律，并提出预报和防治措施，获2003年度市科技进步一等奖。

2009年，市烟草公司刘正日、徐文军等人，推广烟草病虫害综合防治技术，获省

2012 年，市烟草公司新型太阳能灭虫设备田间实验

烟草公司科技进步三等奖。2010 年，该公司周向平、刘正日等人，在优质烟叶抗性栽培、烟草病虫害绿色防治、烟草病虫害高效综合防治等方面进行研究，集成一套适合当地低危害烟叶生产的技术体系，有效地减少烟田化学农药使用，获国家实用新型专利 2 项。2012 年，“烟草主要病虫害预测预报技术研究与应用”技术成果，获省烟草公司科技进步三等奖。2011—2012 年，与长沙瑞和数码科技有限公司合作研制“新型太阳能诱虫设备”，其原理是利用害虫的趋光性、趋波性的生理特性，设计特定的光源和波长，研制出太阳能诱虫设备，并辅以化学诱引装置，同时建立信息管理系统，实现在线监控和定位追踪，具有诱杀能力强、节能、减少农药使用的特点，获国家实用新型专利。

（四）有害植物豚草、假高粱防控技术

1987—1990 年，省植保站、地区植保站、永州市（县级）植保站陈国记、陈立佩等人，通过研究鉴定出湖南省豚草类型、生物学特征，同时结合全省性普查，提出收割、人工拔除、化学防治的综合性防治技术，有效控制了豚草对农业生产和生态环境的危害，生态效益显著，获 1992 年度省科技进步四等奖。

2004—2006 年，市植保站，东安县、江永县、蓝山县植保站周涛、李爱斌等人，连续三年普查、监控、分析假高粱发生范围、危害特点、蔓延途径等，在人工、化学、物理防除等方面作详细研究，首次形成有效的控制假高粱的综合控防技术。该技术在中国假高粱发生区具有普遍应用价值，成果处国内先进水平。

六、土壤肥料

20 世纪 80 年代，土肥技术的科研推广得到重视和加强。偏碱稻田停用石灰，大面积推广锌肥、钾肥、测土配方施肥、叶面肥喷施等技术成果广泛应用于农业生产中，同时开展稻田耕作制度改革、土壤改良、中低产田综合丰产技术研究等。1992—2015 年，重点是大面积推广测土配方施肥、秸秆还田、农田节水、中低产田土改良等成熟适用技术。

（一）测土配方施肥技术

2005 年始，全市范围内开展测土配方施肥技术推广专项行动。市农业局成立测土配方施肥领导小组，制定测土配方施肥行动方案，发放测土配方施肥技术资料，采集土壤样品并化验，给农户发放测土配方施肥资料，建立技术示范区，并将目标任务分解到县（区），层层抓好落实。据统计，全市 2005 年推广测土配方施肥面积 13.26 万公顷，施用配方肥 6.73 万吨；此后逐年在水稻、油菜、蔬菜、柑橘等作物上实施测土配方施肥。2015 年，面积达 32.43 万公顷，推广配方专用肥 14.50 万吨。

2015 年 3 月，江永县农业局技术人员田间提取土壤检测

（二）秸秆还田技术

该技术是将不宜直接作饲料的水稻、玉米和烟草秸杆等直接或堆积腐熟后施入土壤中的一种方法，能增加土壤有机质，改良土壤结构，使土壤疏松，孔隙度增加，容量减轻，促进微生物活力和作物根系的发育，一般可增产 5%～10%。2005—2010 年，全市累计秸秆还田面积 195.39 万公顷。2011 年后，重点推广稻草高桩还田、覆盖还田及使用催熟剂等新技术，扩大秸秆还田面积。2013—2015 年全市秸秆腐熟还田面积 14.90 万公顷。

（三）中低产田土改良技术

该技术是通过以工程改土、开沟排水、起垄栽培为主，配合种植良种、测土配方施肥、水旱轮作等技术措施，对深或浅烂泥田、鸭屎泥田等中低产田进行改良，达到改良土壤增产增收。据 2005 年和 2016 年统计，全市改良中低产田土分别为 6.88 万公顷、42.99 万公顷，平均每公顷增产稻谷分别为 381.00 千克、358.80 千克。

第二节 畜牧水产

一、畜禽养殖

畜禽养殖是境内传统产业，主要种类有猪、牛、羊、兔、鸡、鸭、鹅、鸽等。20世纪50年代，是畜牧产业打基础阶段，以防疫灭病为主，开始肉品检验和活畜出口检疫，开展青饲料研究，推广人工授精技术，引进猪牛杂交技术，但养殖技术水平和规模偏低，以家庭散养为主，方法传统，产量不高。60—70年代中期，猪瘟牛体反应苗、猪水泡病疫苗得到广泛应用等；70年代后期至1991年，畜牧兽医技术研发增多，良种选育杂交技术、饲料配方技术、规模化饲养技术、综合防治技术等推广应用，推动着畜牧产业的发展。1992年后，随着农业产业结构调整，畜牧水产业向集约化、工厂化的生产方式转变，在品种引进、优化、改良、培育和养殖技术方面，取得大批科技成果，促进畜牧产业迈上新台阶。2015年，全市猪、牛、羊、家禽出栏分别为853.98万头、28.99万头、71.27万只、8614.56万羽，分别比1993年增1.70倍、5.95倍、19.90倍、2.17倍；养殖业总产值219.57亿元，是1993年的10.86倍；农民人平均收入7253.60元，是1993年的17倍。

（一）品种选育与改良

1.引进外地良种

猪 20世纪80年代至90年代初，境内引进国外良种猪主要有大约克、长白、汉普夏、杜洛克等。2005—2010年，市天裕原种猪扩繁场、永州职业技术学院刘成、周玉松等人引进托佩克猪种，采用四系配套杂交技术进行品种培育获得成功；该品种父母代母猪比长白与大约克二元母猪年多产仔猪4.8头，日增重、瘦肉率、屠宰率等均优于杜洛克、长白与大约克三元杂交猪，出栏时间较其他品种早20天左右。境内还引进过单品系纯种皮特兰猪、美国PIC配套系和迪卡配套系猪等。一般扩繁猪场饲养大约克、长白及杜洛克种猪，自繁商品猪场饲养长白与大约克二元杂交母猪及杜洛克纯种公猪。

2006—2009年，湖南恒惠饲料有限公司陈平衡、葛汉根等人，以长白和大约克、大约克和长白二元杂交母猪为母本，杜洛克为父本，采用“杜长大”或“杜大长”三元杂交组合，其生长性、抗病力、抗逆性、繁殖力有较大提高，肥育期日增重700克以上、料肉比2.8∶1，瘦肉率62.70%。

2012年，广东温氏食品集团股份公司推广皮特兰与杜洛克、长白与大约克的四元配套杂交模式，即商品猪为皮杜长大四品系杂交猪，具有生长速度快、生产性能良、健康猪苗多的特点，且初生体重大，断奶窝重水平高，窝产仔数平均达11头，料肉比2.38∶1，胴体瘦肉率67.20%。

2015年4月，湖南恒惠饲料有限公司养殖场的三元杂交猪

牛　1980年前，境内先后引进过荷兰奶牛、朝鲜牛、秦川牛、滨湖水牛、抗旱王牛、西门塔尔牛、辛地红牛、摩拉水牛等优种公牛与当地母牛配种杂交。1981—1995年，推广冷冻精液配种。1995年，祁阳、宁远、道县引进南阳黄牛。2000年，祁阳县引进鲁西黄牛。2008年，零陵区引进安格斯牛冷冻精液与当地黄牛杂交产生一代杂交牛，以其为母本，再与西门塔尔牛冷冻精液杂交育成二代杂交牛，体重达700～1000千克，且适应性好。2012年，市阳明生态农业开发有限公司从国外引进红安格斯纯种公牛5头，与当地母牛杂交，繁殖有当地特色杂交牛，肉产量比当地牛提高25%，该公司被农业部评为国家级标准化肉牛养殖示范场。

羊　境内传统饲养品种以当地山羊为主。20世纪60年代至80年代末，引进品种主要有湖州湖羊、绵羊、湘东黑山羊。1989—1990年，东安、双牌县引进南江黄羊、成都麻羊、波尔山羊、马头羊、湘东黑山羊等，与当地羊杂交并建立商品羊生产基地。1995年，双牌、江永县建成优质种羊场4个。江华县从新西兰引进世界优良品种波尔羊4只，当年繁殖到10只，建立全省首个波尔山羊种羊场。

禽　20世纪50年代，地区畜牧场引进来航鸡、澳洲黑鸡、洛岛红鸡等。70—80年代，引进火鸡、桃源鸡、湘黄鸡、白洛克鸡、星布罗肉鸡、罗斯褐壳蛋鸡、AA鸡、珠鸡；北京鸭、卡叽—康贝尔鸭、樱桃鸭、狄高鸭、昌图豁鹅、狮头鹅、四川白鹅等20多个品种。对个别外来品种进行了杂交优势利用研究。2005—2007年，湖南万家鹅业发展有限公司等单位蒋金美、胡小波等人，选用四川白鹅与广东灰鹅进行杂交繁育和养殖研究，总结出一套亲鹅杂交、电改水暖孵化、种鹅强制换羽等繁育养殖技术。2005—2007年，推广养殖杂交鹅317万羽。

2.地方品种改良

猪　境内地方品种以“两头黑”花猪为主，属湘南山丘型，主要品种有东安猪、

2012 年 12 月，国家质检总局批准对“舜皇山土猪”实施地理标志产品保护

太平猪、大山猪。其特征是体型较大、温顺、生长快、性成熟早、生产性能好、肉质细嫩味美，占总存栏猪的 50%以上。1980 年后，随着外来良种引进、境内猪杂交改良等原因，地方品种逐渐减少，濒临灭绝。2004 年，湖南恒惠集团从东安偏僻山区精选东安猪优质公猪 3 头、母猪 25 头进行群体继代选育，并在东安、零陵、冷水滩、祁阳、双牌等地的原主产区开展种猪资源保护与利用。历时 8 年多，培育出外貌特征一致、体型毛色较整齐、生产性能较稳定的东安猪新种群，命名“舜皇山土猪”，在东安大江口乡建立“舜皇山土猪”保种区。2012 年，被国家质检总局认定为国家地理标志产品。2015 年出栏 5 万多头。

牛　境内当地牛品种有湘南黄牛和水牛，主要用于耕作。湘南黄牛在各县区均有分布，尤以南五县居多，可劳役 10 年左右；水牛体型较大，役年可达 15 年。1992 年后，随着农业机械化的使用，牛的劳役功能逐步弱化，黄牛主要转为商品肉用牛，价格高于水牛，水牛饲养趋于减少。2004—2007 年，江华县畜牧局开展对湘南黄牛品改研究及技术推广，推动肉牛养殖产业发展。2015 年，全市 10 头以上规模的养殖户达 5206 户。

兔　境内养兔历史悠久，品种主要是当地山兔，以食用为主，毛色多为白色，也有灰色，成年公、母兔一般体重 2～3 千克，仔兔饲养 3 个月，体重一般可达 1.20 千克左右，以宁远县九嶷山兔为代表。1999—2004 年，宁远县畜牧水产局李福珍、李之平等人，开展九嶷山兔品种选育及特性研究，培育出白毛、灰毛两大遗传特性基本一致的种群，其繁殖性能、生长速度、成年体重、抗逆性能等较原兔有大的改良。该品种被列入省级中型地方肉兔品种，获 2004 年度市科技进步一等奖。2010 年 12 月，九嶷山兔被农业部列为农产品地理标志登记保护。

禽　境内地方家禽品种主要有当地鸡、鸭，靠鸭（杂交鸭）、番鸭、道州灰鹅等。其肉质细嫩、味道鲜美，市场价高，但体型小、生长慢、饲料报酬低。2001—2008 年，东安吴氏禽业东安鸡产业化发展有限公司等单位吴才武、刘爱玉等人，在芦洪市镇建设东安鸡原种场。采用个体选育法，从农户饲养东安鸡中挑选毛色统一、体型标准、健康强壮的原种个体进行封闭式繁育，经 4 ~ 5 代选育，培育体型、毛色一致的黑羽、黄羽两个品种的优质原种群 2000 多套，繁殖群种鸡 5000 多套。2010 年，东安鸡被农业部列入《国家畜禽遗传资源目录》。

2011 年 1 月，九嶷山兔获得农业部颁发的农产品地理标志登记证书

2010 年 2 月，东安鸡被农业部列入《国家畜禽遗传资源目录》

2010 年 12 月，道州灰鹅被农业部列入《国家畜禽遗传资源目录》

2002—2005 年，道县原种场精选道州灰鹅开展种群体继代选育提纯复壮研究；建立保种区 5 个、原种扩繁场 4 个，存笼优质原种母鹅 467 羽、公鹅 93 羽，形成保种核心群 451 羽，扩繁培育出具有铁嘴、铜脚、黑趾、灰背及“三短一圆”（颈短、脚短、体短、屁股圆）标准特征的道州灰鹅 7468 羽，优秀生产鹅群 21.32 万羽；2005 年，道州灰鹅被湖南省畜禽品种审定委员会确定为省优质地方鹅种，列入《湖南省畜禽地方品种志》。2010 年 12 月，道州灰鹅被列入《国家畜禽遗传资源目录》。

（二）饲养技术研究

1.瘦肉型猪生产技术　20 世纪 80 年代初期，随着外来良种引进繁育，与当地猪杂交改良，饲养方式也出现重大改革。1990 年，地区农校实验猪场率先建立一条按阶段分栏舍、按程序分车间、分段流水作业、分批“全进全出”的集约化、工厂化养猪生产线，为全地区发展集约化养猪起到示范作用。至 1992 年，集约化、工厂化养殖模式在全区发展到 20 余家。

1990—1994 年，祁阳县畜牧水产总站刘和平、段二喜等人，开展猪用高蛋白浓缩精饲料应用。实验证明，该饲料报酬高，适口性好，抗病力强，使用安全，日增重650～750克，经济效益明显。

1993—1998年，新田县养殖办公室顾锋、陈友龙等人，引进外来良种与当地良种杂交繁育，建立瘦肉型猪繁殖群和商品群，采取生食干湿喂、配合饲料喂、定时定量喂、定期驱虫防病等技术措施，实行生产大户连基地或公司加农户经营模式，每年新增50头以上规模养猪场10个；至1997年6月，全县饲养瘦肉型猪51.17万头，比1992增长20.70%，瘦肉率达58%，比1992年提高18个百分点，年产值11538万元；牲猪出栏率、瘦肉率、商品率达国内先进水平，获1998年度省科技推广四等奖。

1999年，地区农校实习农场刘成、刘将军等人，开展瘦肉型猪后期限食饲养试验，试验组比对照组每增重1千克，节省饲料0.20千克，料肉比由3.6∶1降至3.4∶1，酮体瘦肉率提高。

2011年，广东温氏食品集团股份有限公司进驻回龙圩管理区，引入牲猪养殖技术新模式。2012年，在零陵、江华、江永、宁远、新田、蓝山、道县、祁阳、东安等县区建设一体化养殖分公司。采取“公司＋基地＋家庭农场”的生产方式，实施产业链全程统一供种、统一防疫、统一技术、统一饲料、统一回收销售的“五统一”生产经营方式，采用“猪—沼气—水果（茶叶或蔬菜）”、室外发酵床的“零”排放治污技术措施，形成养殖规模化、生产标准化、环境生态化的养殖业模式，示范效应明显。

2.家禽养殖技术　20世纪80—90年代，境内家禽生产除传统散养外，规模不等的集体和个体养禽场，养禽专业户、重点户不断增多，国营、联合体与个人开办孵化房，实行人工孵化，集中供应种苗，养殖户多采用高棚网养、山地集中放养等方式，饲料以自制配方（混合）饲料或购买配方饲料为主；2000年后，逐步出现“公司+农户”的生产模式，由养殖公司统一供种、统一饲料、统一防疫、统一收购，家禽养殖得到快速发展。

2006年5月，新田县鑫隆食品有限公司高棚网上旱养樱桃谷鸭

2004—2006年，新田县鑫隆食品有限公司郑土祥、肖显中等人，以龙头企业加基地加农户或协会的生产模式，采用高棚网上旱养、电改水暖孵化、种鸭强制换羽等技术，实施樱桃谷鸭产业化开发。2004—2006年推广养殖1200多万羽，加工樱桃谷鸭及其副产品1.8万吨，生产饲料7.07

万吨，供给鸭苗1200万羽，发展养鸭基地25个、培养大户202家，解决400余人就业。“鑫隆”牌肉鸭产品系列，获国家无公害产地认证和无公害产品认证。

2009—2010年，双牌县洪福养鸡专业合作社、双牌县科技开发中心与湖南中医药大学、湖南农业大学合作开发中草药林地土鸡饲养技术，研发出适合林地散养土鸡中药配方8个，养殖模式2套，采取统一供种、统一技术、统一销售的生产经营方式。中草药林地养土鸡达10万多羽。

3.种草养畜技术　境内山地面积达到164万公顷，山、丘、岗兼备，适于放牧面积大，但牧草总体质量较差。20世纪80年代，江永回龙圩农场、蓝山县农业局、江永县农业局开展优良牧草的引种栽培试验并推广。进入90年代后，主要开展草场恢复、养殖品种改良、养殖综合配套技术研究与推广应用。

1996—2004年，中国农业科学院祁阳红壤实验站、湖南农业大学、市畜牧水产局文石林、徐明岗等人，针对永州丘陵红土壤特质和草食动物发展状况，组织实施中澳合作“中国南方与澳大利亚北部草食动物发展”子课题——“红壤丘陵区草畜综合发展配套技术”研究。筛选出适合红壤丘陵区不同土地类型牧草品种7个，摸清其产量、品质、季节性变化规律，经饲养试验，研究出红壤丘陵区冬、春、夏各季节高效饲养技术，通过示范种植和技术培训等方式，推广种植优良牧草与改良天然草山草坡12.73万公顷，该技术成果达国内领先水平。

1997—1999年，道县畜牧水产局何清安、李木生等人，引进象草等优良牧草品种12个，采用青贮、氨化、微贮秸秆饲料，引进优良牛品种，实施短期集中育肥，综合防治疫病，商品牛出栏率达45.10%，优质率达60%以上，年出栏肉牛万头以上，经济效益显著。技术居国内领先水平，获2001年度省科技进步三等奖。

2001—2003年，江永县畜牧水产技术服务中心周永桂、高流富等人，依托品种改良和人工受精科研项目，建立县级品改中心1个、镇品改站8个、村冷配点34个，采用西门塔尔、利木赞、摩拉水牛等优种细管冷冻液冷配，黄牛、水牛受胎率分别达71.60%、51.50%，改良当地母牛15755胎次，产仔9515头；推广种植台湾甜草、桂牧1号、苏丹草等优质牧草品种，改造天然草场；应用秸秆氨化、青贮饲料技术；该项目实施三年，累计出产肉牛14.97万头，创产值2.70亿元，养殖户平均增收1308.77元。获2004年度市科技进步一等奖。

2004—2007年，江华县畜牧水产局宋荣军、盘瑞君等人，引入安格斯、利木赞、西门塔尔等良种公牛冻精对湘南黄牛开展品种改良，摸索出种牛精液冷配提高受胎率的关键技术，受胎率达82.30%，在江华、江永、道县进行肉牛冷配83482头，产杂交牛63975头，产值1.59亿元，农户增收3834万元，对湘南牧业发展起到示范作用。2006年，江华县被定为省食草动物生产基地，技术处省内领先水平。

2008—2013 年，零陵区畜牧水产局周卫国、彭善国等人组织推广肉牛品改杂交冷配技术。采用适应性强、繁殖性能好的湘南黄牛与体型相近的安格斯牛冷冻精液杂交，产生体型较大的新一代杂交牛，再与西门塔尔牛冷冻液二次杂交育成二代杂交牛。体重可达 700 ~ 1000 千克，且比纯种安格斯牛和西门塔尔牛适应性、繁殖能力更强，能适应当地环境、饲料和养殖模式，技术处国内先进水平。

2010—2014 年，道县畜牧水产局唐也、阳先礼等人，在海拔 800 米以上的山上种植黑麦草和三叶草，平地荒山种植桂牧 1 号、象草、皇竹草等，采用机械或人工翻耙方式，合理施肥、灌溉，提高牧草生长质量，改良草场 800 公顷，增加养牛 2400 多头。同时创新母牛养殖模式，即 1 个场养母牛 20 头，建 1 口沼气池；引进良种牛精液使用人工授精技术，提高产仔率；采用综合防疫技术，有效控制疫病发生；经济和生态效益显著并具有示范性。

二、水产养殖

境内水产养殖有 2000 多年历史，主要为山塘、水库养鱼，以草、鲤、鲢、鳙四大家鱼为当家品种，饲料多为青草。长期的养鱼实践，积累有一定的育种、养殖和鱼病防治技术和经验。20 世纪 50—60 年代开始家鱼人工繁殖和鱼病防治研究；70 年代，引进推广良种，开展淡水养鱼高产技术研究；80 年代，开展稻—鱼连作丰产研究和鲫鲤杂交鱼繁殖推广，试验江河流域水面养殖技术等；90 年代后，开展综合高产技术研究，推广网箱养鱼技术，配方饲料技术，引进推广新品种和特种鱼类养殖等；至 2015 年，大规格鱼种投放量 30742 万尾，比 1992 年增加 12297 万尾，增长 40.01%。养殖结构优化，四大家鱼比重下降，引进长吻鮰、叉尾鮰、黄颡鱼、鳜鱼、银鱼、中华鲟、赤眼鳟、虹鳟等 10 多个特优水产品种。为保护珍稀鱼类资源，农业部于 2011 年 12 月批准设立湘江刺鲃厚唇鱼华鳊国家级水产种质资源保护区，开展湘江刺鲃人工繁殖并获得成功。2015 年，全市水产养殖面积 3.02 万公顷，渔业总产值 31.34 亿元。

（一）品种引进

1992—2015 年，引进和推广新品种有彭泽鲫、高背鲫、湘云鲫、大口鲶、野鲮、淡水白鲳、罗氏沼虾、美国鮰鱼、日本白鲫、长吻鮰、团头鲂“浦江一号”、叉尾鮰、长吻鮠、中华倒刺鲃、鳜鱼、黄颡鱼、银鱼、中华鲟、赤眼鳟、虹鳟等 20 多个。

（二）淡水养殖技术

1992 年，地区水产站唐世尧、文圣渝等人，采取合理设置网箱、品种、规格、密度、投饵及管理方法，做好鱼病防治措施。在祁阳、东安、冷水滩、道县等县市进行大水面连片网箱养鱼推广。养殖工程鲫、彭泽鲫、高背鲫等名特品种，养殖面积

6806.66 公顷，产成鱼 1153 吨，创纯收入 511.76 万元。

1990—1993 年，地区水产站、祁阳县畜牧水产总站、祁阳县科委唐世尧、邓庆中等人，试验“稻鱼高产模式”，使用“田凼结合”种稻养鱼，即在稻田一端或一角，挖一个约占稻田 5% ~ 10%面积的水凼，水深 1 米以上，田、凼连通，鱼种放养、投饵、施肥、日常管理等均在凼内实施；1993 年，示范区每公顷产鲜鱼 3.60 吨、稻谷 14.63 吨，共推广 76.72 公顷，每公顷产鲜鱼 2.05 吨、稻谷 13.55 吨；技术居国内先进水平，获 1994 年度省科技进步四等奖。2002—2003 年，市畜牧水产局唐军德、黄亮等人，推广种植优质稻与养殖名优鱼技术，实现种养模式创新，推广面积 4213 公顷，每公顷均产名优鱼 1.47 吨，增收稻谷 900 千克，效益显著；技术居省内领先水平，获 2004 年度省科技进步三等奖。

2001—2002 年，新田大口鲶鱼技术推广小组颜学运、朱达等人开展大口鲶山塘水库养殖技术推广，在全县推广养鲶水面 231.73 公顷，放养大口鲶鱼花 15.20 万尾，新增大口鲶总产 34.15 吨，新增产值 140.10 万元，带动大口鲶养殖户发展稻田养鱼 93.33 公顷。

2005—2006 年，市畜牧水产局唐军德、张航航等人，选择生长快、品质优、食性广、抗病性强的湘云鲫品种进行推广，采用集中放养、混养方式，以办点示范、技术培训、统一种苗、集中培育、订单销售等形式，放养稻田 674 公顷、池塘 1889 公顷、水库 528 公顷、网箱 1720 平方米，累计总产 4570 吨，新增产值 4830.80 万元。

2005—2007 年，双牌县畜牧水产局、双牌县潇水渔业发展有限公司何献武、何振华等人，在双牌水库推广网箱养殖斑点叉尾鮰鱼，发展养殖户 559 个，推广标准网箱 5200 个，面积 98500 平方米。采取撒饵引诱鱼群，依水温、天气决定投食时间和次数，降低饲料损耗，以及鱼病综合防控等。2 年产斑点叉尾鮰11.82 吨，产值 11346 万元，纯利 1702 万元，为库区渔民脱贫致富起到示范带动作用

2009—2010 年，祁阳县畜牧水产局李美光、张贵祁等人，利用鳜鱼吃活饵的特性在塘库套养，采取适度投放活性饲料和吃食库塘野生杂鱼，准确把握主养鱼、套养鱼、饵料鱼的品种、规格、比例等，让套养鱼有适口活性饲料食用，主养鱼不被套养鱼捕食。2010 年，核心养殖区测产 200 公顷，与常规饲养对比，平均每公顷增收 1.40 万元。

三、特种养殖

境内特种养殖起步于 20 世纪 70 年代。1976 年，道县大坪铺鹿场从吉林小柳河天河鹿场引进种鹿 25 只繁育养殖，因饲料供应不足，缺乏鹿茸加工技术，每年亏损，

1982年停办；80年代开始出现肉狗、七彩山鸡、珠鸡、竹鼠、蛇类等特种养殖；90年代后，全市特种养殖的种类和产品产量不断增加。养殖的种类有蛇类、鳖类、蛙类、鱼类、犬类、野猪类、山鼠类、珍禽类等20多个品种。仅特种鱼类养殖就有泥鳅、斑点叉尾鮰鱼、黄鳝、鳜鱼、银鱼、长吻鮠、鲈鱼、乌鳢，中华绒螯蟹、大鲵等品种。据对芝山、双牌、祁阳、新田4个县区的调查统计，1999年蛇类产量达360多吨；饲养竹鼠5万余只、欧亚野猪162头、七彩山种鸡1000多只；饲养肉犬、观赏犬30万只；甲鱼产量204吨，牛蛙产量近10吨，养珍珠20公顷，吊养水蚌8万多个。随着特种养殖种类增多和规模扩大，对特种养殖技术的引进、研究和开发逐步增多。

（一）竹鼠驯养繁殖技术

1988年，双牌县江村、阳明山一带开始家庭人工驯化饲养竹鼠。到1992年发展养殖户500多家，饲养3万多只，其中养殖100只以上的102户。2001—2005年，双牌县畜牧水产局黄永杰、吴昌禧等人，研究竹鼠人工驯养繁殖技术，竹鼠繁殖性能由一年2胎提高到4胎，产仔从每胎3.50只提高到6.20只；生长速度从野生竹鼠4个月长1千克提高到2月龄长1千克，死亡率降至2%以下。至2005年，带动竹鼠养殖户1840户、养殖31.40万只。

（二）蛇类规模化养殖技术

唐代文学家柳宗元著《捕蛇者说》，永州及“永州异蛇”名扬天下。据专家考证，柳文中“异蛇”即银环蛇、眼镜蛇、蝰蛇等“黑质白章”类蛇的总称。20世纪80年代初，永州开始有人尝试眼镜蛇等人工驯化养殖研究。1992年，出现规模养殖。1993年，“异蛇”养殖、加工在芝山区形成特色产业链。芝山区富家桥镇周大武创建特种养殖开发公司，以“公司+农户”的合作形式，开发异蛇酒、异蛇产品两大系列10多个品种，销往国内外市场。1999年，异蛇酒系列获国家优质奖，创产值750万元，利税150万元。1994—2009年，市异蛇科技实业有限公司谭群英、郭天国等人，在蛇房布局、异地引种杂交、蛇卵孵化、幼成蛇生长、抗病力、养殖环境等方面开展眼镜蛇规模化人工养殖技术研究，技术成果居国内先进水平，获2010年度省科技进步三等奖。2003—2011年，该公司与中南林业科技大学野生动植物保护研究所合作，采用模拟蕲蛇野外生存环境构建室内、室外饲养场

2012年11月，市异蛇科技实业有限公司技术人员筛选蕲蛇种蛇

的方法，在室内以半地下室饲养种蛇，使其交配繁殖和蛇卵孵化；采用异地热带地域人工饲养幼蛇，促进幼蛇快速生长；攻克蕲蛇种蛇选育、幼蛇开口和成蛇饲养关键技术；该技术成果对保护野生资源，合理开发利用蛇类资源有积极推动作用，获 2013 年度省科技进步二等奖。

（三）九嶷山兔繁殖技术

九嶷山兔经过 1999—2005 年的品种提纯复壮，被列为省级中型地方肉兔品种，也建立起九嶷山兔保种选育和扩繁开发体系。为进一步提高九嶷山兔的生产性能，2012 年始，永州舜源农业发展有限公司、宁远县畜牧水产局欧阳定权、刘智连等人，用九嶷山兔与伊拉兔进行杂交，杂交兔保持原兔种繁殖性能好、抗逆性能强、肉质优等特性，成年兔体重比原兔平均每只增重 1.10 千克，断奶成活率由原兔的 97.10%提高至 98.60%，制定出《肉兔标准化养殖技术规范》。2015 年，该县养殖出笼九嶷山兔 497.54 万只。

2014 年 7 月，永州舜源农业发展有限公司九嶷山兔养殖场

（四）优质食用鸽繁殖技术

2004—2009 年，祁阳县金丽鸽业发展有限公司谢金宝、杨丽华等人，引进白羽王鸽和石岐鸽，通过提纯、杂交、配对、驯化、饲养等系列技术措施，探索肉鸽品种在当地气候、地理环境下的适应情况，培育出羽毛纯白、体型大、生长快、繁殖力和抗病力强的杂交新品种，研发出饲养种鸽、肉鸽优质高产新技术。同时，采用种苗供应—技术服务—订单回收推广模式，发展养殖户 57 家。

2012 年 11 月，永州市顺康生态农业发展有限公司研制的人工繁殖泥鳅注射催产装置

（五）泥鳅人工繁殖技术

2011—2012 年，市顺康生态农业发展有限公司卞国民、彭贵凤等人，采用网箱集中培育亲鳅，研发自动循环孵化器、注射催产装置和无土培育泥鳅技术等，提高受精率、孵化率、成活率，形成《泥鳅人工繁殖系统操作规

程》，较好解决泥鳅养殖普遍存在的亲鳅死亡率高、繁殖率和鳅苗成活率低、劳动强度大、效率低等问题。该技术成果获农业部2011—2013年度全国农牧渔业丰收三等奖。

（六）网箱养殖匙吻鲟（长吻鲟）鱼技术

2010—2012年，双牌县畜牧水产局、双牌县鑫潇水渔业专业合作社何献武、何振华等人，采取合理投放鱼种、实时分箱、防止咬尾、灯光诱饵、降低饵料投放量等技术措施，形成操作性强的《网箱养殖匙吻鲟技术规程》，对提高养鱼效益起到指导作用。

（七）中华绒螯蟹养殖技术

2013年9月，江华涔天河大闸蟹养殖专业合作社养殖的中华绒螯蟹

2012—2014年，江华县天然农产品有限公司、县科技局、江华县涔天河大闸蟹养殖专业合作社尹红成、何玉荣等人，通过调控水质、人工海水混兑比例、成蟹雌雄分开饲养等技术措施，解决蟹苗人工孵化、蟹苗运输费用高、易死亡等难题。至2014年年底，共推广养殖408公顷，产成蟹912吨，产值5508万元，纯利润1836万元，帮助769人就业，人均年增收4000元。

四、疫病防治

20世纪90年代后，国家颁布实施《中华人民共和国动物防疫法》《重大动物疫情应急条例》等法律法规，境内疫病防治按照“加强领导、密切配合、依靠科学、依法防治、群防群控、果断处置”的方针，采取以免疫为主的综合防控措施，重点防控牲畜口蹄疫、高致病性猪蓝耳病、猪瘟、猪高热综合症、猪链球菌病、禽流感、鸡新城疫等重大动物疫病，开展牲畜口蹄疫、猪蓝耳病、猪链球菌病、禽流感等防治技术的应用或研究。2007年有效防控猪蓝耳病的重大疫情。2008—2015年，连续8年全市未发生重大疫情流行。

1980—1989年，湖南农学院畜牧水产系、宁远县畜牧水产局等单位对省内畜禽肿瘤病进行调研。查出湖南省畜禽的几种肿瘤的高发区、重要传染性肿瘤的分布及流行规律；查证屠宰畜禽的常发肿瘤和肿瘤样病变，检出一批罕见的畜禽肿瘤；开展畜禽肿瘤病防治和病因分析。研究成果对防治畜禽传染性肿瘤病，促进畜牧业发展，探索人畜病症的发生具有重要科学意义，处国内研究领先水平，获1993年度省科技进步三等奖。

1987—1992 年，祁阳县畜牧兽医总站桂湘、刘和平等人，历时 5 年研发成功“鱼病康”并推广应用。该药剂以中药材为主，配以新型抗菌西药，对防治草鱼赤皮、烂鳃、肠炎病疗效明显，特别对草鱼出血病有较强抑制作用，降低鱼死亡率 50%。

1989—1992 年，新田县兽药厂周开元、杨连山，成功研发注射用硫酸黄连素原料药生产新工艺，为类似生物碱转化成盐类注射用原料药开辟新途径，技术先进，国内首创，节省降耗明显，经济效益显著，获 1994 年度省科技进步三等奖。

1988—1996 年，宁远县科委科星水产开发公司欧阳智生、李和清等人，成功研发中草药制剂“鱼病除”，对鱼赤皮、烂鳃、肠炎等常见鱼病疗效明显，对草鱼出血病有一定抑制作用，且成本低、药源广、易操作。在 100 公顷水面推广使用，草鱼成活率 90%以上。

2005—2006 年，永州职业技术学院于桂阳、何龙银等人，通过对猪蓝耳病发生、流行病学调研，摸清该病流行特征和临床特点，对疑似猪蓝耳病猪场进行血清学检测与细菌培养，确定该病继发感染的其他病原体为猪瘟、猪链球菌、附红细胞体，有针对性地制定出预防猪蓝耳病的免疫程序、保健方案及综合防治措施。该技术在市内 8 个猪场推广应用，大幅降低牲猪的发病率和死亡率，对猪蓝耳病防治具有指导意义，居国内研究先进水平。

第三节　农业机械

20 世纪 80 年代初期，农村开始实行家庭联产承包责任制。为适应农村生产形势变化的需要，国家允许农户个人或联户购置农副产品加工机具。至 90 年代中期，境内重点推广应用小拖拉机、小柴油机、小水泵、水田耕整机以及半机械化的人力打稻机、喷雾器、真空井泵等小型机械化农机具。到 1991 年，农业机械的推广应用已有一定规模，全区拥有各种农机具 114 万余台（件），其中拖拉机保有量为 12713 台，仅农户经营的拖拉机就达 11489 台，水田耕整机 8173 台。1992 年，境内新型农机具的研发开始出现，开发出一些新产品并投放市场。2004 年，国家开始实施农机购置补贴政策，加大对新型农机具的推广力度，有力地推动农机具的应用普及。同时，国家、集体和个体等农业机械服务机构对外开展不同类型的技术服务，受到农户欢迎。

一、农业机械研发

1988 年，双牌、江华、道县等地开始研制开发微型水轮发电机组。1989 年，祁阳县白水镇农机厂研制成功“九嶷牌”水田耕整机。此后，境内新型农机具的研制逐步增多。

1992—1996 年，市会贤研究所李会贤，成功研制人力多功能轻便打稻机。该机适用于稻谷、小麦等农作物的脱粒，具有设计新颖、结构简单、体积小、重量轻、脱粒快、谷草自动分离、净谷自动入筐等特点，省时省力，使用轻便。比普通 737 型打稻机重量轻 60%，劳动强度减少 50%以上，工效提高一倍，获得国家专利。

1997—2001 年，市农机研究所胡石发、唐力野等人，研制成功 PYP-Ⅳ型全自动育秧软盘成型机；该机是一种以液压为动力的育秧盘软盘成型生产设备，结构紧凑，自动化程度高，操作简便、省力、易维护，关键技术获得两项国家专利。2005—2008 年，该所研制开发 4LBZ-105 型多功能半喂入联合收割机，在扶禾、输送、脱粒、清选等方面取得 7 项实用新型专利，具有操作灵活、作业效率高、脱粒干净损失小的特点，还可兼顾旋耕、起垄作业，获省农机局颁发农机推广证书，并列入省农机购置补贴目录。2011—2012 年，完成多功能全喂入联合收割机研制，除可完成水稻收割作业外，将割台拆卸再配套旋耕机、起垄机，可完成旋耕、起垄作业，整机技术居国内先进水平。2013—2015 年，该所成功研发 1GZ-120 型履带自走式旋耕机、TY-702 轻型履带拖拉机、复脱吹吸风式谷物清选机、多功能耕作收获机。2013 年，1GZ-120 型履带自走式旋耕机通过省农业机械推广鉴定。多功能耕作收获机获得国家发明专利 1 项、实用新型专利 2 项。

2012 年 9 月，市农机所研制的 4LBZ-105 型联合收割机在田间作业

2013 年 7 月，市农机所研制的 1GZ-120 型履带自走式旋耕机在田间作业

1998 年，祁阳县农机局邓英寰研制的 IXQJ44 型水稻耕整机和配套使用机具，分别获得国家专利并批量生产。

1999—2001 年，祁阳天龙机械厂王山源、唐石桥等人，成功研制 4GL-70 型稻麦割晒机。该机采用往复推剪式割刀，皮带回转输送成侧向条放，双轮步行操纵结构。整机结构简单、紧凑、实用，操作方便、灵活、安全，重量轻，仅为 95 千克，是国内同类产品重量的三分之一，价格为大型割晒机的四分之一，适用于丘陵、山区小块耕地作业，获得国家专利。

2001 年，江华运德农机修造厂研制开发 D800-75 实用新型筛式打稻机，获得国家实用新型专利，被省农机部门认定为科技新产品。

2003 年，东安县农机新型产品制造厂陈祖宣、陈跃华等人，研制成功 MF-80 型玉米脱粒机；该机可同时从不同出料口排出玉米粒和玉米棒，不伤玉米表皮，脱粒率达 99%，结构简单、生产效率高。

2005 年，市三湘农机制造有限责任公司生产的“舜皇牌”5TY-36 型玉米脱粒机系列产品，获 5 项国家专利权，具有脱粒效率高等优点。2011 年，被列入国家支持推广的农机产品目录。

2011 年，市田牛农机有限公司研发的 1Z-20 新型双辊耕整机被列入 2012—2014 年湖南省支持推广的农业机械产品目录。

2012 年，祁阳县现代农业装备有限公司研发的 9GF-7.0 畜禽粪便固液分离机，用于人、畜粪便发沼后的处理。渣液分离速度快，去污能力强，自动化程度高，耗电量小。经过处理的粪尿水含固率、化学耗氧量、总耗氧量、氮、磷的去除率为 70%～95%。获得国家专利。

2015 年，永州田源机械装备有限公司与市农机研究所共同研发 TY-702 轻型履带式拖拉机被列入国家支持推广的农机产品目录。

2015 年 12 月，永州田源机械装备有限公司生产的 TY-702 轻型履带式拖拉机

二、农业机械推广

（一）农业机械推广

20 世纪 80—90 年代中期，境内一直以推广应用小型农机具为主。1990—1993 年，

国营回龙圩农场茶厂王医凤、秦明国等人，针对传统采茶方法用工多、成本高、单产低、质量差等问题，推广机械采茶技术，提高了采茶产量和改善茶叶质量，节省采茶用工，减轻茶农劳动强度。

1997年，祁阳县八宝镇农民于训芳购买全市第一台水稻全喂入联合收割机。1998年，祁阳县农机局推广站购买全市第一台步进式水稻高速插秧机。到2001年，全市已有水稻联合收割机109台，完成机收面积4000公顷。

2004年，国家开始实施农机购置补贴政策。祁阳县、东安县被列为全省农机购置补贴试点县，农机购置补贴资金60万元。2005年，农机购置补贴政策试点县增加到4个，补贴资金175万元。2006年，农机购置补贴政策实施县增加到10个，补贴资金为255万元。2007年，国家农机购置补贴政策由“重点推进制”转为“普惠制”，全市所有县区农机购置补贴全覆盖，补贴资金800万元，2008年1550万元，2009年4120万元，2010年4770万元，2011年5540万元，2012年7478万元。国家农机购置补贴政策的实施，推动了农业机械化的进程，全市每年推广应用农业机械在3万台以上。

（二）农业机械服务

1.农机技术服务　从20世纪80年代初开始，国营拖拉机站、乡镇农机站、农机供应企业等推行集体承包、包机到人、目标管理的经济承包责任制，对外开展“包钱、包田、包机况、包安全”的“四包”服务及技术示范。1992年，地区农机局、祁阳县农机局、宁远县农机局王金铭、奎运旺等人，开展“山丘区农机联合抗旱集团承包保产增产技术”服务。1994年，地区农机局组织在全地区推广，对农机抗旱救灾、农机机耕、农机植保开展技术承包服务，全区有234个乡、2264个村、240068户参加，签订技术承包合同58201份，服务面积5.56万公顷，投入技术和服务人员9672人，资金99万元，油料3698.50吨，配件5万余件，培训机手1000多人，技术服务和咨询1500多次，调试农机具1635台次，免费修理农机具1845台次。该做法在《农机试验与推广》杂志上登载，向全国推介。

2000—2001年，祁阳县农机局任建平、陈玉梅等人，组织实施“农机与农艺相结合的水稻综合增产技术”服务，实行科普宣传与技术培训相结合，办点示范与大面积推广相结合，推广应用稻田机械化耕作、施肥、灌溉、植保、收获等技术，在祁阳县10个乡镇、281个村共推广水稻新品种（组合）2.20万公顷，各类农业机械14568台，经实地测产验收，共增产稻谷1.63万吨，增加产值1746万元，节约成本3927万元。

2005年，市农机系统共抽调800多名农机技术人员下基层，组织农机技术维修服务队260个，检修农机具11万台；组织农用物资机械化运输队2000个，拉运化肥、农药等农用物资900万吨；组织油料和农机配件供应点350个，调拨和储存柴油2万吨，农机配件3000万元；组织农机机耕服务队2380个，完成机耕面积12.66万公顷；

组建“打水”服务队 1230 个，完成灌溉面积 8 万公顷。

为解决水稻收割难的问题，市农机局蒋华权、周善生等人在全市联合组织推广水稻联合收割机。2003—2007 年，组织技术示范表演 110 场次，观看群众达 10 万多人次，培训操作人员 1300 多人，组织技术服务队伍 65 个，开展技术服务 2561 台次，推广水稻联合收割机 1357 台。

2.农机技术示范　1999 年 7 月，市农机局与冷水滩区农机局联合在岚角山镇潇湘庙村举办全市水稻收割机械化演示会，有 150 多名相关人员现场观摩。2001—2004 年，市农机局每年举办农机现场演示会。2001 年 7 月，全市水稻联合收割机示范表演现场会在祁阳县召开，市委副书记邓三龙、常务副市长崔永平出席。2002 年 7 月，全市水稻跨区作业现场演示会在祁阳县白水镇召开，12 台水稻联合收割机、8 台大中型耕作机械参加现场作业。2003 年 7 月，全市机收、机耕、机灌现场演示会在东安县召开，市委副书记邓三龙、副市长程晨曦出席。2004 年 7 月，市农机局组织的全市新型大中型农机具示范演示会在祁阳召开，市委书记曾庆炎、副书记邓三龙和省农机局局长谢国华等现场观摩，参加展示的农机具 22 种 58 台，参观群众达 1 万多人，规模大、规格高、机具多、效果好。

2007 年，祁阳县被列为全国 100 个农业机械化示范县。2008 年 3 月，市农机局在冷水滩区仁湾镇张家村举办水稻机插育秧技术培训班现场会，有 50 余人参加培训。7 月，在东安县紫溪镇举办水稻生产全程机械化现场演示会，观摩群众 1560 多人。

2009 年 7 月，市水稻生产全程机械化现场演示会在道县清塘镇举办，投入各类作业机械 83 台，1000 余人现场观摩。

2013 年 4 月，农业部花生综合试验站、市农机局等单位，在永州市举办了“湖南省首届花生机械化播种现场会”。

2014 年 8 月，省农业机械化高科技示范园与市农机技术推广站等单位，在江永县举办了南方丘陵区花生生产全程机械现场演示会；演示了花生种脱壳机、旋耕机、免耕播种机、条播机、机动喷雾器、花生摘果机、花生烘干机、榨油机、多功能田间运输机等花生生产全程机械作

2015 年 10 月 24 日，宁远县秋冬油菜机械化直播演示现场

业过程；省内多地粮油管理机构负责人、农机推广站站长、农机经销商及花生种植大户与会参观。

2015年10月24日，永州市秋冬油菜机械化直播现场演示会在宁远县召开，市委常委、副市长蒋善生出席，市县区农机部门、农机合作社、农机生产企业、农机经销商共200余人参会。与会人员考察了宁远县冷水镇海江村秋冬油菜机械化播种现场、蓝山县塔峰镇牛角农机服务专业合作社现场，观摩了油菜、水稻机械化生产作业，交流学习油菜生产机械化以及现代农机合作社建设的做法和经验。

第四节 林　业

境内人工植树的历史可以追溯到唐代，后历代均有植树的记载。中华人民共和国建立初至60年代初，林业资源丰富，生态优良，林业科技以封山育林为主。1964—1975年，以建立杉木林基地为重点，但植树造林科技水平不高，有的实行全垦，造成水土流失，有的不视土壤肥力，形成“小老林”，有的不考虑资源状况，不合理间伐等。1976年后，经过拨乱反正和改革开放，林业科研推广得到重视，在采种、育苗、造林、育林、护林、采运、加工等方面，取得一批科技成果。至1991年，获得地区级以上林业科技成果52项，其中，国家级2项、省级9项、地区级41项。特别是1978—1988年，地区林科所黄自瑶和中南林学院张全仁共同开展“杉木无性系选育和繁殖技术研究”，其中“以苗繁苗技术”于1985年获省科技进步一等奖，“无性系品种选育研究”于1988年获地区科技进步一等奖。

1992—2015年，随着经济快速发展，林业科研和推广队伍逐步建立和完善，取得一批高质量的科技成果。据统计，1992—2015年，取得市级以上科技成果59项，其中，国家林业科学院奖1项、省科技进步奖21项、市科技进步奖32项、省林业厅科技进步奖5项。期间，科研开发和推广的重点放在良种引进、苗木繁育上。引进外来品种有刺槐、湿地松、火炬松、桉树、油橄榄、加杨、加拿大白杨、湿加杂交松、澳洲黑荆、英国二球悬铃木、日本柳杉、日本扁柏、日本花柏、日本黑松等境外森林植物大群类120余种；建立起油茶采穗圃、杉木、桉树和墨西哥柏等种子园，着重对杉木、油茶、桉树、红豆杉等林木的繁育、栽培技术，以及马尾松毛虫、竹广肩小蜂、萧氏松茎象、松针褐斑病等病虫害的生物学特性与综合防治技术进行研究。

一、种苗繁育

（一）杉木良种繁育技术

2005年始，江华国有林场、江华县科技局汪昌国、陶岗群等人，承担国家发展改革委员会的“杉木二代种子园建设”项目。利用优良单株、高枝截顶、侧枝拉下固定等技术，林木嫁接成活率达95%以上，达到种子园建设质量要求，于2012年完成建设任务。

1984—2014年，金洞林场、湖南环境生物职业技术学院高建亮、刘金林等人，历时30年，开展杉木优良无性系选育技术研究。选用222个无性系营造试验林，从生长指标、遗传特性、木材理化特性等性状，选出了11个优良无性系，平均树高、胸径和蓄积量分别比对照林分高18.92%、25.03%、71.79%，技术处国内领先水平。

（二）油茶良种繁育技术

1982—1983年，地区林科所从长沙、邵阳、衡东、攸县、桂阳、永兴等地及市内采集优良油茶品种穗条，采用高接换冠，嫁接无性系35个。1984—1985年，采取橘子树上部嫁接法，营造5.33公顷优良无性系油茶园，筛选优树作接穗。至1994年共选育出8个无性系，其适应性、抗性、产量、产籽率、产油率等方面均表现优异，可为油茶生产、建立种子园和采穗圃提供优良种子与穗条。2005—2009年，该所与省森林植物园等单位合作，探索油茶采穗圃穗果兼营模式，实现油茶高产和穗条优质的目标，其技术处于国内领先水平，获2010年度省科技进步三等奖。2008—2010年，该所谢红梅、柏劲松等人，从砧木培育、基质配方、药剂处理、基质消毒、管理措施等方面入手，找到最佳的良种油茶快速育苗技术措施，培育时间由2年缩短为1年，嫁接成活率95%以上，成苗率60%以上。

2010年9月，市林科所技术人员柏劲松（右）查看采穗圃油茶树结果情况

2006—2012年，永州伊园科技有限公司蒋小军、管天球等人，以油茶胚根和育苗技术为研究对象，通过对油茶种子沙藏时不同埋沙厚度及种子沙床内外温度差对油茶胚根生长

长度与粗度的影响研究，确定了油茶胚根生长合理的埋沙厚度和适宜胚根生长温度差为 4℃～5℃，实现一粒种子培育的胚根可嫁接苗木 2～3 株，成活率 90%以上，成苗率 85%以上，该技术成果处国内领先水平。

（三）桉树良种繁育技术

2004 年 5 月，市林科所邓恩桉引种栽培试验基地

1999—2001 年，市林科所谢韵帆、朱金惠等人，进行赤桉组培苗扦插繁殖试验，组培苗移栽成活率达 95%以上，采枝扦插成活率达 95%以上，留床苗中采枝扦插成活率达 85%以上。2001—2004 年，该所石燕飞、柏劲松等人，从澳大利亚引进邓恩桉、边沁桉、史密斯桉、多枝桉、溪谷桉、柳桉 6 个品种、14 个家系。研究表明：邓恩桉、边沁桉具有较强的抗寒性、抗逆性；采用全光照、塑罩保温、喷雾保湿、营养钵育苗等技术措施，对邓恩桉播种育苗技术研究，发芽率和成活率均达 90%以上，技术处省内领先水平。与澳大利亚国际农业研究中心合作，在蓝山县塔峰镇五里坪村建立 104 公顷桉树种子园。同期，永州职业技术学院何增明、梁文旭等人，将组织培养技术与嫩枝扦插技术结合，进行桉树以苗繁苗、无性系快繁的生产实践并取得成功。至 2012 年，全市共引进邓恩桉、边沁桉、赤桉、柳桉、美丽桉等耐寒速生桉树 20 余种。

（四）墨西哥柏、福建柏良种繁育技术

20 世纪 90 年代初期，地区林业营林站曾桂荣、唐自钧等人，在新田县石灰岩山地引种造林墨西哥柏 5433.33 公顷，5 年幼树平均高 5 米，平均胸径 4.10 厘米，无病虫害，长势良好。试验表明，墨西哥柏是丘陵岗区很有发展前途的树种。1995 年，市林科所建立起 6.66 公顷实生种子园，解决大面积栽种墨西哥柏而面临种源缺乏的问题。

1996—1997 年，宁远县林业局、市林业局廖纯茂、李明贵等人，承担国家“九五”科技攻关重大项目“福建柏珍贵建筑材树种良种选育及培育技术研究”的子课题——“福建柏种源试验苗期选择研究”。参试种源 15 个，通过容器育苗和随机区组设计，总结出一套种源苗期选择技术，可缩短种源选择及培育时间，加快推广福建柏良种造林的进程，技术处国内先进水平，获 1998 年度省科技进步四等奖。同期，道县月岩林场、道县林业局、市林业局彭玉忠、陈开桂等人，对福建柏在不同海拔高度、播种时期、切根强度的全光圃育苗研究，摸清其生物学特性和生长期规律；提出改春播为冬播，并首次提出该树种苗木分级标准，技术成果居国内领先水平。1996—2013 年，永州都庞岭国家级自然保护区管理局、省林业科学院伍有谟、刘帅成等人，研究出福建柏全光圃地育苗核心技术，使一年生苗高平均增长 15%以上，地径平均增长 10%以上。

（五）红豆杉繁育技术

2012 年 12 月，南方红豆杉大田扦插繁殖育苗基地

1998—2001 年，江华县林业局刘宗林、陈庆潮等人，承担中南林学院“穗花杉开发利用”项目子课题——“穗花杉繁殖研究”。查清了江华县穗花杉资源的分布情况，弄清其群落结构特性及生物学特性，找到苗木繁殖最佳处理组合、繁殖途径，以及播种育苗、扦插育苗技术，育苗成活率达 98%。该技术成果处国际领先水平，获 2001 年度市科技进步一等奖。同期，市林科所曾松青、周土生等人，针对红豆杉生长缓慢、扦插生根难的问题，对红豆杉扦插繁殖育苗技术进行研究，从扦插基质、扦插时期、母株年龄、枝条类型和部位、ABT 生根粉处理等着手，摸索出营养袋嫩枝扦插育苗新技术，扦插成活率达 80%以上，居国内先进水平。1999—2012 年，该所与省林产品质量检验检测中心、省林科院合作，进行南方红豆杉苗木培育与经营技术研究，摸清了南方红豆杉木材材性变异规律，选育出 TC05、TC06、TC11 三个木材基本密度较大的南方红豆杉优树，提出经营地选择与容器苗造林、经营模式与技术措施等经营技术体系。该技术成果居国内领先水平，获 2013 年度省科技进步三等奖。

（六）其他树种繁育技术

1989—1993 年，蓝山县南岭林场、县林业局、县农委黄学明、许德华等人引种翅荚木，摸清了翅荚木的适生环境和生长规律；并根据该品种的立地条件，将其类型划分为立地型、较适合生型、非适生型，为半山区丘陵、钙质土及干旱瘠薄地区大面积种植翅荚木提供科学依据，属国内首创，技术水平处国内领先。

2001 年始，市林科所周盛、曾桂荣等人，引进滇、桂、赣三省区的山茶花种穗基因，运用生物工程技术，经 9 年研究，于 2010 年培育出“盛红香”等浓香山茶花新品种 3 个；2011 年 5 月，获中国茶花命名和统一登录委员会认定。1998—2003 年，该所曾松青、柏劲松等人，开展榉木扦插繁殖技术研究；试验表明：每年 3 月初或 9—10

月扦插，采用营养袋基质、剪取穗条、生根粉水溶液浸泡后扦插、薄膜覆盖等技术，生根成苗率达 80%左右。2007—2008 年，该所柏劲松、谢红梅等人，从催芽、土壤消毒、施用基肥、育苗时间、播种激素处理等方面，开展光皮树育苗试验，找到最优组合技术措施，技术居国内先进水平。

二、苗木栽培

（一）杉木建筑材优化栽培模式的研究

1986—1995 年，省林科所、江华县林业采育场等单位共同完成“八五”国家科技攻关项目——“湖南省杉木建筑材优化栽培模式的研究”。在省内适宜杉木造林地，营造不同栽培措施实验林 140.93 公顷，调查标准地 750 块，获取数据 200 万个，探索出适合在生产中推广应用的不同立地条件，首次在国内外建立家系树高生长模型修正函数，优化栽培模式，且应用推广具有低投入、高产出、易操作等特点，经济效益显著，处国内研究领先水平，获 1996 年度省科技进步二等奖。

（二）油茶栽培技术

1985 年，中南林学院、地区林科所承担国家“七五”重点攻关项目——“油茶早实丰产技术研究”。营造油茶早实丰产林 8.46 公顷，采取选育良种、无性系芽砧嫁接苗造林、合理密植、及时抚育管理、科学施肥等一系列技术措施。1994 年，经现场验产，平均每公顷产茶油 475.80 千克；1991—1994 年，平均每公顷产 268.50 千克，为国家标准油茶丰产林产量指标的 2 倍。2005—2013 年，市林科所柏劲松、谢红梅等人，采用施肥、土壤管理、除杂、修剪、病虫害防治和高接换冠等技术措施改造油茶低产林，促进油茶生长，增强树势，提高产量与质量，形成高产稳产林。

2008—2011 年，湖南科技学院、湖南大自然茶油有限公司、市永丰农林科技开发有限公司管天球、黄光文等人，研发出油茶大苗培育与移栽技术，四年生大苗成活率达 97%；构建油茶与玉竹、鱼腥草、白术、花生、大豆及套养家禽等新复合经营模式，解决了油茶林建设成林慢、效益低的问题。项目实施 3 年，培育良种 3000 株，复合经营油茶发展模式处于国内领先水平。

1994 年 9 月，市林科所油茶早实丰产林

（二）ABT 生根粉研究与示范推广

1990—1994 年，地区林业局、双

牌县、祁阳县林业局等单位喻美莲、王景星等人，开展ABT生根粉研究与推广试验示范。试验表明：用于柑橘、奈李保花保果，增产25%以上，用于油橄榄浸根造林，成活率达85%以上，用于香柚、杨梅扦插育苗，成活率95%以上。

2004—2006年，市林科所使用ABT生根粉2号、5号和GGR6号、7号、10号用于苗木移栽、扦插、浸根、播种育苗。扦插苗木14.97万株，其中，桂花、罗汉松、杜鹃、石楠、红豆杉、榉木等扦插成活率达80%～95%以上，提高成苗率20%；香樟、紫荆、红豆杉、榉木等苗木移栽使用GGR6号浸根，成活率达90%以上；木笔、香樟播种育苗采用GGR6号浸种，出苗率达95%以上。2006年，该技术成果被中国林科院评为一等奖。

（四）测土配方造林技术

2010年，市林业系统组织开展全市林地测土配方信息系统基础数据核查，内容包括海拔、坡位、坡向坡度、母质母岩、土壤类型、土壤质地和土壤厚度等相关因子。2011年，全市林地测土配方信息系统正式启用。2012年3月，市林业局组成专家调研组，到江华、蓝山县调研林地测土配方施肥应用的可行性，绘制出江华县十万分之一的彩色土壤分布图、成土母质图和挖取土样点标示彩图等，撰写出林地测土配方施肥应用调研报告，在《湖南林业科技》发表。2011—2013年，市林业局邀请省林业科学院专家王晓明博士、杨明硕士，中国农业科学院祁阳红壤实验站高菊生、王伯仁研究员作技术讲座，累计举办技术培训班140多期，培训3847人次。2012年，在金洞和江华两县区建立杉木林地测土配方示范基地；2013年，建立31个示范点、1360公顷示范基地；2014年，在市林科所等油茶示范基地建立应用示范点。2011—2015年，全市应用测土配方造林15.82万公顷。

三、病虫防控

1989—1991年，地区林业局组织东安县、道县、宁远县、新田县林业部门开展一系列调查和科研活动，重点研究境内松毛虫的发生、发展规律，掌握其综合防治基本技术，有效地控制灾害的发生。《马尾松毛虫大面积发生后治与不治的利弊比较》论文，在1989年湖南省松毛虫综合防治学术研讨会上交流；《浅谈我区现阶段马尾松毛虫综合治理的有效途径》论文，在1989年湖南省森林保护学会学术研讨会交流；《飞机大面积喷洒白僵菌高孢粉防治越冬代松毛虫试验》《JDS－CPV防治松毛虫试验》《25%灭幼氰悬乳液飞机超低量喷雾防治松毛虫试验》《人工驯养灰喜鹊防治松毛虫试验》等论文，汇编成《湖南省零陵地区马尾松毛虫综合防治工程资料集》。1994年，“零陵地区马尾松毛虫综合防治工程”技术成果获省科技进步三等奖。

1993—1995 年，省森林资源管理保护局、零陵地区林业局、衡阳市林业局王旭明、胡向红等人，通过研究竹广肩小蜂生活史、生活习性、天敌种类及优势种群等生物学特征，制定出竹林受害程度和竹株受害程度划分标准，提出封山育竹、抚育施肥、合理采伐等技术措施，并在生产实践中推广应用，经济、生态、社会效益显著，该技术成果获 1998 年度省科技进步三等奖。

1994—1995 年，省森林病虫防治检疫站、地区林业局等单位王明旭、秦孝恩等人，开展病原菌致病性、寄主抗病性、流行区域性、综合治理技术研究，在国内首次发现重要的森林植物检疫对象松针褐斑病，掌握在全省病害疫情及采取综合防治措施，有效地遏制扩散蔓延。首次在国内发现被认为高度抗病的黄山松在湖南成为严重感病树种，丰富了病原致病性和寄主抗病性的内容，在学术上有新突破。获 1996 年度省科技进步四等奖。

1995—1997 年，省森林资源管理保护局、地区林业局等单位王明旭、胡向红等人，针对在湖南首次发现松针褐斑病并造成严重危害问题，组织实施综合治理措施，病害发生面积下降 95.10%，发病林分病株死亡率为零，提出森检对象综合治理工程理论，建立起病害监测系统，技术处国内领先水平，获 1999 年度省科技进步三等奖。

2003—2008 年，市森林植物野生动物保护站、东安县林业局、双牌县林业局刘玉茂、张占平等人，在东安、双牌、江永等地开展萧氏松茎象生物学特性和防治方法研究，探索出综合治理萧氏松茎象的有效方法，遏止其扩散蔓延与危害。《虫道注射化学药剂防治萧氏松茎象试验》论文在《中国森林病虫》上发表，科研成果获 2006 年度市科技进步一等奖。省森林病虫害防治检疫总站、市林业局等单位戴立霞、王明旭等人，完成的“萧氏松茎象发生与生态因子的关系和防控技术”研究成果，获 2009 年度省科技进步三等奖。

第五节　水电水利

元代童骥诗云：“零陵水车风作轮，沿江夜响盘空云。轮盘团团径三丈，水声都随风轮行。”永州人在宋代就普遍使用水筒车于生产生活中。20 世纪 60 年代建成双牌水电站。90 年代至 2015 年，境内水电水利科技发展迅速。先后建成的大中型水电水利工程主要有南津渡水电站、浯溪水电站、潇湘水电站、湘祁水电站和 2011 年开工在建的涔天河水库扩建工程。水电工程建设和发电新技术不断研发，喷灌、滴灌、排灌分离、浅湿灌溉、稻草覆盖、地膜覆盖、秸秆覆盖、生化调控、分厢起垄、水旱轮作等节水新技术逐步推广应用。

一、水电工程

双牌水电站（2008 年）

双牌水电站　位于双牌县境五星岭，是一座集发电、灌溉、航运与防洪等于一体的大型水利水电枢纽工程。大坝结构为坝后式电站，是国内最早采用预应力锚固技术进行坝基加固处理。1962 年建成，对后来类似工程具有指导意义和科技示范作用。1975—1985 年，主要对溢流坝基采用预应力锚固、延长挑流鼻坎、上游深水帷幕补强灌浆等工程技术措施进行加固处理。2000 年，对 2 号发电机进行更新、增容改造，发电机定子、转子绕组及其配套附件全部更换，定子线圈不完全换位，增效明显。2000—2005 年，与大连理工大学合作，以水库流域为背景，采用多准则新安江模型参数自动率定法、含模糊优选与遗传算法、遗传算法与 TOPSTS 等，以及水库洪水预报调度系统技术集成，在数据库设计、水文预报模型设计、调度设计、组件开发上技术创新，应用 6 年中历经 40 场洪水预报，成功率达 95%，整体技术处国内领先水平，部分技术达国际先进水平，获 2007 年度省科技进步三等奖。2009—2013 年，对 3 台总装机容量为 13.50 万千瓦的发电机组进行技术改造，装机容量增加 1.50 万千瓦，年增发电量 6000 多万千瓦时。

南津渡水电站（2015 年）

南津渡电站　位于零陵区城区南郊，是中国与奥地利合作，集发电、船运、灌溉于一体的中型水电枢纽工程。1989 年动工建设，引进奥地利单机 2 万千瓦灯泡贯流式发电机组，总容量 6 万千瓦，1992 年 3 台机组发电并网。在设计中采用的启动方式属国内领先技术，

获省优秀工程设计三等奖。2006—2007 年，针对发电机产生电晕腐蚀现象，该电站与天津市重型水电设备制造有限公司开展技术合作，采用国内先进技术对 1 号发电机线棒整体更换，经 9 个月试运行，发电机运行状况良好，为全国同类型发电机技术改造提供了成功范例。2008—2009 年，该电站联合长沙星特自控设备实业有限公司，针对水轮机调速器电器部分进行国产化改造，性能达到或超过原调速器。

潇湘水电站　位于境内湘江干流中上游，是一座集发电、航运、交通、供水、旅游、灌溉于一体的中型水利水电交通枢纽工程，装机容量 5.2 万千瓦。1993 年开工，2002 年 1 号机组并网试发电。针对灯泡贯流式发电机组定子线圈绝缘受潮问题，该电站技术人员李一平研究出相应的技术并应用，避免机组绝缘损坏的重大损失。技术论文《潇湘电站发电机定子线圈绝缘问题的探讨》在《水电站机电技术》杂志 2010 年第 2 期发表。2015 年，针对水电站未设计拦污排，易产生对机组流道进水口拦栅前垃圾拥堵和环境污染的问题，采用由浮箱与拦污排组成的浮式拦污设计并成功实施。该技术为其他电站类似应用提供借鉴，李一平撰写的技术论文《潇湘水电站浮式拦污排的设计与应用》在《水电站机电技术》杂志 2017 年第 1 期发表。

潇湘水电站（2015 年）

浯溪水电站　位于祁阳县域湘江干流中游上段，由湖南新华水利电力有限公司投资 12.30 亿元建成，是一座以发电为主，集防洪、旅游、航运、灌溉、交通于一体的大型水电水利枢纽工程。2005 年开工，2009 年首台机组并网发电。该工程从规划设计到施工建设，坚持水电开发与环保统一原则。根据基础岩溶发育情况，采用板、梁框架及拱结构横跨溶蚀带、混凝土回填和加强灌浆等综合基础处理技术。优化设计方案，将水库正常蓄水位提高至 88.50 米，电站装机容量达到 10 万千

浯溪水电站（2015 年）

瓦。设置计算机监控系统，控制分电站级和现地单元级，实行自动控制。机电设备选用灯泡贯流式机组，技术先进，配套设备接口匹配良好，安装、运行管理方便。

湘祁水电站　位于永州市祁阳县和衡阳市祁东县交界处。2009 年开工建设，2012 年 4 台 2 万千瓦发电机组投产发电，是一座以发电为主，兼顾航运、灌溉、交通、旅游及城镇开发的中型水电水利枢纽工程。该电站采用国内智能化水电站新技术，以源网荷储协调发展的“无人值守，少人值班”模式为基础，通过远程通信信息平台，在省内首次实现远程控制，异地开、停机。厂房屋顶建设有光伏发电系统，2011 年 12 月投入运行。

湘祁水电站（2015 年）

二、水利工程

（一）猫儿岩水库深层岩溶地质处理研究

1983—1991 年，地区水电局杨照群、唐道智等人，对猫儿岩水库深层岩溶地质处理进行研究。查明零陵区大庆坪域内岩溶水的补给、径流和排泄等规律，选择水源丰沛的岩溶地址，制定科学的设计与施工方案。针对该水库坝址深层岩溶渗漏难题，课题组结合实际，采取开挖竖井、平硐、深层洗浆等新工艺进行施工建设。水库建成后，坝高 33 米，蓄水深 76 米，灌溉面积 4080 公顷。大坝经受三年蓄水深达 62 米的蓄水考验，技术处国内先进水平，获 1993 年度地区科技进步一等奖。

（二）防水复合柔毡处理漏库技术

1991—1992 年，新田县水电局李正明、高家顺等人，首次引进 XD-103 防水复合柔毡解决该县冷水井乡平湖水库漏库问题，获得成功。该项目采取砌筑排气管道、挖防滑沟等技术措施，达到排气减压和柔毡稳固目的，有效保证了工程质量，并总结出一套适合境内实际的柔毡防渗施工方法。

（三）大型灌区节水改造示范

双牌水库灌区是中日双方政府间签署的技术合作示范灌区之一，为大型灌区续建配套与节水改造工程的技术合作。由水利部与日本农林水产省通过日本国际协力机构和中国灌溉排水发展中心负责。合作期为2001—2006年，目标是提高示范灌区水利用率，主要技术是：建立水管理自动测控系统，实现田间信息自动监控。2002—2003年，建设水田节水灌溉示范区5.33公顷，采用超低压管道灌排技术，铺设灌排管；2004—2005年，建立灌区信息数据库，可浏览和查询资料；推广节水灌溉新技术，编制《水稻节水灌溉技术》手册、《水稻节水增产技术要点》，组织节水灌溉示范现场观摩。采用节水灌溉技术的水田每公顷节水30%，粮食产量提高5%。

（四）灌区渠道整治新技术

省水利水电科学研究所、双牌水库管理局李桂元、廖荣良等人开展的“灌区渠道整治新技术研究与应用”，获2008年度省科技进步三等奖。

三、农田水利

1989—1991年，地区灌溉试验站何顺之、蒋春月等人，经大田试验，总结出适于湘南水稻各生育阶段的控水增产技术，与常规稻田灌水方法对比，早、晚稻可年减少灌水21次，节水55.30%，平均每公顷增产7.90%。1994—1996年，在零陵、衡阳、郴州等地推广实施，省水增产显著，技术居国内先进水平，获1996年度省科技进步三等奖。

1995年，双牌县水利水电部门在泷泊镇、平福头乡推广柑橘和农田喷灌技术，面积67.80公顷。

1996年，祁阳县水电局曾凡兴、雷坤荣等人，根据水稻各生育阶段对水分的不同要求，研究分阶段控水时间、控水标准，以满足水稻生理需水，达到省水增产目的；当年推广早晚两季稻2万公顷，每公顷平均节水1107立方米。省水利工程管理局、市灌溉试验站胡学良、何顺之等人推广水稻控水增产技术，获1999年度省科技进步三等奖。

2002年，道县通过修复灌溉渠道、支渠防渗衬砌、灌溉斗渠开挖衬砌、排水沟开挖护砌、田间平整及田埂工程，使用节水灌溉观测试验设备等措施，实施节水灌溉技术示范。

2005—2009年，全市重点示范推广旱作秸秆覆盖、地膜覆盖、节水灌溉、生化调控、分厢起垄、水旱轮作等节水技术。2005年，推广3.04万公顷；2006年，推广6.21万公顷；2007年，推广17.36公顷公顷；2008年，推广17.70万公顷；2009年，推广17.89万公顷。2010年，主要推广集雨节水、地膜覆盖、聚垄分厢、深沟埋肥、排灌分离、浅湿灌溉等农田节水技术，推广面积43.62万公顷。

2010年，市柑科所李友卿、尹向东等人，根据西瓜在不同生长阶段或气候条件下对水的需求，通过膜下滴灌，使水缓慢、均匀、定时、定量地浸润到西瓜根系生长区域，使西瓜主根系在最佳含水状态，达到省时、省力、增产和改良土壤结构等，推广 117.20 公顷，平均每公顷增产 25.69 吨，节水率 45%。

2012 年 4 月，市柑科所西瓜种植膜下滴灌技术示范田

2012—2015 年，主要推广喷灌、滴灌、排灌分离、浅湿灌溉、稻草覆盖、地膜覆盖等水肥一体化节水技术，重点在蔬菜、柑橘、玉米和西瓜等主要农作物推广应用。

第七章　医疗卫生

20 世纪 90 年代后，境内医疗卫生事业快速发展，广大医务工作者不断引进应用新设备、新技术，科研活动频繁，医疗卫生技术明显进步，取得大批科技成果。1992 年地区人民医院在境内率先使用全身 CT 机后，医疗器械逐年更新。市人民医院 1999 年首次使用支纤镜，研发的“CT 定位穿刺器及穿刺针”获两项国家专利权；市三医院于 2004 年、2007 年分别使用境内第一台大型心血管造影机和内电生理检查仪、射频消融机等；2009 年始，市中心医院运用新设备新技术，能实施颅内动脉瘤弹簧圈栓塞术、冠状动脉旁路移植术、冠脉搭桥并心脏瓣膜置换、胸主动脉瘤切除等重大手术。西医诊疗技术、中药研究和中西医结合治疗技术研究取得新进展。地区人民医院开展的“肝动脉内灌注亚甲蓝等抗癌药物治疗中晚期肝癌的研究”获 1994 年度省科技进步四等奖；市中医院开展的“消瘤片治疗子宫肌瘤临床疗效观察”获 1995 年度省科技进步四等奖，“骨神胶囊治疗外伤性骨折的临床与实验研究”获 1997 年度市科技进步一等奖；冷水滩区人民医院开展的“扶正利浊排毒冲剂防治化疗毒副反应的临床研究”获 1996 年度市科技进步一等奖；宁远县人民医院开展的“顺烟致气道炎症反应临床诊断方法研究”获 2000 年度省科技进步四等奖；祁阳县卫生防疫站开展的“消灭丝虫病”获 1998 年度市科技进步一等奖；市疾病预防控制中心承担的国家重点科研项目“结核病控制 DOTS 新技术推广应用研究”获 2004 年度市科技进步一等奖等。据统计，1992—2015 年，全市取得受到省、市政府表彰的科技成果 152 项，其中，获得省级四等奖 3 项，获得市级奖励 149 项，即：一等奖 5 项、二等奖 52 项、三等奖 85 项、四等奖 7 项。

第一节　西医诊疗

一、内科学

（一）呼吸内科学

1984—1992 年，地区卫校黄富生分别选择 198 例、192 例哮喘病患者，用肾上腺素能受体兴奋剂与 M 胆碱阻断药、茶碱类药物进行治疗方法的分组研究，平均有效率近99%，技术处省内先进水平。

1997—1999 年，宁远县人民医院李春龙、谢利民等人，选用支气管激发试验对研究对象进行测试，探索出临床早期诊断吸烟致气道慢性炎症的方法，研究论文发表于《湖南医学杂志》，技术成果达国际先进水平，获 2000 年度省科技进步四等奖。

1998 年，市三医院率先在全市成功开展支气管镜检测术，支气管肺泡灌洗术和肺泡功能测定检查。1999 年，率先在全市成功开展胸腔镜检查。

1999 年，市人民医院首次进行支纤镜直视修补支气管瘘手术。2000 年，探索肺内肿块的 CT 定位穿刺器及配套的渐粗型穿刺针获两项国家专利权。

2003 年“非典”期间，市人民医院开始尝试使用无创正压通气呼吸机治疗呼吸衰竭。

2006—2008 年，永州职业技术学院彭丽花、阳晓等人，开展肺内调节肽对人支气管上皮细胞 HLA-DR、CD80、CD86 表达的影响研究，发现肺内调节肽可影响 HBECs 抗原递呈分子的表达从而对 HBECs 的抗原递呈作用进行调控，对哮喘病的预防和诊疗有重要启示，获 2008 年度市科技进步二等奖。

2010 年，市人民医院在完善纤支镜检查功能的基础上开展各种镜下治疗技术。

2014 年，市三医院呼吸内科成功开展支气管舒张试验和睡眠呼吸监测等检查及支气管镜、胸腔镜下介入治疗；成功开展纤支镜下变频电刀术。

（二）心血管内科学

1986—2003 年，市人民医院周荫北、阳珍英等人，采用持续心包灌洗方法，治疗急性化脓性心包炎，解决常规方法存在疗程长、效果差、创伤大、并发症严重等缺陷。该技术居国内先进水平，获 2003 年度市科技进步二等奖。

1990—1992 年，地区卫校蒋光荣对 108 例冠心病人发作早期血白细胞数值作分析研究。结果表明：冠心病人发作早期血白细胞数值较对照组和正常人群均增高，白细胞数值增多与冠心病情严重程度正相关，为冠心病流行病学、病因学及病理生理学研究提供新的重要资料和理论依据，对冠心病预防与治疗具有指导意义。

1998 年，市人民医院开境内起搏器安置手术和介入治疗之先河。

2001 年，市三医院内二科开展的“中国急性梗塞第二项研究”，获得国际多中心临床研究协助项目奖。

2002 年，永州职业技术学院黄富生、刘平娥等人，进行垂体后叶素

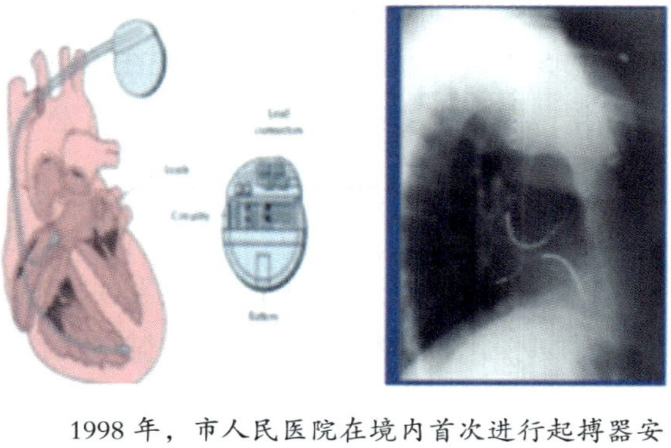

1998 年，市人民医院在境内首次进行起搏器安置手术和介入治疗

对家兔血糖、血钾影响作用试验研究。结果表明：垂体后叶素对血糖、血钾皆有升高作用，用于治疗不是由于胰岛素缺乏或功能低下的糖尿病患者有借鉴意义。

2001—2003 年，永州职业技术学院唐仁斌、周秦等人，对体检人群血脂、血糖检测结果进行统计学分析。结果显示：社区人群总体血脂发病率高于其他地区，男性高于女性；高血糖者容易并发高血脂症，高血脂症随年龄增长而增长趋势明显，绝经期后妇女高血脂发病率明显增高，高血脂有年轻化趋向，并提出相应预防建议。

2003 年，市人民医院唐小林、李世胜等人，以临床髋关节手术、肝右叶切除手术病人为研究对象，用减少手术异体输血、提高颈内静脉氧分压、建立人体第二条供氧通道等技术途径，当手术失血影响供氧时，能迅速向组织细胞供氧，技术水平居国内先进。获 2003 年度市科技进步二等奖。

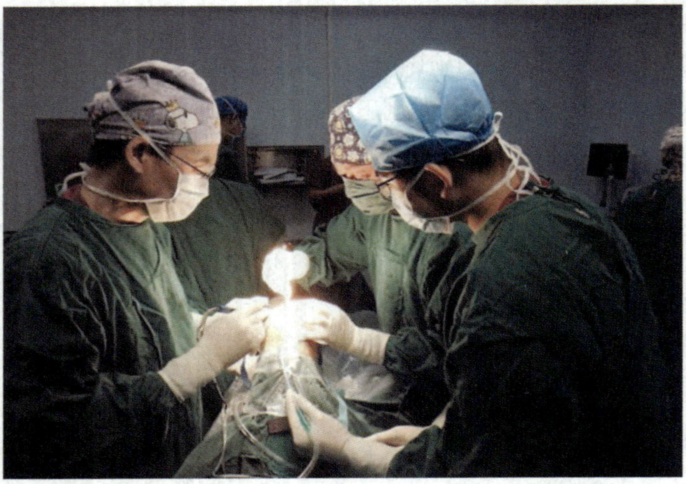

1999 年 5 月，市人民医院唐小林(右一)等人正在手术中

2004 年，市三医院购买境内第一台大型心血管造影机；2005 年 2 月，成功开展首例冠心病冠状动脉造影术、腔内成形术和支架植入术、心脏起搏器植入术、肾动脉造影术、肾动脉支架植入术、二尖瓣球囊扩张术等。2007 年，装备使用境内第一台心内电生理检查仪和射频消融机，成功开展首例心律失常—预激综合症心内电生理检查和射频消融术。

2011—2014 年，市中心医院刘彬、邹桂和等人，采用重组人脑利纳肽治疗急性心肌梗死合并急性心衰并进行 PCI 手术的患者，治疗技术处于国内领先水平。

（三）消化内科学

1995 年，冷水滩人民医院率先在境内成功开展胃、十二指肠及结肠息肉电切术。1996 年，率先成功开展 EST 胆总管取石术、ERCP 胆管支架植入术。1998 年，率先成功开展经内镜逆行性胆管造影术、消化道异物取出术及消化道出血内镜止血治疗和食道静脉曲张套扎术。

1997—2000 年，市三医院熊燕飞、杨建文等人，应用透析超滤设备、原理和方法，将患者腹水引流至体外，通过闭路循环式超浓缩系统处理后再回输到腹腔。该法能清除腹腔内潴留的水分，减轻患者因腹水造成的压迫症状，保留蛋白质成分，提高腹水中血浆白蛋白浓度，治愈部分顽固性腹水。

2001年，市三医院与省人民医院苏庆章教授合作，开展倒立位诊断低位性巨结肠症研究。2002年，《无水乙酸治疗单发性肝病》一文获市科协学术论文一等奖。2004年，率先在境内成功进行经电子胃镜进行食道、胆道狭窄支架植入术和胆总管取石术。

2011—2012年，永州职业技术学院附属医院杨铭、谭坤等人，选取炎症性肠病患者抽取血清，采用酶联免疫吸附测定法测定血清resistin（抵抗素）含量，分析血清resistin水平变化与炎症性肠病临床分度及病变范围的关系，为炎症性肠病的诊断、病情监测、医疗评估、预测复发等提供科学依据，研究成果处国内先进水平，获2013年度市科技进步二等奖。2014—2015年，该院杨铭、唐峰波等人，开展"HP（幽门螺杆菌）的cagA、vacA和cagA抗体的种族差异表达及其与胃炎、胃溃疡的相关性研究"。研究表明：永州市汉、瑶民族患者HP感染率82%，两个民族cagA、vacA基因表达，差异无统计学意义；vacA sla/mlb在慢性胃炎中的表达高于胃溃疡，vacA sla/m^{2}型在胃溃疡中的表达高于慢性胃炎，血清cagA的抗体与HP的高毒性有关；该项成果有助于建立永州地区的优势HP基因库，为研制更好的HP疫苗提供依据，获2015年度市科技进步二等奖。

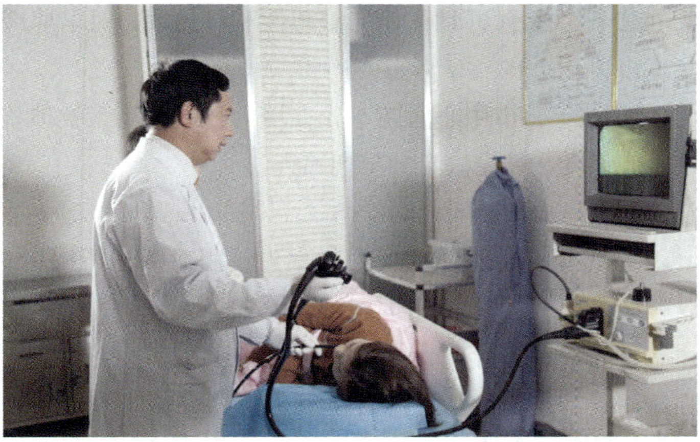

2014年4月，永州职业技术学院附属医院杨铭在进行临床研究

（四）内分泌科学

1999—2001年，永州职业技术学院蒋光荣、易南蔷等，以1069例患者为研究对象，发现有呼吸、循环、泌尿系统疾病和风湿及代谢性疾病病人的血尿酸值偏高，有冠心病、高血压等9种疾病病人的血尿值高于对照组，甲状腺瘤、类风湿关节炎、脑出血、病毒性脑炎、伤寒等6种疾病血尿酸值低于对照组，研究成果对相关疾病的临床诊断治疗有较高参考价值。2001—2004年，该院卢桂珍、彭爱君等人，以438例Ⅱ期住院糖尿病人为研究对象，进行认知疗法应用研究，将研究数据进行统计学处理分析并应用，疗效明显。

2006—2009年，永州职业技术学院附属医院李世胜、潘富林等人，收集147例代谢综合症患者资料，完成尿白蛋白与病情程度的关系及冠心病的预测分析，明确代谢综合症的病情程度与冠心病发病的风险因子，为代谢综合症临床预防、诊断和治疗提供可靠依据，获2009年度市科技进步二等奖。

2010—2011 年，市中心医院段顺元、刘玮等人，采用离子交换高效液相色谱法对健康人群血糖化血红蛋白 AIC、空腹血糖和 OGTT 后 2 小时的血糖进行准确测定，确定非糖尿病人群不同年龄段的 HaAIC 水平及其年龄的相关性，探讨 HbAIC ≥6.00%、6.50%2 个水平诊断糖尿病的敏感性和特异性，对早期诊断糖尿病有积极意义；获 2011 年度市科技进步二等奖。

2012 年，市中心医院率先在境内开展胰岛素抗体检测、动态血糖监测，糖尿病早期眼底病变、糖尿病足的早期筛查。

（五）血液、肾内科学

1991 年，冷水滩人民医院率先使用血液透析机对急慢性肾衰竭、急性药物中毒、肝昏迷等疾病进行血液净化治疗。1995 年，率先在境内开展腹水回收术。

1997—2000 年，市人民医院潘富林、李世胜等人将匀速同步体外肝素化抗凝疗法，临床用于有出血危险性患者血液透析，保证体外抗凝效果，减少透析相关性机体出血及透析器凝血并发症。2003 年，该院唐小林、李世胜等人，开展了高氧液急性等容性血液稀释对手术病人颈内静脉血氧分压影响的应用研究，获市科技进步二等奖。

2011 年，市中心医院成功运用深静脉置管、CRRT、血液滤过等技术。2012 年，运用 CRRT、血液滤过治疗危重病人及难治性尿毒症患者，探索长期导管的植入为特殊病人建立透析血流通路。至 2015 年，深静脉植管术更为成熟。

（六）神经内科

1996 年，市人民医院与湖南医科大学合作，用新药“天龙息风颗粒剂”治疗急性脑梗塞 35 例，获得满意疗效。

1998 年，市三医院率先在境内成功开展神经肌电图 / 诱发电位检测。2006 年，率先在境内开展全脑血管造影术和脑脊液置换术。2007 年，率先在境内开展介入治疗脑血管病。

2008 年，市中心医院采用药物和微创技术相结合，提高脑中风的治愈率、降低患者的病残率。2009 年，在境内率先开展神经介入治疗、全脑血管造影术、颅内动脉瘤弹簧圈栓塞术治疗、急性脑梗死的超早期溶栓治疗。2011 年，完成全市第一例在支架辅助下进行动脉瘤弹簧圈栓塞术。

2015 年，市三医院成功开展急性脑梗死患者静脉内溶栓治疗和颅内动脉瘤栓塞术、急性脑梗死动脉溶栓术，并在脑梗死超早期溶栓、抗凝，重型脑血管疾病的综合治疗康复方面积累丰富的临床经验。

二、外科学

(一) 腹、胸和脑外科学

1992 年，境内医院以普腹外科病人为多，开展肝、胆、胃、肠、脾、胰等手术，胃肠、胆囊、胆道手术最为常见。

1993 年，地区人民医院首次实施胸壁巨大肿瘤切除大块胸壁缺损修复术和扩大胸腺切除术治疗重症肌无力，均获得成功。1994 年，该院张仲元、周荫北等人，成功进行体外循环心内直视手术 28 例。

2001—2006 年，永州职业技术学院附属医院、市人民医院蒋小剑、蒋可松等人，针对危重昏迷机械通气患者插胃管难的问题，实施垂直置管法获得成功。技术居国内先进水平，获 2006 年度市科技进步二等奖。

2003 年，市人民医院周荫北、阳珍英等人，开展持续心包灌洗治疗急性化脓性心包炎的临床研究，获市科技进步二等奖，其论文发表于《中国医师杂志》。

2005 年，市人民医院成功完成第一例心脏微创手术。2006—2009 年，该院刘彬、邹桂和等人，在国内率先用经挠动脉 PCI 方法，术中使用左右冠状动脉共用型造影导管，并采用无压力监测技术介入诊疗。技术处国内先进水平，获 2009 年度市科技进步二等奖。

2008—2009 年，市人民医院周荫北、叶仙等人，以胸外术后常见的并发症切口感染为研究对象，提出稳定胸壁，实施早期清创缝合技术治疗术后切口感染。经 13 年临床随机分组对比研究，结果显示该技术可缩短疗程，减轻患者痛苦。

2010 年，市中心医院实施首例冠状动脉旁路移植术、胸部大血管置换术获得成功，并完成多例冠状动脉旁路移植术加瓣膜置换术；开展冠脉搭桥、冠脉搭桥并心脏瓣膜置换、胸主动脉瘤切除人造血管移植等重大手术。2011—2013 年，该院胡丹、贺礼进等人，对传统高血压脑出血手术方式进行研究与改良，采用经颞部分颞叶切除、内减压加血肿清除术，血肿清除和止血彻底，脑损伤轻微，降低术后并发症发生。技术居国内领先水平，获 2013 年度市科技进步二等奖。

(二) 泌尿外科学

1985—1993 年，地区人民医院钟海、王建琼等人，根据肾脏解剖和血管分布，选择合理切口，在直视下取净肾内结石，有充足时间处理复杂性结石而不影响肾功能术式进行肾盏成形术，保障尿液流通，防止结石复发，论文载 1993 年度《中华泌尿外科》第三期，技术成果处于省内领先水平。1990—1997 年，又在常温下不阻断肾血循环，采用边缝边切的合理切口，直视下取出肾内巨大鹿角肾结石，创面小，出血少，不影响肾功能，防止结石复发，论文刊于1995年《临床泌尿外科》第五期，获1997年度市科技进步二等奖。1991—1993年，该院王建琼、董强等人，采用自制模具、纱布填塞阴道或直肠、引流膀胱等辅助技术碎石，碎石率100%，排石率98%，技术处国内先进水平，获1994年度地区科技进步二等奖。

1994年，地区卫校蒋善生采用远红外线加局部用药治疗急慢性前列腺炎与增生，疗效显著。

1996年，市人民医院在境内率先开展经尿道前列腺电切术。

1997—1999年，市人民医院钟海、张军等人，成功对7例末期肾病患者实施肾移植手术，术后患者全部恢复肾功能。肾移植手术的成功，标志着境内外科技术迈上新台阶，获1999年度市科技进步二等奖。2002年，该院完成境内第一台经皮肾镜碎石取石术。2007年，开展肾癌根治术、肾上腺肿瘤切除术、腹腔镜下肾盂、输尿管癌根治术，达到省内先进水平。2011—2012年，成功运用后腹腔镜下泌尿外科手术、泌尿系统肿瘤根治等新技术。2014年，在境内率先运用输尿管软镜下钬激光碎石和后腔腹镜下泌尿外科手术等新技术。2015年，实施根治性全膀胱切除术等。

（三）骨科学

1990—1994年，地区人民医院孟南方、刘新中等人，在显微镜下进行断指再植手术，直接吻合微血管、神经，修复肌腱及骨骼，术后断指的血供营养、神经支配功能恢复好。

1997年，宁远县中医院欧阳顺生、郑际刚等人，自制内固定钉应用于治疗四肢短小骨折，疗效好。

1994—1999年，市人民医院、市三医院肖东民、陈素芳等人，采用微创腰椎间盘摘除及潜式减压术治疗腰椎间盘突出及腰椎管侧隐窝狭窄症，实施手术186例，切口小，出血少，操作简便，手术时间短，并发症少，优良率达95.24%。2003—2005年，完成浅槽技术单隧道双束人膝关节前交叉韧带重建的生物学研究，实验表明该技术比传统技术更符合国人前交叉韧带功能解剖

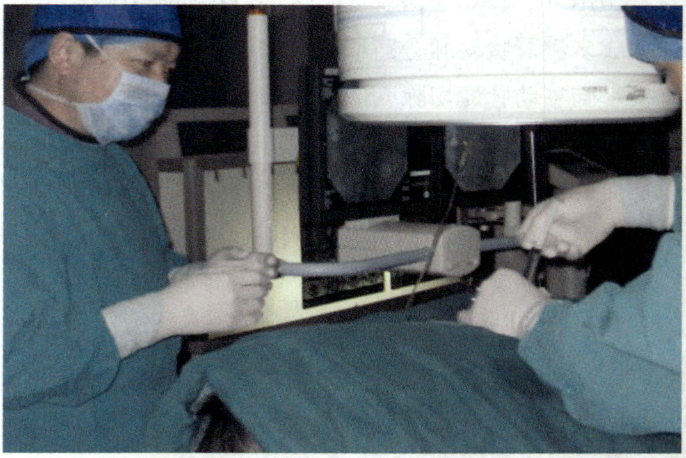

2007年10月，市人民医院肖东民（左一）等人进行腰椎盘手术

学特点，操作方便、实用，对临床具有指导意义。2003—2007 年，开展腰椎后外侧颗粒样植骨融合的基础与临床研究，通过 106 例临床观察，其疗效优良率达 85.85%，植骨合格率 83.02%；操作简便，创伤小，费用低。3 个技术成果均处国内领先水平，分别获 1999 年度、2005 年度、2008 年度市科技进步二等奖。

1998—2004 年，永州职业技术学院刘庆国、戴爱琳等人，采用改良式针刀术治疗腰椎间盘突出症，改多点进刀为单处进刀，改多处剥离松解为单处剥离松解，改深层松解为浅层松解，达到调整脊柱平衡，消除腰椎间盘突出症患者症状的目的，技术达国内领先水平。

2001—2005 年，市中医院周智、吕顺生等人，引进同种异体骨植入治疗 78 例下肢骨不连及骨缺损患者，与传统疗法比，能缩短手术时间，减少术中出血，减少患者多次手术、多个切口的手术痛苦，无一例发生骨感染，疗效好。

2004 年，市人民医院唐小林、史兆良等人，采用高位硬膜外穿刺将胶原酶直接送入突出的颈椎间盘组织治疗颈椎间盘突出取得成功，技术国内先进，获当年市科技进步二等奖。

2008—2013 年，道县人民医院唐玉杰、熊绍勇等人，采用选择性克氏针固定断指指骨，并用自制再植板结合橡胶圈固定患肢手部，术后选择性双下肢同时石膏固定制动 7 天，提高再植成活率及术后康复效果，技术处国内先进水平。

2009—2014 年，永州职业技术学院附属医院罗文正、陈诚等人，开展经皮椎弓根系统复位固定胸腰椎骨折脱位应用研究；用普通椎弓根螺丝系统对胸腰椎骨间接复位固定，植骨融合；用常规器械建立经皮椎弓根工作通道，避免神经血管损伤；用“逆行插棒法”，减少脊背神经损伤及术后复发性下腰痛的发生，技术处国内先进水平。2010—2015 年，开展椎弓根内壁显露法在寰枢椎椎弓根固定的临床应用研究，通过使寰枢椎椎弓根内壁显露，提高手术中在寰枢椎置钉的准确性和安全性，缩短手术时间，减少并发症。

2011—2014 年，市中心医院肖东民、叶明等人，进行肌腱骨吻合装置治疗肌腱末端损伤临床研究；采用点、面结合三点立体固定肌腱骨吻合装置，增加肌腱与骨的接触面积，通过螺钉固定对肌腱骨形成一定压力，促进腱骨愈合；装置与肌腱接触面制成槽纹，以减少对肌腱的直接压迫，保障血液供应，疗效明显优于常规方法。

（四）麻醉学

1991 年，地区妇幼保健站胡亚平、陈善珍等人，采用利多卡因麻醉宫颈宫腔粘膜进行人工流产术，使人流女性免受机械性刺激宫颈的疼痛，减少人流综合征的发生率，缩短腹痛时间，减少出血量。

1997—1999 年，市第三人民医院赵志平、唐德文等人，采用异丙酚静脉麻醉下，用1.37%碳酸利多卡因1.5毫升在手术患者宫颈口处注射，行宫颈旁神经阻滞术，在患者无意识状态下完成流产手术，安全、无痛苦。

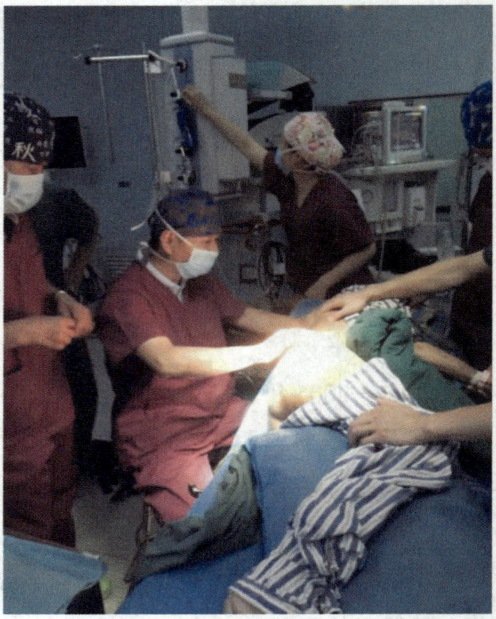

2000年7月，市人民医院唐小林（左二）等人正进行高位硬膜外麻醉

1999—2000年，市人民医院唐小林等人，在腹腔镜胆囊切除术中应用异丙酚复合麻醉，有效地解决手术中病人的应激反应，减少心脏后负荷、心跳做功及并发症，技术处国内先进水平。2002年，开展的“高氧医用液在高位硬膜外麻醉中低张性缺氧的应用研究”，获市科技进步二等奖。2005—2006年，与中南大学湘雅医院合作，实施无创阻抗心动描记法监测布比卡因混合芬太尼腰麻对老年患者心输出量的影响研究，结果表明该技术比传统麻醉法对老年患者麻醉期间心血管系统影响少，安全系数高，技术居国内先进水平，获2006年度市科技进步二等奖。2011年，选择Ⅱ级心功能不全、非心脏手术老年患者100例，随机分为麻黄碱预处理组和生理盐水预处理组进行对比研究，监测数据表明：Ⅱ级心功能不全、非心脏手术老年患者，静脉注麻黄碱75微克/千克，两分钟后再注射麻醉诱导药，可有效预防低血压、心率减慢的发生，增强手术安全性。

三、妇产科学

1991—1993年，市人民医院全面开展宫颈癌、子宫内膜癌、卵巢癌根治术、绒癌的系统治疗，并进行子宫颈癌、子宫内膜癌、卵巢癌等妇科恶性肿瘤的广泛子宫切除术、盆腔淋巴结清扫术。

1997—1998年，祁阳县计生技术指导站曾令宏、蒋芬云等人，改良输卵管银夹绝育切口处理技术，对腹壁手术切口处理进行重新组合设计，采取不缝腹膜、皮肉U形缝合方式，减少操作环节，减轻受术者的痛苦和医疗费用，术后恢复快。

1998—1999年，市妇幼保健院蔡阳鸾、唐中秋等人，对726例妇女乳腺增生症开展病因研究。采用红外线乳腺扫描、穿刺细胞学检查、乳头溢液涂片、手触等方式，结合患者的生活习惯、环境、孕产史等相关因素综合研究，发现该病的发病率与有无哺乳史、人工流产、吸烟及被动吸烟有明显正相关，研究出一套较系统、规范、简便、准确率高的诊断方法，对防治妇女乳腺增生症有重要指导意义。获 2002 年度市科技进步二等奖。

1999 年，市人民医院王莉莉、彭丽芳等人实施的“新式剖宫产术”，得到省卫生厅肯定并作为实用性手术在全省推广，获市科技进步二等奖。2000 年，率先在境内开展腹腔镜下不孕症手术、宫外孕手术、良性卵巢肿瘤手术、子宫肌瘤剥除手术；运用腹腔镜为一名卵巢巧克力囊肿患者实施剥离术获得成功，是全市首例妇科微创手术。

2000—2001 年，市妇幼保健院胡亚平、唐中秋等人，在境内率先推广人工流产后即时放置吉妮宫内节育器术，通过临床观察 100 例 12 个月，证实该节育器比其他节育器避孕效果好。

2000—2002 年，永州职业技术学院刘航潮、罗小玲等人，通过对 1983—1986 年出生的 7000 余名女生的问卷调查，查阅 1966—1982 年出生的妇科病历 3716 份，研究绘制出《永州市女性月经初潮年龄动态图》，研究成果居省内先进。2001—2002 年，该院陈小影、唐智生等人使用猪拱嘴替代子宫颈在妇科试验教学中进行仿真教学，指导学生完成宫颈刮片、宫颈管吸片、宫颈管搔刮术、活组织检查术、宫颈锥切术及宫颈成形术 6 项操作，解决专业试验教学中普遍存在的因实物缺乏而学生动手操作难的问题，节省费用，其论文刊《卫生职业教育》。同期，该院张秀英、刘平娥等人，对全市已婚妇女生殖道炎症的患病情况、区域分布、好发年龄、高发种类及其因素等进行调查，发现患病率为 53.98%，患病种类依次是宫颈炎、阴道炎、盆腔炎、外阴炎，高发区是农村，高发年龄段为 25 ~ 29 岁；研究成果为境内妇女保健工作提供科学依据。

2001 年，市人民医院率先在省内开展腹腔下子宫全切术，首次在境内开展无痛人流术。2000—2002 年，永州职业技术学院李素华、刘平娥等人，通过对临床 300 个病例的随机分组对比研究并证实，术前在患者阴道内置入米索前列醇有良好的扩宫作用，联合肌注安定有良好的镇静和降低痛感作用。

2007—2010 年，市人民医院唐辉、王莉莉等人，以 89 例宫颈上皮内瘤变接受高频电波刀电圈切除术的患者为研究对象，采用杂交捕获第二代技术，对患者宫颈环形电切手术前及术后复查时均检测其宫颈高危型人乳头状瘤病毒（HPV）DNA 的负荷量，观察其术前术后的变化。经统计学分析，该方法比传统方法治疗可大幅减少手术并发症。技术成果填补省内空白，获 2010 年度市科技进步二等奖。

2008—2011 年，祁阳县妇幼保健院蒋建明、陈小艾等人，采用硬膜外自控镇痛联合导乐分娩技术分娩 575 例，镇痛有效率达 98%，自然分娩成功率 98.20%，减轻产妇分娩痛苦。

2012—2014 年，市妇幼保健院蒋国英、田洁平等人，使用氟康唑、伊曲康唑治疗

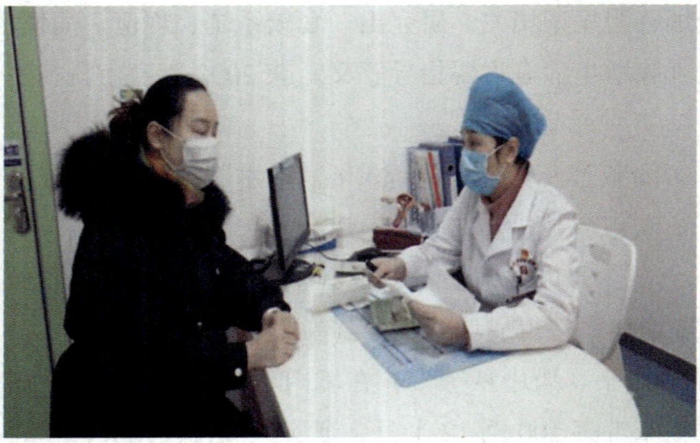

2014 年 1 月，市妇幼保健院蒋国英（右）医生为患者进行临床诊断

复发性外阴假丝酵母菌病并进行临床观察研究。疗效表明：使用伊曲康唑治疗比常规治疗效果好，使用氟康唑治疗在卵泡期用药比黄体期疗效好。

四、眼科学

1992 年，地区人民医院购置眼科手术显微镜及显微器械，进行白内障囊外摘除术及人工晶状体植入术、抗青光眼手术。

1986—1993 年，冷水滩市中医院张仁俊实施 X–C 后房型人工晶体植入术治疗白内障获得成功，手术成功率 91.80%。1992—1996 年，引进中华眼科学会推荐的 PK 技术，应用于临床治疗近视眼，经 4 年对 356 例 635 只近视眼手术治疗及远期疗效观察，成功率 100%，无一例感染。

1988—1999 年，市康复医院唐勋伦、罗炳辉等人，开展间歇性与恒定性外斜视远期手术效果对比的研究，收治间歇性患者 30 例，恒定性患者 31 例，对术后双眼单视功能进行 3 ~ 11 年跟踪观察、对比研究和统计学处理，得出间歇性外科斜视手术应早期手术的观点，对斜视临床诊治有实用推广价值和指导意义，获 1999 年度市科技进步二等奖。

2000—2005 年，市人民医院唐孟林、杨铭等人，通过对羊膜特性、上皮生长情况及临床疗效比较研究分析，对翼状胬肉、睑球黏连、持续性角膜上皮缺损伴溃疡等眼病的治疗，该治疗技术国内未见相同报道，技术水平国内领先，获 2005 年度市科技进步二等奖。

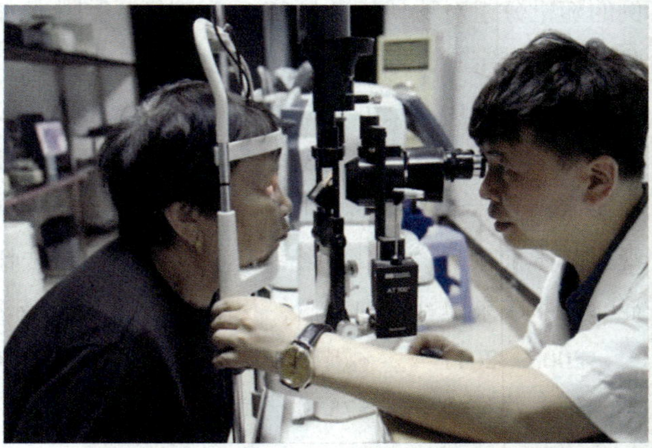

2009 年 10 月，永州职业技术学院附属医院赵永旺（右）为眼疾患者做临床检查

2002—2009 年，永州职业技术学院附属医院赵永旺、彭清华等人，采用中医清热化湿汤辩证施治Ⅱ型视盘血管炎，经 7 年临床随访观察 100 例，有效率达

95.24%，论文发表于《中国中医眼科杂志》2005年第4期，并在2005年度湖南省眼科年会上交流。2003—2007年，应用祛风退翳汤对准分子激光上皮瓣下角膜镶术后角膜修复作临床研究，临床观察祛风退翳汤对术后疼痛、视力、屈光度、眼压等现象的影响，结果显示该方剂具有良好的术后止痛作用，能降低起雾现象。技术处国内领先水平，获2007年度市科技进步二等奖。2006—2011年，针对日益严重的青少年假性近视，从益气养心、安心定志、健脾明目机理入手，研发出益气健脾汤治疗青少年假性近视，临床疗效明显。

2008—2012年，赵永旺与牛海雁等人，采用改良的兜带式后巩膜加固术、表麻加眼球筋膜囊下浸润麻醉，术前后均进行彩色多普勒观察眼动脉、视网膜中央动脉、睫状后动脉血流频谱，临床观察证实该技术可稳定病理性近视眼视力、屈光度、眼压，阻止眼轴延长，改善眼底血流状态，提高患者视功能，技术居国内领先水平，获2013年度市科技进步二等奖。2011—2015年，赵永旺与高文胜等人，针对儿童斜视治疗中方法不一、效果不理想的问题，开展改良内斜视矫正术治疗部分调节性内斜视的临床研究，手术治愈率达96.10%。

2015年，市中心医院采用玻璃体切割术治疗复杂性视网膜脱离。

五、口腔科学

1994年，冷水滩人民医院副主任医师唐纯玉研究撰写论文《口腔颌面部脂肪瘤74例临床分析》，发表于《中华临床医药杂志》。2003—2013年，该院口腔科医生发表多篇研究论文。2003年，副主任医师蔡顺福研究撰写论文《口腔颌面部间隙感染临床分析》，发表于《中华临床医药杂志》。2011年，副主任医师曾汉西研究撰写论文《微钛板在下颌骨骨折中的临床应用》，发表于《临床口腔医学杂志》；《腮腺混合瘤不同手术方式的临床分析》论文，发表于《中外健康杂志》。2012年，副主任医师向万杰研究撰写论文《正畸在牙周病治疗中的作用》，发表于《中外医疗》杂志；《三种根管测量方法的比较》论文，发表于《现代口腔医学杂志》。2013年，主治医师唐拥辉研究撰写论文《一次性根充法治疗牙髓炎的疗效观察》，发表于《医学美学美容》杂志；《曲安奈德局部注射治疗糜烂型扁平苔藓的疗效观察》论文，发表于《基层医学论坛》。

六、肿瘤医学

1989—1992年，地区人民医院李世胜、李勋龙等人，采用SeLdinger氏法、肝动脉内灌注亚甲蓝等抗癌药物治疗中晚期肝癌36例，临床观察并经统计学分析，在临床症状改善、胎甲球下降、患者生存期延长方面均有成效，疗效优于常规疗法，获1994年度省科技进步四等奖。

2001—2004年，市人民医院、永州职业技术学院唐朝晖、刘庆国等人，收集湖南省肿瘤医院64例大肠癌术后标本64份，进行转移相关基因和血管内皮生长因子在大

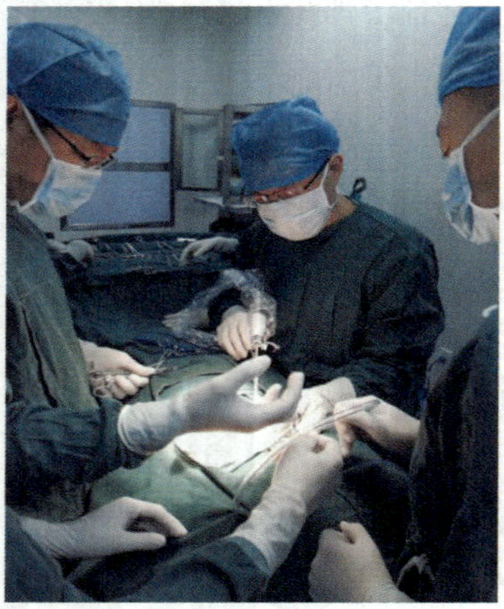

2004年4月，市人民医院唐朝晖（中）等人为患者做肠癌手术

2009年7月，永州职业技术学院附属医院杨铭（中）等人在进行实验研究

肠癌中的表达及预后分析研究，为阐明大肠癌的发病机制积累资料，对临床治疗方案的制定有实用指导价值。同期，永州职业技术学院胡晓军、李红玲等人收集2003年河北医科大学第四医院深部真菌感染病例43例、病株47株，采用流式细胞计数技术、随机扩增多态性DNA分析技术，对恶性肿瘤深部真菌进行细胞生物水平和分子生物学水平研究，对中国恶性肿瘤患者深部真菌感染的致病菌种的流行趋势与变迁深入研究，成果处国内先进水平，获2007年度市科技进步二等奖。

2008—2010年，永州职业技术学院杨铭、周阳祥等人，开展胃癌组织中Livin、Smac基因表达及二者的相关性研究，探讨二者在胃癌发生、发展中的可抑制性，为临床治疗和预后判断提供重要依据，技术成果处国内先进水平，获2010年度市科技进步二等奖。2009—2012年，该院杨铭、唐艳等人对Galectim-3、Ang-2、Ll-cadherin的表达与肝癌侵袭转移的关系进行研究，对肝癌早期诊断、治疗方法的选择、预后判断，有理论意义及临床推广价值，成果达国内领先水平。

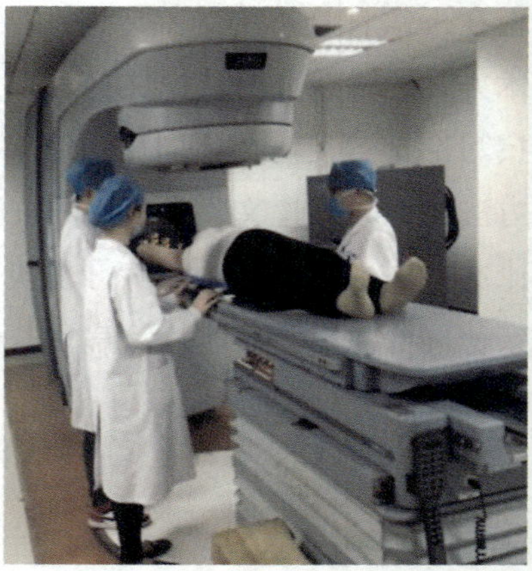

2014年9月，市中心医院丁思娟等人为肿瘤患者做放射治疗

2009—2014年，市中心医院丁思娟、唐朝晖

等人，通过对多西他赛与顺铂同步三维适形放疗局部晚期宫颈癌的临床比较研究，得出多西他赛同步三维适形放疗的效果优于顺铂同步三维适形放疗，且毒副反应小，患者耐受性好的结论，成果居国内领先水平，获 2015 年度市科技进步二等奖。2013—2015 年，该院胡丹、贺礼进等人采用额外侧入路完成夹闭前交通动脉瘤手术，技术达国内先进水平。

七、精神病学

2004 年，芝山医院宋学纯、向健涛等人，采用“精康 1 号”合并氯氮平治疗精神分裂症进行临床研究。将 60 例精神分裂症患者分成研究组和对照组，研究组采用“精康 1 号”合并氯氮平治疗，对照组用氯氮平治疗。临床研究发现，研究组在治疗效果、精神症状量分表及临床总体印象量分表三个角度均优于对照组。

八、烧伤科学

1996—2000 年，市人民医院蒋小剑、蒋可松等人，采用肠道去污法结合早期肠道内营养预防严重烧伤患者肠源性感染，研究表明该法可对肠粘膜起保护作用，并在消化道预先给予不易吸收的抗生素，以杀伤或抑制肠道有害病菌，减少肠源性感染的发生。研究成果处省内领先水平，获 2001 年度市科技进步二等奖。

九、老年医学

1986—2001 年，永州职业技术学院附属医院唐智生、陈小影等人，将折叠缝合紧缩内环临床用于老年斜疝修补术，通过对扩大松弛薄弱的腹横经膜进行折叠缝扎予以紧缩，内环口缩小，位置提高，使焦点压力转移，5 年手术 32 例，随访 23 例，证实使用该项技术无复发、无并发症。获 2001 年度市科技进步二等奖。

1999—2002 年，永州职业技术学院何月光、屈智明等人，对零陵区、冷水滩区 25 所学校 658 名 60 岁以上教师高血压患病率与相关影响因素开展调查研究，发现老年教师高血压总患病率为 34.80%，男性患病率高于女性，其中正高职称组患病率为 45.83%；调研成果为老年教师高血压防治提供科学依据。

十、急救医学

1990—1992 年，地区卫生局张淑莲、周仁国等人，引进中国军事科学院毒物研究所获 1985 年度国家科技进步特等奖的“有机磷农药中毒急救新技术”在境内推广，举办技术培训班 12 期，培训 687 人次，在 508 所（个）医疗卫生单位应用，拥有专兼职推广员 347 人，实现推广网络化，明显提高有机磷农药中毒急救成功率。

1993—1999 年，市三医院焦衡忠、夏德武等人，使用盐酸纳洛酮治疗急性酒精中毒，根据患者临床表现确定用药剂量、用药速度，预防并发症发生。对比治疗 279 例，其中常规方法治疗 137 例，新法见效快，无并发症，操作简易，费用低，优于传统疗法。

2001—2002 年，市中医院陈有国、梁启武等人，将西医皮试嫁接到中医踰穴上，充分发挥穴位得气效应，采用血栓通穴位注射治疗急性脑梗塞，疗效好。

十一、护理医学

1999—2001 年，市人民医院席明霞、李世胜等人，提出改良肢体位的概念和实施措施，对脑卒中偏瘫患者早期康复护理进行研究。结果证实：新法护理使患者肌力恢复，致残率降低，生活质量提高。技术成果省内领先，获 2001 年度市科技进步二等奖。

1999—2001 年，永州职业技术学院谢玉林、张翎等人，利用血压生物节律，通过改变传统的服药时间，指导患者采取择时运动、休息、饮食等综合措施，使患者能有效自我控制血压，对临床应用有指导意义。

2001—2004 年，针对传统煮沸消毒方法费时长、效果不好问题，市人民医院田洁、刘小燕等人，使用 3%双氧水消毒，观察其不同时段的消毒效果、有效时间、连续使用有效时间等。结果证明：3%双氧水消毒法消毒气管内套管可替代煮沸消毒法，消毒时间短，效果好。

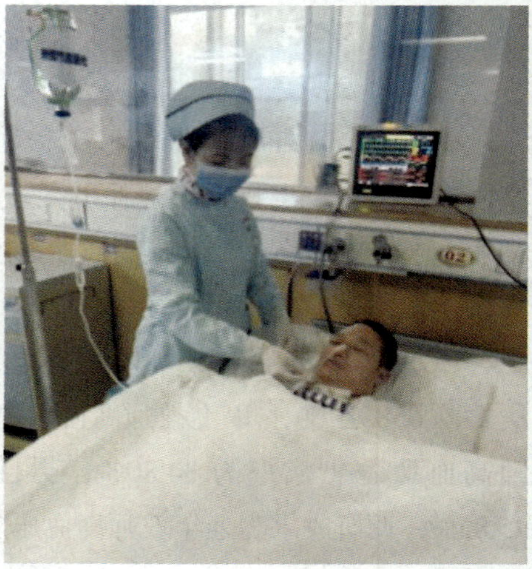

2009 年 11 月 3 日，永州职业技术学院附属医院护理人员对患者持续滴入灭菌注射用水

2007—2010 年，永州职业技术学院蒋小剑、韩萍等人，改进气道湿化操作流程，采用一次性带泵可调节输液器对气管切开术后患者持续滴入灭菌注射用水。临床效果表明：该法安全有效，操作简单，可保证气道湿化

液用量的准确、匀速，降低患者的不良反应，减轻护理工作量。

2009—2010 年，市人民医院胡云香、邓永梅等人，使用一次性吸痰管和吸引连接管连接备用，应用于临床吸痰。结果表明：该法比常规方法将吸引连接管浸泡于“84”消毒液瓶内使用更快捷方便，经济实用，避免因使用“84”消毒液造成的人身伤害和环境污染。2009—2012 年，采用德尔菲专家咨询法，制定人工全髋关节置换术患者居家护理方案，选择 100 例患者临床随机对比试验，评价方案实施效果。结果表明：该方案能更好地促进手术患者髋关节功能恢复，降低并发症发生。获 2012 年度市科技进步二等奖。

第二节　中医与中西医结合

一、中医学

（一）中医内科学

1981—2001 年，祁阳县林育芳诊所林育芳、王静，运用中医理论辩证施治，选用纯中草药组合物治疗肠伤寒，历经十余年研究和临床应用，效果优于传统西医治疗，治愈率达 98%，疗程由原来平均 8 天缩短至 4.5 天，申请国家发明专利 1 项。

2011—2012 年，市中医院雷秋娥、熊忠太等人，对全市脂肪肝中医证型特点进行研究，探讨性别、年龄、饮酒、体质等相关因素对脂肪肝证型状况及分布的影响。该研究为脂肪肝中医辨证分析和临床治疗提供科学依据。

（二）中医外科学

1998—2001 年，市中医院唐本夫、陈顺德等人，采用中医活血壮骨法结合西医手术治疗股骨头无菌性坏死病症；对 39 例成年股骨头无菌性坏死 IV 期患者分纯手术组与中西医结合组进行对比治疗，结果显示：中西医结合组比纯手术组疗效好。2002—2003 年，该院谢本渊、唐本夫等人，对治疗外伤性软组织肿胀疼痛外敷软膏的传统剂方进行优化改良，配制出新剂型应用于临床，经对 60 例患者的治疗观察，得出新剂方消肿止痛迅速，且对皮肤无刺激的治疗结果。2003—2004 年，该院谢小波、谢本渊等人，根据中医通络活络、祛风散寒、温煦气血理论，研制“中药热透液”治疗腰椎盘突出症，并根据患者腰部尺寸选取适宜药垫，将该药液垫置于病痛处，辅以红外线电热治疗；临床治疗门诊病人 80 例，治愈 71 人，显效 5 人，好转 3 人，无效 1 人，治愈率 89%，技术处省内先进水平。

2012—2013 年，市中医院龙海鹏、冯德勇等人，采用穴位埋线加通痹药熨包热敷治疗中风后痉挛性瘫痪。经对比研究：该疗法能补益肝肾、益气生血、温经通络、祛痰生新，促进人体新陈代谢，缓解中风患者肌肉僵硬和痉挛，疗效优于传统中医针灸疗法，技术居省内领先水平。

（三）针灸学

1993—1995年，冷水滩中医院尹建平、彭伟平等人，根据中医药理论和诊疗特色，用针灸、通痹药熨包治疗寒湿痹症，疗效确切，简便易行。

2002—2005年，市人民医院罗永雄、申爱群等人，针对软组织损伤后遗症治愈率低、易复发问题，用密集型针灸加红外线照射治疗腰、臀、膝腿部软组织损伤60例，患者疼痛缓解，损伤修复及功能恢复明显，有效率达95%，技术达省内领先水平。

2002年，市中医院龙海鹏、梁启武等人，运用针灸穴位得气效应，使用芒针温灸配红茴香穴位注射治疗腰椎间盘突出症，并进行治疗组与对照组比较研究。临床观察显示：新法优于常规治疗，痊愈率66.70%，好转率30%，总有效率为96.70%。2002—2003年，该院刘玲玲、龙海鹏等人在百会、夹脊、风池、大杼四个主穴加配穴，采用火针治疗椎动脉型颈椎病，集针刺与温热治疗于一体，总有效率达96.70%，技术处省内领先水平。2000—2011年，龙海鹏、胡慧莲等人采用芒针透刺后加通痹熨包热敷治疗面部神经炎，使药物到达多个腧穴，疗效确切。2007—2008年，王文革、李征北等人用二妙散加虫类中草药，配合“双穴疗法”、针灸、手法复位等方法治疗腰椎间盘突出，使脱出的部分回纳，黏连水肿逐步消除，受压神经得以缓解，疗效明显。2011—2013年，该院陈有国、龙海鹏等人使用神灸箱秋分灸神阙预防肠胃病，分为治疗组和空白组，每组125例。治疗组在农历每年秋分气节日行神灸箱灸神阙，每天1次，每次2小时，连续7天；对比治疗结果表明：治疗组的预防效果明显优于空白组，可降低医疗费用，研究成果达省内领先水平。

（四）中药研究

1991—1993年，冷水滩市中医院、冷水滩市中医药研究所蒋兴磊、罗贤初等人，根据《内经》对子宫肌瘤疾病病变机理的阐述及《血证论》“以祛瘀为要”治疗原则，研制出具有化瘀作用的复方制剂“消瘤片”，临床治疗子宫肌瘤，开创非手术治疗子宫肌瘤的先例。经反复临床验证：疗效优于手术法，避免了患者手术痛苦及术后并发症，获1995年度省科技进步四等奖。

1991—2000年，市药检所唐生斌、杨迪荣等人，以采用药粉末显微特征为依据，以药材特征为参考，经近10年调查研究，找到辨别中药“五灵脂”真伪的显微鉴别方法，并在《中国药典》中有关“五灵脂”质量标准、性状指标检验方面，增加新检验内容，增强对药品“五灵脂”真伪鉴别的准确性，成果居省内领先，获2001年度市科技进步二等奖。

1995—1996 年，市中医院谢本渊、唐本夫等人，对本地民间老中医家传秘方“骨神胶囊”从骨折愈合、消肿、止痛、毒理等方面进行试验研究。经临床对比疗效观察证明：该药无毒副作用，在止痛、消肿、加快骨折愈合等方面疗效显著，优于同类药物。研究成果处国内先进水平，获 1997 年度市科技进步一等奖。

2001—2003 年，永州职业技术学院陈代娣、桂庆军等人，将临床标本中分离、鉴定出的白色假丝酵母菌，通过菌基、药基混合加药法和改良的平皿挖洞灌药法测定，证实由 11 种中草药组成的方剂对白色假丝酵母菌有抑制作用，并经动物毒理学试验，证实该方剂对动物无毒副作用。研究成果对研制有效的治疗念珠菌病制剂提供理论依据，技术处国内先进水平，获 2004 年度市科技进步二等奖。

2002—2007 年，永州职业技术学院王小荣、阳晓等人，提取魔芋有效药用成分治疗红眼病，经对 135 例红眼病患者临床治疗，其症状在次日明显减轻，平均治愈时间为3.65 天，治愈率 90.90%，无毒副作用。

二、中西医结合

1991—1996 年，冷水滩区人民医院李道阳、焦衡忠等人，根据化疗毒副反应发生的根本原因是化疗药物的毒性及肿瘤患者体质虚弱的特点，用党参、白术等 15 味中药组成扶正利浊排毒处方，并制成冲剂防治化疗毒副反应，实施通便利浊排毒与扶正法并用治疗、观察 19 例，疗效优于常规方法，肿瘤化疗客观疗效提高到 77%，成果处国内先进水平，获 1996 年度市科技进步一等奖。

1993—1995 年，市人民医院夏汉通、骆九源等人，采用在腹腔注射药物加中草药治疗肝硬化腹水，经临床证实：两药联用，能增强心肌收缩力，增加肾血流量，消退腹水，缩短疗程，总有效率 95%，技术水平居省内先进，获 1996 年度市科技进步二等奖。1995—2000 年，该院邹小春、杨玲等人，采用美国药品 A–2b 抗干扰素与半支莲、白花舌草等中草药合并对乙型肝炎患者血清标志物作用进行研究。

1999—2003 年，市康复医院罗炳辉、唐春娥等人，筛选出中药三七与免疫增强剂联合抗癫痫药治疗癫痫。经临床研究证明：新治疗方法能提高患者免疫机能、脑内抑制系统功能及神经元膜的稳定性，减弱兴奋性，降低西药毒副作用。技术成果处国内先进水平，获 2003 年度市科技进步二等奖。

1999—2001 年，永州职业技术学院伍三妹、刘平娥等人，根据中医原理，选择逍遥丸治疗已确诊的绝经期综合征患者，并与尼尔雌醇治疗进行对比研究，证实逍遥丸疗效优于尼尔雌醇。

1999—2004 年，针对视网膜脱离致盲率高，手术治疗、功能恢复困难的问题，市中医院张仁俊、赵永旺等人，开展视网膜脱离复位术前、后配合中药治疗进行临床研究，分设中、西医对照组，中医组从整体触发设计基本方，按术前进行辩证论治随症加减。5 年临床随访观察 92 例，术后中医组有效率达 94.23%，比西医组高 21.73%，且术后运用中药基本方副作用小和远期疗效好。论文在国家级专业杂志发表，成果处国内先进水平。

2006—2008 年，市中医院、冷水滩区疾病预防控制中心洪庆良、夏荣发等人，采用中西医结合治疗前列腺炎。选用中药复方丹参液，通过特制长针、二叶肛门镜从直肠内注射到前列腺部位，新法提高了临床疗效，缩短治疗时间，并形成完整的操作规程，技术居国内先进水平。

1998—2011 年，双牌县中医院郭强国、吴荣德等人，针对湘南山区丘陵毒蛇常咬人致伤、致残、致死的情况，通过内服新中药组方，发挥清热解毒、化浊除湿、祛腐生新功效，以及分期分次植皮治疗蛇伤溃疡，促进溃疡愈合，减少伤残后遗症及死亡率，为蛇伤溃疡治疗开辟了新途径，技术居国内同类先进水平。

第三节 检验、影像技术

一、检验技术

1998—2000 年，江华县人民医院钟福海、朱建祥，采用国际先进方法和新试剂对脂肪乳注射液细菌内毒素检测方法进行研究，比常规法检测灵敏度高，快速、简便，重复性好，获 2000 年度市科技进步二等奖。

1998—2000 年，宁远县人民医院沈树生、张成忠等人，进行微量指血监测甲、乙、丙、戊型肝炎标志物的临床应用，检测肝炎标志物 35559 例，与对照组比较，新法检测合格率达 98.80%以上，获 2000 年度市科技进步二等奖。

2002—2003 年，市第三人民医院黄金娥、焦衡忠等人，采用微粒子化学发光免疫分析法取代传统 RIA 法和 IRMA 法，以超灵敏促甲状腺作为第一检查项目，配合 FT4 或 FT3 方案，可满足临床对甲状腺疾病的诊断需要。检测 TSH 灵敏度提高 100 倍，克服了传统放射免疫法的缺陷。

2003—2006 年，永州职业技术学院韩立路、李世胜等人，对脱落细胞、血细胞染色方法进行研究，采用由伊红、美兰、表面活性剂和加速剂组成的复合染色液进行染色的多功能染色方法，能快速完成各种分泌物、脱落细胞、上皮细胞、血液细胞及病原微生物等项染色。2008—2010 年，韩立路与欧陵斌等人，使用电化学分析法测定单

2009 年 8 月，永州职业技术学院课题组人员做脱落细胞染色实验

胺类神经递质，与传统方法比较具有更简便、快捷，灵敏度高，成本低等优势，处国内先进水平，获 2010 年度市科技进步二等奖。2008—2010 年，该院附属医院、市人民医院杨铭、龙丹等人，选用肝癌、胃癌患者血清，按 ELISA 法测定血清 GLS，与正常同龄人血清 GLS 含量对比差异，测定血清 GLS 对肝癌、胃癌的诊断敏感度、特异度、准确度和诊断效率，以及血清 GLS 含量与两癌临床分期的相关性，为普查及早期诊断治疗提供依据，成果处省内领先水平。

2011 年，市中心医院蒋汉茂、李艳等人，应用液基细胞夹层杯技术、直接涂片及 PCR 3 种快速检测抗酸杆菌方法，对临床不同标本进行抗酸杆菌检查，比较其敏感性与特异性，并对传统操作环节进行改进，为结核病防治提供快速检测方法，获 2012 年度市科技进步二等奖。

二、影像技术

1992 年，地区人民医院在境内率先购入美国产 GE320 全身 CT 机，同年 5 月投入使用，CT 机的使用推动医疗水平上了新台阶。

1994—1998 年，宁远县人民医院欧阳德群、仇海荣等人，采用 CT 扫描或增强扫描评价重症急性胰腺炎手术预后。研究观察显示：该法能清楚显示正常胰腺组织与坏死组织的区别，为早期诊断和判断疾病程度提供直观的形态学依据，为手术时机、方式的选择及成功救治提供科学依据。新法应用组病人治愈率达 93.40%，技术处国内先进水平。

2002—2003 年，市人民医院肖新华、潘富林等人，应用螺旋 CT 及三维重建软件研究三维重建图像在骨关节外伤中的临床应用，提高了骨关节外伤的诊断率，规范了三维成像的技术参数及图像重建方位。技术达省内同类领先水平，获 2003 年度市科技进步二等奖。

2005 年，为解决基层医院及欠发达地区医院影像检查科室大部分靠手工书写诊断报告和影像管理的困难，永州职业技术学院黄祥国、徐芳等人，成功研发医学影像图文报告系统，实现诊断报告的计算机规范化处理，成本低，应用广。

2004—2009 年，市第三人民医院蒋志坚，成功研发 CT 定位穿刺系统并临床应用。该系统是国内第一个固定在人体表的数字化穿刺瞄准装置，可在 CT 引导下，对体内三维空间上的目标进行穿刺。经 400 例患者临床应用证实：各项技术指标达到和部分优于国外 CT 激光导向穿刺系统。获 2009 年度市科技发明二等奖。

第四节　卫生防疫

一、公共卫生

1982—1992 年，宁远县卫生防疫站邹昌渝，在九嶷山地区进行蝇类调查研究。共调查 20 多个点，查明有蝇类 4 科 11 亚科 49 属 103 种。其中有 2 种为国内新记录种，已于 1982 年发表，另有一种于 1989 年鉴定，属于丽蝇科、丽蝇亚科、变丽蝇属，定名“湖南变丽蝇”，是世界新蝇种，为蝇类研究提供了新资料和依据。该成果获 1995 年度市科技进步二等奖。

1988—2000 年，江华县人民医院杨树林、陈建华等人，选取境内 1984—1997 年发生的 92 例白血病例进行流行病学调查，并对 23 个乡镇进行现场调研。结果表明：白血病年均发病率为 1.16/100000，低于全国白血病年均发病率；瑶族人群低于汉族人群，否定瑶族人群白血病发病率高的观点，缓解瑶族群众的恐惧心理。调研发现，白血病发病年龄集中在 17 岁前，占调研总病例的 40.20%，在国内首次证实白血病患病有年龄段集积现象。获 2000 年度市科技进步二等奖。

1990 年，地区妇幼保健站赵雪娥、李苹等人，首次开展对零陵地区妇女儿童的健康状况、妇幼卫生资源、妇幼卫生服务水平等进行系统性基础调查，为制定卫生政策和工作计划提供依据。

1990—1994 年，芝山医院李志祥、伍铁桥等人，采用国内流调先进的 CHCL、TRF、MOSS 等量法工具，对零陵地区 4～16 岁儿童、少年精神卫生问题进行统计学调查。数据经统计学处理，真实可靠，有较高学术价值，为防治儿童、少年精神卫生心理疾病提供依据，填补境内空白。

1998—1999 年，市卫生防疫站戴菊芳、李遵迪等人，在芝山区、东安县、道县、江华县开展 7～17 岁儿童、少年生长发育标准研制及动态分析调研。采取整群分层、随机抽样法，抽取学生 16424 人，按性别、年龄分组计算，统计出身高、体重、坐高、胸围、肺活量五项指标，制定出儿童、少年生长发育标准，为指导学校保健工作提供科学依据，获 1999 年度市科技进步二等奖。

2001—2002 年，永州职业技术学院屈智明、伍三妹，通过对境内不同区域 1235 例已确认为原发性高血压患者的用药现状、治疗效果及不良反应等进行对比研究，并采用统计学处理。结果表明：城镇组降压药物选择恰当合理，66.60%的高血压患者选用的是钙拮抗剂（尼群地平）与血管紧张素转化酶抑制剂（卡托普利）；乡村组 72%的高血压患者选用复方降压胶囊、复方利血平等；城镇组总有效率和总控制率高于乡村组。研究成果对指导农村（社区）高血压患者合理用药治疗具有实用价值。

2003—2006 年，永州职业技术学院周金彩、陈耀声等人，采用问卷调查形式，对城镇居民自我药疗行为进行调查研究。随机选择零陵、冷水滩区 6260 名 20～64 岁居民作为调研对象，评价居民自我药疗行为的购药取向、自我药疗状况、用药安全状况等。结果显示：40%以上有自我药疗习惯，30%以上有到药店自主购药习惯，反映出药店已成为居民自我药疗主渠道的特征。

二、疫病防控

（一）传染病防治

1989—1992 年，地区医院蒋艳秀开展潘生丁、病毒唑联合治疗腮腺炎研究，经对 74 例患者的治疗，结果表明：潘生丁、病毒唑联合治疗具有广谱抗病毒活性，可明显改善临床症状。

1993—2001 年，市职业病防治所万健、许金文等人，根据 24121 例结核病患者的具体情况，选用板式抗结核组合药和短程间歇化疗方案，实施患者不住院、在家进行短程间歇化疗，治愈率达 92.56%，患病率下降 59.20%。成果处国内先进水平，获 2002 年度市科技进步二等奖。

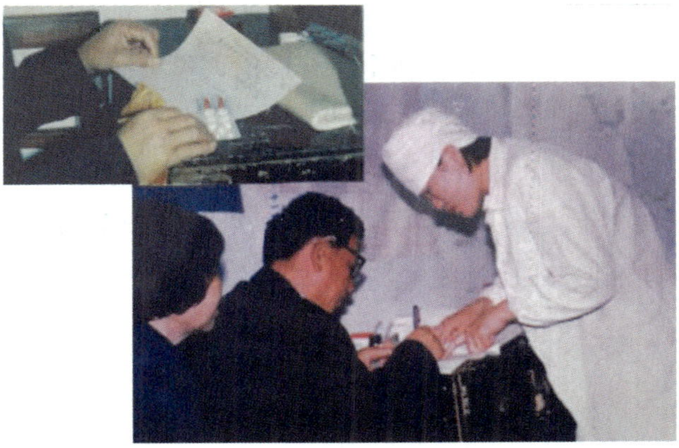

1997 年 9 月，永州市职业病防治所技术人员核对登记观察病人并发给“板式抗结核组合药”

1993—2001 年，市疾病预防控制中心万键、戴菊芳等人，承担国家发改委、卫生部、财政部联合下达的“结核病控制 DOTS 新技术推广应用研究”重点科研项目。覆盖全市 11 个县区，总投入 926 万元，历时 9 年，接诊 77127 例可疑肺结核病人，治愈 13675 例，治愈率达 91.70%，缩短疗程 8～10 个月，建立一套完整的组织管理和监控系统。研究论文刊载 1999 年《全国防痨杂志》第 21 卷，并在全国防痨学术年会交流，成果处国际领先水平，获2004年度市科技进步一等奖。

（二）寄生虫病防治

1988—1993年，祁阳县卫生防疫站开展“祁阳县人体肠道寄生虫分布调查研究”。按全国统一方案，对域内4个村抽样调查2189人，受检率96.52%。检查结果显示：总阳性率87.12%，发现肠道寄生虫17种，其中铜杆线虫为湖南省首次发现，并对蛔虫、鞭虫、钩虫3种寄生虫的性别感染率、年龄感染率及其感染度进行研究分析，调查成果为人体肠道寄生虫防治提供依据。

1996年7月，祁阳县卫生防疫站工作人员在进行血样检测登记

1970—1997年，祁阳县卫生防疫站易洪钧、郑可明，开展消灭丝虫病研究。根据丝虫病流行的3个环节，应用病原学监测、血清学监测、蚊媒自然感染率监测、防治服药及海群生药盐测定技术，制定出提高采血率、阳性检出率和治疗率，灭蚊防蚊及组织群众服好药盐等防治措施，其防治与监测技术居全省领先水平，获1998年度市科技进步一等奖。同期，市卫生防疫站唐光宜、盘建喜等人，在全市开展消灭丝虫病工作，实施普查普治、反复查治、食用海盐等防治措施，血检1385.95万人（次），查出微丝蚴血症者14.60万人，治疗11.89万人，在6个月内有258.23万人服用3%海群生药盐，有效地控制丝虫病流行。1996年、1997年，经省卫生厅组织的两次评审和现场核查，确认达到卫生部发布的《消灭丝虫病标准》。

第八章　社会事业

第一节　教　育

20世纪90年代初，境内高等教育规模不大，以职业教育和技能培训为主。中小学教育科技以开展各学科教研教改为主，注重实践教学，推广电化教学，培养学生动手能力。90年代中后期，计算机开始进入课堂教学；信息化基础设施建设逐步加强，建立计算机教室、语音室、多媒体室，实现互联网接入，开通教师空间、网络学习空间和远程教育；同期，多次举办实验教师创新大赛、技能大赛、说课大赛、自制教具比赛等试验教学竞赛活动。

一、教育科研

1992—1996年，重在教法研究，少量引进外地教改试验成果开展试验研究；1997—2001年，重在学法研究、提倡素质教育；2002—2015年，重在学情和教学内容研究，构建“高效课堂”“有效课堂”，提高学生自学能力与综合素养。1992—2015年，获得省级三等奖及以上成果36项。

（一）教材研究

1994年，地区教科所汪端福编写的《镰刀术》入省编体育教材；汪华明编写的《高中历史实用信息点集》和《历史学习诀窍点拨》分别在北京师范大学出版社和西北大学出版社出版发行；欧阳德购撰写的《思想品德课的考核与思考》获省论文一等奖。1995年，祁阳县教研室引进《掌握数学》教材及理念，组织全县初中数学教师现场教学示范。1999年，省教科所以浯溪二中、浯溪三中为现场，举行全省《掌握数学》教材教学研讨会，推介其经验。

（二）教学研究

“作文引路激趣六步教学法”研究　1990年，金洞林场中学教师邓先华探索形成“导引、行文、批改、讲评、后记、复批”教学模式和方法，激发学生作文兴趣，提升

2010 年 8 月 2 日，金洞林场中学教师邓先华给学生上课

写作能力。受教学生作文比赛先后有 23 人次获县级以上奖励，在报刊发表作品 60 余件。该项成果 1995 年获湖南省中小学教研成果教改经验二等奖。2010 年，获教育部教师发展基金会颁发的一等奖。

“协同思维教学法”研究　1991—1993 年，江永一中教师费得意编写出版实验教材《协同思维教学法》《高中数学应用题解题思路与技巧—征服高中数学的制高点》《幻灯投影与平面几何教学》等专著，有 10 余篇论文在省级以上刊物发表；嘉禾教学互动制片厂制作发行教学影片《初中代数》《平面几何》等共计 269 片，其中《平面几何》获得湖南省教材二等奖。1993 年，该项目获湖南省第三届基础教育教研教改成果二等奖。

教法与学法同步研究　1993 年，冷水滩区教研室刘伟燕、秦四年等人，运用教育心理学基本原理和按学生学习心理学开展教学对比实验研究。1998 年，经省教科所组织专家验收，成果处全国先进水平，获湖南省第五届基础教育教研教改成果二等奖。1999 年，继续深化研究。制定《冷水滩区跨世纪教研教改规划》和教改实验方案，开展为期三年的推广实验。2001 年，获湖南省第六届基础教育教研教改成果一等奖；项目成果大型舞蹈《大红绸子飘起来》《小小交通警察》等，赴土耳其参加国际民间少儿艺术节目演出，中国教育电视台将部分实验成果拍摄成记录片在全国播出。

“教育—创新—效益”课题研究　1998 年，东安县教研室陈泽杰、郭荣军等人，历时 3 年进行教学改革与实践，受教学生的创造、联想、想象、类比、发散等思维能力明显提高。2005 年，该成果获湖南省第一届基础教育教学成果二等奖。

“学—议—评—练”四环节教学模式　2009 年，宁远县教育局游知祥探索出“学—议—评—练”四环节课堂教学模式，编写《宁远县实施“四环节”课堂教学模式教学指导书》，举办“‘四环节’教学模式的理论依据与实际操作”讲座，深入县域各校上推广示范课。全县教师普遍采用“四环节”模式教学，教学质量大幅上升。2012 年，县教育局局长文星平为此撰写《课改，成就不一样的精彩》专题总结，在《中国教师报》发表。

完整教育模式研究　2009 年，道县三中陈波浪提出“全人教育”理念，实施全方位教育教学改革。主要内容有：校本德育研究、课堂教学减负五步曲、阳光体育运动、人事制度改革；用校训、校风、校歌、教风、学风来鞭策、激励师生；定期转化学困生、意偏生等，效果明显。2011 年，被省教育厅批准为“体育、艺术 2+1 项目示范性学校”，《中国教师报》在该校举办“全国未来教育论坛暨道县三中课改经验观摩会”。2012 年，“完整教育模式”获第三届湖南省基础教育教学成果二等奖，该校被省教育厅授予“湖南省基础教育课程改革样板校”称号。

“美心课”教学研究　2010 年，蓝山县楠市中心小学副校长、全国模范教师盘晓红，针对农村留守家庭学生普遍存在迷茫、孤独的实际，研发出适合“留守生”身心特点的“美心课”，在全校 20 多个班开设。教学内容有：认识人生、尊重生命、孝道感恩、课堂礼仪、热爱祖国、文明诚信、爱护环境等，并到茶园、葡萄园等体验式学习劳动，让“留守生”变得阳光自信、勤奋好学、文明守礼。该县中小学思想品德课教师到楠市中心小学观摩学习；中央电视台、湖南卫视、永州电视台等多家媒体相继予以报道；华中师大教育学院、湖南一师、长沙师范等院校邀请盘晓红到校为师生介绍“美心课”经验。

2010 年 11 月，蓝山县楠市镇中心小学教师盘晓红（右四）与留守小学生在一起

自主发现式校本教学模式研究　冷水滩区马坪学校校长周大战主持，历时 8 年研究出以学生“自主学习—发问提问—合作探讨—测试反馈—整合内化—扩展延伸”的“自主发现式校本教学模式”，教学特色鲜明、效果好。2011 年，省级课改样板校建设研讨会在该校召开。2012 年，该教学模式获第三届湖南省基础教育教学成果特等奖。后经深入研究，形成了内容更丰富、模式更完整、操作性更强的“阳光生态课堂教学”研究成果。2014 年，《马坪学校“阳光生态”教学成果主题报告》获国家级教学成果二等奖；人力资源和社会保障部、教育部授予该校“全国教育系统先进集体”荣誉称号。省教育厅、市教育局分别授予该校“湖南省课改示范校”“永州市课改示范校”称号。

微型课研究　2011—2015 年，市教科院依据“开口小，内容实，够得着”的研究思想，开展“微型课”研究，提高了全市教师的课堂教学操作水平。2014 年，蓝山县制定《关于开展中小学教育教学微型课题研究的实施方案》，召开“重点微课题开题论证会”，全县14个县级重点微型课题有12个结题；县民族中学教师周小珍主持的《初中说明文阅读技巧研究》获市一等奖。

二、教育技术

（一）信息化教学基础建设

2015年12月8日，宁远县印山小学（左、右上）和晓睦塘小学（右下）网络联校教学

20世纪90年代初，现代教育技术以电化教学为主。90年代中后期，计算机进入课堂教学。至2015年，全市中学有计算机教室318间，语音室57间，多媒体室565间，配备计算机22593台，人机比为14∶1；小学有通用技术室73间，计算机教室304间，语音室58间，多媒体室451间，配置计算机21645台，人机比为18∶1。全市普通全日制乡镇中小学以上学校基本实现互联网接入，1217个农村教学点实现数字资源全覆盖，50%以上班级配置多媒体设备，764所学校开通教师空间，3.40万人开通网络学习空间，全市教师应用信息技术开展教学的比例超过60%。其间，双牌县被确定为省现代教育技术实验县和省教育信息化试点县；永州四中、冷水滩区舜德小学被认定为教育部教育信息化试点学校，东安一中、祁阳县职业中专、永州工贸职业中专、江华县白芒营中心小学、零陵区神仙岭小学等被认定为省教育信息化试点学校。

（二）多媒体电化教学培训

1992年5月，地区电教仪器站组织市、县区电教教研员参加全省幻灯片制作培训班。7月，举办零陵地区摄录制编导培训班，由省电教馆高级工程师高进祥、湖南师范大学电教部高级工程师周芳授课。同年12月，组织对全地区的电化教育工作进行全面检查和评估，评出县、市馆工作先进单位13个，电教先进学校8个；宁远、祁阳、东安县被评为电教先进县。宁远县电教馆馆长肖铁自制教学投影片10套，在全县中小学推广应用，成为全省先进典型。到2000年，全市各级各类学校基本普及幻灯教学，应用幻灯片教学的学校达95%以上。

（三）农村中小学远程教育工程

2005年，永州市启动农村中小学远程教育工程；2013年，全面铺开教学点数字教育资源全覆盖建设。全市1231个农村教学点安装有数字教学设备，通过卫星或网络接收应用数字教育资源，农村边远地区学童享受优质教育资源。是年，冷水滩区被评为全省远教工程先进单位。

（四）课程教学录像设计

1996年5月，市电教仪器站组织对各县区报送的初中语文、小学语文、思想品德录像课和教学设计进行评选，选送祁阳县七里桥镇一中刘敏的初中语文课《一面》、零陵师范附属小学唐文胜的小学语文课《林海》、双牌县泷泊镇第一小学卢艳的思想品德课《团结力量大》教学录像课和教学设计至省参评。《一面》录像课和教学设计获一等奖，《林海》《团结力量大》获二等奖。10月，市教科所在道县举行全地区中学英语听力、小学作文训练音像教材推广应用优质课竞赛。

（五）现代教育技术科研成果

1995—2000年，市电教馆承担“九五”国家教委重点课题“义务教育音像教材建设的理论与实践”5个子课题研究，全部结题并获二等奖2个、三等奖2个；承担省电教馆“九五”课题“现代教育技术实验学校”子课题15个并全部结题。2001—2005年，承担“十五”课题“专题学习网站应用与研究”等国家级课题7个，省级网络环境下信息教育技术与学科教学整合课题40余个，全部结题。

（六）现代教学资源开发研究

中学古诗文教学软件资源的开发　2006年，宁远一中肖疑芳主持的“中学古诗文教学软件资源的开发研究”课题组，研发出中学古诗文教学软件13个。其中，《初中古诗词鉴赏》《初中古文鉴赏》获省“十一五”现代教育技术课题研究成果评比一等奖，《鲁迅作品鉴赏》获湖南省第九届多媒体课件比赛特等奖，《小学古诗鉴赏》《初中古诗词鉴赏》《初中古文鉴赏》三套教学软件出版发行，被湖南省和全国基础教育资源中心采用并在网上推广。

中小学电脑制作活动　2003—2010年，市电教馆每年定期举办课题组、电教业务骨干培训班，组织中小学电脑制作活动，并选送作品参加国家、省级竞赛，获得国家级奖项19个。冷水滩区电教馆、永州市八中获湖南省中小学电脑制作活动十年成就奖；冷水滩区电教馆杨晓荣、永州八中秦耀华、祁阳一中高琳、市电教馆何小柳获湖南省中小学电脑制作活动十年贡献奖。

“三优联评”竞赛　2012年5月，市教科院组织全市“三优联评”（教学设计、教学课件、教学反思）竞赛。选送作品赴省参赛，获省一等奖103项，二等奖102项，三等奖39项；选送15名教师参加省“三优联评”说课大赛，获省一等奖5个，二等奖 9 个。

教育教学信息化大奖赛　2013 年 8 月，市电教馆组织参加首届全国教育教学信息化大奖赛，零陵区柳子街小学教师黄莉的《识字 4》获二等奖。全市 17 人获省一等奖，20 人获省二等奖，获奖人数居全省前列，市电教馆获最佳组织奖。

基础教育数字资源应用交流与推广　2013 年 12 月，市电教馆组织参加首届全国基础教育数字资源应用交流推广，有 2 名教师获全国三等奖，1 名教师获全国优秀奖，11 名教师获省一等奖，10 名教师获省二等奖，获奖人数占全省 1/4。

现代教育技术课程设计　祁阳一中的语文课《守财奴》获 1997 年全国中小学素质教育与课程导学研讨会展评一等奖。永州四中的初中语文课《曲尽其妙写童话》获 2000 年全国首届初中计算机辅助教学竞赛一等奖。2012 年，冷水滩区舜德学校教师胡明辉的《南京大屠杀纪念碑前》获全国多媒体大赛一等奖。2014 年 3 月，市电教馆组织参加湖南省“教学点数字教育资源全覆盖项目”资源应用优秀案例征集评选活动，选出 50 个优秀案例参加省级决赛，获省特等奖 1 个，一等奖 9 个，二等奖 11 个。2015 年，组织参加教育部“一师一优课，一课一名师”活动，在国家资源平台晒课 3 万多节，在全省排名第三；推荐 749 节课送省参评，461 节课获省级“优课”称号，82 节课获部级“优课”称号，“优课”数量全省第一；市教育局获省教育厅颁发的“优秀组织奖”；同年 8 月，组织参加全省、国家教育教学信息化大奖赛，获国家三等奖 3 个，省一等奖15 个，二等奖 24 个，三等奖 20 个。

三、教学仪器

1992 年后，教育投入持续增大，中小学杂费中单列电教仪器费，仪器设备采购量逐年增加。至 2015 年末，全市有中学物理实验室 352 间，化学实验室 340 间，生物实验室 285 间，综合实践实验室 104 间，体艺室 451 间；有小学科学实验室 370 间，综合实践室 78 间，体艺室 613 间。教学仪器设备及常规实验药品基本满足教学需要。

2008—2011 年，双牌县教育局教研室、双牌县第一中学张斌、蒋启和等人，成功研发模拟直接雷击放电器，用于课堂教学实验和科普教育，可模拟直接雷击放电，对比仿真地面高矮物体遭雷击的状况及地面等高度的有无尖端物体遭雷击的不同情况，让受众直观、形象、零距离体验式接受安全科普教育。

第二节 文 化

永州文化厚重，以楚汉为脉，在唐宋尤为繁荣。宋代诗人杨万里曾评“湖南名郡，旧称甲永乙邵”。唐宋两朝进士全省有966人，其中永州384人，占比40%。宁远李郃为唐代湖南唯一状元；怀素的狂草，誉为“天下第一”；元结的《舂陵行》《贼退示官史》，杜甫赞之“两章对秋月”；柳宗元的《永州八记》，使永州地以文传；周敦颐《太极图说》为理学奠定基石。中华人民共和国成立后，文化事业随着经济社会发展而进步。特别是跨入21世纪，文艺创作队伍、基础设施建设以及文化产业长足发展，获得一批文化成果。全市文艺创作获省级以上奖项78项，其中，国家级金奖6项，省级金奖8项；体育竞赛获全国性金牌174.50枚，国际性金牌46枚。

一、考古新发现

1993—1995年，湖南省文物考古研究所所长袁家荣两次主持对道县玉蟾岩遗址发掘，出土了原始工具、兽骨、陶片和谷壳等，运用碳14技术对谷壳测定，鉴定其为距今1.2万年—1.4万年的人工栽培稻。该项发现获全国旧石器考古发掘二等奖。

2011年9—10月，中国科学院古脊椎动物与古人类研究所和省、市文物部门联合考古，对道县福岩洞遗址发掘，出土大量动物牙齿化石，含30个种类，其中有4颗人类牙齿化石。2013年，市文物处、道县文管所配合中国科学院对福岩洞二次发掘，出土22颗人类牙齿化石，为早期人类研究提供了科学依据。

二、第三次文物普查

2007年，国务院下发开展第三次全国文物普查的通知。市文物处组成专家技术小组到各县区指导。普查重点放在新发现上，突出古民居和古建筑、大遗址及遗址群、跨省区的线性遗址及遗迹的调查。全市投入2915万元，普查108个镇、5313个村、45715个村民小组，调查各类文化遗存遗址2210处，新发现文物点1371处。其中发现中国最南方的摩崖石刻造像——江永雄山寺石窟造像群；发现省内最早的石桥——江永上甘棠村的寿隆桥，为宋代石桥，与大多数石桥采用拱桥建筑方式不同，该桥采用木建筑常用的榫卯结构，在中国南方地区实属罕见，对研究石桥建筑史具有重大价值。

三、文物管理系统建设

2001年始，财政部、国家文物局在全国开展“文物调查及数据库管理系统建设”。这是一项文物管理的基础性建设工程。2005年，市政府办行文成立永州市文物信息化建设工作领导小组，副市长赵清茂任组长，市政府办、市财政局、市文物管理处负责人任副组长，办公室设市文物管理处。2006年，市本级财政专项配套经费5万元，并在市博物馆举办馆藏文物调查和数据库管理系统建设培训班。同年，省文物专家鉴定组到永州对库藏文物进行全面鉴定，全市共登记录入文物1310件，其中，一级文物16件、二级文物129件、三级文物1165件。2010年，建立文物库房。2013年，被国家文物局列为第一批国家三级博物馆之一。

四、图书管理系统应用

2013年5月，永州市图书馆挂牌仪式

图书管理系统是具有图书信息录入、借阅管理、信息查询等功能的信息化管理系统。永州职业技术学院图书馆在境内最早应用图书管理系统管理图书。该馆1994年建成，为国家一级图书馆。2013年，与市图书馆实行共建共享。该馆馆藏资源丰富，藏书涵盖哲学、文学、艺术、农业、医学、计算机、商贸等领域。馆藏纸质图书达83万册，电子图书30万种，音像等视频资料1000多种。2012年，启用ILASⅢ图书管理系统，在管理、查询、跨库检索、数据库二次开发、图书资源数字化等方面迈上一个新台阶，实现图书资源的通借、通还和通阅；2013年，实现无线网络全覆盖。2014年，建设数字图书馆中心机房。到2015年，购置电子图书25万册，电子图书、期刊借阅机各2台，视频借阅机1台；建立地方文献数据库，全文数字化地方志5万页；建有政府公开信息库、地方文化公开课视频库，收录政府公开信息1.16万条，录制文化公开课视频63节、1260分钟；开通市图书馆网站、微信公众号、微博和QQ群等，为读者提供全方位数字化、网络化的电子资源服务。

五、国民体质状况监测

2013—2015 年，根据省国民体质监测中心的统筹安排，市体育局在全市范围内组织开展国民体质状况的分析与研究，为制定全民健身计划提供科学依据。市政府成立市国民体质监测工作领导小组，副市长刘尤碧任组长、市直 10 个有关部门负责人为成员，建立以体育部门工作人员为骨干的监测队伍，形成市、县区、乡镇、村组（社区）四级监测网络，设立监测站 13 个。举办国民体质监测员和联络员技术培训班 14 次，参加学习、培训近 200 人。选取 7553 位市民按不同年龄分组，严格按照体质测试标准规定进行测试，并使用测试法、文献研究法、数理统计法等进行分析和研究。研究结果表明：永州市国民体质总体达标情况不理想，体质状况堪忧；主要是体形较矮小、偏轻，体脂率较高，肺功能、心脏恢复功能较差；力量、柔韧性、平衡能力较强；乡村与城镇存在显著差异，乡村人口体质状况、机能和素质指标均低于城镇。根据研究和分析，提出全民健身体育项目应大力倡导开展跑步、登山、健身操、球类、游泳等有氧运动，竞技体育项目则以举重、体操等为主的科学建议。

第三节　广电传媒

境内广播事业起步于 20 世纪 50 年代。在中华人民共和国成立初期，各县相继建收音站；60 年代建立乡级广播放大站和农村有线广播，到 1978 年全地区有线广播网基本形成；80 年代中期开播中波转播台；1996 年，成立永州人民广播电台，并于 1999 年实现数字化播出。境内电视事业起步稍晚。1977 年，羊毛岭电视差转台建成；1989 年，零陵电视台建成并试播；1993 年，阳明山微波总站建成，筹建永州有线电视台；1995 年，零陵电视台、零陵有线电视台更名为永州电视台、永州有线电视台；2002 年，永州电视台、永州有线电视台、冷水滩电视台和芝山电视台播出机构撤销，组建新的永州电视台，开办新闻综合、都市、经济、生活、信息 5 个频道，实行频道总监负责制；2004 年，永州电视台将原来的 5 个频道整合成新闻综合、都市、公共 3 个频道。随着信息技术和网络工程快速发展，到 2015 年已建成覆盖全市城乡的广播电视光纤传输网络；播控、采编制作和网络传输新设备、新技术不断更新和应用，广播电视信息传输更安全，信号更稳定，声音更清晰，图像更逼真；微信、微博、新闻客户端等新媒体应运而生，广电传媒科技进入新的发展阶段。

一、播控设备

（一）广播电台播控设备

采录、制作设备　2000 年，永州人民广播电台使用的采访设备是 SONYWALKM GX788 超薄型普通磁带收录放一体机，配 SONYECM674 采访话筒，存储介质为SONY EF60 磁带，录播设备为湖南大方数字科技有限公司的 DATAFAR 音频工作站软件。

2004 年 8 月，永州人民广播电台新闻频道组建办公局域网，实现新闻素材共享，编辑、审稿、审听网络化。

2006 年 3 月，永州人民广播电台新闻频道开通“京虎网”，所有节目实现网络同步直播和收听调查、听众反馈、节目介绍、活动推广、稿件征集等功能。

2011 年，永州人民广播电台新闻频道与湖南人民广播电台联合办台，录播设备采用北京英夫美迪科技股份有限公司的数字化录播系统和江苏市福川科技有限公司 DB2000 数字调音台。

播出、发射设备　永州人民广播电台新闻频道于 2000 年 11 月开播，发射频率为 94.8 兆赫，采用 300 瓦调频广播发射机，覆盖冷水滩河东和部分河西地区。2001 年 12 月，更换一台上海腾达无线电厂生产的 3 千瓦全固态调频立体音广播发射机，意大利生产的 EKA30 立体声激励器，安装在零陵城区东山上的微波总站，覆盖零陵区、祁阳县、冷水滩区和东安县部分地区。2002 年 11 月，将微波总站的 3 千瓦广播发射机搬迁到零陵区富家桥镇羊毛岭电视调频转播台，广播节目覆盖北五县区；另购置一台 300 瓦广播发射机安装在江永铜山岭电视调频转播台，广播节目覆盖江永县和道县部分乡镇。2003 年 5 月，购置 2 台 100 瓦调频广播发射机，分别安装在新田、蓝山县广播电视大楼上，广播节目覆盖两县。2006 年 7 月，购置北京广播设备厂 1 千瓦全固态调频广播发射机，替换江永铜山岭调频广播发射机，广播节目覆盖江永、江华和道县。至此，永州人民广播电台的节目实现境内全覆盖。2010 年

2013 年，零陵富家桥镇羊毛岭电视调频转播台机房

5 月，机房播控设备更换北京英夫美迪科技股份有限公司整套技术设备，实现数字录音、非线性编制、节目存储、自动播出、监测分析、自动播控和高效管理。是年 8 月，交通音乐频道开播，发射频率为 96.8 兆赫，主发射点为祁阳大华山电视调频转播台的 3 千瓦发射功率和江永铜山岭电视调频转播台 1 千瓦发射功率，覆盖境内及周边地区。

2015 年，祁阳大华山电视调频转播台机房

2012 年 5 月，祁阳大华山电视调频转播台的 3 千瓦全固态调频广播发射机由 3 千瓦更换为 5 千瓦，江永铜山岭电视调频转播台的调频广播发射机由 1 千瓦更换为 3 千瓦。至 2015 年，永州人民广播电台节目总发射功率达到 8 千瓦。

（二）电视播控设备

摄录设备　1989—1996 年为全模拟设备。1989 年，批量引进主要机型为索尼 U-malic 类，摄像机为索尼 3000P，配套背包机为 VO-5850、VO-8800；1992 年，引入部分 S-VHS 摄录设备。1994 年，添置 BETCAM 摄录一体机一套。1996 年，引进数字摄像机，型号为松下 EZ-1，逐步过渡到使用 AJ-D215H、AJ-D400E 数字摄录机。

2002 年，永州电视台模拟设备被数字技术设备完全取代。2009 年，采访摄像机逐步过渡到 P2 摄像机时代，有 AJ-SPX900MC、AG-HPX173MC 等；购置 2 套索尼蓝光盘摄像机 PDW-539P。演播室摄像机为池上 HC-D57、池上 HK-399PAW。2013 年，添置高清电视转播车，摄像机使用最先进的索尼高清便携式广播级演播室摄像机 SONY HDC2580，电视专业设备达到全省地市州电视台同等水平。

编辑设备　永州电视台编辑系统随着播控设备的更新，经历线性对编、非线编辑、专业非编制作网络系统 3 个阶段。

1990 年建台初期，只有 2 套索尼 U-malic 类对编系统。1994 年，新增 BETCAM 格式编辑系统一套。1996 年，引进数字摄像机，相应添置 DVCPRO 格式的编辑系统。

1998 年，引进日本索尼公司 3 套创意 97 非线性编辑系统，用于广告、专题制作，新闻节目的编辑。

2010 年，永州电视台采购新奥特（北京）视频技术有限公司的非编制作网络，新闻、主题制作、采用全新的非编制作网络，广告使用非编单机，终止对编系统。

播出设备　1990 年，零陵电视台成立。播控设备采用与编辑设备配套的索尼 U-malic 系列，VO-96001 台，VO-98501 台，小 1/2 录像带使用松下 L-11、J-25 等录像机，采用琴键式电子切换器实现手动切换播出。播控机房设备有卫星接收机、调音台，逐步添置视频自动增益控制器、时基校正、字幕机等。1996 年，自制广告、栏目采用 DVCPRO 系列编辑设备，播出机房采用松下 AJ-440、DV-2700 录像机播出。

2001 年，升级播控设备，采用安徽励得自动播出系统，计算机编排节目单，再由计算机根据节目单分别控制励得 Master99 切换台、播出录放机进行自动切换播出，首次在播出中使用数字键混系统进行台标和字幕叠加。

2006 年，添置安徽天虹数码科技有限公司研发的全硬盘自动播出系统。该系统由视频服务器、上载系统、播出视音频系统、同步系统、控制系统、网络系统、字幕系统及时钟等组成，是一套数字化、网络化、自动控制与管理的播出系统。

2014 年，采用新奥特（北京）视频技术有限公司无忧硬盘播出系统软件、K2 播出服务器、文件摆渡和新奥特图文编播系统，构建全文件化传输的数字化硬盘播出系统。永州新闻综合频道在全省市级电视台中率先实现了高标清同播。

2015 年，节目上载实现从 DVD 播放采集到数据转码的改变，提高了节目质量。添置北京数码视讯 EMR3.0 媒体综合处理平台系统一套，4 路标清和 1 路高清节目 SDI 信号编码复用后，将 IP 与 ASI 信号同时传输至网络公司机房。

二、传输技术

（一）电视无线发射

1988—1990 年，零陵电视台、冷水滩电视台和县级永州电视台相继采用无线发射播出。1990—1995 年，零陵电视台采用北京广播电视设备厂 1 千瓦双通道发射机，天线采用四层四面蝙蝠翼天线，架设在高山寺 50 米拉线铁塔上。2005 年，采用北京广播电视设备厂 5 千瓦全固态彩色电视发射机，发射天线从高山寺搬至芝山庵站的 72 米拉线铁塔上，信号接收质量提升，覆盖范围增大。2008 年 8 月，该发射机搬迁到祁阳大华山电视调频转播台，发送新闻综合频道，增强祁阳区域的无线覆盖。

（二）广播电台传输

2000 年，永州人民广播电台新闻频道开播，发射频率为 94.8 兆赫，用 300 瓦旧发射机，双层十字折合振子发射天线。2001 年，采用调频信号与有线电视共缆传输的方式，把音频信号调制成 102.8 兆赫的调频信号，通过混合器进入模拟有线电视网络，传送到发射机房，经调频解调器解调出音频信号再通过发射机发射。是年 12 月，发射机升级为 3 千瓦全固态调频立体声广播发射机，天线为四层水平极化双偶极子天线。

2002 年，发射台及 3 千瓦发射机、天馈系统搬迁至羊毛岭电视调频转播台，天线高度海拔 635 米。同时，在江永铜山岭设立 300 瓦发射台，配单偶极子垂直极化天线，天线高度海拔 957 米。2003 年，分别在新田、蓝山县设立 100 瓦调频广播转播台，配圆极化调频天线。2006 年，江永铜山岭调频转播台 300 瓦调频广播发射机升级为 1 千瓦全固态调频广播发射机，天线升级为四层双偶极子水平极化天线。

2009 年，羊毛岭电视调频转播台采用全固态调频立体声发射机更新原 3 千瓦调频广播发射机。

2015 年，祁阳大华山电视调频转播台

2010 年，新闻频道采用波分复用与解波分复用的方式，将音频信号编码后，经过光发射机，调制在 1310 波长的光波上，再通过光复用器，与数字有线电视的 1550 光波信号混合进数字有线电视网络。在发射机端，利用音频光端机解调出数字音频码流，再经 MPEG 解码器，解调出模拟音频信号，送发射机发射。交通频道信号源采用 CPA SM-48 音频分配器和 WA6408 音频光机，利用市有线网络市到县的光缆干线分别传送到祁阳大华山与江永铜山岭电视调频转播台两个主发射点。

2015 年，江永铜山岭电视调频转播台微波传输机房

2011 年，播出系统采用双机互为主备系统，自动直播工作站主、备互为备份，确保安全播出。

（三）广播电视微波传输

1991 年，零陵地区广播电视微波传输网开始筹建。1992 年，双牌阳明山微波枢纽站开工建设，1993 年工程竣工。该工程由首站、中继站、终端站构成，实现全区两套电视节目和两套广播节目下传、县台新闻节目回传以及公务电话等功能。

1999 年，与湖南经视台合作，开通南岳台对阳明山站点对点微波，将湖南经视频道传输到永州。2000 年 12 月，将湖南娱乐频道传输到永州。2003 年 9 月，随着市县广电光缆干线网的投入使用，微波传输网成为光纤传输网的备份。

2015 年，省微波总站对阳明山微波站加装数字微波传输设备，建成省微波干线南网枢纽站，成为开通中央和省市无线数字电视覆盖的基础工程。

（四）有线网络传输

1997 年，永州有线电视台建成冷水滩至零陵城区间 30 公里有线电视光缆网络联网工程。1998 年，对冷水滩、零陵城区有线电视网络升级改造，架设光缆 170 公里，开通节点 98 个，两区用户 44204 户。通过完善播出机房设施配套，节目传输由 20 套增加到 32 套，同时开通中央电视台 3、5、6、8 加密频道。1996—1998 年，各县先后开通有线电视加密频道。

2002 年，冷水滩、零陵区始建农村电视光纤干线网。两区分别有 27、12 个乡镇实现光纤联网，各乡镇用卫星地面接收设施和模拟微波信号组建的小片网基本上联网，形成城乡一体的广播电视传输网。

2003 年，实现市到县光纤联网，逐步延伸至乡镇。2009 年，实现数字电视双向整体转换，由模拟信号改为数字信号。

（五）多媒体广播

2008 年，中广传播集团有限公司在全国各大城市大力推广移动多媒体广播电视。2009 年 12 月，永州市首家多媒体广播基站零陵芝山庵站建成，发射频率为 778 兆赫，采用 1 千瓦数字电视发射机和四层四面偶极子面包板天线，主要覆盖零陵城区，提供 8 套电视和两套广播节目。2010 年 2 月，冷水滩区将军岭站开通，并与零陵芝山庵站组建单频网，主城区信号覆盖范围达到 92%以上。2011—2012 年，湖南中广传播有限公司与省移动公司合作，相继开通除蓝山县外所有县城移动多媒体广播电视信号，将新闻综合频道复用进入移动多媒体广播电视系统，实现小屏幕终端用户实时收看。2014 年，因业务推广限于困境，各发射基站暂时关闭。

（六）无线数字电视

2007 年，永州开始发展无线数字电视。2010 年，无线数字电视前端机房可发送 61 套电视节目，有 4 个主发射站，分别为市广电大楼、东安桥屋山、零陵百岭、江永铜山岭，3 个补点站为零陵羊毛岭、零陵石岩头、东安旋帽岭。信号覆盖冷水滩区、零陵区、东安县、双牌县、江华县、江永县和道县。至 2015 年，全市范围有用户约 2 万户。

（七）电视转播车

2013 年 5 月，永州电视台高清电视转播车通过市政府采购中心招标采购，总投资 669 万元，北京华林视通科技有限公司中标，9 月交付使用。电视转播车采用五十铃底盘，由北京航天新长征电动汽车技术有限公司改装。配备有6套索尼高清便携式广播级演播室摄像机SONYHDC2580，1套低延时、近距离摄像机无线信道传输系统，直播远程传输系统采用光端机和车载微波，构成双传输链路。电视转播车的投入使用，提高了节日现场录制、直播的技术能力。

（八）广播电视“村村通”工程

该工程是国家统一组织实施的一项惠民工程。1999—2002年，利用中星6B通信卫星，每个行政村配备1个3米天线及卫星接收机，1台电视机，解决543个行政村不通电视的问题。2003—2008年，为推动农村有线电视的发展，采用光缆连网，使零陵、冷水滩两区大部分乡镇连通有线电视。2008年，全市实施无线覆盖工程，其中，零陵羊毛岭台、江永铜山岭台、祁阳大华山台配备3千瓦的固态发射机将中央七套节目覆盖，增加3千瓦的广播发射机转播中央台一套广播节目，道县、蓝山县、江华县、宁远县均配备1千瓦的大功率发射机进行转播，广播电视覆盖率增加到90%以上。2009—2011年，采用卫星接收机入户，解决20户以下的自然村广播电视盲村4354个；发放卫星接收机4万余套，可接收中星九号直播卫星信号，全市基本实现村村通广播电视。

三、网络传媒

网络传媒是依赖计算机技术和网络传输设备来传输、存储和处理音视频信号，兼具文字、图片、音频、视频等现有媒体的综合手段。永州网络媒体起步于2000年，之后快速发展。

2000年5月，市委对外宣传办公室建设的“中国永州”网站正式开通，网址为www.yongzhou.gov.cn，是湖南省第一个成立的市州网络新闻媒体，办公室负责人吴帆兼任总编。2002年，改名为“永州新闻网”。2006年，购置全新设备，新增独立服务器，委托市电信局代管，网络带宽由10兆扩大到100兆。网站正式确定为市委主办、市委宣传部承办、市委外宣办具体管理的市级新闻网站，对外名称为“中国永州新闻网”。2015年，再次更新网

2015年，永州市人民政府门户网站

站相关设备。

2000 年年初，永州开始实施政府上网工程，由市经济信息中心和市科技情报研究所负责建设。12 月，永州市政府门户网站正式开通，网址为 www.yzcity.gov.cn。至 2015 年，县区政府网和市直、县区各部门政务信息网、县区新闻网站等相继建立，主要任务是发布政务信息、开展政务服务等。

2014 年，市委、市政府设立“永州市新媒体中心”，上线微政务平台“永州发布”，成为永州市新媒体主流媒体之一；之后，进驻今日头条、天天快报、腾讯新闻、一点资讯等国内主流新闻客户端，实现同步推送新闻资讯，影响力位于湖南省市州前列，微信公众号 2014 年、2015 年跻身湖南政务微信影响力十强。

第四节　通　信

境内通信技术起步于 20 世纪 50 年代，主要是有线电报和电话。电报：50 年代先后使用音响机莫尔斯人工机和半导体人工辅助以话传方式，1962 年，使用光利特自动发报机；1972 年，使用载波电报机；1978 年，建立省、地区传真通信网络；1985 年，使用时分载波电报机；1989 年，县市电报并入省自动转波网，结束人工转接电报的历史；1991 年，县以下电报传真化。电话：1977 年，蓝山县率先实现市内电话自动化；到 1991 年，全区市内电话全部自动化，开通长途自动对端设备和国际、国内直拨，冷水滩市开通万门程控电话，微波通信工程动工。1992—2015 年，随着现代通信技术的发展，信息传输逐步转向微波通信、光纤通信、卫星通信、信息高速公路方向，为推动境内经济建设、社会进步和提高人民生活质量发挥了极其重要的作用。

一、传输线路

1991—1995 年，地区邮电局在全区电话传输以明线为主。1995 年，有明线 5195 线对公里，电缆 1785 皮长公里，光缆 2.80 皮长公里。1998 年，明线由电缆和光缆全部替代。2001 年，农村光缆达到 17366 芯公里，市内光缆达到 23076.20 芯公里。2003 年电缆达到最高峰为 52670 皮长公里。2008 年，湖南省电信有限公司永州市分公司（以下简称永州电信）实施“光进铜退”建设项目，用光纤代替铜缆。至 2015 年末，全市剩余电缆为零。光缆累计达到 3.50 万公里。

1999 年，永州移动通信分公司（以下简称永州移动）租用永州电信局 2 兆电路 329 条。2001 年，开始建设自用光缆，铺设光缆线路 18.60 公里；2015 年，建设省干线路 304.12 公里，本地干线路 2548.98 公里，接入网 24688.64 公里，基站基本采用自有传输系统。

2008 年，中国联通永州分公司（以下简称永州联通）有明线 3254 线对公里，电缆 678 皮长公里，占通信线路 95%以上。2008—2014 年，明线由光缆全部替代，至 2015 年末达 1242 线对公里。

二、固定通信

（一）长途电话

1996 年，境内长途业务电路为 6568 路，2003 年上升到 14490 路，其后逐年减少，到 2015 年只有 2712 路。主要设备有 1990 年开通的台湾 S1240 型程控交换机、少量人工交换机（1997 年人工交换机全部折除）及长途数字终端复用设备。

（二）本地网电话

1995 年，市邮电局建成本地网，全市 9 个县全部进入市本地网，并进入国际、国内直拨网。

1995 年，市内电话电路总数 2547 路，2002 年达 22695 路，到 2015 年降为 4000 路。1995 年，农村电话电路 2375 路，2002 年达到 29670 路，到 2015 年降为 2000 路。

2015 年，永州电信中心机房

1996 年，城市、农村电话程控交换机分别为 127208 门、52495 门，2002 年分别达 267682 门、244188 门。主要为德国贝尔、华为、中兴公司的产品。2003 年，全部更换为国产程控交换机。

2003 年，永州电信开始建设农村无线系统，建基站 169 个。次年新建 29 个，扩容 13 个。

（三）无线市话

无线市话又名小灵通。采用微蜂窝技术以无线方式接入固定电话网，自由移动使用，使传统意义的固定电话不再固定在某个位置。2003 年，建成基站 384 个，发展用户 20429 户。2007 年，用户达到 96180 户，发短信 2986.90 万条。其后逐年减少，2011 年仅存用户 40736 户，发短信 283.70 万条。2012 年，退出通信市场。

三、移动通信

永州移动通信于1993年全省移动网长沙—湘潭—娄底—邵阳—零陵漫游走廊建成后开通。1996年，零陵900兆赫交换局和“139”全球数字移动电话开通，有移动电话用户9534户。1997年，用户升至20800户。

（一）永州移动的移动通信

2000年1月，永州第一台GSM华为（移动交换中心CMSC）割接入网，交换机容量为14万户，结束永州移动无数字交换机的历史。2001年，按照信息产业部要求，永州模拟移动通信网封网退出。2009年，推出全新3G品牌标识“G3”和3G专属“188”号段，提供相关3G服务。2013年，推行4G发展，建设与推广“和”品牌。至2015年，永州移动共建设4G基站3104个，获得GMS卡号码资源超过345万个。

（二）永州电信的移动通信

2008年5月，中国通信业重组，中国电信收购联通CDMA网。永州电信按要求接收CDMA网，88173个客户平稳过渡，“189”正式放号。2009年，推进3G技术，至2014年用户达52.30万户。2015年，4G信号全面覆盖，用户达59.42万户。

2015年，永州电信冷水滩朱家山基站机房和通信塔

（三）永州联通的移动通信

2000年，永州联通移动网络始建，市建设银行基站为首个基站。2002年完成GSM、CDMA与移动的直联。2009年，第一个WCDMA基站建成。2014年，LTE网络始建，永州联通第一个4G基站建成。至2015年，完成3种制式网络的建设，分别是GSM网络（2G）、WCDMA网络（3G）和FDD－LTE网络（4G）。建设2G站点927个，3G站点1810个，4G站点1328个。

四、数据通信

数据通信是利用数据传输技术在两个功能单元之间传递信息。从20世纪90年代开始，永州电信实现由传统电报、电话通信向数据通信的历史跨越。

（一）永州电信数据通信

分组交换　1996年，市邮电局开通分组交换业务，这是一种非实时低速率数据的通信方式，适用于不同类型、不同速率的计算、计算机与终端、终端与终端之间的数据通信，从而实现存储在计算机内的信息资源共享，还可开发各种增值业务。从2002年开始，具有中、高速率的数字数据网和ATM/FB网逐步替代分组交换网。

帧中继（ATM/FB）　是在分组交换基础上发展起来以“帧”为单位的交换技术，为一种快速分组通信方式。1998年10月，永州电信接入帧中继，节点机端口42个。2003年，数字数据网国内长途业务用户端口38个、用户9个，本地网业务用户端口650个，用户97个。从2004年开始，IP业务和宽带业务快速发展，数据传输更为充分，ATM/FB用户逐步减少。

数字数据（DDN）　是利用数字信道传输数据信号的数据传输网，既可用于计算机之间的通信，也可用于传送数字化传真、数字话音、数字图像信号或其他数字化信号。1995年，永州开通DDN网，起始6个用户，1998年增加到373户；2003年，国内长途业务用户端口38个，本地网业务用户端口650个。2004年始，因IP和宽带业务快速发展，分流DDN用户，业务收入逐年减少。

互联网技术　是指计算机用户以拨号或专线等连结方式登录互联网，得到认证后享受互联网服务的电信通信业务，包括专线接入、窄带接入和宽带接入业务。

专线接入是电信部门为集团性计算机用户提供专线互联的闭合性、对外不开放的计算机网络。1996年专线接入用户846户，1997年减少到554户，至2001年仅有29户。2011年后，又快速持续发展，2011收入1884.60万元，2015年收入达到3282.25万元。

窄带是指接入速率为56千比特每秒（以下简称kbps）及其以下的网络接入方式。2003年，窄带接入用户达到51255户，之后因宽带接入导致互联网窄带接入用户逐年减少。

宽带是指接入速度超过56kbps速率拨号上网方式。1996年，永州开始宽带接入。2001年用户发展到1224户，2002年用户发展到4331户。2009年，永州电信开展宽带“跨越工程”，用户达11.09万户，2015年达35.73万户。

（二）永州移动数据通信

2015 年，中国移动永州公公司中心机房

GPRS 移动通信网　是在 GSM 网络基础上发展起来的基于 2.5 代技术的分组数据承载网。2002 年，永州移动开始有 1800 兆的 GPRS 信号覆盖。

移动数据通信网　2001 年年底，采用互联网技术建设的永州移动互联网第一期工程基本建成。接入方式为网络接入服务器 NAS 拨号、专线接入 2 种。业务主要有 IP 电话、“172”拨号、WAP、Web、Email 梦网、短信网联等。可通过国家骨干网经国际接口局与国际互联网互联。

2003 年，由 2 兆扩容至 155 兆。2007 年，新增一条 2.5 千兆（以下简称 G）链路。2009 年，新建城域网，新增 2 台 SR 业务控制节点承载移动宽带用户接入。2010 年，新增 16 台 WLANAC 设备，承载 WLAN 无线宽带业务。2011 年，城域网扩容，总出口达到 15G，地市总出口达 20G；2012 年城域网扩容达到 24G；2013 年，城域网和地市总出口达到 40G；至2015 年，地市总出口达到 100G。

IP 专用承载网　是能同时支持语音、视频、数据和企业互联等多种业务的承载平台，与移动互联网互为补充。2009 年，永州 IP 承载网投入使用。2010—2015 年，实施 7 期软硬件技术升级，上行链路由 2.5G 扩容至 10G。

（三）永州联通数据通信

2000 年，永州联通传输网始建。有 SDH、IPRAN、OTN、OLP 4 种制式网络。

SDH 网　2000—2015 年，双牌县、道县、宁远县、新田县共享层环 10G 汇聚环路容量；蓝山县、江华县、江永县共享 10G 容量；冷水滩区、零陵区、东安县、祁阳县分别独占 10G 容量。

IPRAN 网　2000—2015 年，包含永州本地网核心节点 2 个，汇聚节点 22 个，城区汇聚环 8 个；本地网核心层 IP－RAN 设备 2 端，一级汇聚设备 30 端，二级汇聚设备 37 端，接入 GE 设备 1093 端，整体分组覆盖率为 98%。

OTN 网　由南、北环 40×10GOTN 系统组成。2000—2015 年，共有 21 端设备。其中南、北环分别配置 26、13 波，至 2015 年已全部使用，资源利用率 100%。

OLP 网　为确保进出本地网县区级光缆在双断的情况下，仍能保持县区间的通信畅通，2000—2015 年，永州联通伴随基站建设配有 OLP 网，从而使传输线路得到良好保护。

五、其他通信

（一）电报

境内最早使用通信技术是电报。20 世纪 90 年代使用的多属有线电报，21 世纪后使用的多属无线电报。永州电信服务的国内公众电报包括天气电报、水情电报、公益电报、政务电报、新闻电报、普通电报、业务公电和礼仪电报及用户电报。由于新技术发展，20 世纪 90 年代公用电报业务逐步萎缩。1996 年发出公众电报 27 万份，2003 年萎缩到 10830 份，之后连续下降。2012 年之后公众电报业务停止。

（二）传真

传真是通过有线或无线电路将相片、图表、文字等从这一地点传送给另一地点，按原样复制的技术。20 世纪 90 年代是传真业务快速发展时期。1995 年传真份数 7293 份，1997 年为 174851 份，2003 年下滑到 28595 份。2000 年后，因数据通信网和互联网应用，传真业务被分流而滑坡。

（三）无线寻呼

无线寻呼俗称 BP 机，是无线通信的一种特殊方式。当机主收到呼叫信号时，BP 机会发出声音或振动提示，同时显示呼叫人的电话号码，机主用电话与呼叫人联络。1996 年 11 月，市邮电局开通无线寻呼新系统。运营 6 年后，系统设备停止运行，于 2015 年 4 月撤除最后一个频点，无线寻呼退出通信市场。

第五节　计量、标准与质量管理

标准与计量管理起步于 20 世纪 50 年代初期。1952 年，湘南行政公署工商处设立度量衡检定所，管理湘南地区所辖 27 个县、市（含零陵地区各县）的度政工作。1962 年，成立零陵专区计量管理处。1965 年，接管标准化工作，更名为零陵专区计量标准处，专司标准计量管理。“文化大革命”期间工作停顿。1973 年始，计量、标准化工作逐步恢复。1980 年，分设零陵地区计量处、标准处，1985 年更名为零陵地区计量局、标准局，计量、标准工作步入正常的发展轨道。1994 年 8 月，零陵地区技术监督局成立，1996 年更名为永州市技术监督局，负责计量、标准和质检的管理与监督。

一、计量管理

（一）计量标准

1985 年，《中华人民共和国计量法》颁布实施。地区计量局规划建立境内社会公用计量标准，并依法实行检定；企事业单位根据生产和科研需要，自行规划建立单位的计量标准。1987—1990 年，新建计量标准 23 项；至 2015 年，全市建立社会公用计量标准 78 项。市计量检定测试所有 22 项计量标准及商品量检测项目，可检定项目 8 类 49 项，主要检定项目有：长度类（出租车计价器、车速里程表），电学类（单、三箱电能表），医疗类(B 超、心脑电图机、X 射线机、监护仪、血压计），理化类（分光光度计、酸度计、可燃气体报警器），力值类（天平、砝码、衡器、压力、测力仪、水泥搅拌振动台），流量类（加油机、加气机、燃气表、水表），时间频率类（电话计时计费器），商品定量包装类（长度、质量、体积、面积、计数）。

（二）计量检定

1987 年 7 月，国家计量局公布国家依法管理计量器目录，有长度、热学、力学、无线电、时间频率、声学、光学、电离辐射、标准物质、专业计量器具共 12 大类 483 项。由使用单位根据使用情况自行确定检定周期和检定计划，属于非强制检定。1989 年，境内检定计量器具 124133 台（件）；1990 年，检定计量器具 48077 台（件）。1996—2015 年，市计量测试检定所每年检定非强制检定计量器具 8500 余台（件）。

1985 年，国家颁布的《中华人民共和国计量法》规定，对社会公用计量标准器具，部门和企业、事业单位内部使用的最高计量标准器具，用于贸易结算、安全防护、医疗卫生、环境监测方面的工作计量器具，由政府计量部门执行强制检定。1992 年，对境内 100 多家加油站抽检 14 家。从 1996 年起，对强制检定计量器具实行年审制度。1999 年，将电话计时计费装置、棉花水分测量仪、验光机、验光镜片组、微波辐射与泄漏测量仪纳入检定范围。2000 年，对全市 33 家医疗单位在用的 X 光机、心脑电图机、心电监护仪、B 超机等进行强制检定。2001 年，将燃气加气机、热能表纳入强制检定范围。2004 年，执行国家公布的各种强制检定的工作计量器具的检定期限。2008 年，首次使用“计量检定管理系统”。2009 年，对住宅建设中电能表、煤气表、水表使用前实行首次强检；2011—2013 年，对乡镇和社区医用计量器具实行免费检定。2014 年、2015 年，重点对全区贸易结算、安全防护、医疗卫生、环境监测方面的工作计量器具进行强制检定，分别达 27624、39079 台（件）。

二、标准管理

1989年4月1日,《中华人民共和国标准化法》实施。境内标准化工作由行政管理转移到执法监督的轨道上来,标准化管理更加规范。标准化工作主要任务是制定标准、实施标准和监督标准,推进企业标准化和农业标准化。

(一) 企业标准化

审批、发布、备案企业产品标准 《中华人民共和国标准化法》规定,企业产品标准必须报当地政府标准化行政管理部门备案。1989年,零陵地区各级标准化行政管理部门开始受理企业产品标准的备案工作。1990—1994年,地区标准局依法审批、发布、备案企业产品标准280多个。1996—1999年,地区技术监督局依法审批、发布、备案企业产品标准380多个。

2006年,组织全市5家企业申报7个国家标准制定项目、3个全国专业标准化技术委员会项目、3个国家标准化重大科研项目,开创永州企业参加国家标准制定的先河。至2006年年底,全市共备案1500多家企业2100多项产品标准。

2008年,湖南省组织实施标准化战略,永州市向省申报25个标准化项目。2010年,市政府出台《永州市标准化发展规划纲要(2010—2020年)》,标准化工作上升到政府工作内容;向省申报20个标准化项目,推标、提标164项。2012年,市政府办下发《关于实施标准化战略的意见》。2013年,湖南锦渫新能源有限公司申报湖南省地方标准,其中《车用甲醇汽油》3个标准通过审核发布。2014年,湖南金浩茶油股份有限公司制定的2个地方标准和宁远县隆翔新型材料有限公司制定的2个地方标准通过审核发布。2015年,湖南湘农山香油脂香料有限公司制定的《山苍子油产品质量》等2个地方标准通过审核发布。

2006—2015年,地区技术监督局依法审批、发布、备案企业产品标准800多项。

采用国际标准和国外先进标准 1986年,地区标准局协助企业对工业产品采用国际标准和国外先进标准。1989年,全区有13个产品通过采用国际标准和国外先进标准验收。2002年,市华源电器电缆有限公司、湖南九嶷水泥股份有限公司、湖南省双牌钢铁厂的产品采用国际标准。2004年,全市有18个产品采用国际标准和国外先进标准。至2005年,全市采标产品53个,已办理采标标志产品35个。2007年,全市有23家企业、42种产品获得采用国际标准认可证书和标志备案证书。2008年,有3家企业、4种产品获得采用国际标准认可证书。2009年,有18家规模企业采用国际标准和国外先进标准。2010—2015年,全市有10家企业、12种产品取得国际标准认可证书和标志备案证书。

（二）农业标准化

农业标准化是对农业生产中，从种子到产品全生产过程相关环节和相关因素制定和实施标准。永州农业标准化工作从20世纪70年代起步，80—90年代基本处于停滞状态。1998年，市农业部门选择优质吨粮田作为第一个农业标准化示范区项目，此后农业标准化示范区建设迅速推进。至2015年，全市已批准和在建的农业标准化示范区15个，其中，已批准的国家级农业标准化示范区11个，批准在建的省级农业标准化示范区4个。国家级农业标准化示范区是：永州优质烤烟种植标准化示范区、江永香芋标准化示范区、冷水滩黑美人西瓜农业标准化示范区、蓝山早熟梨标准化示范区、永州优质稻米标准化示范区、道县厚朴标准化示范区、永州异蛇综合开发标准化示范区、永州市中药材种植标准化示范区、东安县柑橘无公害标准化示范区、双牌湘南花卉苗木标准化示范区、东安县纸浆材速丰林标准化示范区。

2015年，江永香芋标准化示范区

三、质量管理

（一）质量管理体系认证

体系认证　境内质量管理体系认证起步较晚。1988年，仅13家企业获得国家证书。1999年，全市有20家企业通过ISO 9000质量管理体系认证，获得认证证书。2008年，全市累计有50家企业通过ISO 9000质量管理体系认证。到2011年，全市累计有184家企业通过ISO 9000质量管理体系认证或产品质量认证。

产品认证　分为强制性产品认证（3C认证）和非强制性产品认证。2001年，国家质检总局发布《强制性产品认证管理规定》，对涉及人体健康、动植物生命和健康、环境保护和公共安全的产品实行强制性产品认证。2002年，全市有5家企业的产品通过3C认证。2006年，全市累计有60多个产品通过3C认证。2008年，有17家企业、25个产品获得认证证书。2009年，有11家企业通过3C认证。2014年，有6家企业获得认证证书。

（二）质量检测

1993年，《中华人民共和国产品质量法》颁布实施，产品质量监督步入法制化轨道。1995年，地区技术监督局对境内的烤烟质量进行监督抽样检查。1997年，抽样检验产品7种、17批次，合格率94.12%。1998年，抽查农资、建材企业63家、产品111个，产品合格率78%。2002年，完成定检产品2860批次，产品合格率63.40%。2003年，完成定检产品2122批次。2005—2007年，全市分别完成定检产品4344批次、1200批次、2895批次。

2008—2011年，全市工业产品监督抽查合格率分别为87.50%、90.00%、88.50%、90.60%。

2012年，经国家质检总局批准，永州市筹建“国家焊剂产品质量监督检验中心（湖南）”；全市完成定检产品3000批次，合格率93.80%。2013年，抽检工业产品52个品种、862批次，产品合格率96.3%。2014年，完成抽检52个品种、739批次，产品合格率95.80%。2015年，完成定检计划870个批次，产品合格率95.50%。

2015年，永州市筹建的“国家焊剂产品质量监督检验中心（湖南）”精密仪器室

（三）国家地理标志产品保护

2006年，国家质监总局发布《地理标志产品保护规定》，实施对原产地域产品予以强制性保护。2010年，湖南湘农山香油脂香料有限公司生产的“山苍子油”，通过国家地理标志产品保护认定和登记保护。2012年，湖南恒惠食品有限公司繁育的“舜皇山土猪”，通过国家地理标志产品保护认定和登记保护。2014年，新田县的“陶岭三味辣椒”，通过国家地理标志产品保护认定和登记保护。至2015年，境内有3个产品获得通过国家地理标志产品保护。

（四）QC成果

QC是英文QUALITY CONTROL缩写，意为“质量控制”。1998年，市质量管理协会成立并负责QC成果发布。是年，发布QC成果5个。

2002年5月，全市大中型企业QC成果发表会召开，50多家企业参加会议，发表成果11项。推荐零陵卷烟厂和湖南跃进机电有限公司的QC成果，在省QC成果发表会上发表，获一、二等奖。

2003 年 6 月，全市 QC 成果发表会召开，湖南长丰汽车制造股份有限公司、湖南跃进机电有限公司等 17 个 QC 小组发表 QC 成果 17 个。

2004 年 5 月，举办首届“长丰猎豹杯”QC 成果发表大赛，15 家企业发表 QC 成果 24 个。湖南长丰汽车制造股份有限公司涂装部 QC 小组的《攻克过检线生产瓶颈》获金奖；湖南常德卷烟厂零陵卷烟分厂制丝车间 QC 小组的《减少打叶碎片率》、湖南长丰汽车绿色动力 QC 小组的《节约燃煤耗用量》获银奖。推荐 5 个优秀成果参加省 QC 成果发表赛，获一等奖 3 个、二等奖 2 个。

2006 年 6 月，举办“恒远杯”QC 大赛，11 个成果参赛，评出金奖 5 个。推荐 2 个成果参加省质量协会成果发表赛，取得 2 个国优的好成绩。

2009 年 6 月，举办永州市“湘纸杯”QC 成果发表擂台赛，有 9 家大型企业、18 个 QC 小组展示成果。8 月，省质协组织参加在海口举行的第 29 届“天冀杯”中南 6 省（区）质量管理论坛年会，永州湘江纸业有限责任公司发表的《导入卓越绩效管理企业发展之必然》论文获三等奖，冷水滩电线电缆股份有限公司发表的《推进质量管理，打造优质品牌》等 5 篇论文获优秀奖，零陵卷烟厂制丝车间降耗 QC 小组发表的《降低烘丝头尾料重量》荣获优秀奖。

2010 年，全市 QC 成果发布会召开。发布 QC 成果 18 个，评选出一等奖 1 个、二等奖 2 个、三等奖 3 个、优秀奖 12 个；优秀企业 3 家，质量信得过班组 2 个，质量管理小组活动卓越领导者 4 名和质量优秀管理小组长 6 名。

2011 年 6 月，举办长丰“沙发杯”QC 成果发表擂台赛，有 10 家企业、19 个 QC 小组发表成果。8 月，组织参加省“三一杯”QC 成果发表擂台赛，零陵卷烟厂“潇湘源”QC 小组发表的《降低小包喷码缺陷率》、湖南长丰汽车沙发有限公司“精益求精”QC 小组发表的《降低 CS6 座椅六分调角器解锁力》、湖南跃进机电有限公司“工艺工装”QC 小组发表的《研究加工 WB4026.01-12 产品的探讨》获省二等奖。

2014 年 12 月 18 日，零陵卷烟厂举行年度课题结题评审会

2012—2015 年，全市企业参与湖南省质量管理 QC 成果发布，共获得 QC 小组成果奖、优秀班组和推进者、卓越领导者奖等奖项与称号 25 项。

第六节　气象、水文与地震

一、气　象

境内气象科技随着经济社会的发展而不断进步。1950 年，在零陵蔡家铺机场建立零陵县气象站，为航空提供气象服务。1953 年，零陵县气象站行政上由地方政府领导，业务上归湖南省气象科领导。1962 年，成立零陵专区气象总站。1980 年，更名为零陵地区气象局，实行气象部门和地方政府双重领导，以气象部门领导为主的管理体制。1996 年，更名为永州市气象局。其主责是区域内气象观测预报，服务于当地经济、社会发展，开展气象资源调研和科研。1992—2015 年，在人工影响天气、风能观测应用、开发空中云水资源、改善生态环境、杂交稻制种与气象等领域开展研究和技术服务，取得一批科研成果。1994—2009 年，有 7 项成果分获省、市、区（县）科技进步奖。2011—2015 年，有省、市级气象“短平快”课题 29 个验收结题，有 14 篇科研论文在省级及以上学刊发表或年会交流。

（一）气象科学研究

杂交稻制种与气象条件研究　1998—1999 年，市气象局与市种子公司黄培斌、谢建华等人，选择两系杂交稻制种基地开展农田小气候与制种关系的观测实验，分期完成《永州市气候特点与两系杂交稻制种关系研究》《湘南双季稻区气候特点与两系杂交稻秋季制种技术》《两系杂交稻早秋制种气象因子比较研究》《永州市两系杂交稻早秋制种“两个安全期”灾害气象因素分析及对策》等项研究及其论文。该研究成果对于两系杂交稻制种及两系法“超级稻”制种具有重大实践意义，获 2000 年度省科技进步三等奖。2000 年，继续在不育系温度安全性、安全保证率、制种适宜区域与时段、气象风险决策等方面开展研究并实际应用，为杂交制种提供科学气象依据，获 2000 年度市科技进步一等奖。

1994 年 4 月，地区气象局技术人员曹志国察看湘江上游暴雨水位变化

天气预报方法研究　地区气象局曹志国研究的“强对流天气甚短期预报微机业务系统”，获 1994 年度省气象局科技进步三等奖；曹志国、唐小新等人研究完成的“零陵地区 3—4 月分县天气预

报业务系统”，获 1999 年度省气象局科技进步二等奖；曹志国、文志庭等人完成的“零陵地区 4—9 月暴雨短期短时客观定量预报系统”，获 2000 年度省气象局科技进步三等奖。2006 年，邓宏胜、李湘祁等人撰写论文《雷电预报及其数值模拟方法研究》，在贵阳召开的“2006 年全国重大灾害天气过程总结和预报技术经验交流会”上被评为优秀论文。

气象灾害应对研究　2007—2008 年，市气象局、冷水滩区气象局曹志国、欧阳水章等人，研发冷水滩小流域山洪及地质灾害动态评估系统，能在山洪及地质灾害发生前 3 ~ 12 小时内以网页的形式发布准确可靠的灾情动态和预警，可实时查询灾情动态，为制定防灾避险方案提供依据。

“短平快”气象科研　市气象局 2012—2015 年共承担省气象局科研项目 19 项。2012 年，科研课题 1 个，即：“新一代天气雷达台站级业务应用平台”。2013 年，通过省气象局专家组验收。

2008 年 8 月 15 日，冷水滩区洪涝灾害评估报告

2013 年，科研课题 3 个，即：“登陆台风路径预报及其风雨影响研究”“永州地区地闪特征分析”“道县区域站质量控制分析”。2015 年，均通过省气象局专家组验收。

2014 年，科研课题 6 个，即：“暖季 T639 数值预报产品 2 米温度在湖南地区的检验评估”；“人工影响天气在永州烤烟产区中的综合应用研究”“永州乡镇天气预报算法研究”“气候因子对水稻生产的影响”“永州市植被覆盖度变化的气象驱动力分析”“永州市主要农作物气象服务应用系统”，均通过验收。

2015 年，科研课题 9 个，其中 4 个课题均结题，即：“永州地区接闪器安装标准及型材规格分析”“基于 AHP 模型的永州市雷电灾害风险区划”“气象因素对永州市常见传染病疫情影响的研究”“永州地区强对流天气环境场特征统计分析”；至 2015 年年底仍处研究阶段 5 个，即：“T639 物理量产品在宁远暴雨过程中的诊断分析”“永州气象通短信业务发展研究”“永州气象台微信公众平台建设”“道县暴雨及道县地形对暴雨的影响分析”“气象条件与江永香柚产量关系的探讨”。

（二）人工影响天气技术应用

1959 年始，境内气象局（站）开展试验人工影响天气试验和实践。1978 年 7 月，在祁阳县首次采用高炮试验人工增雨；至 2015 年，先后进行人工造烟防霜，发射土火箭人工增雨、高射炮和火箭人工增雨、人工防雹消雹等多种试验和实践，实施人工增雨、防雹除霜等作业约 2000 余次，为抗旱减灾、开发空中云水资源、改善生态环境发挥了重要作用。

高炮增雨　据统计，1979—2015 年境内共实施高炮人工增雨作业 1366 次，用弹 39486 发，作业有效率 93% ~ 100%；其中 1993—2015 年实施高炮人工增雨作业 490 次，用弹 11486 发，作业有效率 100%。

火箭增雨　1998 年 8 月，在道县首次用火箭人工增雨，发射火箭 2 枚，作业区的 12 个雨量点实测最大降雨量达 73.20 毫米。

2003 年，永州市在全省率先配置车载式火箭作业系统，有 BL 系列车载火箭 11 套。是年 7—9 月，用 15 门高炮、1 门固定火箭炮、11 套车载式火箭系统作业 123 次，炮点及影响区出现大暴雨 1 次、大到暴雨 5 次、大雨 17 次、中雨 28 次、小雨 72 次，有效率达到 100%。

2007 年，全市投入车载火箭 11 台、三七高炮 7 门，人工增雨作业效果理想。8—9 月作业 122 次，发射火箭弹 145 枚、炮弹 669 发，作业炮点遍布 40 个乡镇，区域 3140 平方公里。作业有效率 100%，其中，降短时暴雨 30 次、中到大雨 37 次、小到中雨 36 次、小雨 20 次，有效地缓解或解除旱情。

2015 年 8 月 28 日，冷水滩区气象局在杨树庙村人工火箭增雨作业

2011 年 6—9 月，投入车载火箭 14 门，三七高炮 2 门，作业 87 次，发射火箭弹135 枚、三七炮弹 200 发。作业区降雨大于 50 毫米大暴雨 20 次，大到暴雨 14 次，中到大雨 32 次，小雨 21 次。

2013 年，投入 15 门车载火箭和 4 门三七高炮，在 71 个作业炮点实施人工增雨作业 106 次，发射火箭弹 182 枚，三七炮弹 241 发，作业有效率 100%，其中，产生暴雨过程 9 次，中、大雨 68 次。

2015 年 7—8 月，冷水滩区气象局先后在普利桥、上岭桥、杨村庙等地实施人工增雨作业 6 次。

飞机增雨　飞机人工增雨是在一定的天气条件下，采用飞机在云中撒播一定数量的催化剂（碘化银、干冰、盐粉等），使云中水滴凝结增大造成降水。2014 年 11 月，市政府向省政府请求飞机增雨，降低森林火险，省人工影响天气办公室派飞机到永州进行飞机增雨作业。

防雹消雹　2006年5月，在南六县烤烟种植区开展人工防雹试验，江华、江永两县效果较好。2010年，正式开展烤烟防雹消雹作业。2010—2015年境内烤烟区共实施烤烟人工防雹消雹作业112次，发射高炮弹210发，火箭弹408发，作业后无冰雹发生。

灭火防火　2003年 9 月2日，宁远县仁和镇李家铺铜岗岭出现森林大火。宁远县人工影响天气办公室紧急组织实施人工增雨，炮点及林火区普降中到大雨，林火被扑灭。

2007年8月16日，江华县河路口乡域内突发森林火灾，县人工影响天气办公室紧急行动，在火区实施人工增雨，及时扑灭火灾。

2008年3月，市气象局启动森林防火人工增雨作业应急预案，扑灭林火2起。4月9日，冷水滩区杨村甸乡森林发生火灾，区人工影响天气办公室紧急组织灭火，发射2枚火箭降雨弹，及时扑灭林火。

2015年4月，冷水滩区开展降低森林火险等级作业1次。

二、水　文

境内水资源丰富，水文监测历来受到重视。民国时期，零陵、祁阳、东安、宁远、道县、江永、蓝山均设有观测站或水文站。解放初期，成立了零陵水文情报预报机构。20世纪80年代末，境内有水位站1个（祁阳）、雨量站28个、水文测报站27个、预报站2个。1992年后，各类水文站点陆续增加。2008年，市水文局水文测报中心和水环境监测中心建成，各站点基础设施改造和新技术新设备的应用稳步推进。2010年后，站点建设加快，技术升级增速，至2015年年底，全市有水文（位）雨水情自动测报站点157处，中小河流水文（位）站点143处，山洪预警自动测报点303处，水资源质量监测站8个，预报断面增至45个，网站密度达到41.71平方公里/站。水文网点的布局和测

1992年，地区水文站工作人员测量湘江水位

报技术的提升，使重大汛情能提前 12 ~ 24 小时作出预报，《实时雨水情分析与预报》和《永州水文分析与预报》，合格率 100%；开展水资源评价与水质的监测，确保广大群众饮水用水的安全。

（一）水文自动测报

21 世纪初，水文自动测报信息系统开始应用于水文测报之中。2002 年，永州市水文自动测报系统建设项目完成规划设计；超声波水位计、水位雨量固态存储技术、水情电报计算机自动接收系统等一批先进水文测报技术和设备应用于实际测报；至 2004 年，陆续购置各类先进仪器设备 34 台（套），初步建成水文水资源信息采集、传输、分析处理测报系统，当较大洪水来临，能够按规范要求做出准确的洪水预报。

2000—2005 年，双牌水电站与大连理工大学合作，以双牌水库流域为背景，提出多准则新安江模型参数自动率定法和水库洪水预报调度系统技术集成，在数据库设计、水文预报模型设计、调度设计、组件开发等技术创新，技术应用 6 年，历经 40 场洪水预报成功率达 95%，发挥出显著的经济和社会效益；整体技术达国内领先水平，部分达国际先进水平，获 2007 年度省科技进步三等奖。

2008 年，市水文局的水文测报中心和水环境监测中心基础设施与水情数据业务信息系统完工，实现全市水量信息自动采集与传输。

2010—2015 年，永州水文自动测报系统建设全面完成。全市 15 个水文站、82 个雨量站的历年数据被导入全省水情应用数据库；水情综合业务平台实现实时水情数据的自动采集、传输和 24 小时滚动播报；新建水情会商室，实现省、市和县三级水情视频会商；新建 ADCP 在线测流系统和雷达波在线流量测验系统，实现流量在线实时监控；建立各水文站点联网、断面及水尺桩的实时监控系统，实现远程视频监控和水位远程实时监测；建成新闻资讯、水文公告、水文文化、雨水情等信息发布功能的门户网站。2014 年，市水文局贺松林撰写的《永州市中心城区防汛特征水位分析研究》获省水文局科技成果三等奖。

（二）水环境监测

1996 年，湖南省水环境监测中心永州分中心通过国家质量认证。

2015 年，道县豪福无人值守巡测站

2004 年，市水文局在湘江干流、潇水、祁水、白水等主要河流建有省控地表水水质监测站 9 个，2006 年增加到 13 个。2005 年，依据有关法规，对河流、大中型水库、供水水源地和排污口等水域实施水资源评价、水量水质监测。2006 年始，道县豪富水文站开展的“中小河流雷达波流量实时在线监测”示范建设项目，获 2014 年度省水利水电科技进步二等奖。

2009 年，市水文局引进新仪器设备和技术，在水环境监测中心建设完成整体实验室；协助水利部门完成水土流失监测、水利工程的水资源论证等项目。建立永州市农村饮水安全水质检测中心，负责全市农村饮水安全工程水质监测，开展零陵、东安、双牌、江华等县区农村水源地水质监测分析。2010 年，完成东安、零陵、道县、宁远等县区安全饮水水质监测，对道县境内的 7 条河流进行全面水质监测。2011 年，在全市全面开展工程水质监测、农村安全饮水工程水质监测，完成 133.33 公顷以上灌区 182 处取、用水流量监测及 98 个农村安全饮水水源地水质监测，出具水质分析报告近 100 份。

2012 年，冷水滩水文站组织职工进行水样激光粒度仪与传统方法“烘干法”对比测试。参与对比测试 161 人次，经分析研究形成测试报告，获 2012 年度省水文资源局科技成果三等奖。

2015 年，市水文局完成《湖南省水功能区划》中境内所属重要水源地的确界立碑查勘与安装，其中，湘江两处 8 块界碑、2 块标志碑，广西桂林恭城河流域湘桂两省（区）界缓冲区 2 座界碑。

三、地　震

地震是由地球内部变动而引发地壳变化和地面震动的自然现象。地震科技的主要任务为监测预报、抗震设防和应急处置。1971 年，湖南省地震队在零陵县芝城镇建立零陵地震台，1972 年投入运行，为有人值守监测台。1984 年 6 月，零陵地震台因机构调整被撤销。2002 年 9 月，市地震办公室成立，地震测报和防震减灾工作步入正常轨道。

（一）监测预报

2002 年，省地震局与市政府签订协议，在零陵地震台原址重建永州地震台。地震台于 2003 年开工建设并投入运行，为无人值守数字化测震台，监测数据可实时传送至省地震台网中心。2014 年

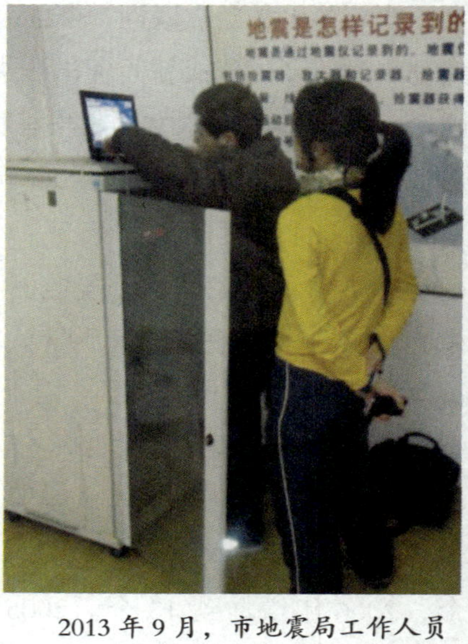

2013 年 9 月，市地震局工作人员察看地震监测数据

11 月，市地震局在冷水滩区潇湘大厦建立永州地震监测台网中心，2015 年 5 月投入运行，可接收永州市及周边的郴州台、衡阳台、邵阳台、新宁台、桂林台、连州台、贺州台 8 个地震台的地震监测数据。

2002 年，市地震办开始对境内地震趋势方面进行预测研究。2004—2015 年，每年撰写地震趋势研究报告。

（二）震灾预防

群测群防　1984 年，零陵地震台撤销后，群测群防工作停滞；2010 年，重新启动该项工作。2012 年 4 月，市政府办下发《关于开展地震群测群防工作的意见》，地震宏观测报网、地震灾情速报网先后建成；至 2015 年，全市各乡镇均配备防震减灾助理员，群测群防得到加强。2008 年，四川汶川地震发生后，按要求对全市中小学校舍进行一次普查和加固，对农村民居抗震设防开展试点示范，分别在宁远县柏家坪镇、双牌县泷泊镇设立农村民居抗震示范点并确定示范农户。2012 年，在冷水滩区蔡市镇东山里村设立地震群测群防宏观观测点。2015 年，在冷水滩区梅湾社区、东安县苍子岭社区开展地震安全社区创建活动，苍子岭社区当年成为湖南省地震安全示范社区，2016 年成为全国地震安全示范社区。

2012 年 10 月 16 日，市地震局工作人员在零陵南电北苑工程现场做地震波速测试

抗震设防　2005 年 8 月，《永州市建设工程抗震设防管理办法》《关于将建设工程抗震设防要求管理纳入基本建设管理程序的通知》颁布实施。要求新建、改建、扩建工程项目按照Ⅵ度进行抗震设防，并开始对建设工程抗震设防审批和安全性评价监管。至 2015 年，共对 136 项建设工程进行了抗震设防要求审批。对涔天河水电站、永州火电厂、永州飞机场搬迁、城南大桥、超 80 米高的高层房屋等一批工程项目进行了地震安全性评价。2012 年，对冷水滩区“皇家帝王广场建设项目”未报地震安全评价的违章行为予以处罚。

（三）应急处置

应急预案　1998 年 11 月，市政府办下发《永州市破坏性地震应急预案》；2001 年，对该预案进行了补充修订。2007 年，市政府修订《永州市地震应急预案》，主要内容包括：应急指挥体系及职责、预防预警机制、应急响应、后期处置、保障措施、监督管理等。2013 年，市政府办重新修订下发《永州市地震应急预案》。

应急处置　2000 年 9 月 28 日 4 点 24 分，祁阳县观音滩镇发生 2.4 级地震。部分民房出现掉瓦、玻璃碎裂、部分墙壁微小开裂等情况，村民怀疑是观音滩煤矿采煤放炮引发而导致纠纷。市科委与县政府及时组成调查组进行调查处置，事态得以平息。

2006 年 1 月 13 日，零陵区体育馆东北角地面发生沉陷，市地震办人员及时赶到现场察看，察明是地下水管破裂漏水导致地下泥土流失并下沉，消除了地震恐慌情绪。2006 年 4 月 5 日凌晨 5 时，零陵区邮亭圩镇梅江村一农户房屋突然陷落，疑与地震有关，市地震办人员随即赶赴现场调查，认定为单一的地质沉陷事件，与地震无关。

2008 年 5 月 12 日，四川汶川发生 8.0 级特大地震，境内普遍有震感。市地震办人员快速应对，及时回答市民的电话询问，同时接受永州电视台采访，告知公众震情真相，稳定民心。

2010 年 1 月 28 日 18 时 34 分，江华县河路口镇与广西交界处发生 2.3 级地震，震源深度 8 公里，江华县地震办人员及时赶赴河路口镇调查各村情况，得知无震感；4 月 15 日 20 时 31 分，祁阳县大忠桥镇发生 2.6 级地震，市科技局领导和地震办人员立即赶赴事发地调查情况，结果表明为轻微有感地震，未造成破坏。

2015 年 3 月 30 日 9 时 47 分，贵州省剑河县发生 5.5 级地震。震中距永州西边界约 200 公里。冷水滩城区部分高层建筑有轻微震感。市地震局当即了解边界相邻乡镇震感情况，未接到异常情况报告。

第七节　环境保护

20 世纪 80—90 年代，境内生产企业逐步增多，随着工业化、城镇化的进程，环境污染问题越来越严重，特别是境内四大支柱产业，即：以水泥生产为主的建材工业，以锰矿冶炼为主的金属材料工业，以粮食加工为主的食品工业，以造纸为主的轻工业等支柱产业所产生的废水、烟尘、粉尘、废气和废渣，以及城市污水、生活垃圾等废弃物对环境污染的压力日趋增大，环境保护也开始得到重视。国务院 2006 年印发《节能减排综合性工作方案的通知》，提出万元生产总值能耗降低 20%，污染物排放总量减少 10%的目标要求。环保部门及相关企业，依靠科技加大投入，不断引进应用新技术和新设备处理废水、烟尘、粉尘、废气和废渣，取得明显成效。

一、环保调查

1995年，地区环保局开展对乡镇企业污染现状抽样调查，调查企业494家。调查结果为：年度废水排放量为2251万吨，废气排放量为2175.29亿标准立方米，工业废渣产生量为65万吨。

1996年8月，省环境保护局下发《关于开展全省自然保护区现状调研的通知》，各县区环境保护局对辖区内的自然保护区展开调查，发现7个植物新品种，即：东安红山茶、东安箭竹、短舌箭竹、湖南白山茶、小红花茶、变色小红花茶和假果连蕊茶。

2002年，市环境保护局组织对湖南九嶷实业集团股份有限公司等25家单位使用放射源的专项调查。

2008年11月，市环保监测站技术人员皇甫晓东在野外林地进行土壤采样

2006—2010年，按照国家统一部署，市、县区环保局开展永州市土壤污染状况调查。市环境监测站皇甫晓东、蒋晶等人，运用物理化学测试、数理统计等方法，对全市土壤环境质量状况评价、环境质量对比分析、重点地区土壤污染状况分析等，撰写《永州市土壤污染状况调查报告》，较系统、准确地掌握境内20年来土壤元素背景的变化及土壤环境总体状况，查明主要污染物、区分不同程度污染区域，并提出相应防治对策及修复方案，建立起数据库、样品库和技术档案。

2009—2010年，市环境检测站杜平广、朱选祥等人，根据国家环保标准与监测技术规范要求，对辖区内环境监测管理、质量监测、污染源监测、数据审核与报告编制技术等分类进行技术规范和集成研究，制定相应的监测分析方法，建立排污总量控制监测技术及环境质量监测技术管理体系。

2012年7月，市环保监测站技术人员蒋晶在实验室做水样分析

2010年，市环保局在零陵区石山脚乡竹元背村开展“农村环境质量试点地区基础环境状况调查及评估”和土壤污染防治工作试点，采取表土置换方式修复重金属超标稻田。

2013年，市环境检测站蒋晶、皇甫晓东等人，针对境内流域及污染源特点，优化采样专用工具，采集各类水样，研究各类水质排放规律，找到水体中不均匀分布污染物的变化规律，优化采样点的布设监测技术。

二、环境治理

（一）废水治理

1988—1990 年，冷水滩技术贸易中心、冷水滩肉类联合加工厂、省科技情报研究所赵文斌、周兴汉等人，运用厌氧发酵微生物学原理，设计两步法发酵工艺处理屠宰废水，将产酸和产甲烷两个阶段分别置于两个不同的装置内进行，使其各自在适宜的区域生长繁殖，将复杂的有机物降解为可溶性物质，从而提高废水消化效率，最终形成气体甲烷及二氧化碳，环保效益显著，技术水平居国内领先。

1990—1991 年，地区农村能源办敖伟、黄则尧等人，在永州市（县级）富家桥镇的永州市生态农场建设大型生态集中供气工程。该工程由沼气厌氧发酵装置、钢制气柜、净化装置、输气系统、燃具系统等构成。生产的沼气能满足农场生活用气及 50 千瓦发电机组发电，发酵后的残余物用于养鱼、浇灌果园等。为全省乃至全国的生态种养、新能源开发、环境保护提供示范。获 1992 年度省科技进步四等奖。

1990—1995 年，新田县环保局、县氮肥厂陈瑞增、贺京华等人，采用废水物理沉淀、爆气法等新技术工艺处理造气废水，使废水中的硫化物、氨氮等，以硫化氢、游离氨形式挥发，悬浮固体通过沉淀池沉淀而减少外排，环保效果良好，经济社会效益明显。

1993 年，冷水滩肉联厂投资 150 万元，建设一套大型厌氧沼气污水治理设施。

2006—2010 年，冷水滩区仁湾屠宰场建成一套“污水→固液分离→筛网→沉渣池→厌氧池→生化池→好氧池”的废水处理设施。

2007—2008 年，湖南熙可罐头食品有限公司投资 2600 万元，建设完成一座有酸化调节池、厌氧反应池、好氧反应池、清水池、低压膜装置等设施的日处理污水 8000 吨的中水站，对生产过程中的漂洗水、杀菌用水、装罐用水和卫生用水进行处理，经处理后达到中水回用的要求。

2009 年，湖南恒惠食品有限公司投资 727 万元，建设一座厌氧—接触氧化法污水处理站，日处理能力为 1740 吨。

2004—2008 年，冷水滩区农村能源办高晓华、伍玉荣等人，组织农村沼气建设及技术推广应用，在冷水滩区推广分离浮罩式沼气池，建设沼气池 7989 个，使用率达 98%以上；探索“猪—沼—果”为主的沼气生态模式，改善了农舍室内外生态环境，经济社会效益好。

2010 年，市罐头食品有限公司投资 418 万元，兴建日处理罐头食品生产废水 1500 吨设施，采用微电解反应池、絮凝沉淀、序列间歇式活性污泥法的处理工艺，废水经处理后达到国家二级排放标准。

2010—2012 年，永州湘江纸业有限责任公司朱杰、苏德良等人，对造纸草浆黑液提取设备进行技术改造，经过蒸发浓缩，能回收生产系统的全部黑液，生产出高固形物含量的浓黑液，并提高碱炉热效率，降低能耗，增加产汽量 8%～10%，在保护环境、节能降耗方面效果明显，获一项国家发明专利。

2008—2010 年，市农村能源开发服务站唐智云，采用厌氧发酵、好氧处理等技术处理豆制品废水生产沼气，技术处省内先进水平。

2011—2015 年，全市建成 11 座污水处理厂，并相继投入运行，污水处理能力达到 34 万吨 / 日。

（二）烟尘、粉尘、废气治理

烟尘治理　1987 年，地区环保局在辖区内 11 个县（市）城区范围内开始规划建设烟尘控制区。1994 年，零陵制药厂完成锅炉改造，烟尘污染严重的市酱油厂、河西煤站、市电器厂完成搬迁。1995 年，对 20 家锅炉单位下达治理通知，关、停、更新 10 余台淘汰锅炉和窑炉，全区共建烟尘控制区 13 个，面积 60.44 平方公里。1999—2000 年，全市在中心城区新建烟尘控制区 18.55 平方公里；在烟控区内禁止燃烧散煤，引进茂名石化、香港百江等大型液化气供应商，普及使用民用灌装液化气。

2001 年，全市饮食企业设置收集油烟、异味的装置，并通过专门烟囱排放；推广燃煤锅炉使用型煤或其他清洁燃料，安装消烟除尘器。在机场周边、高速公路、铁路干线等禁烧区逐步实现秸秆禁烧。

2002 年，推广电、气、轻油等清洁能源。

2005 年，重点对中小型工业锅炉的脱硫、除尘治理，城区内不准再建 1 吨 / 时及以下的小型燃煤锅炉。

2008—2010 年，零陵区、冷水滩城区淘汰 1 吨以下燃煤锅炉。

2015 年，62 家上规模的餐饮业安装油烟治理设施。规模较小的餐饮业推广使用油、气、电等清洁能源。全市环境空气质量指数优良率达到96.10%。

粉尘治理　1990—1992 年，地区粮油机械厂、地区粮食局唐祥轩、邓振祥等人，研发成功 TBLF 系列高效反吹除尘器。该产品在活节式骨架、防堵式测压装置、平底式结构等方面技术升级，除尘率达 99.50%，技术属国内首创，获国家实用新型专利 1 项。

1993 年，冷水滩水泥厂采用重力沉降室处理立窑烟尘，除尘率为 58%。是年 5 月，使用玻纤大布袋除尘器治理烟气，效果较好。

1994 年，冷水滩耐火材料厂在隧道窑烟道尾端安装颗粒除尘器，烟尘排放浓度由原来 1019 毫克 / 立方米降至 142.50 毫克 / 立方米。

1995 年，地区水泥厂、湖南九嶷水泥股份有限公司、黎家坪水泥厂对生产立窑采用玻纤大布袋除尘技术，除尘效果好。是年，地区水电设备厂委托地区环保科研所，采用箱式重力除尘和湿法除尘两级工艺，对中心砂轮机房所产生大量粉尘进行治理。

1999—2000 年，祁阳县鑫利冶金化工有限公司张丙怀、唐元位等人，采用炉尘回收装置和添加剂，回收高炉炉尘生产氧化锌，含量 90%以上，质量优于部颁一级标准，技术属国内首创。

2007 年，永州莲花水泥有限责任公司兴建境内首家新型干法旋窑水泥生产线，采用国际先进的窑外分解技术，配置齐全收尘设备，粉尘排放浓度达到国家排放标准。2009—2012 年，又有湖南九嶷水泥股份有限公司、华新水泥（道县）有限公司、江华海螺水泥有限责任公司、永州红狮水泥有限公司等企业相继建成新型干法水泥生产线，粉尘排放达标。

废气治理 1998—2000 年，全市氮肥生产企业采用湿法处理工艺对造气中所产废气进行脱硫处理。

2005 年，永州湘江纸业有限责任公司开始对造纸过程中产生的臭气进行治理；是年，建设板式换热器，对浆料喷放过程中的热能进行回收，减少硫化钠使用量，降低硫化度。2010 年，增加 1 套臭气燃烧系统，减轻蒸发臭气。2011 年，增加 2 套光氧除臭系统处理造纸臭气，效果明显。

2009—2010 年，永州九星化工有限公司、双牌县科技开发公司朱元生、唐文军等人，研发出工业电解含氢尾气处理装置。该装置具有低成本、低能耗、易操作和不产生二次污染的特点，处理含氢尾气效果明显。

2013 年，永州湘江纸业有限责任公司建成国内最先进清洁燃烧技术的循环流化床锅炉，采用石灰石（白泥）—石膏法脱硫技术，安装一套锅炉烟气炉外脱硫系统，脱硫效率 87%以上，达到国家规定的排放标准。是年，祁阳、江华海螺水泥有限责任公司等企业采用空气分级燃烧工艺建成脱硝设施，年减少氮氧化物 4500 吨左右。

2015 年，永州湘江纸业有限责任公司关停。

（三）废渣处理

1990—1992 年，地区环保局，永州市（县级）环保局、良种场、科委柳水清、李桃秀等人，对永州市生态农场废物资源利用开展研究。结果表明：重点利用猪场废物资源，在生产新燃料、优质有机肥，发展种养业，改善环境等方面效益显著，为农场废物利用提供新模式。

2003 年，湖南东港锑品有限公司阳金升、李羽等人，以低品位铅锑冶炼废渣为原料，在还原式鼓风炉中进行还原熔炼，一次性分离出粗铅、锑白及铅锑氧粉，粗铅经电解析出精铅；余料为硅铁钙型水渣，可做水泥原料，不产生二次污染。该技术获国家发明专利 1 件。

三、环保产品研制

1994—1995 年，东安天龙新技术开发实业公司王振方、罗新安等人，研发天然矿植物型锅炉除垢防垢剂，能替代化学清除制剂，有效解决传统酸洗法对环境尤其对水源的污染，研究成果填补省内空白。

2002 年，市雅大科技实业有限公司胡顺开、胡顺端等人，研发成功不结锅垢的高效蒸馏釜。将传统蒸馏设备直接加热改成间接加热，可防止焦锅、结垢等问题，便于清洗，能节省燃料 50%，提高热效率 35%，减轻二氧化硫烟尘等污染。

2002 年，永州市雅大科技实业有限公司研制的不结锅垢的高效蒸馏釜

2011 年，湖南凯丰活性炭环保科技有限公司邓立志、周建斌等人，以木屑为原料，采用磷酸法生产木质活性炭，研发出专用粘合剂和成型方法，使粉状活性炭成型为颗粒活性炭，技术达国内先进水平。

第八节　交通运输

1992—2015 年，特别是撤区建市后，永州交通基础设施建设力度加大，交通条件逐步改善，交通运输事业快速发展。新技术、新工艺、新设备得以开发、推广和应用。汽车制造业以“长丰汽车”为代表，1993 年推出“93 型”CJY6420 汽车后，先后研发出飞腾车型、CS6、CS7、黑金刚车型、CS10 车型等并成功推向市场。公路交通以高速公路建设为最高技术水平，有衡枣高速永州段、二广高速永州段、厦蓉高速永州段、道贺高速永州段，计 492.31 公里，至 2015 年全市拥有公路 2.31 万公里。铁路交通以高速铁路建设为最高技术水平，衡柳客运专线时速达到每小时 200 公里，标志着永州进入“高铁”新时代。公路、铁路、桥梁数量逐年增加，跨径越建越大，建筑结构越来越先进，隧道工程建设大量采用新工艺技术，确保建设质量和安全。航空以改扩建零陵机场为重心，民用航线从无到有、从一条航线到五条航线。水运以安全监管技术运用为主，因陆路交通的快速和体制改革等因素，水运业发展不快。

一、汽车、配件与船舶制造

（一）汽车

20 世纪 90 年代初，境内有长丰汽车制造股份有限公司和永州客车修制厂 2 家整车汽车制造企业。

1994—1995 年，永州客车修制厂王年喜、胡祥梅等人，成功研发 YKX6990CW 型卧铺客车。选用 HZ11OWDKT 客车三类底盘，发动机前置，安全性能好，车型美观，布局合理，内设上下两层，卧铺纵置，矩形管立柱，铺位多，乘卧舒适，适宜长途客运，该产品填补省内卧铺客车空白。

20 世纪 80 年代，长丰（集团）有限责任公司开始引进日本三菱技术建立越野车生产基地。1993 年，经省交通科学研究所汽车监测站、省公路客挂车生产许可证检测站综合检测，猎豹 CJY6420A 轻型车各项性能良好，被评为一等品。以该车为基型车，开发出 CFA5020XS J 轻型森林监察车等 16 种专用车。1994 年，与日本力豪发展有限公司和中国香港力丰有限公司合作，成功研制猎豹 CJY6421A 轻型越野汽车，并通过广州军区后勤部工厂管理局、省汽车工业总公司组织的技术鉴定，技术处于国内领先水平。“猎豹牌系列轻型汽车”获得 2003 年度省科技进步二等奖。

2000 年，猎豹 CFA6400G3 型轻型汽车

2003—2004 年，湖南猎豹汽车有限公司朱志林、周增华等人，研究车身外壳图案喷涂方法。采用新工艺生产的专用汽车，图案色彩清晰，形状规整，附着力强。获 2012 年度市技术发明二等奖。

2004—2005 年，长丰汽车制造股份有限公司李建新、钟新农等人，引进日本三菱汽车技术，采用整车技术进行生产，装备单安全气囊、电控 ECU、电子 ABS +

2005 年，猎豹奇兵 CFA6473 汽车

EBD、电子风扇等，成功研制猎豹奇兵 CFA6473 车型。该车乘坐舒适、环保、安全和性价比高，技术处国内同类产品领先水平，获 2006 年度省科技进步三等奖。

2012—2014 年，长丰集团组织开展 CS7 车型改进升级。外观局部改型，内饰重新设计，搭载 1.5T 涡轮增压发动机，满足国家第三阶段燃油消耗法规；整车排放达国五标准；匹配自主开发自动变速器，整车水平提升。同期，对猎豹飞腾车型进行动力总成升级，搭载小排量 1.5T 涡轮增压发动机，大幅降低整车燃油消耗，百公里油耗从 9.00 升降至 7.20 升。对 CS6 汽车动力性不足和白车身、内外饰工艺水平低等问题，采取前端家族脸谱化造型，重新匹配内饰颜色，换装增压发动机，整车姿态调整、轻量化。对黑金刚车型改造升级，采用全新家族化前脸和后部造型，增加行李架、备胎罩及前防护杠、尾侧窗、全景天窗等外观配置与改进新动力总成等，技术水平整体提升。

2013—2015 年，成功开发猎豹 SUV CS10 车型，采用 2.0T 发动机，突出动力性能，并配有 6MT 变速箱，外观时尚，受到客户好评。

2015 年，猎豹 SUVCS10 汽车

（二）配件

1992 年，境内有 9 家汽车配件生产厂家，均为国有和集体所有制企业。1993 年，祁阳县黄泥塘镇赵华山开办祁阳县永安车厢厂，主要为小吨位货车配装车厢，因美观实用，业务兴旺，年产车厢达 200 多个。

1994 年，省建华机械厂曾桥松、唐元宝等人，研制成功汽车真空助力器和汽车刹车片，技术达到国内先进水平，获湖南省重点新产品奖，“WL125、WL145、WL220 汽车真空助力器”获省科技进步三等奖。20 世纪 90 年代，长丰集团先后引进汽车沙发、内装饰、空调、塑料、物流等十多家汽车零部件企业，与猎豹汽车生产配套。

2002 年，湖南省重型离合器有限责任公司成功研发斯太尔系列离合器，被省经委评为优秀技术创新产品，供应中联重科股份有限公司、三一重工股份有限公司、重庆重型汽车制造厂、陕西重型汽车制造厂等。

2005—2013 年，江永县人李元杰针对汽车空调存在制冷效果不佳、油耗上升问题，成功研发汽车空调辅助制冷装置，获得国家专利。2014 年第一批产品面市，供应比亚迪、长城、五菱等汽车生产厂家；同期，还发明汽车多功能雨刮器喷水装置、汽车空调检修用真空泵等产品，获国家发明专利 3 项、实用新型和外观设计专利 20 项。

（三）船舶

1990 年，由华中理工大学设计，祁阳白水船厂成功制造出 60 吨级超浅吃水平头涡尾机动驳船，并在全省内河航运线推广，标志境内已能制造 50 吨～100 吨级钢质运输船。1992 年，境内规模较大造船企业有祁阳白水船厂、冷水滩船厂和道县船厂，合计制造钢质船 16 艘。1994 年，因潇水和湘江众多水电站的兴建，导致通航中断，造船企业基本歇业停产，境内仅余一些私人船舶修造厂。

2006 年，潇湘平湖旅游开发有限公司从外地引进投资 500 多万元，在零陵区鹿坪村修建“得月舫”游轮，祁阳白水船厂技术员张树荣负责技术。“得月舫”船身 45 米长，分上中下三层，面积 1800 平方米。之后，轮船停靠冷水滩潇湘平湖临时码头，进行电器、消防和装修施工。该船建造和使用均不合法，但船舶制造技术应为境内最高水平。

二、公　路

1992—2015 年，是境内公路交通事业快速发展时期。至 2015 年，初步形成以高速公路为主骨架，国道、省道干线公路为支撑，农村公路为基础的公路交通新格局。各类公路总量和密度居全省前列，中高级路面所占比例居全省中等偏上。全市共有公路 8853 条，总里程 23053.12 公里，里程长度列全省首位，其中，高速公路 492.31（含省级高速公路）公里、国道 367.42 公里、省道 2990.30 公里；一级公路 577.08 公里（含高速公路）、二级公路 1004.53 公里；水泥、沥青路面铺装率达 75.34%。彻底改变境内公路技术等级偏低、通达里程少的落后状况，基本建成以市区为中心，各县城区为枢纽，覆盖全市城镇农村，直达全国的纵横交错、四通八达的公路交通网络。在公路建设和维护中，新技术与新工艺不断得到推广应用。

2000 年 12 月，泉南高速永州段（时称衡枣高速）开工建设，是境内修建的第一条高速公路，2003 年 12 月工程完工。境内主线长 106.708 公里，路基宽 26 米，设计车行速度 100 公里 / 小时。建设单位衡枣公司加强科技攻

2003 年 12 月，建成通车的泉南高速永州段

关，采取有效技术措施解决处理各阶段的工程技术难点。针对复杂地质条件，对岩溶和采空区地段补充地质勘查调研，邀请专家开展道路工程高液限土路填技术研究。针对红砂岩路基稳定性问题，采用外运砾石换填、大型夯实机械压实等进行处理；针对岩溶和采空区分别采用围堰灌浆和水泥粉、煤灰压填进行处治；该技术成果处国内领先水平，获省科技进步三等奖。

2008 年 12 月，宁道高速公路开工建设，境内主线长 91.73 公里，设计时速 100 公里 / 小时，路基宽 26 米，2011 年 11 月工程完工。公路沿线地质地形复杂，处于高液限红黏土和喀斯特地形地貌区，岩溶发育，施工难度大。建设单位宁道公司进行高液限红黏土填筑、路基桥梁强岩溶处治、表土移填技术等多项课题研究并取得成功，确保了施工进度和工程质量。

2009 年 1 月，道贺高速公路开工建设，境内主线长 55.61 公里，设计时速 100 公里 / 小时，路基宽 26 米，2011 年 12 月工程完工；永州段高填深切路段多，红砂岩等不良土质分布较广。在施工中，作为建设单位道贺公司邀请省内外专家进行科技攻关，对全线桥梁基础位置进行补钻，加深桩基或修改完善基础方案；对不良地质及岩溶区进行物探和补勘；对软基处理地段重新进行深化设计，确保了工程质量。

是年 2 月，郴宁高速公路开工建设，境内主线长 22 公里，路面宽 26 米，设计车行速度 100 公里 / 小时，2012 年 11 月工程完工。建设单位郴宁公司邀请国家知名专家，组织开展西南红黏土地带公路修筑关键技术研究，并推行高液限红黏土的检测标准和路基填筑技术；在上层路面施工中，采用玄武岩矿物纤维施工新工艺，提高了路面抵抗车辙变形能力，增强稳定性、耐久性和抗滑安全性等质量指标，为全国首创。同时开展水冷运移引起的路基病害处治技术研究、路基耐久性实用过程技术的研究、预应力砼箱梁开裂防治研究、施工环境监理机制研究等，获得明显成效，确保按时竣工并通过工程验收。

国道、省道的建设和维护主要推广路面修复技术、路基边坡防护技术等。2012—2015 年，市公路局在 G322、G320、S216 线，应用旧水泥砼路面碎石化技术，即将旧水泥混凝土路面采用多锤头破碎机碎化成粒径不大于 37.50 厘米混凝土块作底基层，加铺柔性基层和沥青混凝土面层，共完成 115.80 公里；应用旧水泥砼路面加铺沥青路面技术，即将沥青混合料经固定的大型沥青拌和装置拌合，由大型专用运输车运到工地，采用大型摊铺机摊铺、光轮压路机整压成型，再由轮胎压路机复压，洒水车洒水。运用该技术，路面压实，平整度好，表面密实平顺，共完成 135.80 公里。2012 年，市公路局引进生产冷补沥青混合料；该材料具有优良黏接性能，在任何天气和环境下均能施工，操作简便，可用于不同类型的道路面层修补，在零陵区、江华和祁阳县的公路进行试验性施工，效果良好。2013 年，在永州 G322 黄母桥至枣木铺公路改建工程中首次采用“魁封技术”，对老化沥青路面进行渗透和黏接，缓解了裂缝处应力强度，提高原有沥青抗剥落能力，节约沥青、砂石用量。

三、铁 路

2013 年 12 月，建成通车的衡柳客运专线永州站

境内铁路运输相对滞后，2000 年前仅有湘桂线途经部分县区。2000 年始，相继新建洛湛线和衡柳客运专线。铁路部门把运输装备水平和提速安全作为科技进步的重点，取得成效。湘桂线永州境内正线总长度 104.11 公里，最高运营时速 100 公里。洛湛线 2009 年开通，境内设 9 个站正线总长度 252.38 公里，最高设计时速 120 公里，均为客货混运普速铁路线。衡柳客运专线永州段 2013 年通车，是境内唯一一条铁路高速线，为电气化、全封闭、全立交的高速铁路，设有祁阳县、永州站、东安县 3 个站，正线长度 101.82 公里，总投资 110 亿元；其线路走向基本与原湘桂线平行；技术等级为国铁 I 级双线，客车营运时速为 200 公里，并预留 250 公里提升条件；永州至长沙所需运行时间由原来的 5 小时缩短为 1 小时 30 分钟左右，原在湘桂线运行的客车改走衡柳客运专线，使该线成为永州联通全国主要城市的铁路客运快速通道。

四、桥 梁

（一）公路桥梁

1992—2015 年，境内公路桥梁建设快速发展。至 2015 年年底，有特大型桥梁 3 座，共长 3746 延米；大型桥梁 147 座，共长 22176.06 延米；中型桥梁 758 座，共长 41973.64 延米；小型桥梁 2907 座，共长 46383.90 延米。在境内已建成的泉南线、二广线、厦蓉线、道贺线 4 条共 6 段高速公路中，共建有桥梁 481 座，总长 58000 延米。其中，大型桥梁数量所占比例较大，桥梁类型大多为梁桥，在河川峡谷上腾空飞架，雄伟壮观。现记述 3 座特大桥主要技术特征：

舜帝特大桥　位于宁远县清水桥镇，是二广高速公路永州至蓝山段最长的桥梁，2012 年建成。大桥全长 1037.50 米，预应力混凝土连续钢构梁桥，设计车速 100 公里 / 小时；桥面宽度 26 米。该桥上部构造采用三向预应力混凝土箱梁，桥墩除 1 号、10 号及过渡墩 5 号墩外，其余均采用双肢薄壁空心墩，基础采用嵌岩群桩。采用 CB-240 型爬升模板新技术，以芬兰进口的维萨板做模板，解决了大桥墩身高达 80 多米的施工难题，确保桥墩的竖直度及外观质量；同时，对大桥箱梁竖向预应力采用二次张拉低回缩钢绞线锚固新技术，最大限度地降低预应力的损失，有效防止箱梁腹板出现主拉应力裂缝。

2012 年 9 月，建设中的二广高速公路永州至蓝山段舜帝特大桥

瓢勺洞特大桥　位于道县大源口、红岩、白竹塘三村交界处，是宁道高速公路的特大桥，2012 年建成。桥全长 1392 米，桥宽 25.50 米，沥青混凝土桥面；上部构造采用 30 米、40 米预应力混凝土 T 梁，先简支后结构连续体系；异型钢双缝式伸缩缝、盆式橡胶支座；下部结构根据墩高和跨径分别采用变截面或等截面钢筋混凝土双柱式墩，灌注桩；桥台采用 U 台和桩柱式桥台，桩基础；设计车速为 100 公里 / 小时。

赵家特大桥　位于道贺高速公路江华县段的大凼谷半山腰，是道贺高速公路中最长的桥梁，2011 年建成。全长 1317 米，桥面全宽为 26 米，分为左右两幅，桥面系沥青混凝土铺装；异型钢单缝式伸缩缝、模数式双缝伸缩缝。上部结构为预应力混凝土连续 T 梁，盆式橡胶支座。下部结构为桥墩采用双柱式墩，桩基础；桥台采用桩柱式桥台，桩基础。设计车速为 100 公里 / 小时。S 形的桥身顺着山势蜿蜒，场面颇为壮观。

（二）铁路桥梁

2015 年，境内铁路桥梁共 123 座，总长 40003.80 延米，其中，湘桂线 9 座、6662.39 延米，洛湛线 81 座、21188.79 延米，衡柳线 33 座、12152.30 延米。现记述 6

座特大桥主要技术特征：

1.衡柳线彭家特大桥　位于东安县井头圩镇塘尾村，系衡柳客运专线工程桥梁，桥长 535.07 米。现浇简支箱梁桥型，双线特大桥，矩型实体桥墩。

2.衡柳线云盘甸特大桥　位于祁阳县下马渡镇云盘甸村，系衡柳客运专线中的特大桥。钢筋水泥混凝土结构，45 孔，每孔 32 米，桥长 1440 米。

3.衡柳线大山地特大桥　位于祁阳县大村甸镇何公庙村地段，系衡柳客运专线中的特大桥，有 25 孔，每孔 32 米，桥长 800 米。

4.洛湛线芦洪市特大桥　位于东安县芦洪市镇。桥梁全长 664.64 米，为 20 孔 32 米预应力混凝土梁，跨越芦洪江支流芦洪市河。除 1、2、3、17、19 号墩采用扩大基础外，其余均为钻孔桩基础。

5.洛湛线赖家特大桥　位于江华县沱江镇大山寨村境内，全长 1043.56 米，桥型为预应力砼 T 梁，有 2 个桥台、31 个桥墩。

6.洛湛线桥头铺特大桥　位于江华县桥头铺镇桥头铺村境内。全长 539.20 米，桥型为预应力砼 T 梁，有 2 个桥台、15 个桥墩。

五、隧　道

（一）公路隧道

1998 年，永连公路双牌分水岭隧道动工，为境内第一座公路隧道。2000 年，随着二广、厦蓉高速公路等和其他公路干线新建、改建项目的开工建设，隧道工程建设形成高潮，新技术不断得到应用。到 2015 年，境内已有竣工通车公路隧道 28 座，长 53675.87 米，其中：特长隧道 3 座，长 22300.13 米；长隧道 10 座，长 15159.20 米；短隧道 17 座，长 5878.30 米。特记述 3 座特长隧道主要技术特征：

1.阳明山特长隧道　位于双牌县茶林乡与麻江乡之间，是二广高速永州段最长隧道。2012 年建成。隧道分左、右 2 洞，右洞全长 4420 米，左洞 4480 米，呈曲线形展布。洞身岩层主要为中风化砂岩，隧道受多个断层影响，节理裂隙发育，岩体破碎，地下水丰富，施工难度大。施工单位不断动态优化设计，应用新奥地利隧道施工方法（以下简称新奥法）施工，其技术关键是尽量减少对周围岩体的扰动破坏，采用开挖、支护与二衬紧跟的方法逐步推进，特别注意减少对隧道洞口周边环境的扰动破坏。同时，有效克服突水突泥、排水通风多项难题，化解施工风险。

2.九嶷山特长隧道　位于湘粤省界的南岭山脉，是二广高速公路永州至蓝山段的特长隧道。2009 年 7 月开工建设，2013 年建成。隧道分左右 2 洞，左洞全长 6378 米，右洞全长 6385 米，施工单位中铁十二局集团针对不同围岩分别进行爆破设计，采用光面爆破技术，每一循环严格测量放样，贯通误差均小于规范要求。隧道独头掘进3500多米，采用分段式通风，在洞口和车行横洞位置设通风机，保证通风效果，同时采用分段集水抽水方法，有效排水。施工中专业检测单位对实体工程及时检查，确保工程质量。

2013年6月，建设中的二广高速公路永州至蓝山段九嶷山特长隧道

3.观音岭特长隧道　位于蓝山县所城镇境内，2012年建成。隧道分为左右2洞，右洞全长3103米，左洞全长3133米，呈曲线形展布。洞身岩层主要为砂岩，两端洞口浅埋段和逆断层带岩体相当破碎，涌水发育，多次出现突水突泥情况，施工难度较大。施工单位不断动态优化设计，针对洞口段埋深浅，围岩稳定性差问题，坚持隧道新奥法施工、“早进洞，晚出洞”的原则，施工过程中减少对周围岩体的扰动破坏，确保边仰坡稳定。同时克服突水突泥、排水及通风困难等难题，有效化解施工风险。

（二）铁路隧道

境内铁路隧道共22座，全长为15752米，为正线总长度的3.437%。其中，湘桂线及衡柳线有隧道10座，长度11321米；洛湛线有隧道12座，长度为4431米。超过1000米的隧道有衡柳线刘家冲隧道，洛湛线袍子岭隧道、板门岭隧道、陡岭山隧道、紫溪隧道。

2006年，洛湛线袍子岭隧道开工建设，位于双牌县至道县之间，2007年建成。隧道全长6635米，单线，有“洛湛铁路第一长隧”之称。施工单位中铁十五局先后攻克隧道洞身地层岩夹砂土、泥石流、山岩石坚硬、岩石爆破后松脆易垮以及不良岩层等难题。采用湿喷机械手、仰拱自行式移动模架、自行式全液压整体式衬砌台车等施工先进设备和工艺。针对不同地质条件使用喷护和支护技术路线，实施“弱爆破，快支护，快初衬”方法，对劣隙土石地质采用“先抢搭棚架，快焊钢筋网，边焊边喷护”的办法，取得良好效果。为解决隧道工地既长又窄、洞内严重缺氧的难题，借鉴国内外长隧道施工方法，在隧道洞身的适当位置开挖“天窗”，使用3台特大型隧道空调机组，把洞内温度、氧气控制在适宜的范围之中，有效地解决凿挖者缺氧问题，确保工程质量达到国家规定标准。

六、航　空

境内民航起步于20世纪末。永州零陵机场位于冷水滩区岚角山。1996年，永州零陵机场改扩建工程正式动工，2000年12月竣工。机场占地面积340.15万平方米，机场跑道长2600米、宽50米，年设计旅客吞吐量40万人次，邮货吞吐量1200吨，满足B737-300、A319、A320型及以下机型飞机起降。2001年4月，开通首条长沙—永州—海口客运班线，永州始有民航运输，后相继开通至北京、昆明、深圳、广州等城市的航班。2015年，永州零陵机场旅客吞吐量63979人，货运吞吐量48.30吨。

2000年，机场航管楼安装有通信、导航设备、监控、塔台和气象设备。2003年，机场配备仪表着陆系统（盲降系统）1套，为着陆飞机提供对准跑道的引导信息；DME设备，通过无线电测量飞机到导航台的距离；甚高频电台4套，确保飞机与地面、飞机间的无线电正常通信。配备对讲机系统，能接收和发布民航气象报文、飞机计划动态报文的蓝波发报系统；36号跑道装设Ⅰ类精密进近灯光系统，为飞机在夜间提供跑道方向和入口位置的目视参考；18号跑道配备简易进近灯光系统。2010年，配备塔台GPS时钟系统，能获取GPS和北斗卫星导航系统的标准时间信号；增配盲降监控监视系统；更新飞行通话记录仪。2012年，对导航设备、气象自动观测系统、排水沟硬化、助航灯光系统升级、改造。2013年，更新36号跑道近灯光系统、18号跑道闪光灯系统。2014年，新增航行情报动态信息处理系统，接收、处理航行通告、雪情通告及其他电报，提供航班查询服务；配备自动气象观测系统，为起降提供客观、可靠、准确的气象数据，确保航行安全。2015年，无线网络基本实现“全覆盖、全管控、实名制登录”；更新航向、下滑台电缆；更新机场仪表着陆系统和扩建下滑信号保护区。

为确保机场安全，机场建有安全检查系统，并不断完善。2003年，拥有安检X光机2套；2004年4月，投入使用5170型X光机安检设备。2006年，新增图像存储系统1套，可通过X光图像扫描及二代身份证验证技术采集、存储图像；配备红外线监控系统1套，增强机场空防安全保卫能力。2007年，对红外线监控系统升级改造，新增监

零陵机场（2015年）

控点 12 个。2008 年，新增液体 X 光机检查仪 1 台，可检测 30 余种危险液体；新增爆炸物探测仪 2 台，可检测固、液态爆炸物；更新双通道 X 光机 2 台，其中一台为德国海曼公司 16580 型双通道 X 光机。2010 年，新增监控计算机主机 3 台和监控探头 21 个，安装安检道口车底检查仪，可检测出藏在车底的炸弹；新增爆炸物探测仪；更新二代身份证鉴别仪；在候机楼和三号通道安装隐蔽报警装置；敷设埋地式泄露感应电缆；航管楼入口安全防盗门升级为门禁系统。新增三号道口安全门，可检测杀伤性金属物品。2013 年，新增视频监控探头 10 个。2014 年，安装安检信息管理系统，处理过检旅客和行李图像信息，提升安全保障能力。

七、水　运

境内有湘江、潇水贯穿，水运历史悠久，一直是永州交通运输的重要组成部分。1994 年，全区有船舶 310 艘，客运量 143 万人次，货运量 5.74 万吨。1996 年，全市有主要码头 96 座，泊位 115 个。至 2015 年，有永州港、祁阳港、双牌港、道县港、江华港 5 个港口，泊位 262 个；船舶 563 艘，其中，客船 245 艘，货船 164 艘，生产用装卸机械 159 台；客运量 235 万人次，货运量 587 万吨。客运量、货运量呈上升趋势。水运科技主要是安全信息技术应用较多。

潇水零陵区大西门码头（2015 年）

1992—1995 年，港航监督部门重点抓防抗雷雨大风和组建通信网。在水运企业、港、站、船舶中推广应用高频电话（对讲机），并与本地气象台（站）签订气象有偿服务合同，24 小时提供 6 级以上大风暴雨等天气预报。1996 年以后，使用手机联系水路交通。2012 年 3 月，永州市地方海事局视频监控中心成立。同时，建成水上交通安全视频系统并投入运行，辖区内设 55 个监控点，其中，渡口码头 44 个，县区监控中心 10 个，市监控中心 1 个，主要对乘客不穿拿救生衣具、人车混装等违章行为进行监控并及时纠正和通报。2013 年，抽查视频监控渡口 10560 道次，发现违章 420 多起；2014 年，抽查视频监控渡口 10290 道次，发现违章 210 多起；2015 年，抽查视频监控渡口 10380 道次，发现违章 110 多起，还对 100 艘 30 客位以上客船安装了移动视频监控系统。

第九节　城市建设

永州有着2000多年城市建设发展历史。1992年后，永州中心城市建设突飞猛进、日新月异。2007年，《永州市历史文化名城保护规划》通过省政府审批；2016年，被国务院批准为国家历史文化名城。科技进步为城市建设提供了有力支撑。城市道路从土石路到混凝土路、黑色沥青路；建筑施工不断引进推广新设备、新材料、新工艺、新技术；科学规划城市总体布局，分类规划住宅小区、城市道路、环境卫生、园林绿化、公共交通、供水供电、燃气供应、公园旅游、购物商店、市场物流，推动城市建设健康发展，着力打造成湘南重要的中心城市。

一、建筑设备

1992年前后，境内建筑施工多为人工操作，机械化程度较低。1996年始，部分施工环节开始使用建筑机械。在半成品生产中使用各种加工机械，如木工使用电锯，泥工使用砂浆搅拌机、混凝土搅拌机；水平和垂直运输建筑材料应用机械；钢筋制作、起重吊装、预制件生产、平面磨光和焊接等方面，实现半机械化。2001年起，随着新型建筑材料的使用，砖混结构施工技术逐步发展为钢筋混凝土框架结构、预应力混凝土结构及高层、大跨度结构施工技术。中心城区普遍应用钢管脚手架，基本杜绝木竹脚手架。城镇建设工地全部使用单、双吊篮提升机、搅拌机、翻斗车、汽车吊、塔吊、挖掘机、电动钻等机械施工。2006年，禁止使用竹木脚手架，普遍使用塔吊和升降机，施工高速安全。到2015年，全市各类建筑企业达200多家，共有各类施工机械和设备8.50万台(件)，动力总功率20.36万千瓦，能承担10层以上楼房和单跨26米以上的工民建筑工程。城镇建筑施工基本实现机械化。

二、建筑材料

20世纪90年代，钢筋混凝土结构技术广泛应用于境内工业与民用建筑。跨度较大的7层以下公用建筑与8～14层左右的各类建筑大都采用钢筋混凝土框架结构，14层以上高层建筑大都采用剪力墙结构。进入21世纪，具有多道抗震防线的钢筋混凝土剪力墙结构、剪力墙核心筒结构技术广泛应用。2001—2015年，全市工民建筑基础工程广泛采用钢筋混凝土技术，市政桥梁基础工程采用混凝土沉井和桩基施工技术，尚有少量民用建筑仍沿袭毛石混凝土传统基础施工技术。

（一）墙、柱建筑材料

墙　红砖是境内建筑物墙体的主要材料，具有承重能力较强，取材、制作方便等优点，但破坏土地，消耗能源，污染环境。20 世纪 90 年代初开始，工民建筑工程的间墙等构件上使用胶合板、玻璃等材料，既美观，又减轻重量，缓冲了对梁、板、柱以及基础等结构构件的压力，节约钢材、水泥用量。2007 年，墙体禁止使用实心砖，空心砖成为建筑行业常用的墙体主材。

柱　境内建筑物使用的主要是现浇钢筋混凝土柱，但城郊和农村低层建筑物中还存在部分砖柱。

（二）梁、板建筑材料

梁　使用的主要是各种形状与尺寸的现浇钢筋混凝土梁，也有少部分预制钢筋混凝土梁。

板　一般民用建筑中，跨度 4.20 米板以下，大多采用钢筋混凝土预制空心板。跨度 4.20 米以上与高层建筑大多采用钢筋混凝土现浇板。进入 21 世纪，大开间住房、公用建筑和高层建筑大多使用现浇板。

（三）屋面材料

20 世纪 90 年代，房屋建筑大多为钢筋混凝土平屋顶，工业厂房与大跨度公共建筑，大多采用钢筋混凝土大型屋面板，小部分采用钢网架结构。进入 21 世纪，全市工民建筑大量使用钢屋架、钢筋混凝土屋架等屋面施工技术，广泛采用膨胀珍珠岩等屋面保温材料，塑料油膏、水乳橡胶沥青涂料屋面防水材料，以及新型化学隔燃保温防水材料。尚有部分工程恢复使用琉璃瓦制作的坡屋面和局部工程坡屋面施工技术。

三、建筑设计

永州市住房和城乡规划建设局及所属事业单位是城市规划与建设的主管部门，也是工程建设科研的主体。2015 年，局机关有干部职工 68 名，其中，大专院校毕业 56 人，硕士研究生、博士研究生 7 人。所属事业单位有市城市规划处、市建设工程质量安全监督站、市规划设计院、市勘测设计院，干部职工 413 人，其中有技术职称 305 人，包括高级职称 38 人，中级职称 170 人，初级职称 97 人。2000—2015 年，建筑工程技术人员不断应用新技术和开展科技攻关，先后荣获省建筑工程“芙蓉奖”6 项，省优质工程奖 43 项。

2000 年，市规划设计院王宇斌参加全国首届商品住宅设计竞赛获建设部设计三等

2000 年，市规划设计院王宇斌设计的“零陵楼”获省优秀青年建筑师三等奖

奖；与盘谨设计的“永州会堂”，获市优秀设计二等奖；次年，与王丽娟设计的“威尼斯大酒店”，获市优秀设计二等奖；2002 年，设计的“零陵楼”获省优秀青年建筑师三等奖。2008 年，万听辉、王柳茜等人设计的“冷水滩仁湾东山里村整治建设规划”获省优秀城乡规划设计评选三等奖；唐顺清、唐慧等人设计的“永州市城市环境卫生专业规划”获省优秀城乡规划设计评选三等奖。2010 年，唐慧、黄引的“永州四中景观设计”获省设计三等奖。

2009 年省第二工程有限公司承建的“零陵卷烟厂仓储设施建设工程”，2011 年湖南永大建设工程公司承建的“湖南科技学院美术楼”，2014 年省天宇建设工程有限公司承建的“永州市锦和苑小区 5 号、6 号、8 号楼”、省鸿腾建设工程有限公司承建的“泰丰城北楼二期工程”，2015 年市宏远建筑工程有限责任公司承建的“永州新商城 5 号楼”、省天宇建设工程有限公司承建的“永州市锦和苑小区 11 号楼”6 项建设工程获省建筑工程“芙蓉奖”。

2006 年衡阳市衡洲建筑安装工程有限公司承建的“永州市‘119’指挥中心大楼及特勤消防楼”，2007 年市建筑总公司承建的“红太阳国际广场”，2008 年祁阳县第九建筑工程有限责任公司承建的“江华县人民医院外科大楼”，2009 年省鸿腾建设工程有限公司承建的“永州长丰国际广场五区、七区”，2010 年省地质建设工程（集团）总公司承建的“市公路局办公楼”；2011 年湖南万力建设集团有限公司承建的“道县人民医院住院大楼”，2012 年省鸿腾建设工程有限公司承建的“潇湘大厦”，2013 年省天宇建设工程

2012 年，省鸿腾建设工程有限公司承建的“潇湘大厦”获省优质工程奖

有限公司承建的“永州市食品药品安全应急指挥中心”，2014 年湖南园艺建筑有限公司承建的“汀兰华府 11 号栋”，2015 年市宏远建筑工程有限责任公司承建的“永州新商城 5 号楼”等 43 项建设工程获省优质工程奖。

附　录

一、1992—2015 年度永州市（零陵地区）获国家科技进步奖项目一览表

附表 1

年 度	项目名称	完成单位	主要完成人员	奖励等级
1998	盘式电机系列产品的研制开发	湖南省跃进机械厂	吴功清、冯文有、谭　雄 吴敏芳、罗明中	三等奖
2006	柑橘加工技术研究与产业化开发	省农产品加工研究所、浙江农科院、中国农科院柑桔研究所、湖南熙可食品有限公司等	单　杨、程绍南、吴厚玖 焦必宁、何建新、阳国秀 吴晓冬、汪秋安、张石蕊 李高阳	二等奖

二、1992—2015 年度永州市（零陵地区）获省科技进步奖项目一览表

附表 2

年 度	项目名称	完成单位	主要完成人员	奖励等级
1992	稀土在烟草上的应用效果与技术研究	湖南稀土农用研究中心、桂阳县农业局、宁远县科委、新田县农业局等	任胜云、宁加赍、张秀菊 候识初、杨振宁	四等奖
	动植物细胞赋活增进剂—14%复硝钠（丰产素）	零陵地区供销社、零陵地区津湘精细化工产品研制所	杨右章、孙正尧、杨　容 王世雄、陈继善	推广 四等奖
	永州市生态农场大型生态集中供气工程	零陵地区农村能源办	敖　伟、黄则尧、柳水清 蒋土生、何宁生	四等奖
	杂交稻父本散粉峰期的发现及其应用研究	零陵地区种子公司，道县、东安、祁阳县种子公司、	黄培劲、程　机、孙玉珩 陈沦南、何明仁、席建民 龚建梅	二等奖
	湖南省豚草生物学特性及防治技术研究	省植保站、长沙农校、零陵地区植保站、永州市植保站	陈国记、陈立佩、李一农 郭腊初、江松柏	四等奖
	YPE 三相异步盘式制动电动机系列产品	湖南省跃进机械厂	吴功清、王华伟、冯文有 封举开、金连科、周贻楚 王甲才	二等奖
	茶皂素	永州市香料厂	唐俊成、何大光、熊建华 林和成、唐仁龙	四等奖

续附表 2

年 度	项目名称	完成单位	主要完成人员	奖励等级
1993	农业技术推广机构有偿技术服务和经营服务研究	省农技推广总站、省农业厅计财处、宁远县农村推广中心等	范定先、鲁肇基、邹吉良 彭静波、文培正	三等奖
	南繁杂交水稻制种高产技术研究及应用	省种子公司，衡阳市、零陵地区、常德市、岳阳市农业局等	黄桂荪、骆正鑫、程 机 罗 峰、李文干等	三等奖
	烤烟 K326、G–80、NC89 品种推广	省烟草公司原烟处、郴州地区、零陵地区、邵阳地区、怀化地区烟草公司	汪桂云、陈传孟、杨七昌 向世平、肖汉京	推广 四等奖
	湖南省畜禽肿瘤的调查研究	湖南农学院畜牧水产系、慈利县畜牧水产局、郴州市郊区畜牧水产局、宁远县畜牧水产局	陈可毅、曾德年、程长屏 李仲丘、宁玲忠	三等奖
	4.5 平方米环形烧结机研制	省冶金材料研究所、零陵地区冶金化工总厂、省锰矿公司	李树仁、谭建安、周海闲 唐元位、丁楷如	三等奖
	高热震低气孔率粘土砖	冷水滩耐火材料厂	杨长青、张国交、唐仕国 李新荣、罗 伟	三等奖
	耐火材料异型钢结硬质合金模具材料成型及烧结的研究	株洲硬质合金厂、冷水滩耐火材料厂	李柏生、陈新国、刘立生 蔡丽婵、罗治平	三等奖
	甲级烤烟型卷烟配方改革产品“红豆”“老大哥”牌香烟的设计与研究	零陵卷烟厂、龙山卷烟厂	武俊瑶、黄中华、黄远境 刘洪喜、谭志勇	三等奖
	WL125、WL145、WL220 汽车真空助力器	湖南省建华机械厂	曾桥松、唐元宝、李绍已 蒋楚哲、贺顺祝	三等奖
	BXSZI/20 型安瓿洗干灌封联动机组	中南制药机械二厂	江志良、王业洲、王继新 王忠雄、赵华光	三等奖
1994	肝动脉内灌注亚甲蓝等抗癌药物治疗中晚期肝癌的研究（推广）	零陵地区人民医院	李世胜、李勋龙、张亚林 熊惠人、何秋辉	四等奖
	杂交稻种子塑料袋密封包装推广	省种子公司，零陵地区、兹利县、祁东县、益阳地区种子公司	段爱娜、吴放其、唐嗣文 高最强、孙逢清、	三等奖
	杂交水稻恢复系散粉特点和提高异交结实率的研究	资兴市种子公司、零陵地区农校等	曹孟飞、周宗岳、许杨军 李志文	三等奖
	注射用硫酸黄连素原料药生产新工艺	新田县兽药厂	周开元、杨连山	三等奖
	稻鱼高产模式研究	零陵地区水产站、祁阳县畜牧水产总站、祁阳县科委	唐世尧、邓庆中、唐湘彦 张贵祁、李德新	四等奖
1995	湘南第一期农业综合开发	省农业综合开发办，衡阳市、零陵地区、郴州地区农业综合开发办	张义泉、徐健凡、陈先柏 关寅生、谭先锦	三等奖
	消瘤片治疗子宫肌瘤临床疗效观察	冷水滩市中医院、冷水滩市中医药研究所	蒋兴磊、罗贤初、唐本夫 邓秀娥、蔡满云	四等奖

续附表 2

年 度	项目名称	完成单位	主要完成人员	奖励等级
1995	荷兰豆高产栽培技术推广	江永县农技推广中心、江永县农业局科教站、江永县粮油站、江永县植保站	周兆生、蒋团生、宾自重王远春、周生清	推广四等奖
	竹荪新法栽培的研究	中南林学院、东安县竹荪培训中心、零陵地区林科所等	黄健屏、潘世表、叶 磊邓东发、崔仕权	四等奖
	哈陵牌焊剂系列产品开发	零陵地区焊剂厂	施和平、蒋松成、吕成旺刘工程	四等奖
1996	YHPE 系列环链电动葫芦用盘式制动电动机的开发	湖南省跃进机械厂	吴功清、谭 雄、吴敏芳罗明中、奉 明、邱思贤谭铁文	二等奖
	芙蓉珍珠椒罐头	江华民族食品酿造厂、湖南农大、省科委山区开发中心	王 刚、林庆录、邓菊云蒋仕友、谢源漪	四等奖
	引进消化吸收打叶复烤生产线推广	零陵地区烟草公司、零陵烟叶生产购销公司	袁晓光、文开玉、刘振平李继启、刘季平	推广四等奖
	粘土盐卤法生产人造砂状冰晶石技术开发	祁阳氟化盐厂	陈铁基、蒋宜权、张鹤林旷昌平、唐仲友	三等奖
	甘蔗品种“选蔗 29”(GP65–357) 的引进研究和推广	省经作局、西洞庭农场农科所、江永县原种场	王洪开、何树林、何开良袁春吉、曾谷田	推广四等奖
	湖南省杉木建筑材优化栽培模式的研究	省林科所、绥宁县国营堡子岭林场、绥宁县林业局、江华县林业采育场	贺果山、陈 孝、陈佛寿程政红、琼 华、唐友田候伯鑫	二等奖
	湖南省松针褐斑病危害调查及发生流行性区域性研究	省森林病虫防治检疫站、零陵地区林业局，衡阳市、长沙市、湘潭市林业局	王明旭、秦孝恩、胡向红曹敏慧、冯和平	四等奖
	按水稻生育阶段控制田间水分状况的试验研究	湖南省零陵灌溉试验站	何顺之、蒋春月、陈小云曹红云、洪庆华	三等奖
1997	水稻稻瘟病监测与综合治理推广应用	省植保站，邵阳市、永州市、郴州市、怀化地区植保站	王金辉、刘自君	推广三等奖
	高世代杉木种子园建立	省林科所、省营林局、攸县林科所、江华县林业采育场、靖州县排牙山林场	陈 孝、左海松、贺果山赵德贵	二等奖
1998	ZLO 系列高处作业吊蓝 U 的研制开发	湖南省跃进机械厂	冯文有、周贻楚、封举开蒋家有、奉 明	三等奖
	新田县发展 150 万头瘦肉型猪工程	新田县养殖业办公室	顾 锋、陈友龙、谢太荣谢德健、刘大文	推广四等奖
	禽霍乱蜂胶灭活苗防治禽霍乱的试验推广	江永县畜牧水产局	周顺跃、何永辉、周树德周兴茂、何解石	推广四等奖
	福建柏种源试验苗期选择研究	宁远县林业局、永州市林业局	廖纯茂、李明贵、王景星柏青松、李正甫	四等奖
	江永香柚良种授粉树筛选试验	江永县香柚研究所	何成红、胡永上、邹吉良潘新盛、唐文胜	四等奖
	湖南省地方标准竹广肩小蜂防治技术规程	湖南省森林资源管理保护局、永州市林业局等	王明旭、胡向红、曹敏慧刘玉茂、刘义礼	三等奖

续附表 2

年 度	项目名称	完成单位	主要完成人员	奖励等级
1999	水稻控水增产技术成果推广	湖南省水利工程管理局、永州灌溉试验站	胡学良、何顺之、刘振林 李在武、张义泉	推广三等奖
	明恢 77 引进配组及系列组合推广应用	湖南省种子集团公司、郴州市种子公司、芝山区种子公司	王国荣、黄四齐、丁小颖 李稳香、邱秀兰	三等奖
	湘早籼 27 号选育研究	永州市农科所	朱团洪、朱恩明、胡继银 李四九、谢建华	三等奖
	湖南省松针褐斑病综合治理技术	湖南省森林资源管理保护局、永州市林业局、江华县林业局、江永县林业局、双牌县林业经济委员会	王明旭、胡向红、张 健 周国恒、戴立霞	三等奖
2000	吸烟致气道炎症反应临床诊断方法研究	宁远县人民医院	李春龙、谢利民、郑河源 唐顺延、陈 立	四等奖
	枇杷引种与丰产栽培技术研究	湖南省林科院、冷水滩区林业局	文卫华、刘益兴、胡立波 赵时胜、董春英	三等奖
	黄脊竹蝗集中产卵地的识别和防治技术推广应用	湖南省森林资源管理保护局、桃江县林业局、湖南省林科院、资阳区林业局、东安县林业局	王溪林、李建华、练佑明 黄向东、罗贤坤	三等奖
	两系杂交早稻组合早秋制种与气象因子关系研究	永州市气象局、永州市种子公司、湖南省种子集团	黄培斌、谢建华、黄培劲 龙志宇、蒋德祥	三等奖
	农村专业技术协会组织与管理研究	湖南省科协普及部、湖南省农科院、湖南省植物保护研究所、衡阳市科协、永州市芝山区科协	钱 仁、徐兆月、黄映梅 谷 太、王军强	软四等奖
2001	秸杆养牛示范推广	道县畜牧水产局	何清安、李木生、阳先礼 周瑞和、陈甫义、熊克伟 蒋流东	三等奖
2002	柚实雷瘿蚊生物学特性及其综合控防技术研究与应用	湖南省植保植检站、永州市植保植检站、江永县植保植检站、	黄佳仁、周社文、张爱华 周正光、周生清、成 进 王 山	三等奖
	濒危植物穗花杉群落特性及其保护技术研究	江华县林业局、中南林学院	刘克旺、曹铁如、肖乾德 刘宗林、喻勋林、梁文斌	三等奖
2003	烟草活性有机无机专用肥的研究与开发	中国烟草中南农业试验站、湖南省土壤肥料研究所等	肖汉乾、万 强、罗建新 余崇祥、彭先球、方 红 周万春、方其春、聂新柏	二等奖
	猎豹牌系列轻型汽车	长丰（集团）有限责任公司	李建新、檀俊贤、刘 荣 周增华、梁进利、唐 平 李兴军、肖力军、钟 伟	二等奖
	巨桉、巨尾桉耐寒品种选育技术及机理研究	中南林学院、蓝山县林业局等	李志辉、朱日光、刘友全 左海松、姚先铭、周德明 杨模华	三等奖
	茶籽色拉油及系列产品生产工艺研究	湖南农业大学、湖南金浩植物油有限公司	周建平、郭 华、刘翔浩 周传云、刘友佳、唐艳萍 刘继忠	三等奖

续附表 2

年 度	项目名称	完成单位	主要完成人员	奖励等级
2004	柑橘产业化综合技术研究	湖南农业大学、湖南熙可食品有限公司	单　杨、何建新、张石蕊 汪秋安、阳国秀、鲁海波 张映南、王　进、李高阳 付复华、张菊华、张　群	一等奖
	中稻免耕抛栽再生无公害栽培技术研究	湖南省植物保护研究所、道县农业局等	刘见平、刘都才、罗赫荣 徐志德、熊继东、李彦宁 聂泽民	三等奖
	稻田工程化养殖水产名特优新品种技术推广	永州市畜牧水产局	唐军德、黄　亮、尹秋元 唐劲松、张贵祁、汪海卫 陈　才、周　辉、邓绍才	三等奖
2006	烤烟种子引发激活处理及其配套技术研究	永州市烟草专卖局、永州市烟草科学研究所	徐文军、聂新柏、靳志丽 张大伟、胡日生、周米良 周志成	三等奖
	红壤丘陵区草畜综合发展配套技术	中国农科院农业资源与农业区划研究所、湖南农业大学、永州市畜牧水产局	文石林、徐明岗、常嵩华 黄平娜、高菊生、尹秋元 李菊梅	三等奖
	福建柏良种选育及栽培技术研究	湖南省林科院、宁远县林业局等	侯伯鑫、张新华、程政红 林　峰、余格非、龙景仁 陶申绵	三等奖
	冷却肉生产技术研究	湖南农业大学、湖南万利食品工业集团公司、吉首大学等	马美湖、高家月、顾仁勇 唐进明、陈文辉、林亲录 何　彬	三等奖
	猎豹奇兵 CFA6473 车型	湖南长丰汽车制造股份有限公司	李建新、钟新农、檀俊贤 唐　平、邓　琦、曾昭荣 皮　俊	三等奖
2007	名优砂梨引种筛选及优质无公害栽培技术研究	中南林业科技大学、湖南省蓝山金地开发有限公司等	赵思东、谭晓风、袁德义 张　琳、易子夏、张阳春 刘先雄、段经华、何小勇	二等奖
	优质早籼恢复系 R899 的选育及其应用的研究	永州市农科所	李四九、欧阳国春、 蒋小军、蒋刚生、文飞舞 秦宣才	三等奖
	双牌水电站洪水预报模型研究及预报调度系统软件研发	湖南省双牌水电站、大连理工大学	程春田、徐兴国、唐际兴 周智慧、廖胜利、何选森 李　刚	三等奖
2008	灌区渠道整治新技术研究与应用	湖南省水利水电科学研究所、双牌水库管理局	李桂元、廖荣良、何学明 张彩鉌、申志高、胡春艳	三等奖
2009	耐寒桉树良种及丰产推广	湖南省林业科技推广总站、湖南省森林植物园、郴州市林业科学研究所、永州市林业科学研究所	林睦就、李柏海、邓献楠 杨正洪、柏劲松、曾国荣 彭信海、戴祥光、周亿良	三等奖
	高温热压层纸技术开发	永州湘江纸业有限责任公司	王福纪、朱　杰、刘便初 桂来争、李西宝、梁好新 刘玉石	三等奖
	油茶籽油精炼深加工技术研究及产业开发	湖南科技学院	李治章、管天球、蒋廷松 何福林、张　敏、李常健	三等奖

续附表 2

年 度	项目名称	完成单位	主要完成人员	奖励等级
2009	九嶷山兔的品种选育与推广	宁远县畜牧水产局	李之平、李福珍、欧阳昌勇、刘向阳、郑林和、刘初成、骆辉东	三等奖
	南方冬季亚麻产业化关键技术	湖南农业大学、中国农科院衡阳红壤试验站、湖南省农技推广总站、祁阳县农业局	孙焕良、周清明、徐明岗李建国、蒋晓峰、王伯仁李劲松	三等奖
	萧氏松茎象发生与生态因子的关系和防控技术	湖南省森林病虫害防治检疫总站、永州市林业局、衡阳市林业局、南岳区农林局	戴立霞、王明旭、刘玉茂曹敏慧、陈良昌、李　恂范　辉	三等奖
	一种制备对异丙基甲苯（对伞花烃）的新方法	长沙理工大学、湖南工业大学、湖南科技学院	湛雪辉、湛含辉、姜红宇肖国光、张云河、王少芬湛新霞	三等奖
	欠发达地区高校与地方经济社会互动发展研究	湖南科技学院	管天球、佘国华、龚武生李治章、宋振文、李国春	三等奖
2010	精细有机化学品的绿色合成研究	湖南科技学院	袁先友、张　敏、蒋小平	自然科学三等奖
	眼镜蛇的规模化人工养殖技术	永州市异蛇科技实业有限公司	谭群英、郭天国、龚新国龚雪嘉	三等奖
	湖南省主要栽培植物应用GGR 配套技术的示范推广	湖南省林业科技推广总站、湘西土家族苗族自治州林业局、怀化市林业科技推广站、郴州市林业科技推广中心、永州市林业科技推广中心	雷正菊、杨国平、周晓勤俞一见、盛忠跃、肖剑锋	三等奖
	血络通胶囊研制及高技术产业化示范工程	湖南省药品检验所、湖南恒伟药业有限公司、中南大学湘雅三医院	林　海、张　杰、吴公平黄　云、李文莉、肖艳萍吕宏再	三等奖
2011	南方蓖麻新品种选育及其油脂利用技术	湖南省林业科学院、广西壮族自治区林业科学研究院、永州职业技术学院、湖南省生物柴油工程技术研究中心	李昌珠、李培旺、肖志红蒋小军、梁文汇、张良波刘汝宽、曾祥艳、李　力李党训、张爱华，孙友平	一等奖
	红薯淀粉高效分离技术研究与开发	湖南天圣有机农业有限公司	李拥军、石柱新、陈爱林	三等奖
	复合原纸技术开发	永州湘江纸业有限责任公司	王福纪、朱　杰、苏德良刘便初、赵桂林、梁好新张　素、李忠德、李　勋	三等奖
	油茶采穗圃穗果兼营综合技术研究	永州市林业科学研究所、湖南省森林植物园、永州市浯峰茶业有限公司、金洞管理区科技局	谢红梅、彭信海、柏劲松刘　鑫、刘金林、龚范武李会政、柏中才、胡向阳周土生、刘长庚	三等奖
2012	柑橘幼林高效立体栽培模式研究	永州市林业科学研究所、湖南省森林植物园、湖南省林产品质量检验检测中心	谢红梅、彭信海、文卫华柏劲松、黄光文	三等奖
	化妆品专用茶油其及应用	湖南科技学院	李治章、管天球、吴起华张卫军、周芳检、王小勇梁小芝	二等奖

续附表 2

年 度	项目名称	完成单位	主要完成人员	奖励等级
2012	东安锑矿探采新技术及其应用	湖南科技大学、湖南省东安新龙矿业有限责任公司、义乌工商职业技术学院	谷新建、沈亦平、朱永建 许名标、彭文斌、刘健秋 陈长本	三等奖
2013	凹叶厚朴优良无性系选育及无公害栽培技术研究	湖南省林业科学院、中南林业科技大学、湖南中医药大学、湖南敬和堂制药有限公司	王晓明、蒋丽娟、裴　刚 宋庆安、马英姿、陈奉元 蔡　能、李永欣、曾慧杰	二等奖
	蕲蛇（尖吻蝮）幼蛇在自然捕食下的人工饲养技术	永州市异蛇科技实业有限公司、中南林业科技大学野生动植物保护研究所	谭群英、郭天国、杨道德 胡明行、郭德志	二等奖
	南方红豆杉苗木培育与经营技术研究	永州市林业科学研究所、湖南省林产品质量检验检测中心、湖南省林业科学院	谢红梅、文卫华、徐艳平 柏劲松、邓红波、李红玲 钟建国	三等奖
2014	肉品生物调控保鲜及骨骼高效利用新技术	湖南农业大学、湖南恒惠食品有限公司	李宗军、李　珂、王远亮 唐礼德、李罗明、蒋秋桃	二等奖
	超级杂交稻“种三产四”丰产技术研究与应用	湖南杂交水稻研究中心、湖南农业大学、湖南省水稻研究所、袁隆平农业高科技股份有限公司、醴陵市农业局、永州市零陵区农业局	袁隆平、彭既明、吴朝晖 马国辉、陈红怡、徐秋生 宋春芳、邹应斌、夏胜平 钟其全、丁秋凡、张九清	一等奖
2015	银杏叶黄酮和内酯提取技术及其应用	湖南科技学院、湖南恒伟药业股份有限公司	何福林、姜红宇、刘小文 刘　婷、陈小明、陈修文 王　峥	三等奖
	典型浓香新品种湘烟 3 号的选育及配套技术研制与应用	中国烟草中南农业试验站、湖南省烟草公司永州市公司、湖南农业大学	胡日升、杨全柳、周清明 刘正日、朱列书、高春洋 李宏光	三等奖
	中成药大品种喉咽清口服液核心技术的现代研究及产业化	湖南时代阳光药业股份有限公司、湖南省中医药研究所	彭艳梅、李跃辉、唐纯玉 唐代凤、谢　谊、岳　薇 张　萌	三等奖
	黄花蒿优良品种选育和高效栽培技术研究及应用	湖南农业大学、湖南省金鼎维科生物科技有限公司、湖南威嘉生物科技有限公司、永州星辰生物科技有限公司、娄底市雅龙生物科技有限公司	朱卫平、田　娜、刘仲华 刘硕谦、刘桂文、胡　超 周　耀	三等奖

三、1992—2015 年度永州市（零陵地区）科技进步奖项目一览表

1992 年度零陵地区科技进步奖项目一览表

附表 3

序 号	项目名称	完成单位	主要研究人员	奖励等级
1	湖南省零陵地区马尾松毛虫综合防治工程	零陵地区林业局	胡向红、刘玉茂、何新义彭佑民、陈华葵	二等奖
2	大水面连片网箱养鱼综合高产技术	零陵地区水产站	唐世尧、文圣渝、刘幕陶张贵祁、成卫平	二等奖
3	鱼病康研制	祁阳县畜牧水产总站	桂 湘、刘和平、唐湘彦邓文生、尹双喜	三等奖
4	墨西哥柏引种栽培试验研究	零陵地区营林站	曾桂荣、唐自钧、王景星何象成、赵嗣胜	三等奖
5	烟草专用配方稀土（211-6）的研究与推广	宁远县科委、湖南省稀土中心烟草专用配方稀土研究协作组	万 强、宁加贲、张光治唐运高、络辉梅	三等奖
6	早稻旱地耐寒育秧技术应用推广	江华县农业局	蒙长清、杨泽日、李湘荣杨积奉、蒋庆书	三等奖
7	烟草病虫草害种类及防治技术研究	零陵地区烟草公司、零陵地区农科所	李淑娥、柏淑仪、杨兴华王丽君、姜九秀	三等奖
8	塑料封装杂交稻种技术改进和推广	零陵地区种子公司	唐嗣文、程 机、蒋冬娥刘阳星、唐顺元	三等奖
9	“肥精”的研制及其在烤烟上应用效果研究	零陵地区农科所、零陵地区烟草公司	张绵友、周 清、杨七昌唐保乡、刘清慧	三等奖
10	山丘区农机联合抗旱集团承包保产增产技术	零陵地区农机局、祁阳县农机局、宁远县农机局	王金铭、龚运旺、黄 震唐述森、刘明军	三等奖
11	杂交中稻留茬再生稻生产栽培技术	零陵地区农技站、双牌县农技站、冷水滩市农技站	唐宏斌、唐治炳、张振权邓福清、胡剑平	三等奖
12	零陵地区有机磷农药中毒新技术推广应用	零陵地区卫生局	张淑莲、周仁国、吴舒唐杨小华、李世胜、刘 彬	三等奖
13	磷化铅投药器	双牌县粮食局、双牌县粮油机械研制厂	唐 达、卿双林、陈培忠蒋孔吉	四等奖
14	土地净化小造纸厂废水	江永县环保局	叶楚贤、何振亮、芦国权	四等奖
15	一次性加煤烤房综合技术开发	江华县科委、江华县烟草局	刘国风、胡京华、谢源漪黎祥日、孔凡宏	四等奖
16	优质烟 K326 综合技术开发	江华县烟草公司	唐世荣、朱 民、陈维松朱 军、胡京华	四等奖
17	JM 型斜走式节能烤房推广	东安县科委	唐爱平、张造华、李朝贵蒋永华、邓建平	四等奖
18	永州市生态农场废物资源化效益初探	地区环保局、永州市环保局、永州良种场、永州市科委	柳水清、李桃秀、刘 勇何宁生、辛春生	四等奖
19	XD-103 防水复合柔毡处理漏库	新田县水电局	李正明、高家顺、杨德华刘国辉、李高俊	四等奖

续附表 3

序 号	项目名称	完成单位	主要研究人员	奖励等级
20	集团承包优质烟高效开发	新田县农业局	肖昌发、林秋森、欧祖军 颜家惠、李丽英	四等奖
21	180 例冠心病人发作早期血白细胞数值分析	零陵地区卫校	蒋光荣	四等奖

1993 年度零陵地区科技进步奖项目一览表

附表 4

序 号	项目名称	完成单位	主要研究人员	奖励等级
1	猫儿岩水库深层岩地质处理研究	永州市水电局	杨照群、唐道智、唐树梓 卢克纯、黄家夏	一等奖
2	稻鱼高产模式研究	零陵地区水产站	唐世尧、邓庆中、唐湘彦 张贵祁、李德新	一等奖
3	优质烟开发	零陵地区烟草公司	彭传国、杨七昌、周国生 刘正日、聂新柏、张淑贞 钟二春	二等奖
4	“百乐神”保健香“烟”	零陵卷烟厂	易和新、谢习金、杨林森 张湘来	二等奖
5	注射用硫酸黄连素原料药生产新工艺	新田县兽药厂	周开元	二等奖
6	进料系统、计算机中央调度控制系统	湖南省光电自动化开发公司、黎家坪水泥厂	廖一浩、李孝平、刘运齐 谭家斌	二等奖
7	花生奶	湖南也多利食品饮料有限公司	廖明海、李初德、詹昭贤 杨文曲、邱海潮	二等奖
8	肝动脉内灌注亚甲蓝等抗癌药物治疗中晚期肝癌的研究	零陵地区人民医院	李世胜、李勋龙、张亚林 熊惠人、何秋辉	二等奖
9	消瘤片治疗子宫肌瘤临床疗效观察	冷水滩市中医院	蒋兴磊、罗贤新、唐本夫 邓秀娥、蔡满云、田文艺	二等奖
10	二氧化硅结合碳化硅制品	中国建筑材料科学研究院、湖南零陵耐火材料厂	杨勇虎、郭海珠、曾大凡 唐继荣、左兴甫	二等奖
11	年产 300 吨松香酸性聚氨脂漆	永州市家私装饰公司	张定生、熊霓云、张　林 唐　弼、李明凤	三等奖
12	数字式烟叶复烤温、湿度自动控制系统	河南计算机应用技术研究所、零陵烟叶复烤厂	阎　萍、李建平、朱方园 张衡中、李　军	三等奖
13	翅荚木引种栽培试验研究	蓝山县南岭林场、蓝山县林业局、蓝山县农委	黄学明、许德华、邓本坤 廖世全、曾国林	三等奖
14	机械采茶栽培技术的推广应用	国营回龙圩农场茶厂	王医凤、秦明国、卢三才 吴维明、朱兴运	三等奖
15	祁阳县人体肠道寄生虫分布调查研究	祁阳县卫生防疫站	易洪钧、郑可明	三等奖
16	烤烟采摘成熟度及烘烤工艺研究	零陵地区烟草公司、零陵地区农科所	周国生、秦云才、钟二春 刘清慧、甘在德	四等奖

续附表 4

序 号	项目名称	完成单位	主要研究人员	奖励等级
17	旱土优质烟撩壕栽培试验	零陵地区烟草公司 江永县农业局	杨新华、蒋先启、杨七昌 胡永上、宋天瑞	四等奖
18	潘生丁、病毒唑联合治疗74例腮腺炎的研究	零陵地区人民医院	蒋艳秀	四等奖
19	国产后房型人工晶体植入	冷水滩市中医院	张仁俊	四等奖
20	利多卡因宫颈宫腔麻醉下人工流产效果的临床观察	零陵地区妇幼保健站	胡亚平、陈善珍、唐善妹 乐利菊、金洪涛	四等奖

1994 年度零陵地区科技进步奖项目一览表

附表 5

序 号	项目名称	完成单位	主要研究人员	奖励等级
1	打叶复烤烟叶新技术推广	零陵地区烟草公司、零陵烟叶生产购销公司	袁晓光、文开玉、刘振平 李继启、刘季平	一等奖
2	哈陵牌焊剂系列产品开发	零陵地区焊剂厂	施和平、蒋松成、吕成旺 刘工程	二等奖
3	潇湘 151 猪用高蛋白浓缩精料试验应用	祁阳县畜牧水产总站	刘和平、段二喜、周 汉 李才富、赵安原	二等奖
4	推广综合新技术改造油茶低产林	祁阳县林业局	彭安生、唐日进、李朝花 邓东发、秦 曦	二等奖
5	体外震波粉碎原位输尿管结石的辅助技术	零陵地区人民医院	王建琼、董 强、钟 海 唐梅兰、秦 曦	二等奖
6	180 克 / 平方米牛皮卡纸	冷水滩造纸厂	李明声、章奇骥、陈加圩 苏德良、何冬元	三等奖
7	多功能电焊机	祁阳医疗器械厂	赵志生、唐修梅、肖建华 赵有生	三等奖
8	3000KVA 电炉冶炼硅锰合金	永州市东湘桥锰矿	黄顺生、石明生、文元山 段美武、杨志仁	三等奖
9	香芋优质高产栽培技术研究与开发	江永县农业局、江永县科委、零陵地区农业局	周兆生、唐宏斌、周生清 胡天华、杨兴华	三等奖
10	ABT 生根粉及配套技术在农业生产上的开发应用	零陵地区林业科技推广站，双牌、祁阳、永州市林业局	喻美莲、王景星、陈利伶 郭芝春、廖克勋	三等奖
11	南薯 88 推广	新田县旱粮办	李 群、雷土明、刘逸天 谭北岳、胡土舜	三等奖
12	断指再植	零陵地区人民医院外二科	孟南方、刘新中、柏本建 伍爱平、陆 健	三等奖
13	原位低温肾实质后外侧缘切开治疗复杂性肾结石	零陵地区人民医院泌尿外科	钟 海、王建琼、蒋善福 张 军、周 玲	三等奖
14	体外循环心内直视手术	零陵地区人民医院心胸外科	张仲元、周荫北、周英华 柏本建、武 昆	三等奖
15	烟叶收购控制系统新技术推广应用	零陵地区烟草公司	袁晓光、李淑娥、杨七昌 杨 勇、宁尚辉	四等奖

续附表 5

序号	项目名称	完成单位	主要研究人员	奖励等级
16	零陵地区 1990 年妇幼卫生基础调查	零陵地区妇幼保健站	赵雪娥、李　苹、曾六秀 李梅花、唐甲英	四等奖
17	零陵地区 4～16 岁儿童少年精神卫生问题统计学调查与防治策略研究	零陵地区芝山医院	李志祥、伍铁桥、何福主 夏自登、李国威	四等奖

1995 年度永州市科学技术进步奖项目一览表

附表 6

序号	项目名称	完成单位	主要研究人员	奖励等级
1	按水稻生育阶段控制田间水分状况的试验研究	零陵灌溉试验站	何顺之、蒋春月、孙小云 曹红云、洪庄华	一等奖
2	人造砂状冰晶石	祁阳氟化盐厂	陈铁基、蒋宣权、张鹤林 旷昌平、唐仲友	一等奖
3	优质稻新品种推广	零陵地区农技推广站	唐宏斌、唐治炳、胡剑平 蒋晓峰、高　琼	二等奖
4	烟—稻轮作地化学除草技术推广	宁远县烟草公司	黄石旺、宁尚辉、杨永忠 黄纯慧、刘庚成	二等奖
5	11 度潇湘白啤	冷水滩市啤酒厂	赵　焱、唐冬生、朱春梅 李秋元、屈济殿	二等奖
6	YKX6990CW 型卧铺客车	永州客车修制厂	王年喜、胡祥梅、唐顺吉 雷君元、罗京毅	二等奖
7	九嶷山地区新蝇种	宁远县卫生防疫站	邹昌渝	二等奖
8	稻瘟病监测和综合治理技术推广	零陵地区植保站，道县植保站，江华、江永、宁远县植保站	周正光、刘石林、何吉昌 蒋运贵、王富华	三等奖
9	迟熟西瓜高产栽培	双牌县科委、蔡里口乡科委	李建彪、陈运琪、欧良峰 王金国、王焕胜	三等奖
10	YZU 系列振动源三相异步电动机	祁阳县通用电机厂	曾海军、何安德、李尧五 唐智先	三等奖
11	氟嗪酸治疗小儿耐药伤寒的疗效观察	冷水滩市人民医院	蒋跃先、欧阳芳、焦衡忠 梁启武、罗世兴	三等奖
12	95-1 型双层铁壳节煤炉	新田县电器炉具厂	肖显中、谭建生、舒　新	四等奖
13	锅炉造气废水和碳化冷却水闭路循环处理工程	新田县环保局、新田县氮肥厂	陈瑞增、贺京华、危永能 邓海欧、郑进科	四等奖
14	芳香型多芯活性锡焊丝	新田县钎焊料厂	李雪君、肖付民、李道良 刘逸夫、郑土生	四等奖
15	太极神茶的研制与开发	东安食用菌技术开发公司	吕　进、李朝贵、熊汉生 荣同清、潘先鹏	四等奖
16	通痹药熨包治疗寒湿痹病	冷水滩市中医院针灸科	尹建平、彭伟平、罗亚光 刘玲玲、何带娣	四等奖
17	天然矿植物型锅炉除垢防垢剂	东安天龙新技术实业公司	王振方、罗新安、张恒元 雷遨宇	四等奖

1996 年度永州市科学技术进步奖项目一览表

附表 7

序 号	项目名称	完成单位	主要研究人员	奖励等级
1	烤烟种子包衣技术推广	永州市烟草科学研究所	周国生、张大伟、高春洋 杨七昌、甘在德、蒋忠华 刘正日	一等奖
2	扶正利浊排毒冲剂防治化疗毒副反应的临床研究	冷水滩区人民医院	李道阳、焦衡忠、周秀仁 陈建雄、蒋跃先、唐德文 姜金兰	一等奖
3	“湘两优糯梁 1 号”高产栽培试验	宁远县农业局	荆志成、鲁茂祥、张晓辉 欧文鹏、李明安	二等奖
4	腹腔注射加中药治疗肝硬化腹水的疗效观察	永州市人民医院	夏汉通、骆九源、欧锦秀 蒋慧敏、鲍在湘	二等奖
5	市场负熵原理及在县级市场经济宏观决策中的应用	零陵师范高等专科学校、中共祁阳县委	刘宏宇、崔永平	二等奖
6	隧道窑热能的再利用	宁远县瓷厂	胡光武、陈全中、邓运桂 陈运苞	三等奖
7	人力多功能轻便打稻机	永州市会贤研究所	李会贤	三等奖
8	“控水增产技术”成果推广	祁阳县水电局	曾凡兴、雷坤荣、王富春 蒋仲敏、李发生	三等奖
9	中草药制剂“鱼病除”开发应用	宁远县科委科星水产开发公司	欧阳智生、李和清、刘梦华	三等奖
10	PK 术治疗近视眼	永州市中医院	张仁俊	三等奖
11	保健新药消痹胶囊	冷水滩医药保健品有限公司	刘润保、刘开山	三等奖

1997 年度永州市科学技术进步奖项目一览表

附表 8

序 号	项目名称	完成单位	主要研究人员	奖励等级
1	福建柏种源试验苗期选择研究	宁远县林业局、永州市林业局	廖纯茂、李明贵、王景星 柏青松、李正甫、何晓红 李尧琴	一等奖
2	早籼新品种——永早籼四号选育研究	永州市农科所	朱团洪、朱恩明、胡继银 李四九、谢建华	一等奖
3	骨神胶囊治疗外伤性骨折的临床与实验研究	永州市中医院	谢本渊、唐本夫、伍崇武 王文革、蒋兴磊	一等奖
4	福建柏全光圃地育苗技术研究	道县月岩林场、道县林业局、永州市林业局	彭玉忠、陈开桂、盘贵元 廖治亚、聂年兵	二等奖
5	江永香柚良种授粉树筛选试验	江永县香柚研究所	何成红、胡永上、邹吉良 潘新盛、唐文胜	二等奖
6	新田县发展 50 万头瘦肉型猪工程	新田县养殖办公室	顾　锋、陈友龙、谢太荣 谢德健、刘大文、张友合 陈　晴	二等奖

续附表 8

序 号	项目名称	完成单位	主要研究人员	奖励等级
7	禽霍乱蜂胶灭活苗防治禽霍乱的试验推广	江永县畜牧水产局	周顺跃、何永辉、周树德 陈兴茂、何解石	二等奖
8	肾盂肾实质联合切开治疗复杂性巨大鹿角形结石	永州市人民医院	钟　海、王建琼、周　玲 张　军、邓若平	二等奖
9	小型粮食工业企业转换经营机制的难点及建议	永州市粮食局及所属 36 家粮食工业企业	吴国侠、蒋兆麟、吴湘泓 龙开泰、汪荣生	二等奖
10	湖南省双牌县生态防火林带工程技术推广	双牌县森林防火指挥部办公室、林业科技推广站、泷泊林场、打鼓坪林场、五星岭林场	周培根、盘金彪、谢文元 唐培宣、肖远志	三等奖
11	常规早熟早籼“永早籼一号”的选育研究	永州市农科所	罗望清、胡继银、周逢明 陈国祥、李仁兴	三等奖
12	永早籼三号选育研究	永州市农科所	朱恩明、周秋云、周逢明 朱团洪、齐润友	三等奖
13	猪溶血性链球菌病免疫技术推广	江永县畜牧水产局	周树德、陈兴茂、周顺跃 周湘琪、何银保	三等奖
14	自制内固定钉在四肢短小骨折中应用	宁远县中医院	欧阳顺生、郑际刚、 田梅珍、黄光洪、谢高平	三等奖
15	全自动电气煤炉	冷水滩三全自动化炉灶厂	蒋达洪、蒋孟春	三等奖
16	奈李良种——油奈的选育试验研究	永州市林业科技推广站	喻美莲、王景星、肖建民 肖才雄、廖克勋	四等奖
17	绿色植物生长调节剂 ABT 生根粉新剂型应用研究与推广示范	永州市林业科技推广站	喻美莲、王景星、廖克勋 盘贵元、和　道	四等奖

1998 年度永州市科学技术进步奖项目一览表

附表 9

序 号	项目名称	完成单位	主要研究人员	奖励等级
1	双季优质稻产吨粮开发推广	永州市农科所	欧高明、李四九、陈国祥 朱恩明、朱团洪、桂爱军 胡继银	一等奖
2	水稻、玉米两季间种亩产吨半粮栽培技术研究	祁阳县农业技术推广中心	李阳生	一等奖
3	宁远水毁耕地资源调查及复垦规划研究	宁远县国土局	张穆义、何中安、张培兰 黄冬生、杨解旺	一等奖
4	消灭丝虫病	祁阳县卫生防疫站	易洪均、郑可明、邓海平 唐冬阳、陈文华、蒋金远 蒋国声	一等奖
5	饲料大麦——鄂大麦 7 号新品种试种推广	新田县农技推广站	程　彦、周名建、黄运生 喻秋明、肖明建	二等奖
6	柿炭疽病防治研究	江华县农业局、江永县种子公司、江永县开发办、江永县水果办、江永县兰片乡农技站	周兆生、周生清、陈运福 苏永红、申福贤	二等奖

续附表 9

序 号	项目名称	完成单位	主要研究人员	奖励等级
7	联合腰——硬膜外麻醉	永州市芝山区人民医院	唐冬玲、唐永沐、杨志宏 张小萍、唐柏林	二等奖
8	玉米品比试验	永州市林业局科技推广站	喻美莲、黄美云、旷美纯 黄 坚、梁宏辉	三等奖
9	高效节能蜂窝煤	永州市百旺科技实业有限公司	肖义泷、胡顺开、胡顺端 肖翔洛、胡顺佑	三等奖

1999 年度永州市科学技术进步奖项目一览表

附表 10

序号	项目名称	完成单位	主要研究人员	奖励等级
1	两系杂交早稻组合早秋制种与气象因子关系研究	永州市气象局、永州市种子公司	黄培斌、谢建华、黄培劲 龙志宇、蒋德祥、成福婷 欧阳水章	一等奖
2	吸烟致气道炎症反应临床诊断方法研究	宁远县人民医院	李春龙、谢利民、郑河源 唐顺廷、陈 立、鲁菊英 袁秀萍	一等奖
3	紧凑型玉米湘玉系列及五万亩旱粮过吨粮技术推广	新田县旱粮办	林仕发、喻秋明、黄水旺 刘逸夫、黄吉元	二等奖
4	杂交早稻“汕优 913”选育与推广	宁远县种子公司	唐安成、皮三富、周运健 蒋晓铭、彭新富	二等奖
5	湘研系列辣椒品种推广	零陵农校实习农场	陈玉君、郑贤陆、邓发清 刘子秀、李汉生	二等奖
6	永州市 7～17 岁儿童少年生长发育标准研制及动态分析	永州市卫生防疫站	戴菊芳、李遵迪、黄隆英 何英姿、成艳华	二等奖
7	肾移植成功应用	永州市人民医院	钟 海、张 军、李世胜 陶红艳、杨 铭	二等奖
8	间歇性与恒定性外斜视远期手术效果对比的研究	永州市康复医院	唐勋伦、罗炳辉、张保斌 唐冬玲、张晓玲	二等奖
9	新式剖宫产术技术推广	永州市人民医院	王莉莉、彭丽芳、黄娅瑜 苏琛辉、唐 晖	二等奖
10	微创腰椎间盘摘除及潜式减压术治疗腰椎间盘突出及腰椎管侧隐窝狭窄症	永州市人民医院二院、第三人民医院	肖东民、陈素芳、李国安 熊向阳、秦剑军	二等奖
11	永州市消灭丝虫病	永州市卫生防疫站	唐光宜、盘建喜、谢鹤元 李立成、李遵迪	三等奖
12	香型杂交晚稻“新香优 80”推广	永州市农科所	陈国祥、朱恩明、欧高明 李四九、蒋小军	三等奖
13	巴西陆稻示范推广	宁远县农技推广中心粮油站、宁远县科委	陈同旺、刘梦华、李衡生 李春茂、何胜兵	三等奖
14	瘦肉型肉猪后期限食饲养试验	零陵农校实习农场	刘 成、刘将军、邓发清 刘子秀、李汉生	三等奖

续附表 10

序号	项目名称	完成单位	主要研究人员	奖励等级
15	永州市蔬菜办公室管理信息系统	永州市蔬菜办、长沙市三德计算机工程有限公司	唐树成、周智勇、王瑞发 邓湘祁、邓宪君	三等奖
16	烤烟三段式烘烤工艺推广	湖南省烟草公司永州市公司	甘在德、聂新柏、刘正日 陆君君、张大伟	三等奖
17	异丙酚复合碳酸利多卡因宫颈旁神经阻滞应用于人工流产术的临床研究	永州市第三人民医院	赵志平、唐德文、顾湘陵 江冬梅、曾松青	三等奖
18	盐酸纳洛酮治疗急性酒精中毒	永州市第三人民医院	焦衡忠、夏德武、彭爱君 李向斌、陈建雄	三等奖

2000 年度永州市科学技术进步奖项目一览表

附表 11

序号	项目名称	完成单位	主要研究人员	奖励等级
1	低噪音高效罩极电机研制开发	湖南黎海微电机有限公司	聂葆生、柏安民、邓志远 伍宁雄、唐和平、王小林 李　伟	一等奖
2	永州市两系杂交稻制种气象风险决策系统及应用研究	永州市种子公司、永州市气象局	谢建华、黄培斌、蒋德祥 龙志宇	一等奖
3	两系法高梁不育系“九嶷糯梁 HS-57“选育及应用研究	宁远县种子公司、九嶷山乡、汪井镇农技站	唐安成、鲁茂祥、李民安 皮三富、周运健、蒋晓明 李光林	一等奖
4	变电站模拟培训系统	武汉电力学院、永州电业局	贺贵明、骆长云、袁楚云 刘敏忠、于建华	二等奖
5	国家级秸杆养牛示范	道县畜牧水产局	何清安、李木生、阳先礼 周瑞和、陈甫义	二等奖
6	新香优 899 选育研究	永州市农科所	李四九、蒋　军、蒋小军 欧高明、尹建萍	二等奖
7	江华县白血病流行病学调查	江华县人民医院	杨树林、陈建华、 欧阳华林	二等奖
8	脂肪乳注射液细菌内毒素检查方法	江华县人民医院	钟福清、朱建祥	二等奖
9	微量指血法检测甲、乙、丙、戊型肝炎标志物的临床推广应用	宁远县人民医院	沈树生、张成忠、张格玉 欧阳德群、谢利民	二等奖
10	新 S9 系列配电变压器	湖南祁阳变压器厂	陈安信、唐续义、张祖宽 杨克方、刘爱国	三等奖
11	永州市蔬菜大棚推广应用	永州市蔬菜办公室	唐树成、邓湘祁、胡顺君 邓宪君、李华清	三等奖
12	匀速同步体外肝素化抗凝疗法用于有出血危险性患者血液透析的临床研究	永州市人民医院	潘富林、李世胜、杨　铭 李国安、谢　华	三等奖

续附表 11

序号	项目名称	完成单位	主要研究人员	奖励等级
13	异丙酚复合麻醉联合硬膜外神经阻滞在腹腔镜胆囊切除术中的应用	永州市人民医院	唐小林、李国安、周维新 邓艳玲、张小芳	三等奖
14	干扰素合并中药对乙型肝炎患者血清标志物作用的临床研究	永州市人民医院	邹小春、杨　玲、李国安 李世胜、梁运保	三等奖
15	闭路循环式腔内腹水回输	永州市三人民医院	熊燕飞、杨建文、唐春华 王新国、周顺妹	三等奖

2001 年度永州市科学技术进步奖项目一览表

附表 12

序号	项目名称	完成单位	主要研究人员	奖励等级
1	穗花杉繁殖研究	江华县林业局	刘宗林、陈庆潮、杨天平 鄢　华、谢光辉	一等奖
2	4GL－70 型稻麦割晒机	祁阳天龙机械厂	王山源、唐石桥、吴　琼 王先杰、刘祥云	二等奖
3	综合回收高炉炉尘生产高品质氧化锌新技术	祁阳县鑫利冶金化工有限公司	张丙怀、唐元位、郭兴忠 唐　碚、唐　睿	二等奖
4	赤桉 34 号组培苗扦插繁殖试验	永州市林科所	谢韵帆、朱金惠、邓起东 旷美纯、周土生	二等奖
5	南方大口鲶山塘水库养殖推广	新田县南方大口鲶养殖技术推广小组	颜学运、朱　达、肖晓星 龙兴正、欧国雄	二等奖
6	中药九灵脂及其伪品的原动物调查及鉴定研究	永州市药检所	唐生斌、杨迪荣、王小荣 魏玉德、王劲争	二等奖
7	选择肠道去污法和早期肠内营养预防严重烧伤患者肠源性感染	永州市人民医院	蒋小剑、蒋可松、于　敏 夏汉通、黄冬梅	二等奖
8	脑卒中偏瘫患者早期康复护理研究	永州市人民医院	席明霞、李世胜、徐泽兰 张亚林、秦艳妹	二等奖
9	折叠缝合、紧缩内环在老年斜疝修补术中的应用	永州职业技术学院	唐智生、陈小影、朱梅初 刘平娥、屈智明	二等奖
10	高精度玻管在线激光自动测控装置	祁阳县玻璃二厂	张太平、徐石山、谢荣虎 张树民	三等奖
11	小型水电站直流控制保护跳闸操作电源技术研究应用	祁阳县人民电站	肖国平、桂富生、邓春苟 蒋志平、郑建波	三等奖
12	无公害高产高效密本南瓜推广	永州职业技术学院	莫志军、周德祥、何增明 伍建桥、刘子秀	三等奖
13	农机与农艺相结合的水稻综合增产技术	祁阳县农机局	任建平、陈玉梅、袁　睿 陈文葵、曾晓发	三等奖
14	红豆杉扦插繁殖试验	永州市林科所	曾松青、周土生、黄　祯 朱金惠、周　盛	三等奖

续附表 12

序号	项目名称	完成单位	主要研究人员	奖励等级
15	改良输卵管银夹绝育术切口处理技术的研究应用	祁阳县计生技术指导站	曾令宏、蒋芬云、冯冬生 邹青梅、陈小影	三等奖
16	1069 例内科病人血尿酸病谱分析	永州职业技术学院	蒋光荣、易南蔷、刘平娥 唐仁斌、陈耀声	三等奖
17	一种治疗伤寒的药物组合物及快速治疗技术研究与应用	祁阳林育芳诊所	林育芳、王　静	三等奖
18	重症急性胰腺炎 CT 征象与外科治疗研究	宁远县人民医院	欧阳德群、仇海荣、 唐垂祥、蒋荣旺、黄　允	三等奖
19	逍遥丸与尼尔雌醇治疗绝经期综合症临床疗效对比研究	永州职业技术学院	伍三妹、刘平娥、李素华 陈小影、张珍秀	三等奖
20	社区原发性高血压患者择时护理的研究	永州职业技术学院	谢玉琳、张　翎、刘平娥 陶丽云、林　静	三等奖

2002 年度永州市科学技术进步奖项目一览表

附表 13

序号	项目名称	完成单位	主要研究人员	奖励等级
1	优质水稻新品种选育	永州市农科所	李四九	特别奖
2	电缆分配系统用泡沫聚乙烯绝缘同轴电缆	冷水滩电线电缆有限公司	胡安根、曾兴军、张荣明 杨文武、钱中华、刘美华 邹树平	一等奖
3	JT 系列汽车智能数码仪表总成	永州九天自动化有限公司	李孝平、成鹏飞	一等奖
4	烤烟漂浮育苗技术研究及应用	湖南省烟草公司永州市分公司	张大伟、聂新柏、胡日生 甘在德、刘正日、周米良 李东升	一等奖
5	超导传热环保型节能锅炉	永州市节能设备厂	唐于君、王礼建、唐志高 王　平、龙家沛	二等奖
6	控制酶解法制备异蛇低肽营养液的研究	永州异蛇生物科技有限公司、湖南轻工业专科学校	卢南洲、吴苏喜、唐建文 郭振华、胡卫民	二等奖
7	玫瑰新种质“神州一号”选育及综合开发技术研究	祁阳县新世纪玫瑰开发有限责任公司	胡春发、刘沁华、杨新妹 林　鸣、邓如生	二等奖
8	肺结核病不住院短程间歇化疗应用研究	永州市职业病防治所	万　健、许金文、戴菊芳 周孝清、周彪元	二等奖
9	腰椎管侧隐窝狭窄病 CT 病理与临床研究	永州市人民医院二院	肖东民、唐仲民、陈素芳 张亚林、叶　明	二等奖
10	高氧医用液在高位硬膜外麻醉中低张性缺氧的应用研究	永州市人民医院	唐小林、李世胜、李国安 邓艳玲、张小芳	二等奖
11	726 例妇女乳腺增生症的相关因素的调查研究	永州市妇幼保健院	蔡阳鸾、唐中秋、何德良 陈善珍	二等奖
12	新世纪高职高专创业教育的研究	永州职业技术学院	刘平娥、唐　骏、蒋爱民 王中军、韩立路	二等奖

续附表 13

序号	项目名称	完成单位	主要研究人员	奖励等级
13	新型聚酯彩弹防水涂料	零陵学院	蒋廷松、管天球、胡克坚 陈小松、邓茂斌	三等奖
14	汽车电子智能监控装置	永州市时新电子有限公司	陈 春、邹敬光、王俊斌 李早明、肖保水	三等奖
15	PYP-IV 型全自动秧盘成型机	永州市农机研究所	胡石发、唐力野、欧 潜 徐晓海、乐名锋	三等奖
16	大球盖菇稻草生料室外露地栽培模式研究	永州职业技术学院	窦铁生、刘子秀、唐三定 李怀福、罗敏杰	三等奖
17	推广人工流产术后即时放置吉妮宫内节育器术	永州市妇幼保健院	胡亚平、唐中秋、全洪涛 李铮汝、蔡阳鸾	三等奖
18	术前访视加用咪唑安定减轻病人应激反应的应用研究	永州市人民医院	张小芳、唐小林、眭凌云 刘素宁、罗 燕	三等奖
19	8 因素与冠心病症状发作及临床类型关系的比较研究	永州市人民医院、永州职业技术学院	蒋光荣、李世胜、唐小敏 熊天仁、蒋光清	三等奖
20	永州市女性近二十年来月经初潮年龄动态分析	永州职业技术学院	刘航潮、罗小玲、孟峥嵘 刘平娥、张珍秀	三等奖
21	永州市不同群体原发性高血压用药现况对比研究	永州职业技术学院	屈智明、伍三妹、孟峥嵘 张秀英、陈小影	三等奖
22	永州市不同区域已婚妇女生殖道炎症患病情况调查分析	永州职业技术学院	张秀英、刘平娥、蒋光荣 李素华、珍 秀	三等奖
23	猪拱嘴替代子宫颈在妇科实验教学中的应用研究	永州职业技术学院	陈小影、唐智生、陈秋云 唐陶富、张 翎	三等奖
24	米索前列醇联合安定在早孕人工流产术中、术后镇痛效果的临床研究	永州职业技术学院	李素华、刘平娥、张珍秀 张秀英、胡亚平	三等奖
25	高职高专教学改革试点专业创新人才培养模式的研究	永州职业技术学院	冯惠先、简亚平、唐夏珠 王中军、蒋爱民	三等奖

2003 年度永州市科学技术进步奖项目一览表

附表 14

序号	项目名称	完成单位	主要研究人员	奖励等级
1	"天龙"系列高档精米综合技术开发	湖南省天龙米业有限公司	罗济民、黄爱民、罗冬林 马祖迪、胡友齐	一等奖
2	ENHSMD01 台区综合管理屏	永州仁和高新技术有限公司	姜政鹏、王连强、刘小平 夏宝钢、陈刚金、蓝 规 王凌石	一等奖
3	烟青虫自然种群生命组建及其在测报和防治上的应用研究	永州市农科所、永州市烟科所	涂季花、周国生、刘清彗 刘正日、王文华、黄石旺 尹建萍	一等奖
4	电力营销管理信息系统	湖南省永州电力局	易泽茂、蒋志兵、林 辉 唐民理、林 干	二等奖
5	种草养畜	道县畜牧水产局	阳先礼、周瑞和、何四新 曹湘华、熊克伟、蒋光明 周德宗、何 彪、唐承毅	二等奖

续附表 14

序号	项目名称	完成单位	主要研究人员	奖励等级
6	黄姜四倍体新品种高产栽培技术推广	湖南金藤生物科技有限公司	文德才、周朴华、彭晓英 蒋道松	二等奖
7	三七免疫增强剂联合抗癫痫药治疗癫痫的临床疗效观察	永州市康复医院	罗炳辉、唐春娥、伍录生 罗　毅、陈爱云	二等奖
8	高氧液急性等容性血液稀释对手术病人颈内静脉血氧分压影响的应用研究	永州市人民医院	唐小林、李世胜、李国安 邓艳玲、潘富林	二等奖
9	持续心包灌洗治疗急性化脓性心包炎的疗效观察	永州市人民医院二院	周荫北、阳珍英、夏汉通 张仲元、叶　仙	二等奖
10	螺旋CT三维重建在骨关节外伤的临床应用研究	永州市人民医院	肖新华、潘富林、孟南方 张新荣、徐泽兰	二等奖
11	高效节能蒸酒器	永州市雅大科技实业有限公司	胡顺开、胡顺端、曾艳春 胡　盛	三等奖
12	优质高产杂交早稻新香优899的推广	永州市农科所	欧高明、李四九、蒋小军 蒋刚生、龙水亮	三等奖
13	美丽桉优良家系选育研究	东安县林业局、永州市林业局科技推广站	陈铸钢、俞一见、赵时胜 蒋松元、张卫东	三等奖
14	稻田工程养殖水产名特优新品种技术推广	永州市畜牧水产局	唐军德、黄　亮、尹秋元 唐劲松、张贵祁、汪海卫 陈　才、周　辉、邓绍才	三等奖
15	东安鸡品种选育提纯	东安县畜牧水产局	尹秋元、李荣刚、唐应朝 龙建设、李天春	三等奖
16	榉木扦插繁殖技术研究	永州市林科所	曾松青、柏劲松、谢韵帆 胡迪林、周土生	三等奖
17	消肿止痛膏治疗外伤性肿胀疼痛临床与实验研究	永州市中医院	谢本渊、唐本夫、王文革 李征北、谢小波	三等奖
18	反相高效液相色谱进行甲氨喋呤血药浓度监测时流动相比例校准技术研究	永州市人民医院	李敬嘉、陈建军、韩立路 王　峰、李焕德	三等奖
19	活血壮骨法对股骨头无菌性坏死带旋髂深血管髂骨移植术后疗效的影响	永州市中医院	唐本夫、陈顺德、肖永旺	三等奖
20	垂体后叶素对家兔血糖、血钾影响作用实验研究	永州职业技术学院	黄富生、刘平娥、黄宁江 唐　平、黄解蓉	三等奖
21	芒针温灸配红茴香穴位注射治疗腰椎间盘突出症的临床研究	永州市中医院	龙海鹏、梁启武、罗雅萍 唐本夫、蒋兴磊	三等奖
22	火针治疗椎动脉型颈椎病的临床研究	永州市中医院	刘玲玲、龙海鹏、罗雅萍 唐本夫、蒋兴磊	三等奖
23	老年教师高血压病患率的调查研究	永州职业技术学院	何月光、屈智明、王朝生 陈小影、唐仁斌	三等奖

2004 年度永州市科学技术进步奖项目一览表

附表 15

序号	项目名称	完成单位	主要研究人员	奖励等级
1	茶籽色拉油及系列产品开发	湖南金浩植物油有限公司	刘翔浩、刘友佳、唐艳萍、刘继忠、刘　盾、龙冬春、刘小春、周建平	一等奖
2	九嶷山兔品种选育及特性研究	宁远县畜牧水产局	李福珍、李之平、唐景候、熊仁清	一等奖
3	永州市结核病控制 DOTS 新技术推广应用研究	永州市疾病预防控制中心	万　键、戴菊芳、许金文、周孝清、陈伯中、赵承保、谢鹤元、何　凡、李绍儒、赵明顺、李遵迪	一等奖
4	江永县肉牛产业化综合技术推广	江永县畜牧水产局	周永桂、高流富、尹秋元、何凤贵、蒋继生、陈兴茂、周一匡	一等奖
5	MF-80 型玉米脱粒机	东安县农机新型产品制造厂	陈祖宣、陈跃华、席宏波、吴　鹏、谢保国	二等奖
6	赤桉优选系组织培养、嫩枝扦插技术研究及应用	永州职业技术学院	何增明、梁文旭、黄绿荷、首才雄、俞一见	二等奖
7	反季节食用菌栽培技术应用与推广	江华县科技局、江华县食用菌研究所	黄明球、周灼明、戴霜降、何进钧、刘兴菊	二等奖
8	永州市耐寒桉树引种试验研究	永州市林科所	石燕飞、柏劲松、朱金惠、周土生	二等奖
9	高位硬膜外穿刺置管至前间隙介入治疗颈椎间盘突出症的应用研究	永州市人民医院	唐小林、史兆良、邓艳玲、王斯旗、潘富林	二等奖
10	白色假丝酵母菌对 11 种中草药的敏感性研究	永州职业技术学院	陈代娣、桂庆军、秦建明、陈润花、乐丽菊	二等奖
11	三种不同类型山塘主要水化因子含量及其对鱼产品质量影响的研究	永州职业技术学院	蒋艾清、王晓华、郑陶生、刘子秀、唐三定	三等奖
12	茶树优良品种引种及示范栽培	湖南省福田茶场、永州职业技术学院	廖家艳、唐三定、雷干农、唐平龙、陈选平、何　哲、印昌友	三等奖
13	视网膜脱离复位术前、后配合中药治疗的临床研究	永州市中医院	张仁俊、赵永旺、张建华、蒋先云、唐福成	三等奖
14	改良式针刀术治疗腰椎间盘突出症	永州职业技术学院	刘庆国、戴爱琳、周立哲、何和清、李祖祥	三等奖
15	认知疗法在Ⅱ型糖尿病病人综合治疗中应用的研究	永州职业技术学院	卢桂珍、彭爱君、林　静、吕莉莉、廖峥嵘	三等奖
16	穴位皮内注射血栓通治疗急性脑梗塞临床研究	永州市中医院	陈有国、梁启武、罗雅萍、蒋兴磊、刘玲玲	三等奖
17	“康精Ⅰ号”合并氯氮平治疗精神分裂症	永州市芝山医院	宋学纯、向健涛、伍铁桥、蒋华英、肖晓梅	三等奖

续附表 15

序号	项目名称	完成单位	主要研究人员	奖励等级
18	永州市社区人群体检血脂与血糖的相关性研究	永州职业技术学院	唐仁斌、周　秦、李祖祥蒋光清、何和清	三等奖
19	超灵敏促甲状腺激素一线检验策略在甲状腺功能诊断中的应用	永州市第三人民医院	黄金娥、焦衡忠、盛茂地盛昌龙、周玉乐	三等奖
20	高职高专教学改革试点专业素质教育的途径与方式实验研究	永州职业技术学院	冯惠先、王中军、蒋爱民王玉兰、韩亚平	三等奖

2005 年度永州市科学技术进步奖项目一览表

附表 16

序号	项目名称	完成单位	主要研究人员	奖励等级
1	烤烟种子引发激活处理及其配套技术研究	永州市烟草专卖局、永州市烟草科学研究所	徐文军、聂新柏、靳志丽张大伟、胡日生、周米良周志成	一等奖
2	钢筋电渣压力焊专用焊剂HL801	永州市哈陵焊接器材有限责任公司	刘工程、施和平、叶丽珠唐东平、鲁赤娇、刘　朝	一等奖
3	“血络通胶囊”研究与开发	湖南恒伟药业有限公司	吕宏再、林　海、冯德国唐明山、谢荣敏	一等奖
4	邓恩桉播种育苗技术研究	永州市林科所	柏劲松、曾松青、黄光卫周土生、胡迪林	二等奖
5	竹鼠人工驯养繁殖技术推广	双牌县畜牧水产局	黄永杰、吴昌禧、何振华范兆国、张航航	二等奖
6	大五星枇杷引种、示范与推广	新田县果业办公室、新田县科学技术局、永州职业技术学院	周政华、王川才、陈小顺田永和、莫志军、蒋小军袁延生、陆仁邱、陈楚寒	二等奖
7	柑橘病害监测及控防技术研究	永州市植保植检站、双牌县农业局、江永县农业局	周　涛、江　衡、周正光戴海清、周升卿	二等奖
8	“宝佳”“雅洁”牌环保腻子粉综合开发	湖南永州雅洁环保涂料研究所	杨　茂、张　飞、刘恒林	二等奖
9	多功能供热装置	永州市雅大科技实业有限公司	胡顺开、胡顺端、曾艳春胡　盛	二等奖
10	保存羊膜与新鲜羊膜治疗眼表疾病的比较研究	永州市人民医院	唐孟林、杨　铭、蒋玲月邓　玲、荣卫平	二等奖
11	浅槽技术单隧道双束人膝关节前交叉韧带重建的生物力学研究	永州市人民医院	肖东民、陈素芳、李　雄刘晓鸣、黄军铭	二等奖
12	晚稻免耕抛栽技术研究及示范推广	江华县农业局	赵民军、谢绍祝、何吉昌刘兴枝、朱东安	三等奖
13	茄子嫁接高产技术引进及示范栽培	江华县科技局	何进钧、伍成首	三等奖
14	浯峰贡茶制作新工艺研究	永州浯峰茶业有限公司、永州市林科所	刘　鑫、柏劲松、刘文军李会政、谢红梅	三等奖

续附表 16

序号	项目名称	完成单位	主要研究人员	奖励等级
15	三万亩生态优质稻标准化栽培技术推广	湖南银利来粮油实业有限公司	李 蔚、胡友齐、邓远财 唐水田、李翠玲、周双寿	三等奖
16	道州灰鹅提纯复壮及特性研究	道县畜牧水产局	蒋芳炳、熊克伟、阳先礼 樊艳君、尹秋元、何上林 蒋光明、蒋流东、何四新	三等奖
17	水稻单产提升行动	东安县农业局	易恢满、艾云清、刘善臣 周魁铁、何拥军、谭德远 唐明贵、唐周辉、魏正方	三等奖
18	新型组合灯饰(LED 节能电子灯)开发	祁阳县高科创新技术研究所、祁阳县亮美节能灯科技有限责任公司	刘小平、王山源、蒋金平	三等奖
19	双氧水消毒气管内套管的临床应用研究	永州市人民医院	田 洁、刘小燕、何运涛 石莉芬、周朝晖	三等奖
20	转移相关基因 nm23H1 和血管内皮生长因子(VEGF)在大肠癌中的表达及预后分析研究	永州市人民医院、永州职业技术学院	唐朝晖、刘庆国、江拥军 李海燕、桂双元	三等奖
21	中药热透疗法治疗腰椎间盘突出症临床应用研究	永州市中医院	谢小波、谢本渊、李征北 罗贤初	三等奖
22	同种异体骨植入治疗骨不连（骨缺损）的临床推广应用	永州市中医院	周 智、吕顺生、伍崇武 黄瑞群、毛红兵	三等奖
23	新世纪地方性高职学院学生思想政治教育模式改革创新研究	永州职业技术学院	冯惠先、唐世章、唐拯群 魏平峰、简亚平	三等奖

2006 年度永州市科学技术进步奖项目一览表

附表 17

序号	项目名称	完成单位	主要研究人员	奖励等级
1	高温热压垫层纸	永州湘江纸业有限责任公司	王福纪、朱 杰、刘便初 桂来争、李西宝	一等奖
2	“六味补血颗粒”研究与开发	湖南敬和堂制药有限公司	陈奉元、黄青柳、谢顺国 邓 娟、周金彩、孙善姣	一等奖
3	萧氏松茎象综合治理技术研究及应用	永州市森林植物野生动物保护站、东安县林业局、双牌县林业局	刘玉茂、张占平、刘军剑 于乐效、陈善林、余晓丹 黄德军、李春丽	一等奖
4	混合式步进电机	湖南科力电机股份有限公司	聂葆生、邓志远、伍宁雄 唐新荣	二等奖
5	基于 Web GIS 与组合赋权法的成套电能质量监测与评估系统	永州电业局、湖南大学、湖南湖大华龙电气与信息技术有限公司	骆长云、姚建刚、于建华 于彩葵、刘一江、罗滇生 李连结	二等奖
6	优质香型中熟杂交晚籼组合新香优 118 选育研究	永州市农业科学研究所	朱恩明、熊昌明、李成业 欧阳国春、王泽秋、 蒋小军、倪小兰	二等奖

续附表 17

序号	项目名称	完成单位	主要研究人员	奖励等级
7	栝蒌优质高产技术示范推广	永州市金腾栝蒌发展有限公司、零陵区农业局、零陵区科学技术局	陈星光、陈智元、张亚平 曹太和、唐少平、唐玉国 蒋明华、蒋翠英、李桃秀	二等奖
8	蓝山蜜梨推广	蓝山县农业综合开发办、蓝山县科学技术局、蓝山县黄花梨协会	陈孔仁、陈光伍、刘先雄 李祝珍、蒋春月、唐平德 陈加林、陈泽昌、黄秋新	二等奖
9	红壤丘陵区草畜综合发展配套技术	中国农业科学院祁阳红壤改良实验站、湖南农业大学、永州市畜牧水产局	文石林、徐明岗、常嵩华 黄平娜、高菊生、尹秋元 李菊梅	二等奖
10	假高粱综合控防技术研究	永州市植保植检站、祁阳县植保植检站、东安县植保植检站	周　涛、李爱斌、江　衡 刘建云、谢慧兰、何拥军 周升卿	二等奖
11	樱桃谷鸭产业化基地建设	新田县鑫隆食品有限公司、新田县科学技术局	郑土祥、肖显中、郑　雄 陈凌云、胡广成、田永和 龙兴正、曾革新、刘新红	二等奖
12	无创阻抗心动描记法(ICM)监测小剂量布比卡因混合舒芬太尼腰麻对老年患者心输出量的影响	永州市人民医院、中南大学湘雅医院	唐小林、李毓琴、肖东民 杨　铭、傅　云、刘一华 杨红莲	二等奖
13	垂直置管法在机械通气患者留置胃管中的应用研究	永州职业技术学院附属医院、永州市人民医院	蒋小剑、蒋可松、李世胜 廖巧玲、邓永梅	二等奖
14	加快永州生态优势向经济优势转化研究	中共永州市委办公室	郑山明、蒋井泉、李文乾 姜宁燕、邓海波、黄远峰 唐才仁	二等奖
15	不结锅垢的高效蒸馏釜	永州市雅大科技实业有限公司	胡顺开、胡顺端、曾艳春 胡　盛	三等奖
16	新型电泳铝型材开发	祁阳宏泰铝业有限公司	蒋宜森、蒋国富、罗满意 黄建国、蒋有名	三等奖
17	水稻无盘旱育抛秧技术示范推广	祁阳县农业技术推广中心	毛学标、蒋晓锋、蒋德元 李学军、文顺元、梁海军 何民富	三等奖
18	湘云鲫养殖推广	永州市畜牧水产局	唐军德、张航航、尹文英 孙普选、王建平、张贵祁 陶小元、胡文馨、陈　才	三等奖
19	红壤山地温州蜜柑丰产栽培技术研究	永州市林业科学研究所、永州浯峰茶业有限公司	谢红梅、柏劲松、刘　鑫 刘家顺、刘文军	三等奖
20	两糯一号品种选育及应用研究	宁远县两系杂交高粱研究开发中心	鲁茂祥、皮三富、李民安 蒋晓铭	三等奖
21	猪蓝耳病的临床特点与防治技术研究	永州职业技术学院	于桂阳、何龙银、黄杰河 王美玲、黄武光、覃开权 胡世红	三等奖
22	医学影像图文报告系统 V4.7.0	永州职业技术学院	黄祥国、徐　芳、何和清 唐陶富、欧阳海元	三等奖
23	永州城镇居民自我药疗行为的调查研究与评价	永州职业技术学院	周金彩、陈耀声、裴德新 刘诗琼、王文渊、王疑芳 杨春英	三等奖

续附表 17

序号	项目名称	完成单位	主要研究人员	奖励等级
24	脱落细胞血细胞染色方法	永州职业技术学院	韩立路、李世胜、蒋可松 杨晓斌、周　秦	三等奖
25	护士生职业素养培育的实践研究	永州职业技术学院	王玉兰、冯惠先、张礼宾 唐仁斌、何和清、唐守勇 唐先文	三等奖

2007 年度永州市科学技术杰出贡献奖

靳志丽，永州市烟草科学研究所高级农艺师。

2007 年度永州市科学技术进步奖项目一览表

附表 18

序号	项目名称	完成单位	主要研究人员	奖励等级
1	精品牛皮纸研发	永州湘江纸业有限责任公司	罗良冬、苏德良、李西宝 刘便初、杨　蓉、邓双有 梁好新、李建华、何江林	一等奖
2	道县脐橙速生高产优质栽培技术推广	道县农业技术推广中心、道县农业局经作站	胡昌启、郭平荫、廖祥江 蒋卫红、廖玉祥、唐咸要 张雪英、陈新民、石　云 吴荣智、杨永富	一等奖
3	"胃肠健胶囊" 研发	湖南敬和堂制药有限公司	陈奉元、谢顺国、邓　娟 孙善姣、唐　飞、王　雪	一等奖
4	伸性纸袋纸研发	永州湘江纸业有限责任公司	毛国新、王福纪、朱　杰 赵桂林、桂来争、张　勇 李忠德	二等奖
5	湘南黄牛品种改良及综合配套技术推广	江华县畜牧水产局	宋荣军、盘瑞君、何付仁 刘天猛、莫化塘、陈敬付 杨善武、周治伟、毛振旗	二等奖
6	四川白鹅与清远灰鹅杂交繁育技术及推广	湖南万家鹅业发展有限公司、新田县科学技术局、新田县畜牧水产局	蒋金美、胡小波、陈永华 唐勇军、黄俊峰、田永和 龙兴正、颜学运、刘新红	二等奖
7	冷榨茶籽油生产工艺开发	湖南金浩茶油股份有限公司	刘翔浩、刘友佳、刘忠明 刘继忠、刘　盾、秦小平	二等奖
8	YF 系列热风机研发	祁阳县丰达机电有限公司	陶宗胜、崔麒麟、刘海波	二等奖
9	永州市烟草病虫害综合防治技术推广	湖南省烟草公司永州市公司、永州市烟草科学研究所	刘正日、徐文军、黄石旺 周向平、王兵万、涂季花 聂新柏、袁长才、高春洋	二等奖
10	祛风退翳汤对准分子激光上皮瓣下角膜镶术后角膜修复的临床研究	永州市中医院、湖南中医药大学	赵永旺、彭清华、张仁俊 范艳华、赵海滨、胡顺生 周云燕	二等奖
11	恶性肿瘤患者深部真菌感染及病原菌的 FCM 和 RAPD 研究	永州职业技术学院、永州市人民医院	胡晓军、李红玲、唐明霞 阳　晓、李小玉、李祖祥 林元珠	二等奖

续附表 18

序号	项目名称	完成单位	主要研究人员	奖励等级
12	糯米水磨法制粉及优质糯稻栽培配套技术的应用与开发	湖南湘妹食品有限公司	周太平、杨海艳、周智灵 谢佩宏、胡彦方、周志刚 李剑英	三等奖
13	秀珍菇姬菇栽培技术推广	江华县科学技术局	李昌初、何进钧、罗日得 唐民好、蒋健林、周世英	三等奖
14	双牌水库斑点叉尾鮰网箱养殖技术示范推广	双牌县畜牧水产局、双牌县潇水渔业发展有限公司	何献武、何振华、黄　亮 李英明、屈建秋、范兆国 黄永杰	三等奖
15	蜡制复合材料替代金属材料在数控机床上实践教学的应用研究	永州职业技术学院	杨冬生、彭永忠、唐爱武 张义武、邓子林	三等奖
16	丘陵山区林瓜间种配套技术研究	永州市林业科学研究所	柏劲松、谢红梅、曾松青 胡向阳、秦学良	三等奖
17	水稻联合收割机推广	永州市农业机械化管理局、祁阳县农业机械化管理局、东安县农业机械化管理局	蒋华权、周善生、张荣华 任建中、唐定友、胡　席 吴荣坤、赵宇鹏、朱庆元	三等奖
18	密集型针灸加红外线照射治疗软组织损伤的临床研究	永州市人民医院	罗永雄、申爱群、龙卫芳 夏汉通、罗　青	三等奖
19	魔芋对红眼病治疗有效成分及效果的研究	永州职业技术学院	王小荣、阳　晓、肖古月 唐冬英、陈耀声、付显亮 陈颖超	三等奖
20	欠发达地区高校与地方经济社会互动发展研究	湖南科技学院、永州职业技术学院	管天球、蒋廷松、谷显明 王小勇、宋振文、李国春	三等奖
21	院校培养技师的研究与实践	永州市高级技工学校	郑亚平、唐　锴、罗顺莲 蒋兴建、唐文玉、刘加孝 刘福华	三等奖
22	欠发达地区高职院校教师队伍结构优化研究与实践	永州职业技术学院	张珍秀、佘国华、刘子秀 李凌春、周沛江、王中军	三等奖
23	柳宗元与永州的旅游开发研究	湖南科技学院	翟满桂、蔡自新、夏卫平	三等奖
24	地方性本科院校人力资源管理研究与实践	湖南科技学院、永州职业技术学院	裴春秀、宋宏福、周小驭 欧小松、张　敏	三等奖
25	高职学院后勤社会化改革及后勤服务研究与实践	永州职业技术学院	魏平峰、孙　雁、周文辉 周　兵、李伶艺	三等奖

2008年度永州市科学技术进步奖项目一览表

附表19

序号	项目名称	完成单位	主要研究人员	奖励等级
1	食品包装纸	永州湘江纸业有限责任公司	毛国新、李西宝、赵凌泉 杨景锐、赵桂林、桂来争 邓双有、蒋　丹、李　勋	一等奖
2	“超泰米”加工技术研究与开发	湖南省天龙米业有限公司	罗济民、黄爱华、罗冬林 牛德明、谭先德、王永发 周光友	一等奖
3	湖南烤烟良种生产综合配套技术研究	永州市农业科学研究所	王　霈、秦宣才、胡卫东 卢朝军、谢平清、杨全柳 张淑贞、吕远刚、雷敏娟	一等奖
4	油茶籽油连续式精炼工艺应用与开发	湖南金浩茶油股份有限公司	刘翔浩、刘友佳、刘忠明 陈素君、龙冬春、刘　伟	二等奖
5	烟田稻草覆盖及配套技术研究与应用	湖南省烟草公司永州市公司、永州市烟草科学研究所	靳志丽、徐文军、胡卫东 高春洋、刘正日、聂新柏 唐　绅	二等奖
6	光皮树播种育苗技术研究	永州市林业科学研究所	柏劲松、谢红梅、柏中才 周土生、秦宣业	二等奖
7	优质杂交早稻金优899应用推广	永州市农业科学研究所	李四九、蒋刚生、段贵建 秦宣才、罗怀贵、蒋小军 欧阳国春、谢自生、 谢平清	二等奖
8	黑美人西瓜嫁接丰产优质栽培技术推广应用	冷水滩区农业局	龙国文、蒋石专、邓凤云 唐　宏、刘纪日、蒋红梅 陈满春、杨正红	二等奖
9	东安鸡开发与推广	东安吴氏禽业东安鸡产业化发展有限公司、东安县科学技术局、东安县畜牧水产局	吴才武、刘爱玉、文瑟玉 吴梦婕、滕建明、李天春 文春华	二等奖
10	蓖麻新品种引种栽培试验研究	永州职业技术学院	蒋小军、文向多、陈　晖 王穿才、袁延生、汤北齐 蒋艾青	二等奖
11	双牌绿化树木移栽技术推广应用	双牌县打鼓坪林场	邓海斌、蒋崇信、苏　宇 尹学林、何文军、黄建明 李光胜、蒋方跃、赵　炜	二等奖
12	肺内调节肽对人支气管上皮细胞HLA-DR、CD80、CD86表达的影响	永州职业技术学院	彭丽花、阳　晓、马　玲 李世胜、蒋爱民、罗四维 张光主	二等奖
13	腰椎后外侧颗粒样植骨融合的基础与临床研究	永州市人民医院	肖东民、陈素芳、李　雄 叶　明、黄军铭、屈湘华	二等奖
14	供电企业均价考核电费提成营销管理方案与计算程序化技术研究与应用	祁阳电力局	李建军、聂爱民、朱治壮 欧小辉、雷绪旭、陈　捷 郑三保	三等奖
15	高铅锑尾矿及废渣生产技术	湖南东港锑品有限公司	阳金升、李　羽、胡时专 王仁元、尹益华、李于华 黄超泉	三等奖

续附表 19

序号	项目名称	完成单位	主要研究人员	奖励等级
16	黑蚱蝉田间消长规律及防治技术研究与应用	江永县桃川洞名特优新产品开发区管理委员会、湖南省江永潇湘食品有限公司、江永县科学技术局	卢胜进、马新民、李爱华	三等奖
17	刺儿茶种苗组培快繁技术研究	永州职业技术学院、永州市生产力促进中心、永州大舜皇生物开发有限公司	黄绿荷、朱仁华、窦铁生 陈玉君、李 纲、蒋小军 梁文旭	三等奖
18	二妙散加味结合针灸治疗腰椎间盘突出症临床研究	永州市中医院	王文革、李征北、陈有国 熊忠太、陈 政	三等奖
19	中西医结合前列腺注射疗法治疗前列腺炎临床研究	永州市中医院、冷水滩区疾病预防控制中心	洪庆良、夏荣发、胡艳娥 洪庆兰、王文革、龙其德 黄瑞群	三等奖
20	东安县万亩双季稻高产示范	东安县农业局	胡翔辉、周桂华、刘善臣 周魁铁、唐明贵、罗荣平 胡建军、蔡道文、陈明明	三等奖
21	早、中稻育插秧机械化技术示范推广	祁阳县农业机械化管理局	袁四宝、刘 轩、桂文明 李非凡、唐文达、邓陆军 王爱国	三等奖
22	冷水滩区农村沼气建设及技术推广应用	冷水滩区农村能源办公室	高晓华、伍玉荣、冯海东	三等奖
23	双牌水库渔业资源调查与利用研究	永州职业技术学院	李贵雄、蒋艾青、郑陶生 杨四秀、黄绿荷、王美玲 于桂阳	三等奖
24	关于加快欠发达地区人力资源开发的研究	湖南科技学院、中共永州市委党校	谷明光、文锦菊、杨能山 郑文飞	三等奖
25	地方性高职院校贫困生资助体系构建的研究	永州职业技术学院	冯惠先、王中军、蒋爱民 简亚平、王玉兰、韩立露 彭 军	三等奖

2009 年度永州市科学技术奖项目一览表

附表 20

序号	项目名称	完成单位	主要研究人员	奖励等级
1	湿帘纸技术开发	永州湘江纸业有限责任公司	王福纪、唐晓敏、苏德良 刘便初、胡先知、张 勇	技术发明一等奖
2	CT 定位穿刺系统的开发和应用	永州市第三人民医院	蒋志坚	技术发明二等奖
3	红薯淀粉高效分离技术的研究与应用	湖南天圣有机农业有限公司	李拥军、石柱新、许航宇 李 玲、陈爱林、李凯伦 夏苏梅、李裙芝、黄 威	一等奖
4	眼镜蛇的规模化人工养殖技术	永州市异蛇科技实业有限公司	谭群英、郭天国、郭德志 龚新国、郭晓娟、唐艳华 邓蔚飞、郭德刚	二等奖
5	优质杂交早稻 I 优 899 应用推广	永州市农业科学研究所	蒋小军、李四九、秦宣才 段贵建、王文华、蒋刚生 王 霈、桂爱军、卢朝军	二等奖

续附表 20

序号	项目名称	完成单位	主要研究人员	奖励等级
6	胶带原纸技术开发	永州湘江纸业有限责任公司	王福纪、朱　杰、赵桂林 刘便初、梁好新、张素卫 王　敏、潘贞叶、张　勇	二等奖
7	多功能半喂入联合收割机	永州市农业机械研究所、湖南永州金丰科技开发有限公司	胡石发、乐名锋、徐晓海 秦湘著、廖建平、欧　潜 唐满江、李国铭、杨作峦	二等奖
8	油茶采穗圃穗果兼营综合技术研究	永州市林业科学研究所、永州市浯峰茶业有限公司、金洞管理区科技局	谢红梅、柏劲松、刘　鑫 刘金林、李会政、秦学良 刘长庚	二等奖
9	酿酒专用糯高粱“湘宁糯二号”的选育与应用	宁远县圣梁种业有限公司	鲁茂祥、皮三富、蒋晓铭 李明安、李忠明、刘初成 乐水旺、柏小勇、蒋凯波	二等奖
10	东安县耕地地力评价	东安县农业局	唐正旺、周桂华、谭德远 李卉芳、唐　莉、蒋茂元 何拥军、魏艳淑、陈兵芳	二等奖
11	尿微量蛋白与代谢综合症病情程度和心血管并发症预测价值研究	永州职业技术学院附属医院	李世胜、潘富林、裴德新 周　秦、李　帅、唐子惠	二等奖
12	无压力监测经桡动脉冠状动脉介入诊疗的临床研究	永州市人民医院	刘　彬、邹桂和、龙双祁 刘湘娟、周荫北、李红阳 何上洪、屈湘华、陈玉红	二等奖
13	高效节能低速碾压式破碎机	祁阳宇晖机电实业有限公司	谢　宇、张钧禹、王景祥 王新元、漆福匀	三等奖
14	干式三段成熟法米粉生产设备的研究与应用	湖南省天龙米业有限公司	罗济民、罗拥军	三等奖
15	反射炉处理锑的氧化物工艺与应用	湖南东港锑品有限公司	阳金升、胡时专、李　羽 刘浩林、董德奎、肖军华 黄超泉	三等奖
16	优质猪配套系技术推广应用	湖南恒惠饲料有限公司	陈平衡、葛汉根	三等奖
17	优质食用鸽饲养与繁育技术应用示范	祁阳县金丽鸽业发展有限公司	谢金宝、杨丽华、田建新 彭贵凤、刘　宇	三等奖
18	高淀粉红薯新品种超然“966”高产栽培技术研究	永州市农业科学研究所	谢宜芝、欧阳国春、 秦宣才、蒋刚生、段贵建 秦远林、潘九林	三等奖
19	黑美人西瓜嫁接育苗技术推广应用	永州市柑桔科学研究所	李友卿、谢宜芝、卢作斌 尹向东、谢永松、谢祝英 苏拥声	三等奖
20	温州蜜柑涟源——73696 高产栽培技术应用与示范	永州市柑桔科学研究所	何小华、李友卿、尹向东 谢永松、卢作斌、杨文英 谢祝英	三等奖
21	碳化谷壳对辣椒苗影响的研究	永州职业技术学院	董红霞、陈　晖、段贵平 刘将军、朱雪志、窦铁生 胡小三	三等奖

续附表 20

序号	项目名称	完成单位	主要研究人员	奖励等级
22	优质早熟雪梨引进、示范与推广	永州职业技术学院、江华县六月香果业有限公司	胡小三、邹会龙、潘得云 邓珍平、周政华、何进钧 唐民好	三等奖
23	高山雪莲果高产优质栽培技术推广	双牌县科技开发中心	盘规元、龚　雪、王小平 成　敏、唐　波	三等奖
24	江永香柚剪磨收集花粉毛笔点授技术研究与推广	江永县桃川洞新产品开发区管委会、江永潇湘食品有限公司	卢胜进、马新民、李爱华	三等奖
25	清热化湿法治疗 II 型视盘血管炎的临床研究	永州职业技术学院附属医院	赵永旺、彭清华、李世胜 高文胜、黄海涛、潘富林 蒋小剑	三等奖
26	新型高压电缆分支箱接地装置研制	湖南省电力公司永州冷水滩供电局	邓汝千、唐怡密、宋跃辉 周　伟、赵　伟、宋海涛 王　亚	三等奖
27	小流域山洪及地质灾害动态评估系统	永州市气象局、冷水滩区气象局	曹志国、欧阳水章、 阳景舟、陈劲风、龙志宇 曾　晖	三等奖

2010 年度永州市科学技术奖项目一览表

附表 21

序号	项目名称	完成单位	主要研究人员	奖励等级
1	一种治疗头痛药物的制备方法	湖南敬和堂制药有限公司	陈奉元、谢顺国、蒋怀林 邓　娟、孙善娇、卜生高	技术发明二等奖
2	优质高产晚籼新组合 T 优 118 选育	永州市农业科学研究所	朱恩明、段贵建、秦宣才 欧阳国春、李成业、王霈 蒋小军、蒋　军、林　娟	一等奖
3	糖尿乐片产业化开发	湖南恒伟药业股份有限公司	张吉刚、陈　辉、蒋小玲 张水寒、唐明山	二等奖
4	工业电解含氢尾气处理装置中试及产业化开发	永州九星化工有限公司、双牌县科技开发中心	朱元生、唐文军、周共华 钟建红、许　明、王小平 龚　雪、龚述理	二等奖
5	化妆品专用茶油及其应用	湖南科技学院	李治章、管天球、吴起华 梁小芝、张卫军、王小勇 戴永强、蒋廷松、周治军	二等奖
6	早春播甜玉米丰产高效栽培技术研究	永州市农业科学研究所	潘九林、段贵建、秦宣才 王　霈、龙　彬、王文华 林　娟、谢宜芝、朱旺冲	二等奖
7	良种油茶快速育苗技术研究	永州市林业科学研究所	谢红梅、柏劲松、刘长庚 唐泽兵、何带妹、唐冬华 刘　鑫、李会政、唐　彬	二等奖
8	塘库套养鳜鱼技术推广	祁阳县畜牧水产局	李美光、张贵祁、尹文英 何继业、赵安原、曾德元 刘　群、汪海卫、汪锇铭	二等奖

续附表 21

序号	项目名称	完成单位	主要研究人员	奖励等级
9	电化学分析法测定单胺类神经递质	永州职业技术学院附属医院	韩立路、欧陵斌、杨晓斌 桂重阳、肖古月、周　秦 蒋小剑、肖新丽、柏　彬	二等奖
10	Hc2 结合阴道镜检测 LEEP 治疗高危型 HPV 感染 CIN 的临床疗效研究	永州市人民医院	唐　晖、王莉莉、李海燕 彭丽芳、蒋文化、李毓琴 黄　蕾、文　武、张　丹	二等奖
11	胃癌组织中 Livin、Smac 的基因表达及二者的相关性研究	永州职业技术学院附属医院	杨　铭、周阳祥、唐子惠 肖　麟、杨博文、江拥军 周维新、龙　丹、欧阳义	二等奖
12	豆制品废水生产沼气的研究与应用	永州市农村能源开发服务站	唐智云	三等奖
13	蓝山大白苦瓜种子规范化生产与推广应用	蓝山县蔬菜研究所、蓝山县科学技术局	曾昭琨、李松旺、黄晓艳 李祝珍、黄圆芳、彭任飞	三等奖
14	超级杂交早稻丰产栽培配套技术推广应用	冷水滩区农业局	周　烨、柏黎明、胡燕飞 龙国文、胡七林、蒋石专 邓凤云	三等奖
15	华春 6 号大豆新品种引进、示范、推广及配套栽培技术应用	新田县优质大豆开发协会	蒋　异、年　海、胡土舜 唐甲林、郑水源、欧光军 周晓彬	三等奖
16	膜下滴灌技术引进与应用	永州市柑桔科学研究所	李友卿、尹向东、何小华 何　群、柏小明、谢永松 苏拥声	三等奖
17	中草药林地土鸡饲养技术推广	双牌县洪福养鸡专业合作社、双牌县科技开发中心	周　键、曹满湖、钟建红 杨梓懿、许　明、王小平 龚　雪	三等奖
18	永州市环境质量监测技术与应用	永州市环境监测站	杜平广、朱选祥、范承保 皇甫晓东、蒋　晶	三等奖
19	气管切开术后持续滴入灭菌注射用水气道湿化的效果研究	永州职业技术学院附属医院	蒋小剑、韩　萍、谢和秀 李红梅、韩立路、邓永梅 黄　莉	三等奖
20	早期清创缝合治疗开胸术后切口感染的临床研究	永州市人民医院	周荫北、叶　仙、曾之耀 阳珍英、刘　彬、夏汉通 唐剑锋	三等奖
21	血清 GLS 检测与肝癌、胃癌的相关性研究	永州职业技术学院附属医院、永州市人民医院	杨　铭、龙　丹、唐子惠 周阳祥、杨博文、江拥军 周维新	三等奖
22	一次性吸痰管和吸引连接管连接备用在吸痰中应用研究	永州市人民医院	胡云香、邓永梅、田　洁 陶红艳、刘海霞、周红兵 李　娜	三等奖

2011 年度永州市科学技术杰出贡献奖

王福纪，永州湘江纸业有限责任公司总工程师。

2011 年度永州市科学技术奖项目一览表

附表 22

序号	项目名称	完成单位	主要研究人员	奖励等级
1	油茶籽毛油精炼新工艺研究与开发	湖南金浩茶油股份有限公司	刘翔浩、刘友佳、文雨雁 唐艳萍、何建新、陈素君	技术发明二等奖
2	利用直流电熔新工艺生产 HJ431D 中锰高硅低氟熔炼型焊剂	永州市兴发电熔科技有限公司	施和平、李春范、叶栋林	技术发明三等奖
3	柑橘类果皮、果渣及江永香柚生物高新技术产业	湖南永康富硒生物科技有限公司	钟世安、胡志钢、刘建华	技术发明三等奖
4	一种用于补血的药物组合物的生产方法(驴胶补血颗粒工艺改进)	湖南时代阳光药业股份有限公司	唐纯玉、唐代凤、蔡义高 邱云芳、杜　赫、廖慧芳	一等奖
5	高产优质杂交晚籼迟熟组合益优 701 选育	湖南阳明种业有限公司、永州市农业科学研究所	秦志舫、李成业、蒋志鹏 秦新国、王松柏、唐炳章	一等奖
6	7200 千瓦电力机车变压器盘式油泵	湖南跃进机电有限责任公司	张　平、夏迎春、黄成辉 张海琦、黄会生、陈日华 孙志伟、胡宇虹、雷秀玉	二等奖
7	引进吸收消失模铸造技术	湖南零陵恒远发电设备有限公司	郭远军、蔡保乐、赵延陵 胡建林	二等奖
8	鼓风炉挥发熔炼锑的硫化物工艺与应用	湖南东港锑品有限公司	刘健秋、李　羽、胡时专 黄安全、肖军华、黄超泉 文春华、唐永福	二等奖
9	高产优质香型杂交晚籼新香优 118 应用推广	永州市农业科学研究所	朱恩明、秦宣才、李成业 段贵建、王　霈、欧阳国春 蒋小军、张湘辉、王泽秋	二等奖
10	酿酒专用糯高粱“湘宁糯 3 号”的选育及应用	宁远县圣粱种业有限公司	鲁茂祥、皮三富、蒋晓铭 秦新国、蒋志鹏、刘初成 肖红萍、胡　兴、李中清	二等奖
11	油茶胚根培育及育苗技术研究	永州伊园科技有限公司	蒋小军、管天球、黄光文 郑陶生、申明达、易国里 蒋石红、龙石红、刘宏辉	二等奖
12	托佩克(Topigs)猪的引种、扩繁与推广	永州市冷水滩区天裕原种猪扩繁场、永州职业技术学院	刘　成、周玉松、刘将军 卿利军、王美玲、覃开权 陈松明、唐　伟、范红霞	二等奖
13	在永州市人群糖尿病诊断中 HbA1C 的价值及年龄对其的影响	永州市中心医院	段顺元、刘　玮、李毓琴 刘　彬、吕青松、唐利君 唐素红、朱　静	二等奖
14	米粉连续自动生产线关键技术研究	永州市华利工贸有限责任公司	尹新利、王　頔、杨朝国 左湘玲、李　文、吴湘泓 钱和民	三等奖

续附表 22

序号	项目名称	完成单位	主要研究人员	奖励等级
15	CY002-E（RV）数字式仪表产业化	永州长怡汽车电子有限公司	林 林、沈 群、文 娟 彭永进、徐安定、唐振辉	三等奖
16	柑橘幼林高效立体栽培模式研究	永州市林业科学研究所	谢红梅、柏劲松、刘 鑫 陈瑶凤、卢作斌	三等奖
17	柑橘新品种鄂柑 2 号速生丰产栽培技术研究	永州市农业科学研究所	潘九林、段贵建、秦宣才 谢宜芝、吕远刚、王文华 王 霈	三等奖
18	湘南丘陵油茶林复合经营模式	湖南科技学院、湖南大自然茶油有限公司、永州市永丰农林科技开发有限公司	管天球、黄光文、蒋小军 谢红梅、蒋石红、李文东 沈国强	三等奖
19	“浯峰”茶丰产栽培配套技术研究	永州市浯峰茶业有限公司、永州市林业科学研究所	刘 鑫、谢红梅、柏劲松 李会政、陈瑶凤、刘金林	三等奖
20	早熟温州蜜柑老果园标准化改造技术应用与示范	永州市柑桔科学研究所	李友卿、何小华、何 群 尹向东、郑朝耀、张海麟 谢永松	三等奖
21	益气健脾汤治疗青少年假性近视眼的临床研究	永州职业技术学院附属医院	赵永旺、彭清华、黄海涛 牛海雁、陈卫国、高文胜 余钦其	三等奖
22	硬膜外自控镇痛联合导乐分娩在自然分娩中应用研究	祁阳县妇幼保健院	蒋建明、陈小艾、刘翠娥 蒋红喜、李爱玲、李咏梅 周 慧	三等奖
23	心功能不全麻黄碱预处理在全身麻醉的应用研究	永州市中心医院	唐小林、邓艳玲、李毓琴 肖东民、唐朝晖、薛 慕 蒋云山	三等奖
24	芒针透刺加通痹药熨包热敷治疗面神经炎的临床研究	永州市中医院	龙海鹏、胡慧莲、陈有国 王文革、冯德勇	三等奖
25	永州市土壤污染状况调查	永州市环境监测站	皇甫晓东、蒋晶、潘秀峦	三等奖
26	模拟直接雷击放电仪	双牌县教育研究室、双牌县第一中学	张 斌、蒋启和、卢作明 蒋笃家、龚述理、王清华 邓建民	三等奖

2012年度永州市科学技术奖项目一览表

附表23

序号	项目名称	完成单位	主要研究人员	奖励等级
1	一种高纯度罗汉果甜甙V的制备方法	湖南希尔天然药业有限公司、湖南希尔药物研究有限公司	徐月灿、陈　锋、邓义德 朱亚文、周　衡、肖满意	技术发明一等奖
2	一种车身外壳图案喷涂方法	湖南猎豹汽车有限公司	朱志林、周增华、陈桂军	技术发明二等奖
3	一种舒筋除湿中药复方制剂及其制备方法	湖南敬和堂制药有限公司	陈奉元、谢顺国、孙善娇 邓　娟、何初明、陈　萍	技术发明二等奖
4	一种治疗糖尿病的中成药及其制备方法	湖南大自然制药有限公司	李文东、邹先明、蔡忠延 郑晓宏、孙兴力	技术发明三等奖
5	一种速效营养氮肥技术攻关及应用	湖南省中科农业有限公司	文贻荣、黄生博	技术发明三等奖
6	卧式两支点高转速大容量混流式水轮发电机组的研发	湖南零陵恒远发电设备有限公司	郭远军、蔡保乐、苏清杰 谢光华、旷金平、徐春和 罗凤伟、胡建林、柳士秋 罗艳华、赵延陵	一等奖
7	南方红豆杉苗木培育与经营技术研究	永州市林业科学研究所、湖南省林产品质量检验检测中心、湖南省林业科学院	谢红梅、文卫华、徐艳平 柏劲松、邓红波、李红玲 谢韵帆、喻宁华、刘　球 黄小飞、程　勇	一等奖
8	超细稀土抛光粉生产工艺研究与开发	湖南皓志新材料股份有限公司	李艳花、于长江、巩　强 龚　威、彭付贵、刘正清 谢喜明	二等奖
9	制浆黑液结晶蒸发节能技术	永州湘江纸业有限责任公司	朱　杰、苏德良、胥端祥 万全满、梁好新、张彦军 潘贞叶、朱如意、龙会刚	二等奖
10	双低冬油菜引种及其配套高产高效栽培技术研究	永州市农业科学研究所	段贵建、李成业、王泽秋 王　霈、吕远刚、唐　杰 王松柏、陶　卫、李海英	二等奖
11	永州烟区高效节能型密集烤房的改进与应用	湖南省烟草公司永州市公司	袁　芳、骆君华、刘正日 高春洋、蒋笃忠、张　芳 何明魁、周　博、许家平	二等奖
12	泥鳅人工繁殖关键技术研究与应用	永州市顺康生态农业发展有限公司	卞国民、彭贵凤、尹文英 钟　辉、唐亚亮、罗永波 杨　姝	二等奖
13	优质、高产、三系杂交晚籼组合T优118栽培技术研究与应用推广	永州市农业科学研究所	李成业、桂爱军、陶　卫 吕远刚、卢朝军、蒋小军 陈小华、王泽秋、吴晓峰	二等奖
14	结核分枝杆菌快速检验的研究	永州市中心医院	蒋汉茂、李　艳、顾小红 肖湘瑛、唐艳君、祝玉枝 张　艳、邹晓清、彭玉芳	二等奖
15	人工全髋关节置换术患者居家护理方案的制定和应用研究	永州职业技术学院附属医院	蒋小剑、韩　萍、廖巧玲 阳珍金、韩立路、李红梅 李衡山、罗文正、叶春桃	二等奖

续附表 23

序号	项目名称	完成单位	主要研究人员	奖励等级
16	亚临界低温低压提取茶油技术	湖南湘浩油茶生物科技有限公司	何辉贤、蒋青峰、何想忠 李冬元、何夸贤、何新彩	三等奖
17	绿原酸工业化生产装置改进及应用	双牌县金蕊实业有限责任公司	曾国进、唐万涛、朱方文 杨贞怀、赵勇彪、饶力群 唐忠海	三等奖
18	卷烟零售终端信息管理系统研发与应用	祁阳县烟草专卖局	蒋海文、邓　呈、胡学军 王旭辉、田国维、彭　岚 郑春阳	三等奖
19	燃料乙醇专用红薯保种和高效栽培研究	湖南科技学院、永州市永大生物能源科技有限公司	黄光文、管天球、李常健 谢　飞、吴起华、沈玉平 张祖姣	三等奖
20	新型太阳能诱虫设备（RH–1）研究与应用	湖南省烟草公司永州市公司	周向平、刘正日、蒋笃忠 邓学锋、沈　力、高春洋 黄石旺	三等奖
21	新型食用菌高产栽培技术研究与示范	江华县科学技术局	何玉荣、罗日得、何进钧 龙赋云、黎　氢、林庚华 唐代友	三等奖
22	网箱养殖匙吻鲟技术	双牌县畜牧水产局、双牌县鑫潇水渔业专业合作社	何献武、何振华、卢建勇 唐武军、尹文英、杨文宾	三等奖
23	延夏西瓜标准化栽培技术研究	永州市柑桔科学研究所	李友卿、尹向东、何小华 何　群、唐亮祖、张海麟 谢祝英	三等奖
24	Galectin–3、Ang–2、LI–cadherin的表达与肝癌侵袭转移的关系研究	永州职业技术学院附属医院、永州市中心医院	杨　铭、唐　艳、龙　丹 杨博文、江拥军、甘小艳 唐柄松	三等奖
25	中西医结合分期植皮法治疗蛇伤溃疡的研究	双牌县中医院	郭强国、吴荣德、蒋治华 唐文波、倪志军、卿　云 刘义龙	三等奖
26	永州地区脂肪肝中医证型特点及相关因素的临床分析	永州市中医院	雷秋娥、熊忠太、刘　勇 黄崇政、龙海鹏、黄　琼 唐　成	三等奖

2013年度永州市科学技术奖项目一览表

附表24

序号	项目名称	完成单位	主要研究人员	奖励等级
1	一种治疗扁桃体炎、咽炎的中药组合物	湖南时代阳光药业股份有限公司	唐纯玉、朱光葵、彭艳梅 唐代凤、杜　赫、岳　薇	技术发明一等奖
2	沼渣多菌种生物有机肥技术攻关及产业化	湖南省中科农业有限公司	文贻荣、黄生博	技术发明三等奖
3	高效节能型中压辊压制砂机	祁阳宇晖机电实业有限公司	谢　宇、张钧禹、王景祥 曾明华、陈春风	技术发明三等奖
4	高产稳产三系早籼组合湘优616选育	永州市农业科学研究所、湖南杂交水稻研究中心、湖南金色农华种业科技有限公司	李成业、段贵建、徐秋生 曾庆魁、徐林典、王　霈 周良发、王泽秋、陶　卫 吴晓峰、吕智勇	一等奖
5	砂纸原纸技术开发	永州湘江纸业有限责任公司	苏德良、梁好新、李忠德 赵桂林、张素卫、刘玉石 何江林	二等奖
6	有色金属管材自动冷拉新工艺及其配套设备	祁阳宏泰铝业有限公司	蒋国富、黄建国、蒋有名	二等奖
7	数字调速器国产化改造技术	湖南省南津渡水电站	陈敬明、伍明荣、胡立新 孟佐宏	二等奖
8	福建柏苗木培育与造林关键技术研究与应用	湖南永州都庞岭国家级自然保护区管理局、湖南省林业科学院	伍有谟、刘帅成、何月军 刘　球、蒋祥进、李　艳 黄明军、苏吉生、廖治亚	二等奖
9	湘南丘陵坡地玉米高产栽培技术研究与示范	东安县农业局	吕正午、唐建军、胡建军 周　琳、李卉芳、吴利交 周　恒、唐　励、唐奕祥	二等奖
10	油茶荒芜林复壮丰产技术研究	永州市林业科学研究所	柏劲松、谢红梅、刘　鑫 胡向阳、钟建国、谢爱华	二等奖
11	烤烟新品种湘烟三号选育、配套技术研究与推广	湖南省烟草公司永州市公司、中国烟草中南农业试验站	杨全柳、胡日生、赵松义 刘正日、高春洋、朱列书 周国生、聂新柏、唐　绅	二等奖
12	永州市低危害烟叶生产技术研究与应用	湖南省烟草公司永州市公司	周向平、刘正日、王锡春 袁　芳、黄石旺、张洪波 席国锋	二等奖
13	冷却猪肉贮运过程微生物预测技术研究与应用	湖南恒惠食品有限公司、湖南农业大学	李宗军、唐礼德、王美玲 李　珂、侯爱香	二等奖
14	高血压脑出血手术改良方式的研究	永州市中心医院	胡　丹、贺礼进、甘小艳 桂成佳、张金灿、陈军梅 莫学靓、张操魁、黄春林	二等奖
15	血清resistin与炎症性肠病的相关性研究	永州职业技术学院附属医院	杨　铭、谭　坤、肖　明 邓阳春、洪　艳、欧阳义 周　秦、杨博文、唐　艳	二等奖
16	兜带式后巩膜加固术治疗病理性近视眼的临床研究	永州职业技术学院附属医院	赵永旺、牛海雁、黄海涛 刘泽军、高文胜、余钦其 魏　蓉、唐云聰、周祝春	二等奖

续附表 24

序号	项目名称	完成单位	主要研究人员	奖励等级
17	木糖脱色用磷酸法粉状活性炭成型颗粒活性炭技术	湖南凯丰活性炭环保科技有限公司	邓立志、周建斌、尹少斌 邓育平	三等奖
18	红外遥控微功耗待机节能插座的研发	湖南奥盟电器有限公司	蒋海波、王丕兴、刘德胜 冯　钢、孙奇锋、何芳桂 韦国宁	三等奖
19	年产 20 吨厚朴酚粉剂 GMP 生产线关键技术研究	湖南大自然制药有限公司	李文东、邹先明、李春梅 龙　亮、唐永凤、郑晓宏 唐华兰	三等奖
20	阿根廷奶油南瓜引种及示范推广	永州市农业科学研究所、湖南舜农科技有限责任公司	林　娟、段贵建、朱旺冲 欧阳国春、周　栋、 潘九林、吕远刚	三等奖
21	青蒿 428 在永州市的高产优质栽培研究与应用	永州职业技术学院、双牌县时胜中药材种植专业合作社、道县科学技术局	莫志军、李炳华、唐少东 张雪英、唐秋娥、何华荣 周时胜	三等奖
22	江华杉木二代种子园建设技术	江华县江华国有林场、江华县科学技术局	汪昌国、陶岗群、何玉荣 王　峥、郑　江、陶德秀 陈永华	三等奖
23	永州市创森工程林木大苗移栽技术研究	永州市林业科学研究所、永州市林业科技推广站、永州市浯峰茶业有限公司	谢红梅、柏劲松、管天球 黄光卫、刘　鑫、钟建国	三等奖
24	永州烟区浓香型烟叶提质采烤模式研究与应用	湖南省烟草公司永州市公司	袁　芳、周向平、刘正日 高春洋、徐　辉、骆君华 何华波	三等奖
25	肉牛品改杂交冷配技术	零陵区畜牧水产局	周卫国、彭善国、刘积平 曾新宝、尹文英、唐艳梅 李小月	三等奖
26	天然草原恢复和改良技术	道县畜牧水产局	唐　也、阳先礼、蒋光明 熊克伟、周瑞和、尹文英 蒋玉璋	三等奖
27	新伤跌打胶囊的生产工艺和质量标准研究	祁阳县中医院	唐柏平、李琼英、贺清源 张　勇、桂淑荣、蒋文明	三等奖
28	穴位埋线加通痹药熨包热敷治疗中风后痉挛性瘫痪的临床研究	永州市中医院	龙海鹏、冯德勇、王文革 李伟灵、李林虹、何有缘 李智红	三等奖
29	神灸箱秋分灸神阙预防肠胃病的临床研究	永州市中医院	陈有国、龙海鹏、陈　政 熊忠太、王文革、胡卫海 李伟灵	三等奖

2014 年度永州市科学技术奖项目一览表

附表 25

序号	项目名称	完成单位	主要研究人员	奖励等级
1	氧化锆抛光液生产工艺研究与开发	湖南皓志新材料股份有限公司	刘　俊、翟海军、巩　强 闫建平、彭付贵	技术发明二等奖
2	人体感应节能防触电插座	湖南奥盟电器有限公司	蒋海波、何芳桂、孙奇锋 刘德胜、冯　钢	技术发明三等奖
3	高品质茶油的制备工艺及产业化应用	湖南大自然制药有限公司	李文东、李春梅、郑晓宏 李林轩、孙兴力、唐华兰	技术发明三等奖
4	水磨糯米粉的研发与应用	湖南湘妹食品有限公司	周太平、周继灵、蔡忠央 游国华	技术发明三等奖
5	常温法纳米碳酸钙生产工艺	湖南金箭新材料科技有限公司	文经建、张桂美	技术发明三等奖
6	即食油茶加工技术中试与应用	蓝山县龙湾三蓝生态园开发有限责任公司	唐成辉	技术发明三等奖
7	杏鲍菇工厂化瓶栽优良新品种选繁育关键技术研究及示范	湖南果秀食品有限公司、湖南农业大学、湖南省宇秀生物科技有限公司	阳国秀、夏志兰、沈凡超 易恢满、沈俭生、姬建军 陈　盛、唐丽娟、蒋路翔 蒋路英、谢海鹰	一等奖
8	优质稻“天龙 1 号”的选育与应用推广	湖南省天龙米业有限公司、永州市农业科学研究所	雷春生、邹全胜、阳建虎 李成业、马祖迪、秦新国 罗连元、李　频、陶　卫 王松柏、黄加勤	一等奖
9	超细高性能锡钯胶体材料的研发	湖南省化讯应用材料有限公司、深圳市化讯应用材料有限公司	邱文裕、廖丽军、张新学 李志旭、刘　毅、赵继云 范文斌、蒋文明、肖开球	二等奖
10	工业化生产干米粉关键技术研究与产业化开发	永州市华利工贸有限责任公司	尹新利、左湘玲、杨朝国 刘友宏、吴湘泓、柏华平 钱和民	二等奖
11	银杏叶黄酮、内酯提取技术及其应用研究	湖南科技学院、湖南恒伟药业股份有限公司	何福林、姜红宇、刘小文 陈小明、刘　婷、陈修文 王　峥、邵金华、王宗成	二等奖
12	湘南水稻病虫专业化统防统治研究与推广应用	永州市植保植检站、祁阳县植保植检站、道县植保植检站、冷水滩区植保植检站	周　涛、林　涛、蒋章富 谢慧兰、李先文、何拥军 钟石春	二等奖
13	温州蜜柑标准化生产技术集成研究及应用	东安县农业局	谭德远、陈明明、谭德洲 陈兵芳、高劲华、廖勇军 周小芳、魏艳淑、刘英铁	三等奖
14	79172 等 11 个杉木优良无性系选育技术研究	永州市金洞林场、湖南环境生物职业技术学院	高建亮、刘金林、赵林峰 唐荷花、陶爱群、邓远见 唐金林、赵承开	三等奖
15	南方烟稻复种连作区土壤改良技术研究与推广应用	湖南省烟草公司永州市公司	靳志丽、梁文旭、刘正日 周向平、王锡春、莫凯明 贾少成、李小慧、李才华	三等奖

续附表 25

序号	项目名称	完成单位	主要研究人员	奖励等级
16	肌腱骨吻合装置治疗肌腱末端损伤的实验与临床研究	永州市中心医院	肖东民、叶 明、陆 健 蒋永颂、黄军铭、冯东坡 周胜涛	三等奖
17	重组人脑利钠肽对急性心肌梗死合并急性心衰患者 PCI 后心室重构的作用机制探讨	永州市中心医院	刘 彬、邹桂和、龙双祁 陈齐军、曾文真、杨潘杰	三等奖
18	综合开发利用竹叶资源的技术	永州职业技术学院	王文渊、黄宁江、周振华 蒋爱民、李玉婷、唐守勇 张航航	三等奖
19	高效型大米生产技术集成研究及应用	湖南味百信粮油有限公司	龙 锋、李 刚、朱建军 唐金和、何 洁、杨明刚 龙建寒	三等奖
20	香型杂交稻农香优 204 高产栽培技术研究与应用推广	双牌县农业局、零陵区农业局、永州市农业科学研究所	唐少东、李炳华、胡继银 曹华文、林文忠、唐盛裕 杨兴明	三等奖
21	湘南丘陵红壤旱地花生高产栽培技术研究与示范	宁远县农业局	胡 兴、龚永锋、周火玲 刘鲜珍、陈朝晖、周明锋 汪海平	三等奖
22	两系杂交糯高粱“两糯一号”优质高产制种技术研究	宁远县圣粱种业有限公司	鲁茂祥、皮三富、柏小勇 蒋晓铭、李先文、胡平翠 王新成	三等奖
23	永州烟区烤烟化学成分区域特征及综合评价	湖南省烟草公司永州市公司、湖南农业大学	袁 芳、邓小华、刘正日 王锡春、徐 辉、骆君华 高春洋	三等奖
24	有机硒柑橘栽培技术研究	永州市柑桔科学研究所	李友卿、尹向东、何小华 何 群、艾可富、唐亮祖 张海麟	三等奖
25	林区坡地生姜优质高产栽培技术示范与应用	永州锦林农林科技开发有限公司	夏友松、张四凤、夏双兴 夏 亮、唐专生	三等奖
26	中华绒螯蟹（大闸蟹）养殖技术示范与推广	江华县天然农产品科技有限公司、江华县科学技术局、江华县涔天河大闸蟹养殖专业合作社	尹红成、何玉荣、罗日得 王圣学、黎永珍、唐民好	三等奖
27	经皮椎弓根系统复位固定胸腰椎骨折脱位应用研究	永州职业技术学院附属医院	罗文正、陈 诚、唐廷波 潘思维、胡 斌、韩 萍 李 密	三等奖
28	氟康唑、伊曲康唑治疗复发性外阴阴道假丝酵母菌病临床观察	永州市妇幼保健院	蒋国英、田 洁、唐 敏 陈小英、郑兆平、唐德国 雷许金	三等奖
29	水中不均匀分布污染物的采样监测技术研究	永州市环境监测站	蒋 晶、皇甫晓东 潘秀峦、王玲玲、龚孝铰	三等奖
30	断指再植术中及术后相关技术改进的研究	道县人民医院、道县科学技术局	唐玉杰、熊绍勇、周 波 周梦雷、唐满生、黄娟秀 陈少辉	三等奖

2015年度永州市科学技术奖项目一览表

附表26

序号	项目名称	完成单位	主要研究人员	奖励等级
1	高亮度混合型LED桔黄色发光二极管封装技术	湖南美星光电科技有限公司	刘汉平、邓　伟、刘　燕 米久帆、罗　娜、李茜莉	技术发明一等奖
2	鲜湿米粉关键技术研究及产业化示范应用	永州市华利工贸有限责任公司	尹新利、吴湘泓、蒋清君 李　文、钱和民、李嘉欣	技术发明二等奖
3	油茶籽油脱蜡加工新工艺研究与应用	湖南新金浩茶油股份有限公司	唐艳萍、陈　勇、龙冬春 刘小春、陈素君	技术发明二等奖
4	三聚氰胺氢溴酸盐阻燃剂工业化应用	湖南美莱珀科技发展有限公司	彭治汉、赵海珠、何小春 彭治权	技术发明二等奖
5	多功能耕作收获机	永州市农业机械研究所	欧　潜、乐名锋、徐晓海 秦湘著、廖建平	技术发明三等奖
6	富硒茶油的制备方法与应用	湖南大自然制药有限公司	李文东、李春梅、李林轩 管天球、邹先明、唐华兰	技术发明三等奖
7	提高精粉率的面粉加工方法	湖南湘君面业有限公司	何日繁、李进英、蒋晓玲 张缘麟、王晓曦	技术发明三等奖
8	一种双液压系统烟叶称重打包方法及烟叶称重打包	新田县远征机械有限公司	刘峰晖	技术发明三等奖
9	一种天然复配甜味剂及其制备方法	湖南希尔天然药业有限公司	肖满意、陈　锋、徐月灿 周　衡、易跃能、刘湘荣	技术发明三等奖
10	国标二等优质杂交稻新品种"建优2号"的选育与推广	永州伊园科技有限公司、永州市农业科学研究所	李成业、王松柏、罗连元 陶　卫、吴晓峰、蒋志鹏 蒋小军、唐少东、唐　杰 戴　琼、吕智勇	一等奖
11	新型仿不锈钢铝材表面处理工艺研究与应用	祁阳宏泰铝业有限公司	蒋国富、黄建国、蒋有名	一等奖
12	夏黑无核葡萄当年种植当年丰产高效栽培技术研究与示范	蓝山县博亿农业发展有限公司、蓝山县新顺农牧业发展有限公司	彭才庆、汤建新、彭才季 邓显铁、陈作雄、唐圣芳	二等奖
13	永州烤烟品质特色定位及提升技术研究与应用	湖南省烟草公司永州市公司	靳志丽、刘正日、梁文旭 莫凯明、张洪波、李玉辉 袁　芳、贾少成、张双双	二等奖
14	湘南地区适度规模化母牛养殖技术示范与推广	道县畜牧水产局	唐　也、阳先礼、蒋光明 何德学、蒋玉璋、何德成 周　维、唐　贤、周日常	二等奖
15	Hp的cagA、vacA和cagA抗体的种族差异表达及其与胃炎、胃溃疡的相关性研究	永州职业技术学院附属医院	杨　铭、唐峰波、杨　斐 雷明芳、胡凌佼、洪　艳 肖　明、邓阳春、陈基善	二等奖
16	三维适形放疗同步多西他赛与顺铂治疗局部晚期宫颈癌的临床研究	永州市中心医院	丁思娟、唐朝晖、何宝桂 黄洪林	二等奖
17	高清洁车用汽油（M33）新技术及应用	永州锦滦新能源开发有限公司	唐良荣、刘昌铁、张　斌 温丽娟、唐良华、尹艺琴	三等奖

续附表 26

序号	项目名称	完成单位	主要研究人员	奖励等级
18	富硒纳米生物有机肥的研发与应用推广	湖南科技学院、湘南优势植物资源综合利用湖南省重点实验室、湖南省中科农业有限公司	刘小文、何福林、李文艺 袁志辉、胡克坚、盘 俊 谭英芝	三等奖
19	西番莲（百香果）紫香 1 号栽培技术研究	双牌县东顺农业开发有限公司、永州市绿润农业综合开发有限公司	唐少东、李炳华、唐盛裕 唐明荣、曹华文、杨 肖 蒋小军	三等奖
20	湘南红壤丘陵黑美人西瓜简约化栽培技术的研究与应用	祁阳县农业技术推广中心	刘 菲、谢慧兰、梁海军 黄 晓、李小云、蒋华生 彭卫华	三等奖
21	肉兔的标准化养殖技术示范与推广	永州舜源农业发展有限公司、宁远县畜牧水产局	欧阳定权、刘智连、 宋 果、肖志标 周友平、李 维	三等奖
22	油茶大砧嫁接山茶花技术研究	永州市林业科学研究所	唐泽兵、曾松青、黄光卫 唐冬华、蔡建武、郑卫民 谢韵帆	三等奖
23	额外侧入路夹闭前交通动脉瘤手术的临床应用研究	永州市中心医院	胡 丹、贺礼进、陈军梅 甘小艳、桂成佳、张金灿 张操魁	三等奖
24	椎弓根内壁显露法在寰枢椎椎弓根固定的临床应用研究	永州职业技术学院附属医院、江华县人民医院	罗文正、陈 诚、唐廷波 潘思维、冯 丽、蒋正帅 王孝娟	三等奖
25	改良内斜视矫正术治疗部分调节性内斜视的临床研究	永州职业技术学院附属医院	赵永旺、高文胜、陈卫国 余钦其、魏 蓉、唐云骢 周祝春	三等奖

后　记

按照永州市委、市政府第二轮《永州市志（1996—2015）》编纂工作的统一要求，在市史志办的指导下，市科技局于2016年7月成立科技志编纂委员会和编辑部，并聘请编纂人员和制定《永州市科学技术志（1992—2015）》编纂工作实施方案，明确各科室具体负责资料收集、文本撰写的相关事项。2017年3月，因局领导班子调整，科技志编纂委员会重新组建，局党组会议先后3次研究编纂工作，并加强编辑力量，确保编纂工作进展顺利。经编纂人员努力和数易其稿，于2019年5月完成《永州市科学技术志（1992—2015）》初稿，6月征求意见，7月中旬形成评审稿，7月26日召开专家评审会并获原则通过。尔后根据专家评审意见修改形成送审稿，2020年7月送市史志办审定为终审稿。2021年1月印刷出版。

2019年7月26日，市史志办组织召开《永州市科学技术志（1992—2015）》稿评审会

《永州市科学技术志（1992—2015）》是一部专业志书，涉及经济和社会发展的方方面面。编纂人员虽然付出艰苦努力和辛勤汗水，如实客观地记述1992—2015年科学技术发展成就，但科学技术涉及范围广、资料搜集难，加之经验、能力和水平所限，

2019 年 7 月 26 日，参加《永州市科学技术志（1992—2015）》稿评审会的专家、领导合影

难免存在遗漏、错误、文字欠妥的情况，尚请读者海涵。

《永州市科学技术志（1992—2015）》的编纂出版，得到了省科技厅、市委宣传部、市史志办、市档案局、市科学技术协会、市发展和改革委员会、市工业和信息化局、市教育局、市财政局、市人力资源和社会保障局、市住房和城市建设局、市交通运输局、市农业农村局、市水利局、市林业局、市商务局、市文化旅游广电体育局、市卫生健康委员会、市生态环境局、市统计局、市市场监督管理局、市烟草专卖局、市气象局、市水文局、市地震局、湖南科技学院、永州职业技术学院等单位大力支持，以及一些企业、科技人员和市科技局老同志无私帮助，在此表示衷心感谢！

编　者

2021 年 1 月